前言
preface

从 17 世纪帕斯卡与费马关于期望值和概率模型的奠基性探讨，到如今大数据与人工智能时代的数据分析预测的支撑，“概率论与数理统计”已发展为连接数学理论与现实应用的重要桥梁。本书是作者基于自身在概率论与数理统计领域十余年的科研探索与教学实践经验编写而成。本书立足于学科本质，紧扣考点要求，致力于为本科生、考研学子及自学者提供一部体系完整、讲解透彻、实战性强的学习指南。本书特点如下：

1. 体系架构上：双轨并进，知行合一

本书采用“基础构建—强化提升”的双模块设计。基础篇：系统构建理论框架，以“定义→性质→例题”的三维结构，完整覆盖随机事件、分布函数、数字特征、参数估计等核心知识，帮助读者建立扎实的逻辑体系。强化篇：突破解题瓶颈，聚焦随机变量函数分布、独立性与不相关性、抽样分布与应用、参数估计与检验模型分析等重难点，通过提供“方法归纳＋典例剖析＋化繁为简”的立体化训练，显著提升学习者的解题能力与应试技巧。

2. 编写体例上：多维联动，讲练融合

本书按照“五阶学习法”（概念→性质→方法→例题→练习）的理念，实现从知识理解到应用输出的完整闭环，让读者真正做到“明其理，会其用”。每章设置了体系化的知识导图，采用“模块化”编排与“阶梯式”难度设计，构建清晰的知识网络。每个知识点配有性质总结和方法分析，努力构建从理论到解题的桥梁，力求化繁为简。每章内容不仅包含大量的高质量例题及其精解，更有对规律性方法和易错点的总结，以及供学习者练习的习题。

本书的核心理念在于在不确定的概率模型中寻找确定的解题方法。本书不仅可作为理论学习的系统教程，也可作为考研备战的实用助手，更是培养概率思维的“训练营”。

愿您以本书为舟，在随机性的海洋中把握确定性规律；以概率为眼，洞察模型背后的本质联系。期待您不仅能收获优异的成绩，更能建立持续受益的概率思维方式。

祝广大学习者以坚定之刃，解随机之谜，高山看海，圆硕士之梦。

方　浩
2025 年春　于北京

方浩考研数学 高山看海系列

PROBABILITY AND MATHEMATICAL STATISTICS

概率论与数理统计就这点事

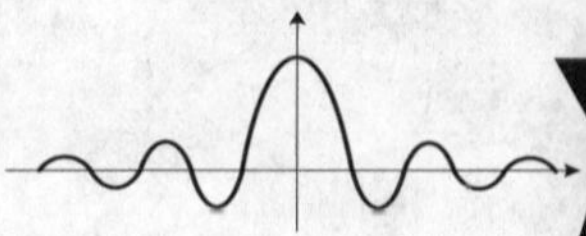

基础篇

方浩 / 主编　王冲 / 副主编

国家开放大学出版社·北京

图书在版编目（CIP）数据

概率论与数理统计就这点事 / 方浩主编. -- 北京：国家开放大学出版社，2025. 4 —ISBN 978 – 7 – 304 – 13072 – 5

Ⅰ. O21

中国国家版本馆CIP数据核字第2025JP5428号

概率论与数理统计就这点事
GAILÜLUN YU SHULI TONGJI JIU ZHEDIAN SHI
方浩　主编　王冲　副主编

出版·发行：国家开放大学出版社
电话：营销中心 010 – 68180820　　总编室 010 – 68182524
网址：http://www.crtvup.com.cn
地址：北京市海淀区西四环中路 45 号　　**邮编：**100039
经销：新华书店北京发行所

策划编辑：康国英　　**责任校对：**辛　颖
责任编辑：许　岚　　**责任印制：**陈　晨　王　雅

印刷：河北赛文印刷有限公司
版本：2025 年 4 月第 1 版　　2025 年 4 月第 1 次印刷
开本：787mm × 1092mm　1/16　　**印张：**26.5　**字数：**466 千字

书号：ISBN 978 – 7 – 304 – 13072 – 5
定价：79.80 元（全二册）

意见及建议：OUCP_OMO@ouchn.edu.cn

目 录
contents

基础篇

基础篇

第一章　随机事件与概率

大纲考试要求

考试要求	考试内容	
	数学一	数学三
了解	样本空间（基本事件空间）的概念	
理解	随机事件的概念； 概率、条件概率的概念； 事件独立性的概念； 独立重复试验的概念	
掌握	事件的关系及运算； 概率的基本性质； 概率的加法公式、减法公式、乘法公式、全概率公式以及贝叶斯(Bayes)公式； 用事件独立性进行概率计算的方法； 计算有关事件概率的方法	
会	计算古典型概率和几何型概率	

知识导图

- 随机事件与概率
  - 随机事件的概念、关系与运算
    - 随机事件的概念
      - 随机试验
      - 样本空间构建
    - 随机事件的关系
      - 包含
      - 相等
      - 互斥
      - 对立
    - 随机事件的运算律
      - 吸收律
      - 交换律
      - 结合律
      - 分配律
      - 对偶律
  - 概率的定义与运算
    - 概率的定义
      - 非负性
      - 规范性
      - 可列可加性
    - 概率的计算公式
      - 加法、减法公式
      - 条件概率公式
      - 全概率公式、贝叶斯公式
    - 概率的常用模型
      - 古典概型
      - 几何概型
  - 事件的独立性
    - 独立性的概念
      - 事件独立的定义
      - 事件独立的性质与推论
    - 独立性的应用
      - 条件概率中的应用
      - 伯努利概型

1.1　随机事件的概念、关系与运算

1.1.1　随机事件的概念

1.1.1.1　随机试验

我们将具有下述三个特性的试验称为随机试验：

(1) **重复性**：试验可以在相同条件下重复进行；

(2) **不确定性**：每次试验的具体结果在实验开始前是无法预知的；

(3) **结果的集合性**：所有可能的结果可以明确描述，并形成一个结果集合(称为样本空间).

此类试验称为随机试验，简称试验，通常用字母 E 表示.

【注】随机试验是概率论分析的起点，这里需要注意的是随机试验的本质是**不确定性与确定性的统一**，即不确定性体现在具体试验结果上，但可能结果的整体范围是确定的.

例如，向空中抛掷一枚硬币，每次抛掷的结果无法预知，但所有可能结果是明确的，即 $S=\{$正面，反面$\}$. 再例如，掷一个六面的骰子，每次掷出的是哪个数字不确定，但数字范围是明确的，即 $S=\{1,2,3,4,5,6\}$.

1.1.1.2　样本空间

样本空间是指某个随机试验中所有可能结果的集合. 样本空间通常用符号 S 表示.

需要注意以下三个问题：

(1) 样本空间包含随机试验所有可能的、不重叠的结果；

(2) 样本空间可以是有限的(有限个可能结果)或无限的(无限个可能结果)；

(3) 样本空间的元素称为**样本点**.

例如，向空中抛掷一枚硬币，样本空间 $S=\{$正面，反面$\}$；向空中同时抛掷两枚硬币，样本空间 $S=\{$(正面，反面)，(正面，正面)，(正面，反面)，(反面，反面)$\}$；向空中抛掷一枚硬币直到出现正面才停止，样本空间 $S=\{$正面，(反面，正面)，(反面，反面，正面)，$\cdots\}$.

【注】在本书中，若样本点是离散的，我们通常通过列举的方法描述；若样本点是连续的，我们通常用区间或区域表示.

1.1.1.3　随机事件

随机事件是指在一次随机试验中，样本空间中的某些结果组成的**子集**.

关于随机事件,需要注意以下三个性质:

(1) 与样本空间相关:随机事件是样本空间的子集,每个事件可以由一个或多个样本点组成;

(2) 具有不确定性:随机事件在试验前无法确定是否会发生;

(3) 具有可分类性:随机事件可以是简单事件(只包含一个样本点)或复合事件(包含多个样本点).

随机事件我们通常用字母 $A,B,C,\cdots$ 表示,以下两种定义需要特别注意:

(1) 必然事件:包含样本空间中所有样本点的事件,总会发生,表示为样本空间本身,通常用 Ω 来表示;

(2) 不可能事件:不包含任何样本点的事件,从不会发生,表示为空集,通常用 $\varnothing$ 来表示.

以向空中抛掷一枚硬币为例,我们可以分析必然事件、不可能事件和随机事件的定义及具体表现.

事件类型	定义	抛硬币的例子	数学表示
必然事件	一定会发生的事件,包含所有可能结果	硬币落地时要么是正面,要么是反面	$A=\{$正面,反面$\}$
不可能事件	不可能发生的事件,不属于样本空间的结果	硬币站立或消失	$B=\varnothing$
随机事件	可能发生也可能不发生的事件,是样本空间的子集	硬币落地时是正面,或硬币落地时是反面	$C_1=\{$正面$\}$,$C_2=\{$反面$\}$

1.1.2 随机事件的关系与运算

在概率论中,随机事件之间的**关系**和**运算**是研究事件性质和概率的重要工具. 这些关系和运算建立在集合论的基础上,因为随机事件是样本空间的子集,所以随机事件的关系与运算等价于集合的关系与运算.

【注】此部分为重要考点.

1.1.2.1 随机事件的关系

(1) 包含关系

若随机事件 B 的发生一定导致随机事件 A 的发生,则称 A 包含 B,记为 $A\supseteq B$ 或 $B\subseteq A$.

数学表示:$A\supseteq B \Leftrightarrow B\subseteq A \Leftrightarrow$ 任意 $\omega\in B$,则 $\omega\in A$.

【注】$\varnothing\subseteq A\subseteq\Omega$.

(2) 相等关系

若两个随机事件 A 和 B 包含完全相同的样本点，则称 A 与 B 相等，记为 $A=B$.

数学表示：$A=B \Leftrightarrow A\subseteq B$ 且 $B\subseteq A$.

(3) 互斥关系

如果两个随机事件 A 和 B 不能同时发生(即它们没有共同的样本点)，那么称 A 和 B 是**互斥事件**.

数学表示：$A\cap B=\varnothing$.

(4) 对立关系

如果两个事件 A 和 B 对应的样本点是互为补集的关系(即 A 发生当且仅当 B 不发生，反之亦然)，那么称 A 和 B 是**对立事件**.

数学表示：$A\cap B=\varnothing$，且 $A\cup B=\Omega$.

【注】互斥关系和对立关系是两个容易混淆的知识点. 具体来说：

(1) 对立事件一定是互斥事件.

(2) 互斥是对立的基础，但互斥的事件不一定是对立事件. 互斥关系只要求两个事件不能同时发生，但不一定覆盖整个样本空间；对立事件不仅要求两个事件不能同时发生，还必须互为补集，确保覆盖整个样本空间.

以向空中抛硬币为例，我们定义 $A=\{$正面向上$\}$，$B=\{$反面向上$\}$. 若我们认为抛硬币只有正面向上和反面向上两种可能，则 A，B 是互斥且对立的关系；若我们认为抛硬币除了正面向上和反面向上，还有站立这种可能性极小的情形，则 A，B 是互斥但不对立的关系. 以下列表详细说明.

属性	互斥关系的例子	对立关系的例子
事件定义	$A=\{$正面$\}$，$B=\{$反面$\}$	$A=\{$正面$\}$，$B=\{$反面$\}$
样本空间	$S=\{$正面，反面，站立$\}$	$S=\{$正面，反面$\}$
是否不能同时发生	$A\cap B=\varnothing$，不能同时发生	$A\cap B=\varnothing$，不能同时发生
是否覆盖样本空间	$A\cup B=\{$正面，反面$\}\neq S$，不覆盖整个样本空间 S	$A\cup B=\{$正面，反面$\}=S$，覆盖整个样本空间 S
是否互为补集	不互为补集，因为还有“站立”这种可能性	互为补集，因为样本空间中只有“正面”和“反面”

1.1.2.2 随机事件的运算

(1) 事件的和(并)

两个事件A和B的并事件(记作$A \cup B$)是事件A或B或两者同时发生的所有可能结果组成的集合:

$$A \cup B = \{\omega \mid \omega \in A \text{ 或 } \omega \in B\}.$$

类似地,我们称$\bigcup_{k=1}^{n} A_k$为n个事件$A_1, A_2, \cdots, A_n$的和事件.

【注】$A \subseteq A \cup B, B \subseteq A \cup B$.

(2) 事件的交(积)

两个事件A和B的积事件(记作$A \cap B$)是事件A和B同时发生的所有可能结果组成的集合:

$$A \cap B = \{\omega \mid \omega \in A \text{ 且 } \omega \in B\}.$$

类似地,称$\bigcap_{k=1}^{n} A_k$为n个事件$A_1, A_2, \cdots, A_n$的积事件.

【注】$A \cap B \subseteq A, A \cap B \subseteq B$.

(3) 事件的逆(补)

事件A的逆事件(记作$\overline{A}$)是样本空间中所有不属于A的结果组成的集合:

$$\overline{A} = \{\omega \in S \mid \omega \notin A\}.$$

由定义可知$A \cap \overline{A} = \varnothing, A \cup \overline{A} = \Omega$.

(4) 事件的差

事件$A - B$是事件A发生但事件B不发生的所有结果组成的集合:

$$A - B = \{\omega \mid \omega \in A \text{ 且 } \omega \notin B\}.$$

【注】常用等价关系:事件$A - B = A \cap \overline{B}$,且$A - B \subseteq A$.

1.1.2.3 随机事件的运算律

(1) 吸收律:若$A \subset B$,则$A \cup B = B, A \cap B = A$.

【注】交集中包含事件A或并集包含于事件A时,最终结果被A“吸收”.

(2) 交换律:$A \cup B = B \cup A, A \cap B = B \cap A$.

【注】交集与并集运算的事件顺序互换,结果不变.

(3) 结合律：

$$A \cup B \cup C=(A \cup B) \cup C=A \cup (B \cup C),$$
$$A \cap B \cap C=(A \cap B) \cap C=A \cap (B \cap C).$$

【注】运算顺序对交集与并集无影响，括号可以重新安排.

(4) 分配律：

$$A \cup (B \cap C)=(A \cup B) \cap (A \cup C),$$
$$A \cap (B \cup C)=(A \cap B) \cup (A \cap C).$$

【注】括号的优先级最高，含括号运算时先和再积等效于先积再和.

(5) 德摩根律(对偶律)：$\overline{A \cup B}=\overline{A} \cap \overline{B}$，$\overline{A \cap B}=\overline{A} \cup \overline{B}$.

当出现事件的逆运算时，一般遵循"各自取逆，和积互换，括号保留"的思路.

1.1.3　韦恩图

事件的关系和运算可以用韦恩图形象地表示出来，如下图所示.

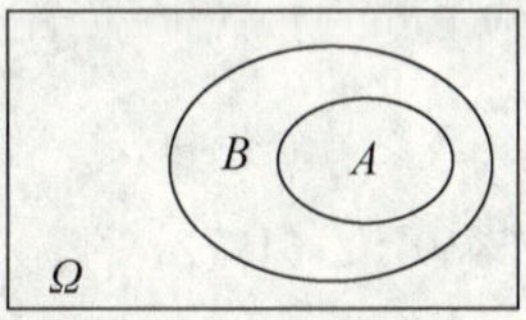

$A \subset B$

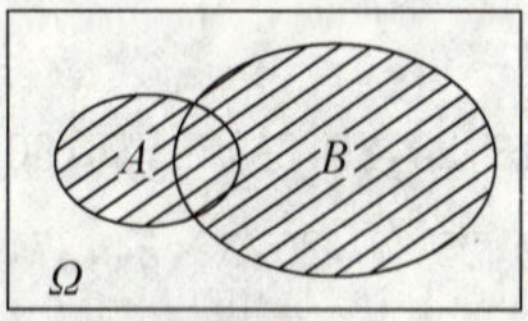

$A \cup B$

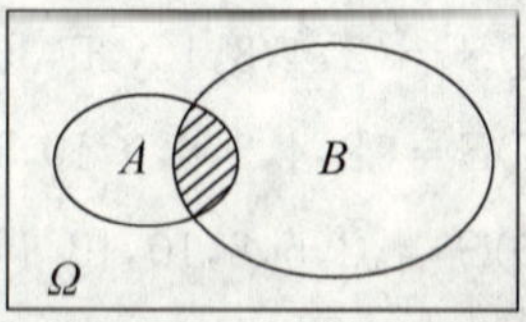

$A \cap B$

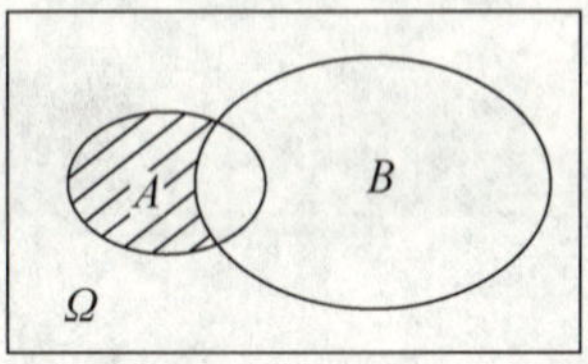

$A-B$

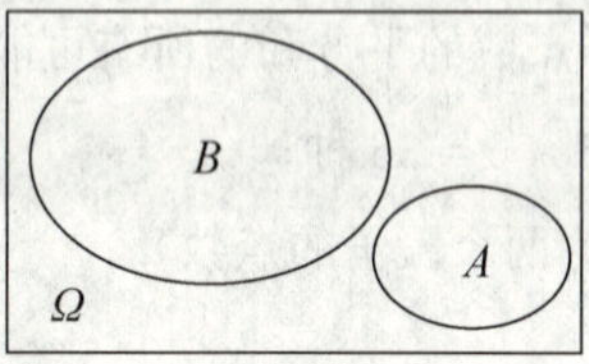

$A \cap B=\varnothing$

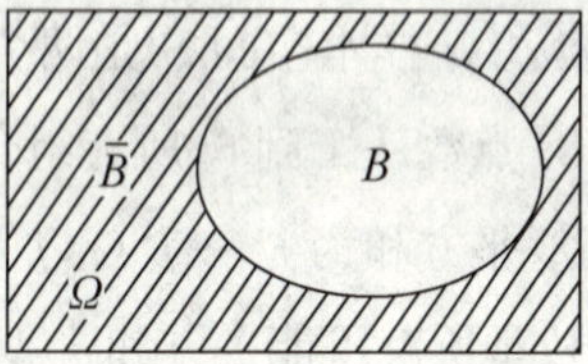

$B \cup \overline{B}=\Omega$　$B \cap \overline{B}=\varnothing$

专题一　随机事件的关系与运算

1-1 从一个包含 3 个红球和 2 个白球的袋子中，可放回地随机抽取 3 个球，观察球的颜色组合(不区分取球顺序)，以下选项正确描述样本空间 S 的是(　　).

(A) $S=\{$(红,红,红),(红,红,白),(红,白,白),(白,白,白)$\}$

(B) $S=\{$(红,红,红),(红,红,白),(白,白,白)$\}$

(C) $S=\{$(红,红,红),(红,红,白),(红,白,白),(白,白,白),(白,白)$\}$

(D) $S=\{$(红,红,红),(红,红,红,白),(红,红,白),(红,白,白),(白,白,白)$\}$

答案 (A)

解析 样本空间 S 包含所有可能的颜色组合(不区分顺序),满足抽取 3 个球的条件,则可能的情况包括:

①3 个红球:(红,红,红);

②2 个红球和 1 个白球:(红,红,白);

③1 个红球和 2 个白球:(红,白,白);

④0 个红球和 3 个白球:(白,白,白).

故选(A).

选项(B) 缺少了 (红, 白, 白),没有考虑 1 个红球和 2 个白球的组合,样本空间不完整.

选项(C) 添加了 (白, 白),这是无效组合,违反了试验条件.

选项(D) 包含了无意义的组合 (红, 红, 红, 白),表示抽取了 4 个球,而题目规定只抽 3 个球.

1-2 掷两个骰子并观察两个点数的平方和(例如,点数为 3 和 4,平方和为 $3^2+4^2=25$). 以下选项正确描述样本空间 S 的是( ).

(A)$S=\{2^2,3^2,\cdots,12^2\}$

(B)$S=\{2,4,8,16,25,36,49,64\}$

(C)$S=\{2,4,5,8,9,10,13,16,18,20,25,26,32,36,50,72\}$

(D)$S=\{2,5,8,10,13,17,18,20,25,26,29,32,34,37,40,41,45,50,52,61,72\}$

答案 (D)

解析 样本空间 S 是两个骰子点数的平方和的所有可能取值:

① 点数从 1 到 6,所有组合为 $6\times6=36$ 种;

② 平方和为 i^2+j^2(i,j 分别为两个骰子的点数).

枚举所有可能平方和:

$$i^2+j^2=\{1^2+1^2,1^2+2^2,\cdots,6^2+6^2\},$$

对所有组合计算结果,平方和的可能取值为

$$S=\{2,5,8,10,13,17,18,20,25,26,29,32,34,37,40,41,45,50,52,61,72\}.$$

选(D).

1-3 有一边长为 2 的正方形区域,其相邻的两条边分别在平面直角坐标系的 x 轴和 y 轴上. 在一个随机试验中,从边长为 2 的正方形区域内随机取一个点 (x,y),观察该点到原点 $(0,0)$ 的距离 $r=\sqrt{x^2+y^2}$. 以下选项正确描述样本空间 S 的是( ).

(A)$S=\{r\mid r\in\{0,1,2,\sqrt{2},2\sqrt{2}\}\}$ (B)$S=\{r\mid 0\leqslant r\leqslant 2\}$

(C)$S=\{r\mid 0\leqslant r\leqslant 2\sqrt{2}\}$ (D)$S=\{r\mid r\in\{0.5,1,1.5,2,\sqrt{2}\}\}$

答案 (C)

解析 根据题目条件 $0 \leqslant r=\sqrt{x^2+y^2} \leqslant \sqrt{2^2+2^2}=2\sqrt{2}$，可知选(C).

其中选项(A)，(D) 错误，因为其描述的是离散化的样本空间，而问题中明确指的是连续变量 r，而非离散点，因此样本空间描述不完整. (B) 错误的原因是 r 的范围计算有误.

1-4 若 A,B 是随机事件，且 $A\subseteq B$，则以下结论正确的是(　　).

(A)$\overline{B}\subseteq\overline{A}$　　(B)$\overline{A}\subseteq\overline{B}$　　(C)$\overline{A}=\overline{B}$　　(D)$\overline{A}\cap\overline{B}=\varnothing$

答案 (A)

解析 由 $A\subseteq B$，我们可以得出 $\overline{B}\subseteq\overline{A}$. 因为如果某个基本事件不在 B 中，那么它也一定不在 A 中.

选项(B)：错误. 因为 $\overline{A}$ 可能包含一些属于 B 但不属于 A 的基本事件.

选项(C)：错误. 因为 $A\subset B$，所以 A 和 B 不一定相等，则补集也不一定相等.

选项(D)：错误. 由于 $\overline{B}\subseteq\overline{A}$，则 $\overline{A}\cap\overline{B}=\overline{B}$，而 $\overline{B}$ 是否等于 $\varnothing$ 无法确定.

1-5 已知事件 $B\cap C=A$，以下结论中正确的是(　　).

(A)$A=B$　　(B)$A\subseteq B\subseteq C$　　(C)$A\cup C=\Omega$　　(D)$A\cap C=A$

答案 (D)

解析 由 $B\cap C=A$ 可知 $A\subseteq C$，由吸收律得 $A\cap C=A$，其余选项均无法得出.

1-6 设 A,B 为某试验中的两个随机事件，以下选项一定成立的是(　　).

(A) 如果 $A\cap B=\varnothing$，则 A 和 B 是对立事件

(B) 如果 $A\cup B=\Omega$，则 A 和 B 是对立事件

(C) 如果 A 和 B 是对立事件，则 $\overline{A}=B$ 且 $\overline{B}=A$

(D) 如果 A 和 B 是互斥事件，则 $\overline{A}=B$

答案 (C)

解析 $A\cap B=\varnothing$ 是互斥事件的条件，但不一定是对立事件，因为还需满足 $A\cup B=\Omega$，选项(A) 错误.

$A\cup B=\Omega$ 且 $A\cap B=\varnothing$ 是对立事件的定义，选项(B) 错误.

对立事件满足 $A\cup B=\Omega$，则 $\overline{A}=B$，$\overline{B}=A$，选项(C) 正确.

互斥事件不要求 $\overline{A}=B$，互斥事件仅需满足 $A\cap B=\varnothing$，选项(D) 错误.

1-7 设随机事件 A,B 满足 $A\cap B=\varnothing$，以下选项正确的是(　　).

(A)$A\cup B=\Omega$　　(B)$\overline{A}\cup\overline{B}=\Omega$

(C)$\overline{A}=B$　　(D)$\overline{A}\cap\overline{B}=\varnothing$

答案 (B)

解析 $A\cap B=\varnothing$ 是互斥事件的条件.

选项(A)：若A和B是对立事件，$A\cup B=\Omega$，但题目未提及对立事件，因此不一定正确.

选项(B)：由对偶律知$\overline{A\cap B}=\overline{\varnothing}$，即$\overline{A}\cup\overline{B}=\Omega$.

选项(C)：$\overline{A}=B$是A,B为对立事件的结论，而不是互斥事件普遍满足的条件，因此错误.

选项(D)：$\overline{A}\cap\overline{B}=\varnothing$不成立，因为$\overline{A}\cap\overline{B}=\overline{A\cup B}$，当$A\cup B\neq\Omega$时，$\overline{A}\cap\overline{B}\neq\varnothing$，因此错误.

【注】 互斥事件与对立事件易混淆，一定要准确地区分.

1-8 设A,B,C为随机事件，下列等式不成立的是（　　）.

(A)$A\cap(B\cup C)=(A\cap B)\cup(A\cap C)$

(B)$A\cup(B\cap C)=(A\cup B)\cap(A\cup C)$

(C)$\overline{A\cup B}=\overline{A}\cap\overline{B}$

(D) $A\cap(B\cup C)=(A\cap B)\cup C$

答案 (D)

解析 选项(A)：根据分配律，$A\cap(B\cup C)=(A\cap B)\cup(A\cap C)$，此项成立.

选项(B)：根据分配律，$A\cup(B\cap C)=(A\cup B)\cap(A\cup C)$，此项成立.

选项(C)：根据对偶律，$\overline{A\cup B}=\overline{A}\cap\overline{B}$，此项成立.

选项(D)：$A\cap(B\cup C)=(A\cap B)\cup(A\cap C)\neq(A\cap B)\cup C$，例如若$C=\Omega$，则左边$A\cap\Omega=A$，右边$=(A\cap B)\cup\Omega=\Omega$，故等式不成立.

1-9 设A,B为随机事件，下列关系中正确的个数是（　　）.

①$A\cap(\overline{A}\cup B)=A\cap B$　　②$A\cup(\overline{A}\cap B)=\overline{A}\cup B$

③$A\cap(\overline{A}\cap B)=\overline{A}\cap B$　　④$A\cup(\overline{A}\cup B)=\Omega$

(A)1　　(B)2　　(C)3　　(D)4

答案 (B)

解析 ① 根据分配律，$A\cap(\overline{A}\cup B)=(A\cap\overline{A})\cup(A\cap B)=\varnothing\cup(A\cap B)=A\cap B$，正确.

②$A\cup(\overline{A}\cap B)=(A\cup\overline{A})\cap(A\cup B)=A\cup B\neq\overline{A}\cup B$，错误.

③$A\cap(\overline{A}\cap B)=(A\cap\overline{A})\cap B=\varnothing\cap B=\varnothing$，错误.

④$A\cup(\overline{A}\cup B)=(A\cup\overline{A})\cup B=\Omega\cup B=\Omega$，正确.

故选(B).

1-10 设A,B,C为随机事件，下列运算中错误的是（　　）.

(A)$(A\cap B)\cup C=(A\cup C)\cap(B\cup C)$

(B)$A \cap (B \cup C) = (A \cap B) \cap (A \cap C)$

(C)$A \cup (B \cup C) = (A \cup B) \cup C$

(D)$A \cup B = \overline{\overline{A} \cap \overline{B}}$

答案 (B)

解析 选项(A):根据分配律,$(A \cap B) \cup C = (A \cup C) \cap (B \cup C)$成立.

选项(B):根据分配律,$A \cap (B \cup C) = (A \cap B) \cup (A \cap C)$,因此此项错误.

选项(C):联合运算满足结合律,$A \cup (B \cup C) = (A \cup B) \cup C$成立.

选项(D):根据对偶律,$A \cup B = \overline{\overline{A \cup B}} = \overline{\overline{A} \cap \overline{B}}$成立.

1.2　随机事件的概率

1.2.1　概率的定义与性质

1.2.1.1　概率的公理化定义

设E是随机试验,Ω是它的样本空间. 对于E的每一事件A赋予一个实数,记为$P(A)$,若事件函数$P(\cdot)$满足下列条件:

(1) 非负性:对于每一个事件A,有$P(A) \geqslant 0$;

(2) 规范性:对于必然事件Ω,有$P(\Omega) = 1$;

(3) 可列可加性:设$A_1, A_2, \cdots$,是两两互不相容的事件,即对于$A_iA_j = \varnothing (i \neq j, i, j = 1, 2, \cdots)$,有

$$P(A_1 \cup A_2 \cup \cdots) = P(A_1) + P(A_2) + \cdots,$$

则称$P(A)$为事件A的概率.

【注】这里需要区分一下概率和频率.

频率是指事件在实际试验中发生的相对次数,即事件在试验中实际发生的次数与试验总次数之比:

$$f(A) = \frac{\text{事件 } A \text{ 发生的次数}}{\text{试验的总次数}}.$$

频率依赖于具体的试验,随着试验次数增加可能逐渐接近理论概率.

在实际学习中,人们容易对概率和频率这两个概念产生混淆,下面我们以列表形式对概率和频率的区别进行具体的列举.

类别	概率	频率
定义	理论上描述事件发生的可能性，是一个数学概念	实际试验中事件发生的次数与试验总次数的比值，是统计结果
范围	[0,1]	[0,1]，但可能随试验次数增加而波动
确定性	概率是固定的数学值，重复试验下不变	频率是随机值，依赖试验结果，在重复试验中可能变化
试验次数	与试验次数无关，通常是理论计算得出	依赖于试验次数，试验次数越多，频率的波动越小
本质	理论上的"可能性"，是抽象的数学值	实验结果的"相对比例"，是实际测量值
依赖性	依赖于样本空间、事件和概率模型，独立于实际试验	完全依赖试验的实际结果，可能存在一定偏差
适用场景	理论分析、模型预测、概率论基础知识的推导	统计实验、实际数据的分析和估计

1.2.1.2 概率的基本性质

(1) $P(\varnothing)=0, P(\Omega)=1$，对任意事件 A 有 $0 \leqslant P(A) \leqslant 1$.

(2) 可列可加性：若 $A_1, A_2, \cdots, A_n$ 是两两互不相容的事件，则有

$$P(A_1 \cup A_2 \cup \cdots \cup A_n)=P(A_1)+P(A_2)+\cdots+P(A_n).$$

【注】此条性质简称互斥可加性，是概率计算的基本依据，需要重点掌握.

(3) 加法公式：

$$P(A \cup B)=P(A)+P(B)-P(AB),$$

$$P(A \cup B \cup C)=P(A)+P(B)+P(C)-P(AB)-P(AC)-P(BC)+P(ABC).$$

(4) 减法公式：

$$P(A-B)=P(A)-P(AB).$$

若 $B \subset A$，则

$$P(A-B)=P(A)-P(AB)=P(A)-P(B) \geqslant 0, \text{即 } P(A) \geqslant P(B).$$

(5) 逆事件的概率：

$$P(\overline{A})=1-P(A).$$

(6) 乘法公式：设 A, B 是两个事件，若 $P(A)>0$，则有

$$P(AB)=P(A)P(B \mid A).$$

推论：若 $P(A_1A_2\cdots A_{n-1})>0$，则有

$$P(A_1A_2\cdots A_n)=P(A_1)P(A_2 \mid A_1)\cdots P(A_n \mid A_1A_2\cdots A_{n-1}).$$

【注】概率用来描述事件发生的可能性大小，但是无法反推事件的性质与关系.

1.2.2　古典概型与几何概型

1.2.2.1　古典概型

对于试验 E，若其具有以下两个特点：

(1) 样本空间 Ω 只包含有限个样本点，即包含有限个基本事件；

(2) 每个样本点发生的可能性相同，则称试验 E 为等可能概型，也被称为古典概型．此时，对于事件 $A \subset \Omega$，其概率为

$$P(A)=\frac{\text{事件 } A \text{ 中的样本点数}}{\Omega \text{ 中的样本总数}}.$$

1.2.2.2　几何概型

若试验 E 的样本空间 Ω 为某区域(此区域维数不限)，其几何度量可以为长度、面积、体积等，且 Ω 中任一样本点落在度量相同的子区域内的可能性相同，则称试验 E 为几何概型．此时，对于事件 $A \subset \Omega$，其概率为

$$P(A)=\frac{A \text{ 的几何度量}}{\Omega \text{ 的几何度量}}.$$

【注】解决此类问题的关键在于能对样本空间和样本点展开完整的分析，古典概型依赖于排列组合分析，几何概型依赖于积分运算．

1.2.3　条件概率

1.2.3.1　条件概率

设 A,B 是两个事件，且 $P(A)>0$，则称在已知事件 A 发生的条件下事件 B 发生的概率为条件概率，定义为

$$P(B \mid A)=\frac{P(AB)}{P(A)}.$$

【注】条件概率可以看作一种“更新”或“调整”后的概率，在已知事件 A 发生的条件下重新评估事件 B 的可能性．

1.2.3.2　条件概率的性质

条件概率也是概率的一种形式，因此同样满足概率的各种基本性质，常用到的五个性质如下：

(1) 加法公式：

$$P(A \cup B \mid C)=P(A \mid C)+P(B \mid C)-P(AB \mid C),P(C)\neq 0.$$

(2) 减法公式：

$$P(A-B\mid C)=P(A\mid C)-P(AB\mid C),P(C)\neq 0.$$

(3) 逆事件概率公式：

$$P(\overline{A}\mid B)=1-P(A\mid B),P(B)\neq 0.$$

(4) 规范性：

$$0\leqslant P(A\mid B)\leqslant 1,P(B)\neq 0,$$
$$P(\Omega\mid B)=1,$$
$$P(\varnothing\mid B)=0.$$

(5) 吸收性：若 $A\subseteq B$，$P(A\mid B)=\dfrac{P(AB)}{P(B)}=\dfrac{P(A)}{P(B)},P(B)\neq 0.$

【注】条件概率是本章核心知识点，常以填空题和选择题的形式出现在考试中. 解决问题的关键在于准确运用条件概率的定义以及性质，结合事件的运算关系进行化简.

1.2.4 全概率公式、贝叶斯公式

1.2.4.1 完备事件组

对于试验 E 中的有限个事件 $A_1,A_2,\cdots,A_n$ 或可列个事件 $A_1,A_2,\cdots$，样本空间为 Ω，若满足以下两个条件：

(1) $A_iA_j=\varnothing,(i\neq j,i,j=1,2,\cdots)$；

(2) $A_1\cup A_2\cup\cdots\cup A_n=\Omega$（或 $A_1\cup A_2\cup\cdots=\Omega$）.

则称 $A_1,A_2\cdots,A_n$（或 $A_1,A_2,\cdots$）是一个完备事件组，也称为样本空间 Ω 的一个划分.

意义：有限个事件 $A_1,A_2,\cdots,A_n$ 或可列个事件 $A_1,A_2,\cdots$ 中仅发生且必须发生其中之一.

1.2.4.2 全概率公式

设 Ω 为试验 E 的样本空间，$B_1,B_2,\cdots,B_n$ 为 Ω 的一个完备事件组，且 $P(B_i)>0(i=1,2,\cdots,n)$，则

$$P(A)=\sum_{i=1}^{n}P(B_i)P(A\mid B_i).$$

1.2.4.3 贝叶斯公式

设 Ω 为试验 E 的样本空间，$B_1,B_2,\cdots,B_n$ 为 Ω 的一个完备事件组，且 $P(B_i)>0(i=1,2,\cdots,n)$，$P(A)>0$ 则

$$P(B_i\mid A)=\frac{P(B_iA)}{P(A)}=\frac{P(B_i)P(A\mid B_i)}{\sum_{j=1}^{n}P(B_j)P(A\mid B_j)},i=1,2,\cdots,n.$$

【注】全概率公式的主要作用是将一个复杂事件的概率分解为几个简单事件的概率的加权求和，帮助我们化简一个事件的概率，使我们不直接计算复杂事件的概率.

贝叶斯公式用于在已知条件下更新事件的概率，是统计推断的重要工具. 它帮助我们从**后验概率**的角度重新评估事件的可能性.

专题二　概率的性质与计算

1-11 已知 $P(A)=0.3, P(B)=0.5$，且 $P(A\cap B)=0$. 以下结论正确的是(　　).

(A)A 和 B 必互斥　　(B)A 和 B 必对立

(C)A 和 B 可能是对立事件　　(D)A 和 B 可能是互斥但非对立事件

答案 (D)

解析 首先，概率不可能推出事件，故选项(A) 和(B) 均错误.

关于选项(C)，若 A,B 对立，一定满足 $A=\overline{B}$，$P(A)=1-P(B)$，故错误.

选项(D) 是可能成立的，$P(AB)=0$ 但 $P(A)+P(B)\neq 1$，即 A,B 互斥但不对立.

1-12 在 $[0,1]$ 之间任取一个点，记作 x. 定义事件 $A: x<0.4$，事件 $B: x>0.4$，则下列选项中错误的是(　　).

(A)A,B 互斥　　(B)A,B 对立

(C)$P(AB)=0$　　(D)$P(A\cup B)=1$

答案 (B)

解析 由条件可知 $AB=\varnothing$，故选项(A) 和选项(C) 均正确. $A\cup B$ 并没有包含 $x=0.4$ 这种情况，因而选项(B) 错误.

选项(D)：$P(A\cup B)=P(A)+P(B)-P(AB)=0.4+0.6=1$，正确.

1-13 在 $[0,1]$ 之间任取一个点，记作 x. 定义事件 $A: x\leqslant 0.4$，事件 $B: x\geqslant 0.4$，则下列选项中正确的是(　　).

(A)A,B 互斥　　(B)A,B 对立

(C)$P(AB)=0$　　(D)$P(A\cup B)=0.8$

答案 (C)

解析 由条件可知 $AB=\{x\mid x=0.4\}$，故 $AB\neq\varnothing$，则选项(A) 和选项(B) 均不正确.

根据几何概型的结论可知 $P(AB)=P\{x=0.4\}=0$，选项(C) 正确.

选项(D)：$P(A\cup B)=P(A)+P(B)-P(AB)=0.4+0.6=1$，选项(D) 错误.

1-14 设事件 A 与事件 B 互不相容，则(　　).

(A)$P(\overline{A}\cap\overline{B})=0$　　(B)$P(AB)=P(A)P(B)$

(C) $P(A)=1-P(B)$　　(D) $P(\overline{A}\cup\overline{B})=1$

答案 (D)

解析 由于事件 A 和 B 互不相容，$AB=\varnothing$，所以有 $\overline{A}\cup\overline{B}=\overline{AB}=\Omega$，因此

$$P(\overline{A}\cup\overline{B})=1.$$

选项(A)、选项(B) 和选项(C) 均无法从题目获取.

1-15 设 A,B 为随机事件，则 $P(A)+P(B)=1$ 的充分必要条件是(　　).

(A) $P(A\cup B)=P(A)+P(B)$　　(B) $P(AB)=P(A)P(B)$

(C) $P(A\cap\overline{B})=P(B\cap\overline{A})$　　(D) $P(AB)=P(\overline{A}\cap\overline{B})$

答案 (D)

解析 选项(A)，根据 $P(A\cup B)=P(A)+P(B)-P(A\cap B)$，可知 $P(A\cap B)=0$，不满足.

选项(B) 无法从题目中判断.

选项(C)，若 $P(A\overline{B})=P(B\overline{A})$，则

$$P(A)-P(A\cap B)=P(B)-P(A\cap B),$$

化简得

$$P(A)=P(B).$$

选项(D)，$P(\overline{A}\cap\overline{B})=1-P(\overline{\overline{A}\cap\overline{B}})=1-P(A\cup B)$，又

$$1-P(A\cup B)=1-[P(A)+P(B)-P(AB)]=P(AB),$$

故 $P(A)+P(B)=1$，选项(D) 正确.

1-16 设 A,B,C 是样本空间 S 中的三个随机事件，已知 $P(A)=0.3$，$P(B)=0.5$，$P(C)=0.4$，A 与 B 互斥，$P(A\cap C)=0.25$，$P(B\cap C)=0.2$，则 $P(A\cup B\cup C)=$ ______.

答案 0.75

解析 根据题中条件可知 $P(A\cap B)=0$(由 A 与 B 互斥所得)，$P(A\cap B\cap C)=0$(由 $A\cap B=\varnothing$ 所得).

将已知条件代入可得

$$\begin{aligned}P(A\cup B\cup C)&=P(A)+P(B)+P(C)-P(A\cap B)-P(A\cap C)-\\&\quad P(B\cap C)+P(A\cap B\cap C)\\&=0.3+0.5+0.4-0-0.25-0.2+0\\&=0.75.\end{aligned}$$

1-17 某教研室有 11 名教师，其中男教师 7 名，现要选出 3 名优秀教师，求 3 名优秀教师中至少有一个女教师的概率.

▶解析 方法一：设 A_i 表示 3 名优秀教师中恰好有 i 名女教师，其中 $i=1,2,3$. 设 A 为所求事件，则 $A=A_1\cup A_2\cup A_3$，其中 A_1,A_2,A_3 两两互斥，由加法公式，有

$$P(A)=P(A_1)+P(A_2)+P(A_3)=\frac{C_4^1C_7^2}{C_{11}^3}+\frac{C_4^2C_7^1}{C_{11}^3}+\frac{C_4^3C_7^0}{C_{11}^3}=\frac{26}{33}.$$

方法二：设 A 表示 3 名优秀教师中至少有一个女教师，则 $\overline{A}$ 表示 3 名优秀教师均为男教师，则

$$P(A)=1-P(\overline{A})=1-\frac{C_7^3}{C_{11}^3}=\frac{26}{33}.$$

1-18 从 $(0,1)$ 中任意取两个数，试求这两个数之和小于 1 且其积小于 $\frac{3}{16}$ 的概率.

▶解析 设 x,y 分别表示所取的两个数，由于样本空间为

$$\Omega=\{(x,y)\mid 0<x<1,0<y<1\},$$

A 表示事件"两数之和小于 1 且其积小于 $\frac{3}{16}$"，于是

$$A=\left\{(x,y)\mid (x,y)\in\Omega,x+y<1,xy<\frac{3}{16}\right\}.$$

由 $\begin{cases}x+y=1,\\ xy=\frac{3}{16}\end{cases}$ 可得交点为 $\left(\frac{1}{4},\frac{3}{4}\right),\left(\frac{3}{4},\frac{1}{4}\right)$.

从而可得出事件 A 所表示的区域为如图所示的阴影部分，则

$$S_A=\int_{\frac{1}{4}}^{\frac{3}{4}}\frac{3}{16}\cdot\frac{1}{x}dx+\int_0^{\frac{1}{4}}(1-x)dx+\int_{\frac{3}{4}}^1(1-x)dx=\frac{1}{4}+\frac{3}{16}\ln 3,$$

$$S_\Omega=1,$$

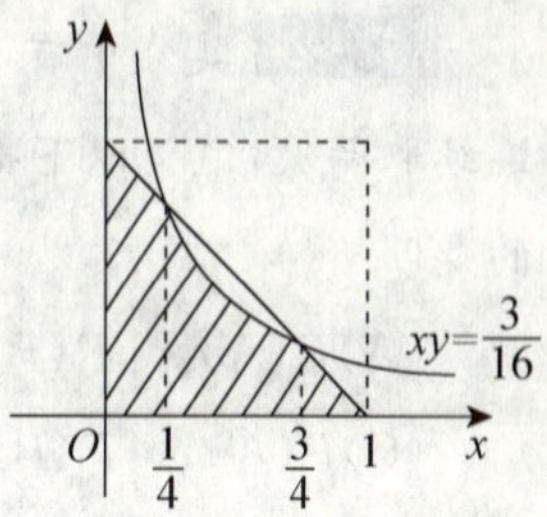

故

$$P(A)=\frac{S_A}{S_\Omega}=\frac{1}{4}+\frac{3}{16}\ln 3.$$

1-19 设 A,B,C 是随机事件，A 与 C 互不相容，$P(AB)=\frac{1}{2}$，$P(C)=\frac{1}{3}$，则 $P(AB\mid\overline{C})=$ ________.

答案 $\frac{3}{4}$

▶解析 由于事件 A,C 互不相容，所以有 $AC=\varnothing$，$ABC=\varnothing$，于是 $P(ABC)=0$，则

$$P(AB\mid\overline{C})=\frac{P(AB\overline{C})}{P(\overline{C})}=\frac{P(AB)-P(ABC)}{1-P(C)}=\frac{P(AB)}{1-P(C)}=\frac{\frac{1}{2}}{1-\frac{1}{3}}=\frac{3}{4}.$$

1－20 设随机事件 A,B,C 满足：

①$P(A)=0.4$, $P(B)=0.6$, $P(C)=0.7$；

②$P(A\cap B)=0.24$, $P(B\cap C)=0.42$, $P(A\cap C)=0.28$；

③$P(A\cap B\cap C)=0.2$.

计算：

(1)$P(\overline{A}\mid B\cap C)$；

(2)$P(A\cup B\mid C)$.

解析 (1) 根据条件概率公式，有

$$P(\overline{A}\mid B\cap C)=1-P(A\mid B\cap C)=1-\frac{P(ABC)}{P(BC)}=1-\frac{0.2}{0.42}=\frac{11}{21}.$$

(2) 根据条件概率公式：

$$P(A\cup B\mid C)=\frac{P((A\cup B)\cap C)}{P(C)}.$$

由于$(A\cup B)\cap C=(A\cap C)\cup(B\cap C)$，则

$$P((A\cup B)\cap C)=P(A\cap C)+P(B\cap C)-P(A\cap B\cap C).$$

故
$$P((A\cup B)\cap C)=0.28+0.42-0.2=0.5.$$

$$P(A\cup B\mid C)=\frac{0.5}{0.7}=\frac{5}{7}.$$

1－21 某袋中有 5 个红球和 5 个蓝球，每次随机从袋中取出 1 个球，取出后不放回，连续取两次，定义以下事件：A＝第 1 次取到红球；B＝第 2 次取到红球．则下列结论中正确的是(　　).

(A)$P(A)<P(B)$　　(B)$P(A)=P(B)$

(C)$P(A)>P(B)$　　(D)A,B 互为对立事件

答案 (B)

解析 第一次取球，袋中共有 10 个球，其中 5 个是红球，因此

$$P(A)=\frac{5}{10}=\frac{1}{2}.$$

第二次取球：

若第一次取到红球(事件 A 发生)，袋中剩下 4 个红球和 5 个蓝球，共 9 个球，第二次取到红球的概率为

$$P(B\mid A)=\frac{4}{9}；$$

若第一次取到蓝球(事件 $\overline{A}$ 发生)，袋中剩下 5 个红球和 4 个蓝球，共 9 个球，第二次取到红球的概率为

$$P(B \mid \overline{A})=\frac{5}{9}.$$

根据全概率公式，则有

$$\begin{aligned}P(B)&=P(B \mid A)P(A)+P(B \mid \overline{A})P(\overline{A})\\&=\frac{4}{9}\cdot\frac{5}{10}+\frac{5}{9}\cdot\frac{5}{10}=\frac{20}{90}+\frac{25}{90}=\frac{45}{90}=\frac{1}{2},\end{aligned}$$

则 $P(A)=P(B)$，故选项(B) 正确.

状态图如下：

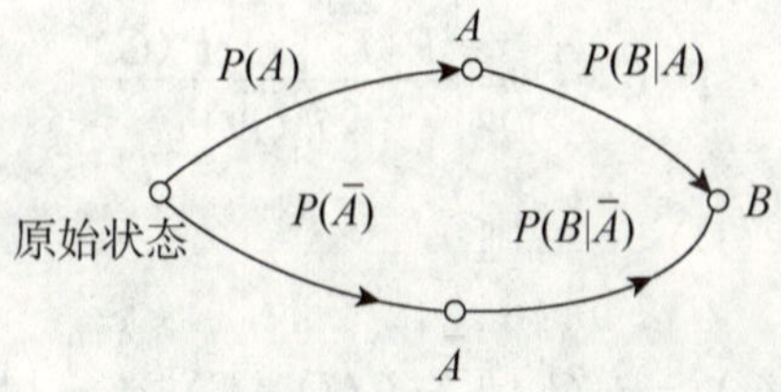

由题中条件可知 $P(AB)=P(A)P(B \mid A)=\frac{5}{10}\times\frac{4}{9}\neq 0$，故 A，B 互为对立事件不可能成立，选项(D) 错误.

【注】 此题的结论非常重要，常被称为抽签原理，即中签的概率和抽签次数无关. 在后面的题目中可以直接运用此结论.

1－22 在某信息传递系统中，信号 S 可能来自三种信源 A，B，C，概率分别为 $P(A)=\frac{1}{3}$，$P(B)=\frac{1}{3}$，$P(C)=\frac{1}{3}$. 传递信号时，系统可能发生传输错误，将信号被正确接收记作 D.

若信号来自信源 A，被正确接收的概率为 $P(D \mid A)=\frac{9}{10}$；

若信号来自信源 B，被正确接收的概率为 $P(D \mid B)=\frac{8}{10}$；

若信号来自信源 C，被正确接收的概率为 $P(D \mid C)=\frac{7}{10}$.

(1) 求信号被正确接收的概率 $P(D)$；

(2) 若信号被正确接收，求其来自信源 A 的概率 $P(A \mid D)$；

(3) 若信号未被正确接收，求其来自信源 C 的概率 $P(C \mid \overline{D})$.

解析 (1) 根据全概率公式，有

$$P(D)=P(D \mid A)P(A)+P(D \mid B)P(B)+P(D \mid C)P(C).$$

代入数据得

$$P(D)=\frac{9}{10}\cdot\frac{1}{3}+\frac{8}{10}\cdot\frac{1}{3}+\frac{7}{10}\cdot\frac{1}{3}=\frac{4}{5}.$$

(2) 根据贝叶斯公式,有

$$P(A\mid D)=\frac{P(D\mid A)P(A)}{P(D)}.$$

代入数据得

$$P(A\mid D)=\frac{\frac{9}{10}\cdot\frac{1}{3}}{\frac{4}{5}}=\frac{\frac{9}{30}}{\frac{4}{5}}=\frac{45}{120}=\frac{3}{8}.$$

(3) 根据贝叶斯公式,有

$$P(C\mid\overline{D})=\frac{P(\overline{D}\mid C)P(C)}{P(\overline{D})}.$$

由(1) 知 $P(\overline{D})=1-P(D)=\frac{1}{5}$,则

$$P(C)P(\overline{D}\mid C)=P(C)[1-P(D\mid C)]=\frac{1}{3}\left(1-\frac{7}{10}\right)=\frac{1}{10},$$

故 $P(C\mid\overline{D})=\frac{\frac{1}{10}}{\frac{1}{5}}=\frac{1}{2}$.

1-23 设 A,B,C 是三个随机事件,且 $P(A)=0,P(C)=1$,下列说法中错误的是(　　).

(A) $P(AB)=0,P(A\cup B)=P(B)$　　(B) $P(BC)=P(B),P(B\cup C)=1$

(C) $P(A\cup C)=1$　　(D) $AB=\varnothing,A\cup B=B$

答案 (D)

解析 由于概率无法推出事件具体情况,显然(D) 错误.

选项(A):由于 $AB\subseteq A$,则 $P(AB)\leqslant P(A)=0$,故 $P(AB)=0$,则

$$P(A\cup B)=P(A)+P(B)-P(AB)=0+P(B)-0=P(B).$$

选项(B):由于 $C\subseteq(B\cup C)$,则 $1=P(C)\leqslant P(B\cup C)$,故 $P(B\cup C)=1$.

由 $P(B\cup C)=P(B)+P(C)-P(BC)=1$,且 $P(C)=1$,故 $P(B)=P(BC)$.

选项(C):由 $P(A\cup B)=P(B)$,同理可知 $P(A\cup C)=P(C)=1$.

故选项(A),(B),(C) 均正确.

【注】本题非常重要,虽然 $P(A)=0\nRightarrow A=\varnothing$,但在概率计算中 A 与 $\varnothing$ 作用相同,即

$$P(AB)=P(\varnothing B)=0,$$

$$P(A\cup B)=P(\varnothing\cup B)=P(B).$$

虽然 $P(C)=1\nRightarrow C=\Omega$,但在概率计算中 C 与 Ω 作用相同,即

$$P(BC)=P(B\Omega)=P(B),$$

$$P(B\cup C)=P(B\cup\Omega)=P(\Omega)=1.$$

此结论在后续解题中可直接使用.

1-24 设 A,B,C 为三个随机事件，且 $P(A)=P(B)=P(C)=\frac{1}{4}$，且

$$P(AC)=P(BC)=\frac{1}{12},P(AB)=0.$$

(1) 求 A,B,C 中至少有两个事件发生的概率；

(2) 求 A,B,C 中至少有一个事件发生的前提下，恰好有两个事件发生的概率.

解析 (1)A,B,C 中至少有两个事件发生的概率为

$$\begin{aligned}&P(AB\cup BC\cup AC)\\&=P(AB)+P(BC)+P(AC)-P(AB\cap BC)-P(AB\cap AC)-P(BC\cap AC)+P(ABC)\\&=P(AB)+P(BC)+P(AC)-3P(ABC)+P(ABC),\end{aligned}$$

又由 $P(AB)=0$，可知 $P(ABC)=0$，故

$$P(AB\cup BC\cup AC)=\frac{1}{12}\times 2=\frac{1}{6}.$$

(2) 由条件概率定义知

$$\begin{aligned}&P\{A,B,C\text{ 中恰好发生两个}\mid A,B,C\text{ 中至少发生一个}\}\\&=\frac{P\{A,B,C\text{ 中恰好发生两个}\cap A,B,C\text{ 中至少发生一个}\}}{P\{A,B,C\text{ 中至少发生一个}\}}.\end{aligned}$$

由于事件$\{A,B,C$ 中恰好发生两个$\}\subseteq\{A,B,C$ 中至少发生一个$\}$，故

$$\begin{aligned}\text{原式}&=\frac{P(AB\cup BC\cup AC)-P(ABC)}{P(A\cup B\cup C)}\\&=\frac{\frac{1}{6}-0}{P(A)+P(B)+P(C)-P(AB)-P(AC)-P(BC)+P(ABC)}\\&=\frac{\frac{1}{6}}{\frac{3}{4}-\frac{2}{12}}=\frac{2}{7}.\end{aligned}$$

【注】$P(AB\cup BC\cup AC)-P(ABC)$ 表示至少两个事件发生，但未出现三个事件同时发生的情况，即恰有两个事件发生的概率.

1.3 事件的独立性

1.3.1 事件独立

1.3.1.1 事件独立的定义

设 $n(n\geqslant 2)$ 个事件 $A_1,A_2,\cdots,A_n$，如果对于其中任意 2 个，任意 3 个，…，任意 n 个事件的积事件的概率，都等于各事件概率之积，则称事件 $A_1,A_2,\cdots,A_n$ 相互独立.

上述定义可表达为如下公式：

(1) 对于两个事件 A,B：

A 与 B 相互独立 $\Leftrightarrow P(AB)=P(A)P(B)$.

(2) 对于三个事件 A,B,C：

$$A,B,C\text{ 相互独立}\Leftrightarrow\begin{cases}P(AB)=P(A)P(B),\\P(BC)=P(B)P(C),\\P(AC)=P(A)P(C),\\P(ABC)=P(A)P(B)P(C).\end{cases}$$

当仅满足前三个等式，而不满足最后一个等式时，称 A,B,C 两两独立.

【注】 这里需要注意两个问题：

(1) 独立性的判定完全是用概率实现的，与这一点不同的是，事件之间的互斥、包含等关系通常用样本点来判定.

(2) 若随机事件 A,B,C 相互独立，则一定两两独立；反之，并不成立.

1.3.1.2 事件独立的性质

(1) $\varnothing$ 和 Ω 与任何事件都相互独立；

(2) 事件 A,B 相互独立 $\Leftrightarrow A$ 与 $\overline{B}$ 独立 $\Leftrightarrow \overline{A}$ 与 B 独立 $\Leftrightarrow \overline{A}$ 与 $\overline{B}$ 独立；

(3) 若 $0<P(B)<1$，则事件 A,B 相互独立的充分必要条件是 $P(A\mid B)=P(A)=P(A\mid \overline{B})$；

(4) 若事件 A 与 B 互斥，则 A 与 B 独立的充分必要条件是 $P(A)=0$ 或 $P(B)=0$；

(5) 若事件 $A\subset B$，则 A 与 B 独立的充分必要条件是 $P(A)=0$ 或 $P(B)=1$.

【注】 上述性质中的(2)，(3) 常用来判定事件之间的独立性. 而(4)，(5) 常用来否定事件之间的独立性. 事件独立性的判定和应用是本章核心考点.

1.3.2　独立重复试验

一般地,在相同条件下重复做若干次的试验称为独立重复试验. 其中,各次试验的结果之间相互独立,且同一事件在各次试验中出现的概率相同.

1.3.3　伯努利概型

若每次试验只有对立的两个结果 A 和 $\overline{A}$,则称这种试验为伯努利试验,将伯努利试验独立重复进行 n 次,称为 n 重伯努利试验.

设在 n 重伯努利试验中,$P(A)=p(0<p<1)$,则在 n 重伯努利试验中,事件 A 恰好发生 k 次的概率为

$$P_n(k)=C_n^k p^k(1-p)^{n-k}(k=0,1,2,\cdots,n).$$

此公式又称为二项分布的概率公式.

专题三　独立性的概念与应用

1－25 设 A,B,C 三个事件两两独立,则 A,B,C 相互独立的充分必要条件是(　　).

(A) A 与 BC 独立　　(B) AB 与 $A\cup C$ 独立

(C) AB 与 AC 独立　　(D) $A\cup B$ 与 $A\cup C$ 独立

答案 (A)

解析 A,B,C 相互独立的充分必要条件是 A,B,C 两两独立且 $P(ABC)=P(A)P(B)P(C)$. 由题意知 A,B,C 两两独立,因此 A,B,C 相互独立等价于

$$P(ABC)=P(A)P(B)P(C).$$

对于题中选项(A),因为 A 与 BC 独立,并且 B 与 C 独立,故

$$P(ABC)=P(A)P(BC)=P(A)P(B)P(C).$$

其余选项推不出此结果,所以答案为(A).

1－26 设 A,B 为随机事件,则下列结论中正确的是(　　).

(A) 若 $P(AB)=0$,则 A 与 B 互斥

(B) 若 $P(AB)=0,P(A)+P(B)=1$,则 A 与 B 对立

(C) 若 $P(A)\leqslant P(B)$,则 $A\subseteq B$

(D) 若 $P(A\overline{B})=P(A)P(\overline{B})$,则 A 与 B 相互独立

答案 (D)

解析 由于概率无法直接推出事件之间的互斥、对立和包含关系,故选项(A),(B),(C)错误.

选项(D)：由 $P(A\overline{B})=P(A)P(\overline{B})$，知 A 与 $\overline{B}$ 独立，由独立性的推论可知 A 与 B 独立.

1-27 设 A,B 为随机事件，则下列结论中错误的是(　　).

(A) 若 $P(A)=0$，则 A 与 B 相互独立

(B) 若 $P(A)=1$，则 A 与 B 相互独立

(C) 若 $0<P(B)<1$，$P(A\mid B)=P(A\mid\overline{B})$，则 A 与 B 相互独立

(D) 若 $0<P(B)<1$，$P(A\mid B)=P(\overline{A}\mid B)$，则 A 与 B 相互独立

答案 (D)

解析 由 $P(A)=0$ 知，$P(AB)=0=P(A)P(B)$，即概率为0的事件与一切事件独立，(A) 正确.

由 $P(A)=1$ 知，$P(AB)=P(B)=P(A)P(B)$，即概率为1的事件与一切事件独立，(B) 正确.

选项(C)：

$$P(A\mid B)=P(A\mid\overline{B})\Rightarrow\frac{P(AB)}{P(B)}=\frac{P(A\overline{B})}{P(\overline{B})}=\frac{P(A)-P(AB)}{1-P(B)},$$

即
$$P(AB)[1-P(B)]=P(B)[P(A)-P(AB)],$$
可得 $P(AB)=P(A)P(B)$，则 A 与 B 独立，(C) 正确.

选项(D)：$P(\overline{A}\mid B)=1-P(A\mid B)=P(A\mid B)$，只能得到 $P(A\mid B)=1/2$，无法得出独立性，故(D) 错误.

【注】本题对独立性的性质进行了进一步推广，即概率为0或1的事件与任何事件都独立，此结论非常重要.

1-28 已知 $0<P(A)<1$，$0<P(B)<1$，且 $P(A\mid B)+P(\overline{A}\mid\overline{B})=1$，则(　　).

(A) A,B 互不相容　　(B) A,B 互相对立

(C) A,B 互不对立　　(D) A,B 相互独立

答案 (D)

解析 题中所给条件为概率，无法推出互不相容(互斥)，对立等结论，因此选项(A)，选项(B) 和选项(C) 均错误.

由题中条件 $P(A\mid B)=1-P(\overline{A}\mid\overline{B})=P(A\mid\overline{B})$，故选项(D) 为正确答案.

1-29 设两个相互独立的事件 A 和 B 都不发生的概率为 $\frac{1}{9}$，A 发生 B 不发生的概率与 B 发生 A 不发生的概率相等，则 $P(A)=$________.

答案 $\frac{2}{3}$

解析 因为 A,B 为独立事件,所以 $\overline{A},\overline{B}$ 也为独立事件,于是得到

$$P(\overline{A}\cap\overline{B})=P(\overline{A})P(\overline{B})=\frac{1}{9}.$$

又

$$P(A\overline{B})=P(\overline{A}B),$$

由减法公式可得

$$P(A)-P(AB)=P(B)-P(AB),$$

则

$$P(A)=P(B),$$

因此

$$P(\overline{A})P(\overline{B})=[1-P(A)][1-P(B)]=[1-P(A)]^2=\frac{1}{9},$$

解得 $P(A)=\frac{2}{3}$.

1-30 设 A,B 是两个随机事件,$P(A)=0.5$,$P(B\mid A)+P(\overline{B}\mid\overline{A})=1$,$P(A\cup B)=0.8$,则 $P(\overline{A}\cup\overline{B})=$________.

答案 0.7

解析 对于任何概率不为零的事件 $\overline{A}$,一定有 $P(B\mid\overline{A})+P(\overline{B}\mid\overline{A})=1$,结合题设条件 $P(B\mid A)+P(\overline{B}\mid\overline{A})=1$ 可得,

$$P(B\mid A)=P(B\mid\overline{A})\Rightarrow\frac{P(AB)}{P(A)}=\frac{P(B)-P(AB)}{1-P(A)}\Rightarrow P(AB)=P(A)P(B),$$

即 A 与 B 相互独立.

$$P(A\cup B)=P(A)+P(B)-P(AB)=0.5+P(B)-0.5P(B)=0.8,$$

解得 $P(B)=0.6$,所以

$$P(\overline{A}\cup\overline{B})=P(\overline{A\cap B})=1-P(AB)=1-P(A)P(B)=0.7.$$

1-31 设 A,B,C 是两两相互独立且三事件不能同时发生的随机事件,且事件 A,B,C 发生的概率相等,则 $P(A\cup B\cup C)$ 的最大值为________.

答案 $\frac{3}{4}$

解析 根据三个事件的加法公式,有

$$P(A\cup B\cup C)=P(A)+P(B)+P(C)-P(AB)-P(BC)-P(AC)+P(ABC).$$

由已知条件得

①$P(A)=P(B)=P(C)=p$,所以 $P(A)+P(B)+P(C)=3p$;

②$P(AB)=P(A)P(B)=p^2$,$P(BC)=P(B)P(C)=p^2$,$P(AC)=P(A)P(C)=p^2$;

③$P(A\cap B\cap C)=0$(不能同时发生).

代入加法公式可得

$$P(A\cup B\cup C)=3p-p^2-p^2-p^2+0=3p-3p^2,$$

将其改写为标准形式,为

$$P(A\cup B\cup C)=-3(p^2-p)=-3\left[\left(p-\frac{1}{2}\right)^2-\frac{1}{4}\right]=-3\left(p-\frac{1}{2}\right)^2+\frac{3}{4}.$$

可以看出,当 $p=\frac{1}{2}$ 时,二次函数达到最大值,为

$$P(A\cup B\cup C)_{\max}=\frac{3}{4}.$$

1-32 某袋中装有4个球,其中2个红球和2个蓝球,每次随机从袋中取出1个球且放回,连续取2次.定义以下事件:

①A:第1次取到红球;

②B:第2次取到红球;

③C:两次取到的球颜色相同(即红红或蓝蓝).

以下选项正确的是(　　).

(A)A,B,C 两两独立,且相互独立

(B)A,B,C 既不两两独立,也不相互独立

(C)A,B,C 两两独立,但不相互独立

(D)A,B,C 两两独立,且互斥

答案 (C)

解析 由独立重复试验的性质可知事件 A,B 一定独立.

根据题中条件,有

$P(A)=P\{第1次取红球\}=\frac{2}{4}=\frac{1}{2}.$

$P(B)=P\{第2次取红球\}=\frac{2}{4}=\frac{1}{2}.$

$P(A\cap B)=P\{第1次和第2次均取红球\}=P(A)P(B)=\frac{1}{2}\cdot\frac{1}{2}=\frac{1}{4}.$

$P(C)=P\{两次颜色相同\}=P\{红,红\}+P\{蓝,蓝\}=\frac{1}{4}+\frac{1}{4}=\frac{1}{2}.$

$P(A\cap C)=P\{第1次红,且两次颜色相同\}=P\{红,红\}=P(A\cap B)=\frac{1}{4}.$

$P(A)P(C)=\frac{1}{2}\cdot\frac{1}{2}=\frac{1}{4}.$

因此,$P(A\cap C)=P(A)P(C)$,说明 A 和 C 相互独立,同理可验证 B 和 C 相互独立.

$A\cap B\cap C$ 表示“两次取到红球”，所以

$$P(A\cap B\cap C)=P\{红,红\}=\frac{1}{4},$$

$$P(A)P(B)P(C)=\frac{1}{2}\cdot\frac{1}{2}\cdot\frac{1}{2}=\frac{1}{8},$$

显然 $P(A\cap B\cap C)\neq P(A)P(B)P(C)$，因此 A,B,C 不相互独立，故选(C).

1-33 对一个均匀的样本空间 $S=\{1,2,3,4,5,6,7,8\}$，每个元素被取到的概率相等，现从中取出一个数，定义以下三个事件：

① 事件 A：结果属于$\{1,2,3,4\}$；

② 事件 B：结果属于$\{1,2,5,6\}$；

③ 事件 C：结果属于$\{1,3,5,7\}$.

则下列结论中正确的是(　　).

(A) 事件 A,B 和 C 是相互独立的

(B) 事件 A 和 B 独立，但与 C 不独立

(C) 事件 B 和 C 独立，但与 A 不独立

(D) 事件 A,B 和 C 之间不是相互独立的

答案 (A)

解析 根据古典概型的性质可知 $P(A)=P(B)=P(C)=\frac{4}{8}=\frac{1}{2}$，而 $P(ABC)=P\{$取出的数为 $1\}=\frac{1}{8}$，故 $P(ABC)=P(A)P(B)P(C)$，因此 A,B,C 相互独立，选项(A)正确.

根据独立性的结论，相互独立一定两两独立，故其他结论均错误.

1-34 某射手的命中率为 $p(0<p<1)$，该射手连续射击 n 次才命中 k 次($k\leqslant n$)概率为(　　).

(A) $p^k(1-p)^{n-k}$

(B) $C_n^k p^k(1-p)^{n-k}$

(C) $C_{n-1}^{k-1}p^k(1-p)^{n-k}$

(D) $C_{n-1}^{k-1}p^{k-1}(1-p)^{n-k}$

答案 (C)

解析 本题的含义是指第 n 次一定命中，且前面 $n-1$ 次试验命中了 $k-1$ 次.

由于各次试验结果之间具有独立性. 故所求概率为

$$[C_{n-1}^{k-1}p^{k-1}(1-p)^{n-1-(k-1)}]p=C_{n-1}^{k-1}p^k(1-p)^{n-k},$$

故选(C).

【注】此题考点为常见易错点. 凡是题目提到才命中、恰好命中、刚好命中的都表示已经确定了最后一次试验的结果，因而在计算的时候需要识别和区分.

1－35 设每次试验成功的概率为 $p(0<p<1)$，则在3次重复独立试验中至少失败一次的概率为(　　).

(A) p^3　　(B) $(1-p)^3$　　(C) $1+p^3$　　(D) $1-p^3$

答案 (D)

解析 方法一：直接法.

3次重复独立试验中至少失败一次的概率为

$$\begin{aligned}&P\{失败一次\}+P\{失败两次\}+P\{失败三次\}\\=&C_3^1(1-p)p^2+C_3^2(1-p)^2p+C_3^3(1-p)^3p^0\\=&3p^2(1-p)+3p(1-p)^2+(1-p)^3=1-p^3.\end{aligned}$$

方法二：间接法.

3次重复独立试验中至少失败一次的概率为

$$1-P\{失败0次\}=1-C_3^0(1-p)^0p^3=1-p^3.$$

故选(D).

课后作业

1 某射手向目标射击三次，用 A_i 表示第 i 次击中目标，$i=1,2,3$. 下列关于事件的描述中错误的是(　　).

(A) 三次都击中目标可表示为 $A_1A_2A_3$

(B) 至少有一次击中目标可表示为 $A_1\cup A_2\cup A_3$

(C) 恰好有两次击中目标可表示为 $A_2A_3\cup A_1A_3\cup A_1A_2$

(D) 最多击中一次目标可表示为 $\overline{A_1A_2}\cup\overline{A_1A_3}\cup\overline{A_2A_3}$

答案 (C)

解析 恰好有两次击中目标应表示为 $\overline{A_1}A_2A_3\cup A_1\overline{A_2}A_3\cup A_1A_2\overline{A_3}$. 这里强调恰好，意味着不能出现三次都击中的情况.

选项(C)中所给 $A_2A_3\cup A_1A_3\cup A_1A_2$ 表示的是至少击中两次目标，错误，故选(C).

2 设事件 A 与事件 B 满足条件 $AB=\overline{A}\,\overline{B}$，则(　　).

(A) $A\cup B=\varnothing$　　(B) $A\cup B=\Omega$

(C) $A\cup B=A$　　(D) $A\cup B=B$

答案 (B)

解析 根据 $AB=\overline{A}\,\overline{B}$，由对偶律可知 $\overline{A}\,\overline{B}=\overline{A\cup B}$，故 $(AB)\cup(A\cup B)=\overline{(A\cup B)}\cup(A\cup B)=\Omega$.

由于 $(AB)\subset(A\cup B)$，根据吸收律可知 $A\cup B=\Omega$，选(B).

3 对于事件 A,B，下列选项中与 $A\cup B=B$ 不等价的是(　　).

(A)$A\subset B$　　(B)$\overline{B}\subset\overline{A}$　　(C)$A\overline{B}=\varnothing$　　(D)$\overline{A}B=\varnothing$

答案 (D)

解析 因为 $A\cup B=B\Leftrightarrow A\subset B\Leftrightarrow\overline{B}\subset\overline{A}\Leftrightarrow A\overline{B}=\varnothing$，故选项(A)，(B)，(C) 与 $A\cup B=B$ 等价. $\overline{A}B=\varnothing\Leftrightarrow\overline{A}\subset\overline{B}\Leftrightarrow B\subset A\Leftrightarrow A\cup B=A$，故选(D).

4 设事件 A 与事件 B 互不相容，则(　　).

(A)$P(\overline{AB})=0$　　(B)$P(AB)=P(A)P(B)$

(C)$P(A)=1-P(B)$　　(D)$P(\overline{A}\cup\overline{B})=1$

答案 (D)

解析 由于事件 A 和 B 互不相容，则 $AB=\varnothing$.

根据对偶律可知 $\overline{AB}=\overline{A}\cup\overline{B}=\Omega$，因此

$$P(\overline{A}\cup\overline{B})=P(\Omega)=1.$$

其余选项均无法得知.

5 设 A,B 为随机事件，且 $P(B)>0$，$P(A\mid B)=1$，则必有(　　).

(A)$P(A\cup B)>P(A)$　　(B)$P(A\cup B)>P(B)$

(C)$P(A\cup B)=P(A)$　　(D)$P(A\cup B)=P(B)$

答案 (C)

解析 因为 $P(A\mid B)=\dfrac{P(AB)}{P(B)}=1(P(B)>0)$，则 $P(AB)=P(B)$，由加法公式得

$$P(A\cup B)=P(A)+P(B)-P(AB)=P(A).$$

6 设 A,B,C 三个事件两两独立，则下列选项不属于 A,B,C 相互独立的充分必要条件的是(　　).

(A)A 与 $\overline{BC}$ 独立　　(B)AB 与 $\overline{C}$ 独立　　(C)$\overline{A}C$ 与 B 独立　　(D)AB 与 AC 独立

答案 (D)

解析 选项(A) 是 A,B,C 相互独立的充分必要条件.

因为 A 与 $\overline{BC}$ 独立，并且 B 与 C 独立，故

$$P(A\overline{BC})=P(A)P(\overline{BC})=P(A)[1-P(BC)]=P(A)-P(A)P(B)P(C),$$

又根据减法公式可得 $P(A\overline{BC})=P(A)-P(ABC)$，故 $P(A)P(B)P(C)=P(ABC)$.

根据独立性理论中关于逆事件独立性的推论，可知选项(B) 和选项(C) 同样正确. 由 AB 与 AC 独立可知

$$P(ABAC)=P(AB)P(AC)=P(A)P(B)P(A)P(C),$$

又 $ABAC=ABC$，所以 $P(ABAC)=P(ABC)$，则 $P(ABC)=P(A)P(B)P(A)P(C)$，无法确定 A,B,C 相互独立，故选项(D) 不正确.

7 在区间(0,1)中随机地取两个数,则两数之差的绝对值小于$\frac{1}{3}$的概率为________.

答案 $\frac{5}{9}$

解析 假设这两个数分别为x和y,则以x为横坐标、y为纵坐标的点为(x,y),该点随机落在边长为1的正方形内(由x轴、y轴、$x=1$以及$y=1$围成区域H,如下图所示),事件G表示"两数之差的绝对值小于$\frac{1}{3}$",样本空间$H=\{(x,y)\mid 0<x<1,0<y<1\}$.

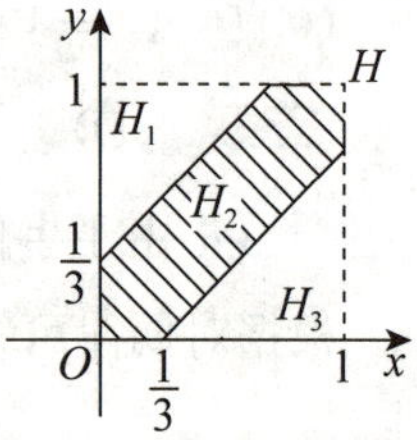

在右图中作直线$x-y=\frac{1}{3}$和$x-y=-\frac{1}{3}$,这两条直线将区域H划分为H_1,H_2,H_3三个部分,事件G的样本点集合为区域H_2中的所有点,即事件

$$G=\left\{(x,y)\mid 0<x<1,0<y<1,\mid y-x\mid<\frac{1}{3}\right\}.$$

区域H的面积$S_H=1$,区域H_2的面积为

$$S_{H_2}=S_H-S_{H_1}-S_{H_3}=1-\frac{4}{9}=\frac{5}{9}.$$

所以$P(G)=\frac{S_{H_2}}{S_H}=\frac{5}{9}$.

8 从数1,2,3,4,5中任取一个数,记为X,再从$1,\cdots,X$中任取一个数,记为Y,则$P\{Y=3\}=$________.

答案 $\frac{47}{300}$

解析 由题设可知,事件$\{X=1\},\{X=2\},\{X=3\},\{X=4\},\{X=5\}$为一完备事件组,并且$P\{X=i\}=\frac{1}{5}(i=1,2,3,4,5)$. 根据全概率公式

$$P\{Y=3\}=\sum_{i=1}^{5}P\{X=i\}P\{Y=3\mid X=i\},$$

由条件概率公式得

$$P\{Y=3\mid X=1\}=P\{Y=3\mid X=2\}=0,$$

$$P\{Y=3\mid X=i\}=\frac{1}{i}(i=3,4,5),$$

所以

$$P\{Y=3\}=\frac{1}{5}\left(\frac{1}{3}+\frac{1}{4}+\frac{1}{5}\right)=\frac{47}{300}.$$

9 某人去某地出差，他乘火车、船、汽车和飞机的概率依次为$\frac{3}{10}$，$\frac{1}{5}$，$\frac{1}{10}$，$\frac{2}{5}$，而乘火车、船、汽车和飞机迟到的概率依次为$\frac{1}{4}$，$\frac{2}{3}$，$\frac{1}{12}$，0，结果此人迟到了，则他乘船出行的概率是________.

答案 $\frac{8}{13}$

解析 记$A_1=\{$乘火车$\}$，$A_2=\{$乘船$\}$，$A_3=\{$乘汽车$\}$，$A_4=\{$乘飞机$\}$，$B=\{$此人迟到了$\}$，则由题设条件可知A_1，A_2，A_3，A_4构成完备事件组.

$$P(A_1)=\frac{3}{10},P(A_2)=\frac{1}{5},P(A_3)=\frac{1}{10},P(A_4)=\frac{2}{5},$$

$$P(B\mid A_1)=\frac{1}{4},P(B\mid A_2)=\frac{2}{3},P(B\mid A_3)=\frac{1}{12},P(B\mid A_4)=0.$$

由全概率公式可得

$$P(B)=\sum_{i=1}^{4}P(B\mid A_i)\cdot P(A_i)=\frac{1}{4}\times\frac{3}{10}+\frac{2}{3}\times\frac{1}{5}+\frac{1}{12}\times\frac{1}{10}+0\times\frac{2}{5}=\frac{13}{60},$$

则

$$P(A_2\mid B)=\frac{P(B\mid A_2)P(A_2)}{P(B)}=\frac{2}{15}\Big/\frac{13}{60}=\frac{8}{13}.$$

10 某人忘记了银行卡密码的最后一位数字，于是他随机地输入，假设输入过的数字将不再重复，求下列事件的概率：

(1) 输入不超过3次就输入正确；

(2) 输入3次才输入正确.

解析 设$A_i=\{$第i次输入时输入正确$\}$，$i=1,2,3$.

(1) 输入不超过3次就输入正确可表示为

$$A_1+\overline{A_1}A_2+\overline{A_1}\,\overline{A_2}A_3,$$

故

$$P(A_1+\overline{A_1}A_2+\overline{A_1}\,\overline{A_2}A_3)=P(A_1)+P(\overline{A_1}A_2)+P(\overline{A_1}\,\overline{A_2}A_3)$$

$$=\frac{1}{10}+P(\overline{A_1})P(A_2\mid\overline{A_1})+P(\overline{A_1})P(\overline{A_2}\mid\overline{A_1})P(A_3\mid\overline{A_1}\,\overline{A_2})$$

$$=\frac{1}{10}+\frac{9}{10}\times\frac{1}{9}+\frac{9}{10}\times\frac{8}{9}\times\frac{1}{8}=\frac{3}{10}.$$

(2) 第3次输入才输入正确可表示为积事件$\overline{A_1}\,\overline{A_2}A_3$，于是所求为

$$P(\overline{A_1}\,\overline{A_2}A_3)=P(\overline{A_1})P(\overline{A_2}\mid\overline{A_1})P(A_3\mid\overline{A_1}\,\overline{A_2})=\frac{9}{10}\times\frac{8}{9}\times\frac{1}{8}=\frac{1}{10}.$$

11 已知每天登录某网站的人数服从参数为λ的泊松分布，即$P\{X=k\}=\frac{\lambda^k}{k!}e^{-\lambda}$，$k=0,1,2,\cdots$，而登录该网站的人相互独立地以概率$p$打开某网页，求恰有$k$个人打开网页的概率.

解析 设$X=\{$登录某网站的人数$\}$，$Y=\{$打开某网页的人数$\}$，显然，随机试验由两阶段

组成,第一阶段的两两互不相容的结果 $A_i=\{X=i\}(i=0,1,2,\cdots)$ 组成完备事件组,第二阶段关注的结果是 $B=\{Y=k\},k=0,1,2,\cdots,X$,则

$$P(A_n)=P\{X=n\}=\frac{\lambda^n}{n!}e^{-\lambda},$$

$$P(B\mid A_n)=P\{Y=k\mid X=n\}=C_n^k p^k(1-p)^{n-k},k=0,1,2,\cdots,n,$$

$$P(B)=P\{Y=k\}=\sum_{n=0}^{\infty}P(A_n)P(B\mid A_n)=\sum_{n=0}^{\infty}P(A_n)C_n^k p^k(1-p)^{n-k}.$$

注意到 $n<k$ 时,$P(B\mid A_n)=P\{Y=k\mid X=n\}=0$,则

$$\begin{aligned}P(B)&=\sum_{n=k}^{\infty}\frac{\lambda^n}{n!}e^{-\lambda}C_n^k p^k(1-p)^{n-k}=\frac{p^k e^{-\lambda}}{k!}\sum_{n=k}^{\infty}\frac{\lambda^n(1-p)^{n-k}}{(n-k)!}\\&=\frac{(p\lambda)^k e^{-\lambda}}{k!}\sum_{n=k}^{\infty}\frac{[\lambda(1-p)]^{n-k}}{(n-k)!}=\frac{(\lambda p)^k e^{-\lambda}}{k!}e^{\lambda(1-p)}\\&=\frac{(\lambda p)^k}{k!}e^{-\lambda p},k=0,1,2,\cdots.\end{aligned}$$

12 在射击训练中,命中靶心的概率为 p,记事件 $A=\{$第 3 次命中之前未命中 4 次$\}$,$B=\{$第 10 次命中之前至多未命中 2 次$\}$.

(1) 求 $P(A)$,$P(B)$;

(2) 先进行 n 次射击,求在没有全部"未命中"的条件下,"命中"不止一次的概率 α.

解析 (1) 该问题是独立重复试验问题,属于伯努利概型.

事件 A 为"第 3 次命中之前未命中 4 次",即"共射击了 7 次,最后一次命中,而前 6 次命中 2 次";B 为"第 10 次命中之前至多未命中 2 次",设 B_i 为"第 10 次命中之前未命中 i 次",则

$$\begin{aligned}&P(A)=C_6^2p^2\cdot(1-p)^4\cdot p,\\&P(B_0)=C_{10}^{10}p^{10}=p^{10},\\&P(B_1)=C_{10}^{9}p^9\cdot(1-p)\cdot p=10p^{10}(1-p),\\&P(B_2)=C_{11}^{9}p^9\cdot(1-p)^2\cdot p=55p^{10}(1-p)^2,\end{aligned}$$

故

$$\begin{aligned}P(B)&=P(B_0)+P(B_1)+P(B_2)\\&=p^{10}+10p^{10}(1-p)+55p^{10}(1-p)^2\\&=(66-120p+55p^2)p^{10}.\end{aligned}$$

(2) 设 X 表示"n 次射击中命中的次数",则

$$\begin{aligned}\alpha&=P\{X>1\mid X\geqslant1\}=\frac{P\{X>1,X\geqslant1\}}{P\{X\geqslant1\}}=\frac{P\{X>1\}}{P\{X\geqslant1\}}\\&=\frac{1-P\{X\leqslant1\}}{1-P\{X<1\}}=\frac{1-P\{X=1\}-P\{X=0\}}{1-P\{X=0\}}\\&=1-\frac{np(1-p)^{n-1}}{1-(1-p)^n}.\end{aligned}$$

第二章　随机变量及其分布

大纲考试要求

考试内容	考试要求	
	数学一	数学三
了解	泊松定理的结论和应用条件	
理解	随机变量的概念； 分布函数 $F(x)=P\{X\leqslant x\}(-\infty<x<+\infty)$ 的概念及性质； 离散型随机变量及其概率分布的概念； 连续型随机变量及其概率密度的概念	
掌握	$0-1$ 分布、二项分布 $B(n,\ p)$、几何分布、超几何分布、泊松(Poisson)分布 $P(\lambda)$ 及其应用； 均匀分布 $U(a,b)$、正态分布 $N(\mu,\sigma^2)$、指数分布及应用	
会	计算与随机变量相联系的事件的概率；求随机变量函数的分布；用泊松分布近似表示二项分布	

知识导图

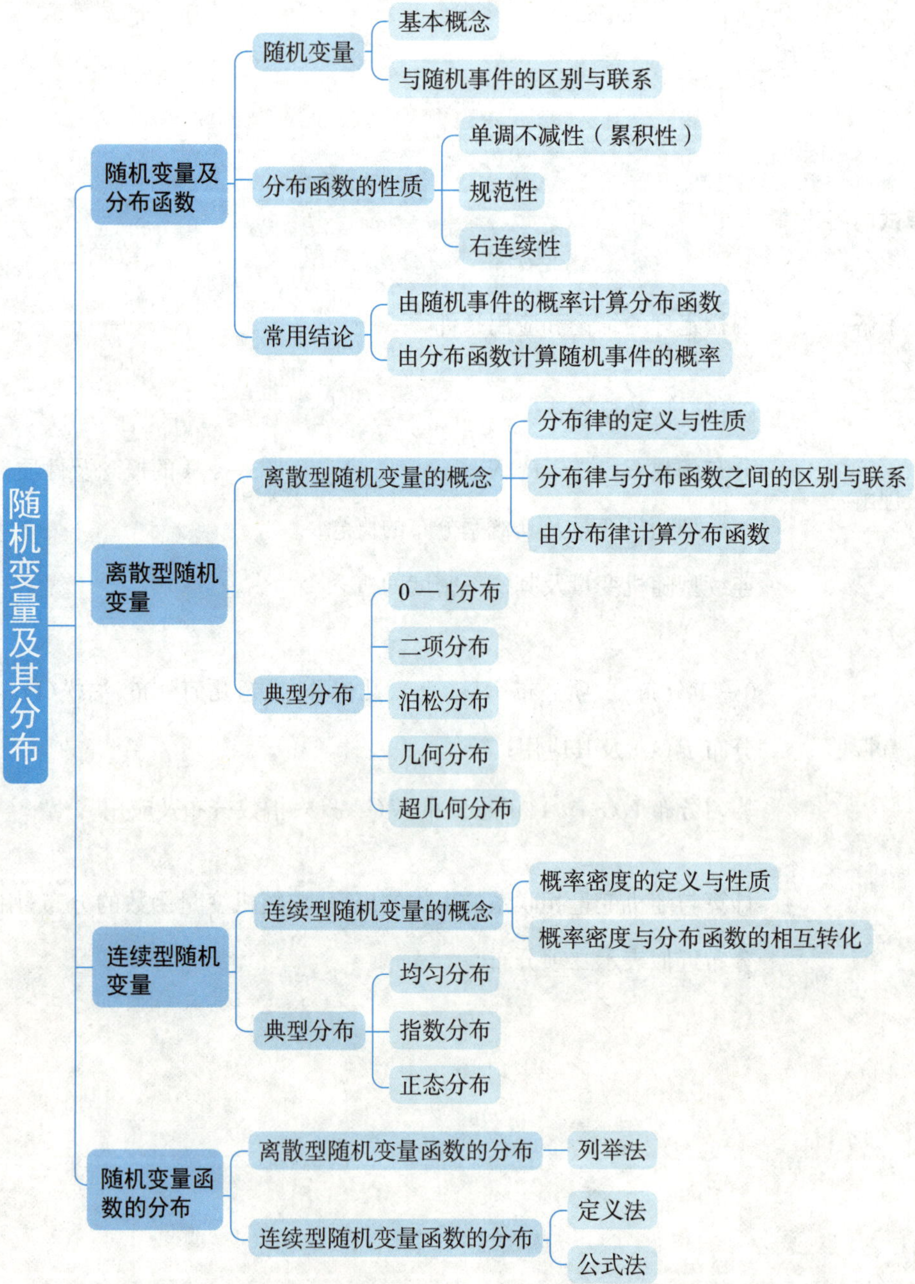
随机变量及其分布
随机变量及分布函数
随机变量
基本概念
与随机事件的区别与联系
分布函数的性质
单调不减性（累积性）
规范性
右连续性
常用结论
由随机事件的概率计算分布函数
由分布函数计算随机事件的概率
离散型随机变量
离散型随机变量的概念
分布律的定义与性质
分布律与分布函数之间的区别与联系
由分布律计算分布函数
典型分布
0—1分布
二项分布
泊松分布
几何分布
超几何分布
连续型随机变量
连续型随机变量的概念
概率密度的定义与性质
概率密度与分布函数的相互转化
典型分布
均匀分布
指数分布
正态分布
随机变量函数的分布
离散型随机变量函数的分布
列举法
连续型随机变量函数的分布
定义法
公式法

2.1　随机变量及分布函数

2.1.1　随机变量

设随机试验的样本空间为$\Omega=\{\omega\}$，$X=X(\omega)$是定义在样本空间上的实值单值函数，则称$X(\omega)$为随机变量，简记为X.

【注】随机变量和随机事件的区别和联系.

(1) 二者的区别.

① 定义不同：**随机变量**是一个将样本空间的结果映射到实数的函数；**随机事件**是样本空间的一个子集，描述某些特定结果.

② 意义不同：随机变量是**函数**，描述随机试验结果的数值特征；随机事件是**集合**，描述随机试验中某些特定结果是否发生.

③ 用途不同：随机变量用于描述随机现象的数值性质；随机事件用于判断某些特定结果是否发生，并计算发生的概率.

(2) 二者的联系.

① **随机变量生成随机事件**，随机事件可以通过随机变量定义；

② 随机事件描述随机变量的性质. 随机变量的取值范围可以被描述为一系列随机事件.

我们举个例子来描述二者的关系.

我们定义一个随机变量X表示骰子朝上的点数，即

$$X(\omega)=\omega,\omega\in\Omega,$$

则随机变量X的可能取值是1,2, 3, 4, 5, 6.

随机事件是样本空间的一个子集. 例如，随机事件A："骰子点数大于4"，用集合表示为$A=\{5,6\}$，或用随机变量X表示为$A=\{X>4\}$.

2.1.2　分布函数

2.1.2.1　分布函数的定义

对于随机变量X，x是任意实数，则称函数

$$F(x)=P\{X\leqslant x\},-\infty<x<+\infty$$

为随机变量X的分布函数.

【注】分布函数是概率论分析的基础,也是本书中最重要的概念之一.

2.1.2.2 分布函数的性质

(1) 单调不减性:$F(x)$ 是单调非减函数,即对任意的 $x_1 < x_2$,有 $F(x_1) \leqslant F(x_2)$.

(2) 规范性:对任意的 x,有 $0 \leqslant F(x) \leqslant 1$,且

$$F(-\infty)=\lim_{x\to-\infty}F(x)=0, F(+\infty)=\lim_{x\to+\infty}F(x)=1.$$

(3) 右连续性:$F(x)$ 是 x 的右连续函数,即对任意的 x_0,有

$$\lim_{x\to x_0^+}F(x)=F(x_0),$$

即

$$F(x_0+0)=F(x_0).$$

【注】以上性质是用来判定函数是否可以作为分布函数的依据.

在求解分布函数时,主要是考虑三个方面:

① 分段点,一般而言分布函数都是分段函数,与分段点具有紧密的关系;

② 累积性,分布函数是求随机变量 X 落在区间$(-\infty,x]$的总概率.

③ 右连续性,$F(a)=P\{X\leqslant a\}$,必须包含$\{x=a\}$的概率,因此$\lim\limits_{x\to a^+}F(x)=F(a)$,而$\lim\limits_{x\to a^-}F(x)=F(a)$不一定成立.

上述 ③ 说明 $F(x)$ 在划分区间时一般呈现出左闭右开的结构,即

$$F(x)=\begin{cases}F_1(x), & x_1\leqslant x<x_2,\\ F_2(x), & x_2\leqslant x<x_3,\\ \cdots\cdots \\ F_n(x), & x_n\leqslant x.\end{cases}$$

以上 3 点是求解分布函数时最重要也是最容易错的概念.

例如,假设随机变量 X 的概率分布是

$$P\{X=0\}=0.1, P\{X=1\}=0.2, P\{X=1\}=0.7,$$

$F(x)$ 是分布函数,此时 $F(1)=P\{X\leqslant 1\}=P\{X=0\}+P\{X=1\}=0.3$.

$F(1)$ 和 $P\{X=1\}$ 并不相等,而是两个区别非常显著的概念,此处为常见的易错点.

2.1.2.3 由分布函数表示随机事件的概率

设 $F(x)$ 为随机变量 X 的分布函数,实数 $a<b$,则

(1)
$$P\{X\leqslant a\}=F(a), P\{X<a\}=F(a^-),$$
$$P\{X=a\}=F(a)-F(a^-),$$
$$P\{X>a\}=1-P\{X\leqslant a\}=1-F(a).$$

(2)　$P\{a<x\leqslant b\}=P\{X\leqslant b\}-P\{X\leqslant a\}=F(b)-F(a)$,

$P\{a\leqslant X\leqslant b\}=P\{X\leqslant b\}-P\{X<a\}=F(b)-F(a^-)$,

$P\{a<X<b\}=P\{X<b\}-P\{x\leqslant a\}=F(b^-)-F(a)$.

【注】从上述公式可以看出，在概率计算的时候端点非常重要，$F\{a<x<b\}\neq P\{a\leqslant x\leqslant b\}$. 忽视端点的情况，造成计算错误，可以称得上“蝼蚁之隙，足毁千里之堤”.

专题一　分布函数的概念与性质

2-1 随机变量 X 的分布函数 $F_X(x)$ 满足以下性质之一，下列选项中正确的是(　　).

(A) 分布函数 $F_X(x)$ 是单调非减函数，且总是连续的

(B) 分布函数 $F_X(x)$ 是单调非减函数，且可能不连续

(C) 分布函数 $F_X(x)$ 是单调非增函数

(D) 分布函数 $F_X(x)$ 在任何点都可以直接表示 $P\{X=x\}=F_X(x)$

答案 (B)

解析 $F_X(x)$ 是单调非减函数，且既可能连续，也可能只是右连续，故选项(A) 和选项(C) 均错误.

选项(D) 是明显的错误，$F_X(x)$ 并不等于 $P\{X=x\}$. 故选(B).

2-2 设 $F_1(x)$ 和 $F_2(x)$ 分别为随机变量 X_1 与 X_2 的分布函数，为使 $F(x)=aF_1(x)-bF_2(x)$ 是某一随机变量的分布函数，在下列给定的各组数值中可能正确的是(　　).

(A) $a=2,b=1$　　(B) $a=3,b=2$

(C) $a=\frac{1}{2},b=-\frac{1}{2}$　　(D) $a=\frac{1}{2},b=-\frac{3}{2}$

答案 (C)

解析 要保证 $F(x)=aF_1(x)-bF_2(x)$ 具有单调不减的性质，必须满足 $a\geqslant 0,-b\geqslant 0$，故排除选项(A) 和选项(B).

由 $\lim\limits_{x\to+\infty}F(x)=1$. 则 $aF_1(+\infty)-bF_2(+\infty)=a-b=1$，排除选项(D).

对于选项(C)，$\frac{1}{2}F_1(x)+\frac{1}{2}F_2(x)$，满足分布函数的单调不减性、规范性和右连续性.

故选(C).

2-3 假设随机变量 X 的绝对值不大于 1；$P\{X=-1\}=\frac{1}{5}$，$P\{X=1\}=\frac{2}{5}$；在事件 $\{-1<X<1\}$ 出现的条件下，X 在 $(-1,1)$ 内的任一子区间上取值的条件概率与该子区间长度成正比. 试求 X 的分布函数 $F(x)$.

解析 根据题中条件可知，分布函数的关键点是 $-1,1$.

此时分布函数的区间可以分为 $(-\infty,-1)$，$[-1,1)$，$[1,+\infty)$ 三个部分.

依据分布函数的定义：

① 当 $x<-1$ 时，$F(x)=P\{X\leqslant x\}=P\{\varnothing\}=0$；

② 当 $-1\leqslant x<1$ 时，

$$F(x)=P\{X\leqslant x\}=P\{X<-1\}+P\{X=-1\}+P\{-1<X\leqslant x\},$$

其中
$$P\{-1<X\leqslant x\mid -1<X<1\}=\frac{x-(-1)}{1-(-1)}=\frac{x+1}{2},$$

又由题中条件可知

$$P\{-1<X<1\}=1-P\{X=-1\}-P\{X=1\}=\frac{2}{5},$$

$$P\{-1<X\leqslant x\}=P\{-1<X<1\}P\{-1<X\leqslant x\mid -1<X<1\}=\frac{2}{5}\cdot\frac{x+1}{2}=\frac{x+1}{5},$$

故 $F(x)=0+\frac{1}{5}+\frac{x+1}{5}=\frac{x+2}{5}$；

③ 当 $x\geqslant 1$ 时，$F(x)=P\{X\leqslant x\}=P\{\Omega\}=1$.

综上，X 的分布函数可以表示为 $F(x)=\begin{cases}0, & x<-1,\\ \frac{x+2}{5}, & -1\leqslant x<1,\\ 1, & x\geqslant 1.\end{cases}$

【注】 此题为我们明确了计算分布函数的基本步骤：

(1) 确定分布函数的关键点，这里的关键点指的是其解析式可能发生变化的点；

(2) 划分区间，根据分布函数的右连续性可知分布函数的分段区间应该具有"左闭右开"的特点；

(3) 计算分布函数时要充分运用累积性.

2-4 已知随机变量 X 的分布函数为 $F(x)=\begin{cases}0, & x<0,\\ \frac{1}{2}, & 0\leqslant x<1,\\ 1-e^{-x}, & x\geqslant 1,\end{cases}$ 则下列选项中正

确的是(　　).

(A)$P\{0\leqslant X\leqslant 1\}=1-e^{-1}$　　(B)$P\{0<X<1\}=\frac{1}{2}$

(C)$P\{0<X\leqslant 1\}=1-e^{-1}$　　(D)$P\{X=1\}=1-e^{-1}$

答案 (A)

解析 根据概率的计算公式,有

$$P\{0\leqslant X\leqslant 1\}=F(1)-F(0-0)=1-e^{-1},$$
$$P\{0<X<1\}=F(1-0)-F(0)=0,$$
$$P\{0<X\leqslant 1\}=F(1)-F(0)=\frac{1}{2}-e^{-1},$$
$$P\{X=1\}=F(1)-F(1-0)=\frac{1}{2}-e^{-1},$$

故选项(A)正确.

【注】此题再一次说明了概率计算过程中端点的重要性.

2-5 设随机变量 X 的分布函数为

$$F(x)=\begin{cases}0, & x<-1,\\ \frac{1}{4}, & x=-1,\\ ax+b, & -1<x<1,\\ 1, & x\geqslant 1,\end{cases}$$

已知 $P\{-1<X<1\}=\frac{5}{8}$,则 $a=$________,$b=$________.

答案 $\frac{5}{16}$;$\frac{9}{16}$

解析 根据分布函数的右连续性,$\lim\limits_{x\to -1^{+}}F(x)=F(-1)=\frac{1}{4}$,即 $b-a=\frac{1}{4}$,又

$$P\{-1<X<1\}=F(1-0)-F(-1)=\frac{5}{8},$$

则 $P\{-1<X<1\}=b+a-\frac{1}{4}=\frac{5}{8}$,即 $b+a=\frac{7}{8}$.

综上可得 $a=\frac{5}{16}$,$b=\frac{9}{16}$.

2.2 离散型随机变量

2.2.1 离散型随机变量的基本概念

2.2.1.1 离散型随机变量的定义

若随机变量 X 的所有可能取值是有限多个或可列无限多个，则称 X 为离散型随机变量.

2.2.1.2 离散型随机变量的分布律

设离散型随机变量 X 的所有可能取值为 $x_1,x_2,\cdots,x_n,\cdots$，$X$ 取各个值时的概率分别为

$$P\{X=x_i\}=p_i, i=1,2,\cdots,$$

则称上式为 X 的分布律，一般给出如下所示表格.

X	x_1	x_2	$\cdots$	x_n	$\cdots$
P	p_1	p_2	$\cdots$	p_n	$\cdots$

【注】 分布律并不是分布函数，其区别和联系如下：

(1) 分布函数具有普遍性，对于所有随机变量均适用；

(2) 分布律仅适用于离散型随机变量；

(3) 对于离散型随机变量，分布律经过累积可以得到分布函数，反过来也可以通过分布函数分段点处概率的计算获得分布律，即

$$P\{X=x_i\}=F(x_i)-F(x_i-0).$$

2.2.1.3 离散型随机变量的分布函数

设离散型随机变量 X 的分布律为

$$P\{X=x_i\}=p_i, i=1,2,\cdots,$$

则 X 的分布函数为

$$F(x)=P\{X\leqslant x\}=\sum_{x_i\leqslant x}p\{X=x_i\}, -\infty<x<+\infty.$$

2.2.1.4 离散型随机变量分布律的性质

(1) $p_i\geqslant 0, i=1,2,\cdots$；

(2) $\sum_{i=1}^{\infty}p_i=1$.

2.2.2　常见离散型随机变量及其分布律

(1)0－1分布

若随机变量 X 有分布律如表所示,

X	0	1
P	$1-p$	p

其中 $0<p<1$,则称 X 服从参数为 p 的 0－1 分布,记作 $X\sim B(1,p)$.

0－1 分布是离散分布中最简单的形式,用来表示具有两个状态的随机变量. 很多实际问题的基础建模,如抛硬币、是否点击广告、是否通过测试等,都是基于 0－1 分布建立的.

(2) 二项分布

若随机变量 X 有分布律

$$P\{X=k\}=C_n^k p^k q^{n-k},k=0,1,2,\cdots,n,$$

其中 $0<p<1,q=1-p$,则称 X 服从参数为 n,p 的二项分布,记作 $X\sim B(n,p)$.

二项分布是概率论中一个重要的离散分布,描述了**多次独立重复试验中成功次数的分布**. 它的数学意义在于刻画了二项随机现象的基本规律,广泛应用于实际问题的建模过程.

【注】0－1 分布是二项分布满足 $n=1$ 时的特例.

(3) 泊松分布

若随机变量 X 有分布律

$$P\{X=k\}=\frac{\lambda^k}{k!}e^{-\lambda},k=0,1,2,\cdots,$$

其中 $\lambda>0$ 为常数,则称 X 服从参数为 λ 的泊松分布,记作 $X\sim P(\lambda)$.

泊松分布是概率论中一个重要的离散分布,主要用于描述**单位时间或单位空间内随机事件的发生次数**.

泊松分布的一个核心数学意义是**刻画稀疏的随机事件的分布**. 它描述了在单位时间或单位空间内某事件的发生次数分布. 这些事件通常具有的特点是每次事件发生的概率较小,但事件数量可能很多.

【注】关于泊松分布,有以下三个问题需要重视.

① 泊松分布是二项分布的极限形式. 当试验次数 n 很大、成功概率 p 很小,且 $\lambda=np$ 为有限值时,二项分布可以用泊松分布近似表示,即

$$P\{X=k\}\approx\frac{\lambda^k e^{-\lambda}}{k!}.$$

数学意义上，泊松分布简化了大规模低概率事件的分析.

② 泊松分布是描述离散型随机变量的核心分布之一，其模型简单但适用范围广. 在许多实际场景中，泊松分布被用作其他复杂分布的近似和基础. 例如：

泊松分布是指数分布的离散版本；

泊松过程的独立增量性质是随机过程建模的基础.

③ $\sum_{k=0}^{\infty}\frac{\lambda^k}{k!}e^{-\lambda}=e^{-\lambda}\left[\sum_{k=0}^{\infty}\frac{x^k}{k!}\right]\Bigg|_{x=\lambda}=e^{-\lambda}e^{\lambda}=1.$

(4) 几何分布

若随机变量 X 有分布律

$$P\{X=k\}=(1-p)^{k-1}p, k=1,2,\cdots,$$

其中 $0<p<1$，则称 X 服从参数为 p 的几何分布.

几何分布具有无记忆性，即 $P\{X>m+n \mid X>m\}=P\{X>n\}$.

几何分布主要用于描述第一次成功所需试验的次数分布. 它的数学意义可以概括为刻画单次试验成功率恒定的独立重复实验中，直到第一次成功的等待过程.

(5) 超几何分布

若随机变量 X 有分布律

$$P\{X=k\}=\frac{C_M^k C_{N-M}^{n-k}}{C_N^n}, k=0,1,\cdots,\min\{M,n\},$$

则称 X 服从参数为 n,N,M 的超几何分布.

超几何分布主要用于描述**不放回抽样**过程中的成功次数分布. 它的数学意义可以总结为**刻画有限总体中不放回抽样的成功次数分布**，即抽样过程中样本的选择会影响后续的抽样概率.

【注】超几何分布与二项分布的区别在于超几何分布是不放回抽样，二项分布是放回抽样，且当 $N\gg n$ 时，超几何分布可近似为二项分布 $B\left(n,\frac{M}{N}\right)$.

专题二　离散型随机变量

2-7 已知随机变量 X 的分布律为

$$P\{X=-1\}=0.25, P\{X=0\}=0.5, P\{X=1\}=0.25,$$

则其分布函数 $F(x)$ 满足(　　).

(A) $F(x)=0.25, x<-1$　　(B) $F(x)=0.5, -1\leqslant x<0$

(C) $F(x)=1, x\geqslant 1$　　(D) $F(x)=0.5, x\geqslant 0$

答案 (C)

解析 根据分布函数概念可知

$$F(x)=P\{X\leqslant x\}=\begin{cases}P\{\varnothing\}=0, & x<-1,\\ P\{X=-1\}=0.25, & -1\leqslant x<0,\\ P\{X=-1\}+P\{X=0\}=0.75, & 0\leqslant x<1,\\ P\{\Omega\}=1, & x\geqslant 1.\end{cases}$$

故选项(C)为正确答案.

2-8 已知随机变量 X 的分布函数为

$$F_X(x)=\begin{cases}0, & x<0,\\ 0.5, & 0\leqslant x<1,\\ 0.7, & 1\leqslant x<2,\\ 1, & x\geqslant 2.\end{cases}$$

以下关于分布律 $P\{X=x_i\}$ 的描述正确的是(　　).

(A) $P\{X=0\}=0.5, P\{X=1\}=0.2, P\{X=2\}=0.3$

(B) $P\{X=0\}=0.4, P\{X=1\}=0.2, P\{X=2\}=0.4$

(C) $P\{X=1\}=0.2, P\{X=2\}=0.5$

(D) $P\{X=1.5\}=0.5$

答案 (A)

解析 根据分布函数与分布律的关系 $P\{X=x\}=F_X(x)-F_X(x^-)$，我们逐点计算 $P\{X=x\}$:

当 $X=0$ 时，有

$$P\{X=0\}=F_X(0)-F_X(0^-)=0.5-0=0.5;$$

当 $X=1$ 时，有

$$P\{X=1\}=F_X(1)-F_X(1^-)=0.7-0.5=0.2;$$

当 $X=2$ 时，有

$$P\{X=2\}=F_X(2)-F_X(2^-)=1-0.7=0.3;$$

当 $X=1.5$ 时，因为 $X=1.5$ 不属于分布函数的跳跃间断点，所以

$$P\{X=1.5\}=F_X(1.5)-F_X(1.5^-)=0.$$

2-9 随机变量 $X\sim B(n,p)$. 已知当 $X=2$ 时和当 $X=3$ 时的概率相等，即

$$P\{X=2\}=P\{X=3\},$$

则下列选项中符合条件的是(　　).

(A) $n=5, p=0.6$　　(B) $n=5, p=0.5$

(C) $n=6, p=0.4$　　(D) $n=7, p=0.3$

答案 (B)

解析 根据二项分布的定义可知

$$P\{X=k\}=C_n^k p^k(1-p)^{n-k}, k=0,1,2,\cdots,n,$$

其中 $C_n^k=\frac{n!}{k!\,(n-k)!}$. 由题 $P\{X=2\}=P\{X=3\}$,因此

$$C_n^2 p^2(1-p)^{n-2}=C_n^3 p^3(1-p)^{n-3},$$

消去公共因子 $p^2(1-p)^{n-3}$(注意 $p>0$ 且 $1-p>0$),得到

$$\frac{C_n^2}{C_n^3}=\frac{p}{1-p}.$$

利用 $C_n^2=\frac{n(n-1)}{2}$ 和 $C_n^3=\frac{n(n-1)(n-2)}{6}$,有

$$\frac{C_n^2}{C_n^3}=\frac{\frac{n(n-1)}{2}}{\frac{n(n-1)(n-2)}{6}}=\frac{3}{n-2}=\frac{p}{1-p}.$$

验算可知,只有选项(B)符合条件.

2-10 已知随机变量 $X\sim B(n,p)$,当 n 很大、p 很小,且 $\lambda=np$ 为有限值时,二项分布可以近似为泊松分布,即 $X\sim P(\lambda)$. 如果已知:

$n=1\ 000, p=0.01$,对应泊松分布参数 $\lambda=10$;

$n=500, p=0.02$,对应泊松分布参数 $\lambda=10$.

那么以下选项正确的是(　　).

(A) 两个不同的二项分布的概率对应 $P\{X=5\}$ 完全相同

(B) 两个二项分布的近似泊松分布对应 $P\{X=5\}$ 完全相同

(C) 两个二项分布的 $P\{X=5\}$ 无法用泊松分布估计

(D) 两个二项分布无法同时满足泊松分布的近似条件

答案 (B)

解析 二项分布的近似值在 $n\to\infty, p\to 0$ 时逐渐逼近泊松分布. $n=1\ 000, p=0.01$ 和 $n=500, p=0.02$ 对应的泊松分布参数 $\lambda=10$,因此泊松分布近似 $P\{X=5\}$ 是相同的.

因此,答案为(B).

2-11 设随机变量 $X\sim B(n,p)$,当 $n\to\infty$ 且 $p\to 0$,满足 $\lambda=np$ 为有限值时,二项分布可以近似为泊松分布 $X\sim P(\lambda)$. 已知 $n=2\ 000, p=0.002$,试用泊松分布估计 $P\{X\geqslant 3\}=$________.

答案 $1-13e^{-4}$

解析 根据条件

$$\lambda = np = 2\ 000 \times 0.002 = 4.$$

泊松分布的参数为 $\lambda = 4$，此时 $P\{X=k\} = \frac{4^k}{k!}e^{-4}, k=0,1,2\cdots$.

根据泊松分布的概念可知

$$P\{X \geqslant 3\} = 1 - P\{X=0\} - P\{X=1\} - P\{X=2\}$$
$$= 1 - \frac{4^0}{0!}e^{-4} - \frac{4^1}{1!}e^{-4} - \frac{4^2}{2!}e^{-4} = 1 - 13e^{-4}.$$

2－12 设随机变量 $X \sim P(\lambda)$，已知当 $X=2$ 时和当 $X=3$ 时的概率相等，即 $P\{X=2\} = P\{X=3\}$，则 $\lambda =$（　　）.

(A)3　　(B)2.5　　(C)3.5　　(D)2

答案 (A)

解析 根据泊松分布的概念可知

$$P\{X=k\} = \frac{\lambda^k e^{-\lambda}}{k!}.$$

由题 $P\{X=2\} = P\{X=3\}$，即

$$\frac{\lambda^2 e^{-\lambda}}{2!} = \frac{\lambda^3 e^{-\lambda}}{3!},$$

两边约去 $e^{-\lambda}$，并化简得

$$\frac{\lambda^2}{2} = \frac{\lambda^3}{6},$$

整理可得

$$\lambda^3 = 3\lambda^2 \Rightarrow \lambda^2(\lambda - 3) = 0.$$

因为 $\lambda > 0$，故 $\lambda = 3$，选(A).

2－13 设随机变量 $X \sim P(\lambda)$，泊松分布的概率生成函数定义为

$$G_X(t) = E(t^X) = \sum_{k=0}^{\infty} P\{X=k\}t^k.$$

以下选项是泊松分布概率生成函数的正确表达式的是（　　）.

(A) $G_X(t) = e^{\lambda(t-1)}$　　(B) $G_X(t) = e^{\lambda t}$

(C) $G_X(t) = e^{-\lambda t}$　　(D) $G_X(t) = \lambda t e^{-\lambda}$

答案 (A)

解析 泊松分布概率生成函数为

$$G_X(t) = \sum_{k=0}^{\infty} P\{X=k\}t^k = \sum_{k=0}^{\infty} \frac{\lambda^k e^{-\lambda}}{k!}t^k = e^{-\lambda}\sum_{k=0}^{\infty}\frac{(\lambda t)^k}{k!}.$$

又根据泰勒展开公式，有

$$\sum_{k=0}^{\infty} \frac{(\lambda t)^k}{k!} = e^{\lambda t},$$

因此

$$G_X(t) = e^{-\lambda} e^{\lambda t} = e^{\lambda(t-1)}.$$

2－14 设随机变量 $X \sim G(p)$，其累积概率 $P\{X \leqslant k\}$ 的公式为

$$P\{X \leqslant k\} = \sum_{i=1}^{k} P\{X = i\}.$$

以下 $P\{X \leqslant k\}$ 的正确表达式是（　　）.

(A) $P\{X \leqslant k\} = (1-p)^k$　　(B) $P\{X \leqslant k\} = 1 - p^k$

(C) $P\{X \leqslant k\} = 1-(1-p)^k$　　(D) $P\{X \leqslant k\} = k(1-p)^{k-1} p$

答案 (C)

解析 根据几何分布的分布律可知

$$P\{X \leqslant k\} = \sum_{i=1}^{k} P\{X = i\} = \sum_{i=1}^{k} (1-p)^{i-1} p = 1-(1-p)^k.$$

2－15 某人打电话，每次拨通的概率为 $p = 0.2$. 假设每次拨打电话独立，直到拨通为止，则在拨打了 8 次电话后，至少需要再拨打 4 次才能拨通的概率是________.

答案 0.409 6

解析 设随机变量 X 表示拨通所需的次数. 则 $X \sim G(p)$，已知 $X > 8$，我们需要计算 $P\{X > 12 \mid X > 8\}$. 根据无记忆性：

$$P\{X > 12 \mid X > 8\} = P\{X > 12 - 8\} = P\{X > 4\}.$$

由上题知，几何分布的尾概率公式为：

$$P\{X > k\} = (1-p)^k,$$

因此

$$P\{X > 4\} = (1-0.2)^4 = 0.8^4 = 0.409\,6.$$

2－16 某次抽奖中有 10 张奖券，其中包含 4 张中奖券和 6 张普通券. 从中随机抽取 3 张奖券（不放回），则恰好抽中 2 张中奖券的概率是________.

答案 $\frac{3}{10}$

解析 超几何分布的概率公式为

$$P\{X = k\} = \frac{C_M^k C_{N-M}^{n-k}}{C_N^n},$$

其中，$N = 10$ 表示总奖券数；$M = 4$ 表示中奖券数；$n = 3$ 表示抽取的张数；$k = 2$ 表示中奖的张数. 代入公式可得

$$P\{X=2\}=\frac{C_4^2C_6^1}{C_{10}^3}=\frac{3}{10}.$$

2－17 某抽卡游戏中，共有12张卡片，其中包含3张稀有卡．玩家随机抽取4张(不放回)，则至少抽到2张稀有卡的概率是________.

答案 $\frac{13}{55}$

解析 随机变量 X 服从超几何分布，超几何分布的概率公式为 $P\{X=k\}=\frac{C_M^kC_{N-M}^{n-k}}{C_N^n}$，其中 $N=12,M=3,n=4$，又

$$P\{X\geqslant 2\}=1-P\{X\leqslant 1\},$$

且
$$P\{X\leqslant 1\}=P\{X=0\}+P\{X=1\}.$$

$$P\{X=0\}=\frac{C_3^0C_9^4}{C_{12}^4}=\frac{14}{55},P\{X=1\}=\frac{C_3^1C_9^3}{C_{12}^4}=\frac{28}{55}.$$

故
$$P\{X\geqslant 2\}=1-P\{X\leqslant 1\}=1-\frac{14}{55}-\frac{28}{55}=\frac{13}{55}.$$

2.3　连续型随机变量

2.3.1　连续型随机变量的基本概念

2.3.1.1　连续型随机变量的定义

设随机变量 X 的分布函数为 $F(x)$，若存在非负可积函数 $f(x)$，使得对于任意实数 x，均有

$$F(x)=\int_{-\infty}^{x}f(t)\mathrm{d}t,$$

则称 X 为连续型随机变量，函数 $f(x)$ 称为 X 的概率密度函数，简称概率密度.

【注】(1) 与离散型随机变量不同，连续型随机变量的取值是连续的，不局限于某些特定点，而是定义在一个区间内；

(2)“连续”是指分布函数 $F(x)=\int_{-\infty}^{x}f(t)\mathrm{d}t$ 具有连续性，而概率密度不一定连续.

2.3.1.2　概率密度的性质

(1) $f(x)\geqslant 0$；

(2) $\int_{-\infty}^{+\infty} f(x)\mathrm{d}x = 1$；

【注】以上两条性质是判定一个函数是否可能是概率密度的充分必要条件，常出现在选择题中，需要牢记.

2.3.1.3 概率密度与分布函数的关系

(1) $f(x)$ 在其连续点 x 处有 $F'(x) = f(x)$；

(2) 对于任意实数 $x_1, x_2(x_1 \leqslant x_2)$，有

$$P\{x_1 < X \leqslant x_2\} = F(x_2) - F(x_1) = \int_{x_1}^{x_2} f(x)\mathrm{d}x.$$

【注】① 概率密度 ≠ 分布函数. 概率密度通过积分的累积过程得到了分布函数，而分布函数求导可以得到概率密度. 另一方面，分布函数具有普遍性，而概率密度仅对连续型随机变量有意义.

② $P\{x = a\} = F(a) - F(a - 0) = 0$.

③ $P\{a < X < b\} = P\{a \leqslant X \leqslant b\} = F(b) - F(a)$.

2.3.2 常见的连续型随机变量

(1) 均匀分布

若随机变量 X 的概率密度为

$$f(x) = \begin{cases} \dfrac{1}{b-a}, & a \leqslant x \leqslant b, \\ 0, & \text{其他}. \end{cases}$$

则称 X 在区间 $[a,b]$ 上服从均匀分布，记作 $X \sim U(a,b)$，其分布函数为

$$F(x) = \begin{cases} 0, & x < a, \\ \dfrac{x-a}{b-a}, & a \leqslant x < b, \\ 1, & x \geqslant b. \end{cases}$$

【注】均匀分布表示随机现象的一种“完全对称”或“均匀”的特性. 在连续型均匀分布中，随机变量在任何等长的区间(有效区间内)上的概率是相同的. 均匀分布是许多复杂概率分布的基础.

(2) 指数分布

若随机变量 X 的概率密度为

$$f(x)=\begin{cases}\lambda e^{-\lambda x}, & x>0,\\ 0, & 其他,\end{cases}$$

则称 X 服从参数为 $\lambda(\lambda>0)$ 的指数分布，记作 $X\sim E(\lambda)$，其分布函数为

$$F(x)=\begin{cases}0, & x<0,\\ 1-e^{-\lambda x}, & x\geqslant 0.\end{cases}$$

指数分布是概率论中极为重要的一种分布，特别是在排队论、可靠性分析和寿命分析中广泛应用. 在许多随机现象中，事件发生的时间间隔是独立的，且服从指数分布. 例如电子元件的寿命、排队系统中顾客到达的时间间隔等.

【注】(1) 指数分布具有无记忆性，对任意正数 a,b，有 $P\{X>a+b \mid X>b\}=P\{X>a\}$.

(2) 指数分布和泊松分布具有紧密的关系. 泊松分布描述一定时间内事件发生的数量，指数分布描述事件发生的时间间隔.

(3) 正态分布

若随机变量 X 的概率密度(图像如图所示) 为

$$f(x)=\frac{1}{\sqrt{2\pi}\sigma}e^{-\frac{(x-\mu)^2}{2\sigma^2}},-\infty<x<+\infty,$$

其中 μ,σ 为常数且 $\sigma>0$，则称 X 服从参数为 μ,σ^2 的正态分布，记作 $X\sim N(\mu,\sigma^2)$.

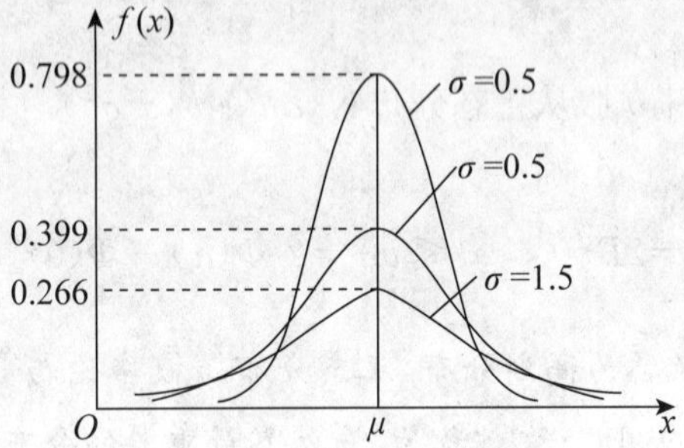

正态分布的分布函数为

$$F(x)=\frac{1}{\sqrt{2\pi}\sigma}\int_{-\infty}^{x}e^{-\frac{(t-\mu)^2}{2\sigma^2}}dt.$$

当 $\mu=0,\sigma^2=1$ 时，$X\sim N(0,1)$，称 X 服从标准正态分布，其密度函数为

$$\varphi(x)=\frac{1}{\sqrt{2\pi}}e^{-\frac{x^2}{2}},-\infty<x<+\infty,$$

其分布函数为

$$\Phi(x)=\frac{1}{\sqrt{2\pi}}\int_{-\infty}^{x}e^{-\frac{t^2}{2}}dt,-\infty<x<+\infty.$$

【注】概率密度 $f(x)$ 关于 $x=\mu$ 对称，$\varphi(x)$ 关于 y 轴对称.

正态分布的性质如下.

设 $X\sim N(\mu,\sigma^2)$，其分布函数为 $F(x)$，则

① $\dfrac{X-\mu}{\sigma}\sim N(0,1)$，可得

$$F(x)=\Phi\left(\frac{x-\mu}{\sigma}\right),$$

$$F\{a<X\leqslant b\}=\Phi\left(\frac{b-\mu}{\sigma}\right)-\Phi\left(\frac{a-\mu}{\sigma}\right).$$

② $\Phi(-a)=1-\Phi(a)$，$\Phi(0)=\dfrac{1}{2}$.

【注】以上两个重要性质可以通过如下所示的图像清晰得出.

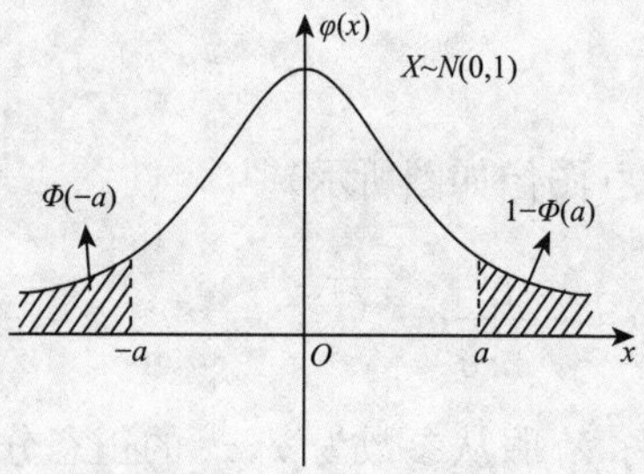

③ 非零线性变换 $aX+b$ 服从正态分布 $N(a\mu+b,a^2\sigma^2)$.

④ 若 $X\sim N(0,1)$，$a>0$，则

$$P\{|x|\leqslant a\}=2P\{0\leqslant x\leqslant a\}=2[\Phi(a)-\Phi(0)]=2\Phi(a)-1.$$

【注】① 正态分布，又称为**高斯分布**. 正态分布是概率论与数理统计中的核心考点，因其数学性质以及实际应用广泛，被称为“自然界最重要的分布”.

② 正态分布可以看作数据集中在均值附近的一种分布，其中概率密度 $f(x)$ 的指数部分 $e^{-\frac{(x-\mu)^2}{2\sigma^2}}$ 反映了数据偏离均值的平方距离的影响. 正态分布描述了偏离均值较小的取值具有更高概率的现象.

③ 正态分布的分布函数无法用解析形式表示，但可以通过标准正态分布 $\Phi(x)$ 查表或运用 $\Phi(x)$ 的对称性求解，因此进行标准化和运用分布函数的对称性是正态分布最重要的两种分析方法.

专题三　连续型随机变量

2-18 设 $F_1(x)$，$F_2(x)$ 为两个分布函数，其相应的概率密度 $f_1(x)$ 与 $f_2(x)$ 是连续函数，则必为概率密度的是（　　）.

(A) $f_1(x)f_2(x)$　　(B) $2f_2(x)-f_1(x)$

(C) $f_1(x)+f_2(x)$　　(D) $\dfrac{f_1(x)+2f_2(x)}{3}$

答案 (D)

解析 一个函数可以作为概率密度的两个要素是 $f(x)\geqslant 0$ 和 $\int_{-\infty}^{+\infty} f(x)\mathrm{d}x=1$.

(A) 选项：$f_1(x)f_2(x)$ 的积分 $\int_{-\infty}^{+\infty} f_1(x)f_2(x)\mathrm{d}x$ 无法确定；

(B) 选项：$2f_2(x)-f_1(x)$ 的符号无法判定；

(C) 选项：$\int_{-\infty}^{+\infty}[f_1(x)+f_2(x)]\mathrm{d}x=2$，不符合概率密度的规范性；

(D) 选项：$\dfrac{f_1(x)+2f_2(x)}{3}\geqslant 0$ 且 $\int_{-\infty}^{+\infty}\dfrac{f_1(x)+2f_2(x)}{3}\mathrm{d}x=\dfrac{1}{3}+\dfrac{2}{3}=1$，符合题意，故选(D).

2-19 给定函数

$$f(x)=\begin{cases}\dfrac{\sin x}{2}, & 0\leqslant x\leqslant \pi,\\ 0, & \text{其他}.\end{cases}$$

以下选项正确的是（　　）.

(A) $f(x)$ 可作为概率密度

(B) $f(x)$ 非负，但积分不为 1，不能作为概率密度

(C) $f(x)$ 非负，积分为 1，但 $f(x)$ 是非单调函数，不能作为概率密度

(D) $f(x)$ 既不非负，也不满足积分为 1，不能作为概率密度

答案 (A)

解析 很显然 $f(x)\geqslant 0$，且 $\int_{-\infty}^{+\infty} f(x)\mathrm{d}x=\int_0^{\pi}\dfrac{\sin x}{2}\mathrm{d}x=1$，故选(A).

需要注意的是选项(C)，概率密度并不要求单调性.

2-20 给定概率密度

$$f_X(x)=\begin{cases}x, & 0\leqslant x\leqslant 1,\\ 2-x, & 1<x\leqslant 2,\\ 0, & \text{其他}.\end{cases}$$

求对应的分布函数 $F_X(x)$.

解析 由 $f_X(x)$ 可知 $F_X(x)$ 的关键点是 0,1,2.

① 当 $x<0$ 时,$f_X(x)=0$,因此

$$F_X(x)=\int_{-\infty}^{x} f_X(t)\mathrm{d}t=0.$$

② 当 $0\leqslant x<1$ 时,密度函数为 $f_X(x)=x$.

分布函数为

$$F_X(x)=\int_0^x t\,\mathrm{d}t=\left(\frac{t^2}{2}\right)\Big|_0^x=\frac{x^2}{2}.$$

③ 当 $1\leqslant x<2$ 时,密度函数为 $f_X(x)=2-x$.

分布函数为

$$F_X(x)=\int_0^1 t\,\mathrm{d}t+\int_1^x (2-t)\mathrm{d}t,$$

其中,

$$\int_0^1 t\,\mathrm{d}t=\left(\frac{t^2}{2}\right)\Big|_0^1=\frac{1^2}{2}-0=\frac{1}{2}.$$

$$\int_1^x (2-t)\mathrm{d}t=\left(2t-\frac{t^2}{2}\right)\Big|_1^x=\left(2x-\frac{x^2}{2}\right)-\left(2\cdot 1-\frac{1^2}{2}\right)=2x-\frac{x^2}{2}-\frac{3}{2}.$$

故 $F_X(x)=2x-\dfrac{x^2}{2}-1$.

④ 当 $x\geqslant 2$ 时,概率密度的积分覆盖了 $f(x)\neq 0$ 对应的所有区间,即

$$F_X(x)=P\{X\leqslant x\}=P\{\Omega\}=1.$$

综上,所求的分布函数 $F_X(x)$ 为

$$F_X(x)=\begin{cases}0, & x<0,\\ \dfrac{x^2}{2}, & 0\leqslant x<1,\\ 2x-\dfrac{x^2}{2}-1, & 1\leqslant x<2,\\ 1, & x\geqslant 2.\end{cases}$$

2-21 设随机变量 X 的概率密度为 $f(x)$,且 $f(-x)=f(x)$,$F(x)$ 是 X 的分布函数,则对于任意实数 a,有(　　).

(A)$F(-a)=1-\int_0^a f(x)\mathrm{d}x$　　(B)$F(-a)=\dfrac{1}{2}-\int_0^a f(x)\mathrm{d}x$

(C)$F(-a)=F(a)$　　(D)$F(-a)=2F(a)-1$

答案 (B)

解析 方法一:概率密度 $f(x)$ 为偶函数,于是对于任意实数 a,有 $F(-a)=1-F(a)$

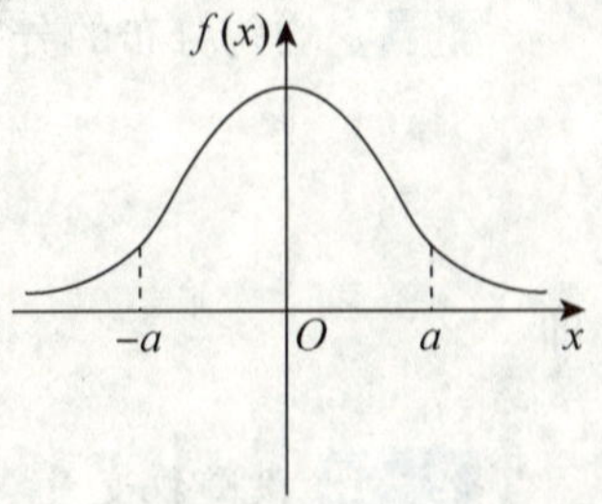

成立，利用区间可加性得 $F(a)=\int_{-\infty}^{a}f(t)\mathrm{d}t=\int_{-\infty}^{0}f(t)\mathrm{d}t+\int_{0}^{a}f(t)\mathrm{d}t=\frac{1}{2}+\int_{0}^{a}f(t)\mathrm{d}t$，结合上面的等式得

$$F(-a)=1-F(a)=\frac{1}{2}-\int_{0}^{a}f(x)\mathrm{d}x.$$

方法二：设 $a>0$，$f(x)$ 图像如图所示，由图得

$$\begin{aligned}F(-a)=P\{X\leqslant -a\}&\xlongequal{\text{对称性}}P\{X\geqslant a\}\\&=P\{X\geqslant 0\}-P\{0\leqslant X\leqslant a\}\\&=\frac{1}{2}-\int_{0}^{a}f(x)\mathrm{d}x.\end{aligned}$$

2-22 设随机变量 $X\sim U(0,8)$，已知 $X>2$，则在此条件下，$P\{X>6\mid X>2\}$ 的值为(　　).

(A) $\frac{1}{2}$　　(B) $\frac{1}{3}$　　(C) $\frac{1}{4}$　　(D) $\frac{1}{6}$

答案 (B)

解析 均匀分布的条件概率可以按公式计算：

$$P(A\mid B)=\frac{P(A\cap B)}{P(B)}.$$

其中，

$$P(B)=P\{X>2\}=\frac{8-2}{8}=\frac{6}{8}=\frac{3}{4},$$

$$P(A\cap B)=P\{X>6\}=\frac{8-6}{8}=\frac{2}{8}=\frac{1}{4}.$$

条件概率为

$$P\{X>6\mid X>2\}=\frac{P\{X>6\}}{P\{X>2\}}=\frac{\frac{1}{4}}{\frac{3}{4}}=\frac{1}{3}.$$

2-23 设随机变量 $X\sim U(-4,4)$，已知其分布函数为 $F_X(x)$，以下选项正确的是(　　).

(A) $F_X(x)=\frac{x+4}{8},-4\leqslant x\leqslant 4$　　(B) $F_X(x)=\frac{x}{8},-4\leqslant x\leqslant 4$

(C) $F_X(x)=\frac{x-4}{8},-4\leqslant x\leqslant 4$　　(D) $F_X(x)=\frac{x}{4},-4\leqslant x\leqslant 4$

答案 (A)

解析 均匀分布的分布函数 $F_X(x)$ 是通过积分计算的，当 $-4\leqslant x\leqslant 4$ 时，

$$F_X(x)=\int_{-4}^{x} f_X(t)\mathrm{d}t=\int_{-4}^{x}\frac{1}{8}\mathrm{d}t,$$

即

$$F(x)=\frac{x+4}{8},-4\leqslant x\leqslant 4.$$

2-24 设随机变量 X 服从参数为 3 的指数分布，则 $P\{X>4\mid X>1\}$ 等于（　　）.

(A) e^{-4}　　(B) e^{-3}　　(C) e^{-9}　　(D) e^{-12}

答案 (C)

解析 根据指数分布的无记忆性，可知

$$P\{X>4\mid X>1\}=P\{X>3\}=1-(1-e^{-3\lambda})=e^{-3\lambda}=e^{-9}.$$

2-25 设随机变量 X 服从参数为 2 的指数分布，则 $P\{2<X\leqslant 4\mid X>1\}=$（　　）.

(A) $e^{-2}-e^{-4}$　　(B) $e^{-2}-e^{-6}$　　(C) $e^{-4}-e^{-8}$　　(D) $e^{-2}-e^{-8}$

答案 (B)

解析 指数分布的条件概率使用无记忆性计算，有

$$P\{2<X\leqslant 4\mid X>1\}=P\{1<X\leqslant 3\}.$$

当 $X\geqslant 0$ 时，

$$F_X(x)=1-e^{-2x},$$

$$P\{1<X\leqslant 3\}=F_X(3)-F_X(1)=(1-e^{-6})-(1-e^{-2})=e^{-2}-e^{-6}.$$

2-26 假设一大型设备在任何长为 t 的时间内发生故障的次数 $N(t)$ 服从参数为 λt 的泊松分布.

(1) 求相继两次故障之间时间间隔 T 的概率分布；

(2) 求在设备已经无故障工作 8 小时的情况下，继续无故障运行 10 小时的概率 Q.

解析 (1) 由于 T 是相继两次故障之间的间隔，因此 T 是非负随机变量.

可见当 $t<0$ 时，$F(t)=P\{T\leqslant t\}=0$；

当 $t\geqslant 0$ 时，事件 $\{T>t\}$ 与事件 $\{N(t)=0\}$ 等价，则

$$F(t)=P\{T\leqslant t\}=1-P\{T>t\}=1-P\{N(t)=0\}=1-e^{-\lambda t}.$$

综上，T 服从参数为 λ 的指数分布.

(2) 由指数分布的无记忆性可知 $Q=P\{T>18\mid T>8\}=P\{T>10\}=e^{-10\lambda}$.

2-27 (1) 证明 $\int_{-\infty}^{+\infty}\frac{1}{\sqrt{2\pi}}e^{-\frac{t^2}{2}}\mathrm{d}t=1$；

(2) 证明 $\int_{-\infty}^{+\infty}\frac{1}{\sqrt{2\pi}\sigma}e^{-\frac{(x-\mu)^2}{2\sigma^2}}\mathrm{d}x=1$.

解析 (1) 记 $I=\int_{-\infty}^{+\infty}e^{-\frac{t^2}{2}}\mathrm{d}t$，则有 $I^2=\int_{-\infty}^{+\infty}\int_{-\infty}^{+\infty}e^{-\frac{t^2+u^2}{2}}\mathrm{d}t\mathrm{d}u$，利用极坐标将它化成累次积

分，得到

$$I^2=\int_0^{2\pi}\int_0^{+\infty} r\mathrm{e}^{-\frac{r^2}{2}}\mathrm{d}r\mathrm{d}\theta=2\pi\left(-\mathrm{e}^{-\frac{r^2}{2}}\right)\Big|_0^{+\infty}=2\pi.$$

而 $I>0$，故有 $I=\sqrt{2\pi}$，即有 $\int_{-\infty}^{+\infty}\mathrm{e}^{-\frac{t^2}{2}}\mathrm{d}t=\sqrt{2\pi}$，$\int_{-\infty}^{+\infty}\frac{1}{\sqrt{2\pi}}\mathrm{e}^{-\frac{t^2}{2}}\mathrm{d}t=1.$

(2) 令 $\frac{x-\mu}{\sigma}=t$，得到

$$\int_{-\infty}^{+\infty}\frac{1}{\sqrt{2\pi}\sigma}\mathrm{e}^{-\frac{(x-\mu)^2}{2\sigma^2}}\mathrm{d}x=\frac{1}{\sqrt{2\pi}}\int_{-\infty}^{+\infty}\mathrm{e}^{-\frac{t^2}{2}}\mathrm{d}t=1.$$

【注】 以上过程证明了正态分布概率密度的规范性. 实际上以后我们只需记住以下两个要点：

(1) 正态分布概率密度的区间在 $(-\infty,+\infty)$.

(2) 其概率密度满足三个要素，即

① 配平方：$(x-\mu)^2$；

② 除系数：$\mathrm{e}^{-\frac{(x-\mu)^2}{2\sigma^2}}$；

③ 添因子：$\frac{1}{\sqrt{2\pi}\sigma}\mathrm{e}^{-\frac{(x-\mu)^2}{2\sigma^2}}$.

2-28 设随机变量 X 的概率密度为 $f(x)=a\mathrm{e}^{-x^2+2x}$，$-\infty<x<+\infty$，则 $a=$ ______.

答案 $\frac{1}{\mathrm{e}\sqrt{\pi}}$

解析 概率密度中仅出现以 e 为底的指数函数且指数中是 2 次函数(未指定具体区间)，必为一维正态分布，见到此种题目应该按照“配平方，除系数，添因子”的顺序对函数比照正态分布的概率密度进行模式化，即

$$a\mathrm{e}^{-x^2+2x}\xrightarrow{\text{配平方}}a\mathrm{e}\left[\mathrm{e}^{-(x-1)^2}\right]\xrightarrow{\text{除系数}}a\mathrm{e}^1\mathrm{e}^{-\frac{(x-1)^2}{2\left(\sqrt{\frac{1}{2}}\right)^2}}\xrightarrow{\text{添因子}}a(\mathrm{e}\sqrt{\pi})\frac{1}{\sqrt{2\pi}\sqrt{\frac{1}{2}}}\mathrm{e}^{-\frac{(x-1)^2}{2\left(\sqrt{\frac{1}{2}}\right)^2}},$$

其中 $\frac{1}{\sqrt{2\pi}\sqrt{\frac{1}{2}}}\mathrm{e}^{-\frac{(x-1)^2}{2\left(\sqrt{\frac{1}{2}}\right)^2}}$ 符合 $N\left(1,\frac{1}{2}\right)$ 的概率密度的定义，根据概率密度规范性可知

$$(a\mathrm{e}\sqrt{\pi})\cdot 1=1,$$

$$a=\frac{1}{e\sqrt{\pi}}.$$

2-29 若随机变量 $X\sim N(\mu,\sigma^2)$，证明 $Z=\frac{X-\mu}{\sigma}\sim N(0,1)$.

解析 $Z=\frac{X-\mu}{\sigma}$ 的分布函数为

$$P\{Z\leqslant x\}=P\left\{\frac{X-\mu}{\sigma}\leqslant x\right\}=P\{X\leqslant\mu+\sigma x\}=\frac{1}{\sqrt{2\pi}\sigma}\int_{-\infty}^{\mu+\sigma x}e^{-\frac{(t-\mu)^2}{2\sigma^2}}dt,$$

令 $\frac{t-\mu}{\sigma}=u$，得

$$P\{Z\leqslant x\}=\frac{1}{\sqrt{2\pi}}\int_{-\infty}^{x}e^{-\frac{u^2}{2}}du=\Phi(x),$$

由此知 $Z=\frac{X-\mu}{\sigma}\sim N(0,1)$.

【注】此结论是概率论与数理统计中的核心考点，一般正态分布对应的概率不易进行解析求解，经过以上标准化过程以后，普通正态分布转化成了标准正态分布. 此种情况下可以通过查表快速进行概率的分析.

2-30 设随机变量 X 服从正态分布 $N(\mu_1,\sigma_1^2)$，随机变量 Y 服从正态分布 $N(\mu_2,\sigma_2^2)$，且 $P\{|X-\mu_1|<1\}>P\{|Y-\mu_2|<1\}$，则必有(   ).

(A) $\sigma_1<\sigma_2$　　(B) $\sigma_1>\sigma_2$　　(C) $\mu_1<\mu_2$　　(D) $\mu_1>\mu_2$

答案 (A)

解析 将随机变量 X,Y 转化成服从标准正态分布的变量.

$$\frac{X-\mu_1}{\sigma_1}\sim N(0,1),\frac{Y-\mu_2}{\sigma_2}\sim N(0,1),$$

$$P\{|X-\mu_1|<1\}=P\left\{\frac{|X-\mu_1|}{\sigma_1}<\frac{1}{\sigma_1}\right\}=2\Phi\left(\frac{1}{\sigma_1}\right)-1,$$

$$P\{|Y-\mu_2|<1\}=P\left\{\frac{|Y-\mu_2|}{\sigma_2}<\frac{1}{\sigma_2}\right\}=2\Phi\left(\frac{1}{\sigma_2}\right)-1.$$

已知 $P\{|X-\mu_1|<1\}>P\{|Y-\mu_2|<1\}$，于是有 $\Phi\left(\frac{1}{\sigma_1}\right)>\Phi\left(\frac{1}{\sigma_2}\right)$. 由于 $\Phi(x)$ 严格单调递增，因此一定有 $\frac{1}{\sigma_1}>\frac{1}{\sigma_2}$，所以有 $\sigma_1<\sigma_2$.

2-31 设随机变量 X 服从标准正态分布 $N(0,1)$，对任意给定的 $a\in(0,1)$，数 u_a 满足 $P\{X>u_a\}=a$. 若 $P\{|X|<x\}=a$，则 x 等于(   ).

(A) $u_{\frac{a}{2}}$　　(B) $u_{1-\frac{a}{2}}$　　(C) $u_{\frac{1-a}{2}}$　　(D) u_{1-a}

答案 (C)

解析 因为 X 服从标准正态分布 $N(0,1)$，且标准正态分布的图像关于 y 轴对称，所以由 $P\{|X|<x\}=a$ 可知 $P\{|X|>x\}=1-a$，即

$$P\{X>x\}+P\{X<-x\}=1-a,$$

由对称性得 $P\{X>x\}=\dfrac{1-a}{2}$，所以 $x=u_{\frac{1-a}{2}}$.

2-32 已知 $X\sim N(1,4)$，$Y\sim N(4,9)$，定义概率

$$p_1=P\{X<a\},p_2=P\{Y>b\},$$

已知 $p_1<p_2$，则 a 与 b 的关系是(　　).

(A) $a+b<5$　　(B) $3a+2b<11$　　(C) $2a+3b<7$　　(D) $a-b<2$

答案 (B)

解析 由题，

$$X\sim N(1,2^2)\Rightarrow\frac{X-1}{2}\sim N(0,1),$$

$$Y\sim N(4,3^2)\Rightarrow\frac{Y-4}{3}\sim N(0,1),$$

所以

$$p_1=P\{X<a\}=P\left\{\frac{X-1}{2}<\frac{a-1}{2}\right\}=\Phi\left(\frac{a-1}{2}\right),$$

$$p_2=P\{Y>b\}=P\left\{\frac{Y-4}{3}>\frac{b-4}{3}\right\}=1-\Phi\left(\frac{b-4}{3}\right)=\Phi\left(\frac{4-b}{3}\right),$$

又因为 $p_1<p_2$，所以 $\Phi\left(\frac{a-1}{2}\right)<\Phi\left(\frac{4-b}{3}\right)$，由 $\Phi(x)=\int_{-\infty}^{x}\frac{1}{\sqrt{2\pi}}e^{-\frac{t^2}{2}}dt$ 单调递增，故 $\frac{a-1}{2}<\frac{4-b}{3}$，即 $3a+2b<11$.

2.4　随机变量函数的分布

2.4.1　离散型随机变量函数的分布

设 X 的分布律为

$$P\{X=x_k\}=p_k,k=1,2,\cdots,$$

则关于 X 的函数 $Y=g(X)$ 的分布律为

$$P\{Y=y_i\}=P\{g(X)=y_i\}=\sum_{g(x_i)=y_i} P\{X=x_i\}.$$

【注】离散型随机变量函数的分布主要通过列举法来实现，需要注意的是$Y=g(X)$可能有重复的值，需要注意合并.

2.4.2 连续型随机变量函数的分布

设 X 的概率密度为$f_X(x)$，$-\infty<x<+\infty$，则由函数 $y=g(x)$ 确定的随机变量Y的概率分布可以由以下两种方法求得.

(1) 定义法：首先由定义求得 Y 的分布函数，即

$$F_Y(y)=P\{Y\leqslant y\}=P\{g(X)\leqslant y\}=\int_{g(x)\leqslant y} f_X(x)\mathrm{d}x,$$

由公式 $f_Y(y)=F'_Y(y)$ 可求得 Y 的概率密度.

(2) 公式法：若 $y=g(x)$ 处处可导且严格单调(恒有 $g'(x)>0$ 或恒有 $g'(x)<0$)，$h(y)$ 是其反函数，则 $Y=g(X)$ 是连续型随机变量，其概率密度为

$$f_Y(y)=\begin{cases} f_X[h(y)]\,|h'(y)|, & \alpha<y<\beta, \\ 0, & \text{其他}, \end{cases}$$

其中(α,β) 为函数 $y=g(x)$ 的值域.

【注】以上两种方法是求解连续型随机变量函数的分布的常用方法，有以下需要注意的问题：

(1) 定义法具有普遍性，可以在所有题目中使用，应该作为主要解题方法来把握；而公式法运用的条件非常严格($y=g(x)$ 处处可导且严格单调).

(2) 定义法的解题步骤：

一要画出 $y=g(x)$ 的图像，找出 y 的关键点(分段点)；

二要根据关键点划分区间(注意左闭右开特性)；

三要根据 $g(X)\leqslant y$，求出 x 的范围，通过$\int_{g(x)\leqslant y} f_X(x)\mathrm{d}x=\int_{x\in I_y} f_X(x)\mathrm{d}x$ 来计算 $F_Y(y)$.

专题四　随机变量函数的分布

2-33 设随机变量 X 的概率分布为

X	-2	-1	0	1	2
P	0.1	0.2	0.3	0.2	0.2

定义随机变量 $Y=g(X)$，其中：

$$g(X)=\begin{cases}X^2, & X<0,\\ 2X, & X\geqslant 0.\end{cases}$$

求 Y 的概率分布.

解析 当 $X<0, g(X)=X^2$，即当 $X=-2,-1$ 时，

$$g(-2)=(-2)^2=4, g(-1)-(-1)^2=1.$$

当 $X\geqslant 0, g(X)=2X$，即当 $X=0,1,2$ 时，

$$g(0)=2\times 0=0, g(1)=2\times 1=2, g(2)=2\times 2=4.$$

通过以上计算，随机变量 Y 的可能取值为 $0,1,2,4$.

利用 $P\{Y=y\}=\sum\limits_{g(X)=y}P(X)$，逐项计算，有

$$P\{Y=0\}=P\{X=0\}=0.3,$$

$$P\{Y=1\}=P\{X=-1\}=0.2,$$

$$P\{Y=2\}=P\{X=1\}=0.2,$$

$$P\{Y=4\}=P\{X=-2\}+P\{X=2\}=0.1+0.2=0.3.$$

整理后，得到随机变量 Y 的概率分布为

Y	0	1	2	4
P	0.3	0.2	0.2	0.3

2-34 随机变量 $X\sim U(-1,2)$，即 X 的概率密度为

$$f_X(x)=\begin{cases}\dfrac{1}{3}, & -1\leqslant x\leqslant 2,\\ 0, & \text{其他}.\end{cases}$$

定义随机变量

$$Y=\begin{cases}X^2, & -1\leqslant X\leqslant 1,\\ 2-X, & 1<X\leqslant 2.\end{cases}$$

求随机变量 Y 的分布函数.

解析 $Y=g(x)$ 如图(a)所示，不难看出函数不单调，只能用定义法求解.

因为 $-1\leqslant x\leqslant 2$，可以看出 Y 的关键点是 $0,1$. 因而只需要考虑 $y<0, 0\leqslant y<1$，

$1 \leqslant y$ 三个区间即可.

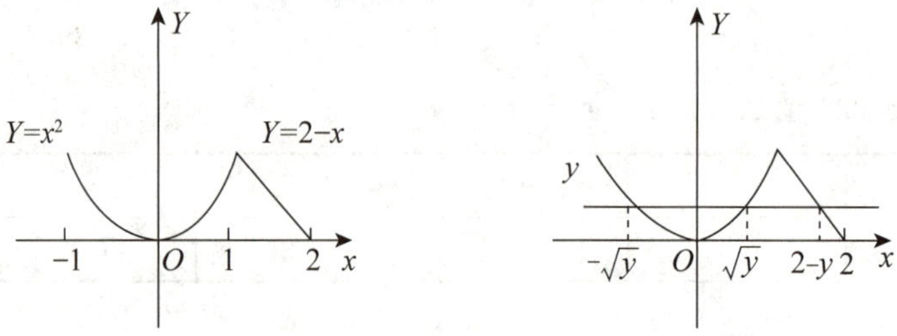

(a) (b)

① 当 $y<0$ 时，$g(x) \leqslant y$ 无解，此时 $F_Y(y)=P\{X \in \varnothing\}=0$.

② 当 $0 \leqslant y<1$ 时，$g(x) \leqslant y$ 的解为 $\{-\sqrt{y} \leqslant x \leqslant \sqrt{y}\} \cup \{2-y \leqslant x \leqslant 2\}$，如图(b)所示，此时

$$F_Y(y)=P\{-\sqrt{y} \leqslant x \leqslant \sqrt{y}\}+P\{2-y \leqslant x \leqslant 2\}=\frac{2\sqrt{y}}{3}+\frac{y}{3}.$$

③ 当 $y \geqslant 1$ 时，$g(x) \leqslant y$ 的解为 $\{-1 \leqslant x \leqslant 2\}$，$F_Y(y)=P\{\Omega\}=1$.

综上，
$$F_Y(y)=\begin{cases}0, & y<0, \\ \dfrac{2\sqrt{y}}{3}+\dfrac{y}{3}, & 0 \leqslant y<1, \\ 1, & y \geqslant 1.\end{cases}$$

2-35 设随机变量 X 服从参数为 λ 的指数分布，则随机变量 $Y=\min\{X,3\}$ 的分布函数(　　).

(A) 是连续函数　　(B) 至少有两个间断点

(C) 是阶梯函数　　(D) 恰好有一个间断点

答案 (D)

解析 $Y=g(x)$ 如图所示，不难看出函数不严格单调，只能用定义法求解.

当 $x>0$ 时，可以看出 Y 的关键点是 0,3. 因而只需要考虑 $y<0$，$0 \leqslant y<3$，$3 \leqslant y$ 三个区间即可.

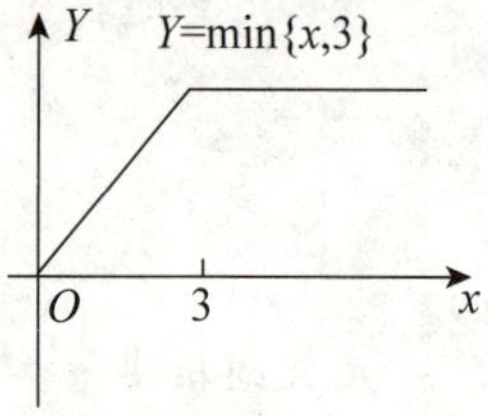

① 当 $y<0$ 时，$g(x) \leqslant y$ 无解，此时 $F_Y(y)=P\{\varnothing\}=0$.

② 当 $0 \leqslant y<3$ 时，$g(x) \leqslant y$ 的解为 $\{0 \leqslant x \leqslant y\}$，此时

$$F_Y(y)=P\{0 \leqslant x \leqslant y\}=1-e^{-\lambda y}.$$

③ 当 $y \geqslant 3$ 时，$g(x) \leqslant y$ 的解为 $\{x \geqslant 0\}$，$F_Y(y)=P\{\Omega\}=1$.

综上，
$$F_Y(y)=\begin{cases}0, & y<0, \\ 1-e^{-\lambda y}, & 0 \leqslant y<3, \\ 1, & y \geqslant 3.\end{cases}$$

可验证 $F_Y(y)$ 在 $y=0$ 处连续，在 $y=3$ 处间断，它不是连续函数，也不是阶梯函数. 故选(D).

【注】X 是连续型随机变量，但 $Y=g(X)$ 不一定是连续型随机变量，不一定具有概率密度.

2－36 已知随机变量 $X\sim N(0,1)$，其概率密度为

$$f_X(x)=\frac{1}{\sqrt{2\pi}}e^{-\frac{x^2}{2}},x\in\mathbf{R}.$$

定义随机变量 $Y=e^X$. 以下关于 Y 的概率密度 $f_Y(y)$ 的描述正确的是(　　).

(A) $f_Y(y)=\begin{cases}\dfrac{1}{y\sqrt{2\pi}}e^{-\frac{(\ln y)^2}{2}}, & y>0,\\ 0, & y\leqslant 0\end{cases}$

(B) $f_Y(y)=\begin{cases}\dfrac{1}{y\sqrt{2\pi}}e^{-\frac{(\ln y)^2}{2}}, & y>1,\\ 0, & y\leqslant 1\end{cases}$

(C) $f_Y(y)=\begin{cases}\dfrac{1}{y\sqrt{2\pi}}e^{-\frac{(\ln y)^2}{2}}, & y>0,\\ 0, & y<0\end{cases}$

(D) $f_Y(y)=\begin{cases}\dfrac{1}{y\sqrt{2\pi}}e^{-\frac{(\ln y)^2}{2}}, & y>0,\\ \dfrac{1}{\sqrt{2\pi}}e^{-\frac{y^2}{2}}, & y<0\end{cases}$

答案 (A)

解析 不难看出函数 $Y=e^X$ 严格单调，处处可导，可以用公式法求解.

由题 $Y=e^X$，因此

$$X=\ln Y,Y>0.$$

根据变换公式，有

$$f_Y(y)=f_X(\ln y)\cdot\left|\frac{d}{dy}(\ln y)\right|,y>0,$$

将 $f_X(x)=\dfrac{1}{\sqrt{2\pi}}e^{-\frac{x^2}{2}}$ 代入上式，得

$$f_Y(y)=\frac{1}{y\sqrt{2\pi}}e^{-\frac{(\ln y)^2}{2}},y>0.$$

对于 $y\leqslant 0$，由于 $Y=e^X$ 无解，则

$$f_Y(y)=0,\ y\leqslant 0.$$

故本题选(A).

2－37 已知随机变量 X 的概率密度为

$$f_X(x)=\begin{cases}\dfrac{1}{e^2-1}, & 1\leqslant x\leqslant e^2,\\ 0, & 其他.\end{cases}$$

定义随机变量 $Y=\ln X$. 以下关于 Y 的概率密度 $f_Y(y)$ 的描述正确的是(　　).

(A) $f_Y(y)=\begin{cases}\dfrac{e^y}{e^2-1}, & 0\leqslant y\leqslant 2,\\ 0, & 其他\end{cases}$　　(B) $f_Y(y)=\begin{cases}\dfrac{1}{e^y}, & 0\leqslant y\leqslant 2,\\ 0, & 其他\end{cases}$

(C) $f_Y(y)=\begin{cases}\dfrac{ye^y}{e^2-1}, & 0\leqslant y\leqslant 2,\\ 0, & 其他\end{cases}$　　(D) $f_Y(y)=\begin{cases}\dfrac{1}{e^2-1}, & 0\leqslant y\leqslant 2,\\ 0, & 其他\end{cases}$

答案 (A)

解析 不难看出函数 $Y=\ln X$ 严格单调,处处可导,可以用公式法求解.

由 $Y=\ln X$ 解得 $X=e^Y, Y\in[0,2]$.

根据变换公式,有

$$f_Y(y)=f_X(e^y)\cdot\left|\frac{d}{dy}(e^y)\right|,$$

即 $f_Y(y)=\dfrac{1}{e^2-1}\cdot e^y, y\in[0,2]$.

对于 $y\notin[0,2], f_Y(y)=0$.

综上,$f_Y(y)=\begin{cases}\dfrac{e^y}{e^2-1}, & 0\leqslant y\leqslant 2,\\ 0, & 其他.\end{cases}$

课后作业

1 如下四个函数可作为随机变量 X 的分布函数的是(　　).

(A) $F(x)=\begin{cases}0, & x<-2,\\ \dfrac{1}{2}, & -2\leqslant x<0,\\ 2, & x\geqslant 0\end{cases}$　　(B) $F(x)=\begin{cases}0, & x<0,\\ \sin x, & 0\leqslant x<\pi,\\ 1, & x\geqslant \pi\end{cases}$

(C) $F(x)=\begin{cases}0, & x<0,\\ \sin x, & 0\leqslant x<\dfrac{\pi}{2},\\ 1, & x\geqslant\dfrac{\pi}{2}\end{cases}$　　(D) $F(x)=\begin{cases}0, & x<0,\\ x+\dfrac{1}{3}, & 0\leqslant x\leqslant\dfrac{1}{2},\\ 1, & x>\dfrac{1}{2}\end{cases}$

答案 (C)

解析 根据分布函数的性质,利用排除法.

选项(A)不满足 $F(+\infty)=1$;选项(B)不满足单调不减;选项(D)中,$F\left(\dfrac{1}{2}+0\right)\neq F\left(\dfrac{1}{2}\right)$,不满足右连续,故选(C).

2 设 $F_1(x)$ 与 $F_2(x)$ 都是分布函数,又 a 和 b 是两个正常数,且 $a+b=1$. 证明:$F(x)=aF_1(x)+bF_2(x)$ 也是一个分布函数.

解析 为此要验证分布函数具有的三个基本性质.

① 单调不减性:因为 $F_1(x)$ 与 $F_2(x)$ 都是分布函数,故当 $x_1<x_2$ 时,有

$$F_1(x_1)\leqslant F_1(x_2),F_2(x_1)\leqslant F_2(x_2),$$

故

$$F(x_1)=aF_1(x_1)+bF_2(x_1)\leqslant aF_1(x_2)+bF_2(x_2)=F(x_2),$$

单调不减性得证.

② 规范性:对任意的 x,有 $0\leqslant F_1(x)\leqslant 1,0\leqslant F_2(x)\leqslant 1$,又 $a+b=1$,故

$$0\leqslant F(x)\leqslant 1,$$

又

$$F(-\infty)=aF_1(-\infty)+bF_2(-\infty)=0,$$
$$F(+\infty)=aF_1(+\infty)+bF_2(+\infty)=1,$$

规范性得证.

③ 右连续性:对任意的 x,有

$$F(x+0)=aF_1(x+0)+bF_2(x+0)=aF_1(x)+bF_2(x)=F(x).$$

右连续性得证.

3 有甲、乙两个小盒,甲盒中有5个红球,1个黑球,乙盒中有2个红球,2个黑球,现从甲盒中拿3个球放入乙盒,再从乙盒中拿出3个球,求这3个球中的黑球数目 X 的分布律.

解析 X 的取值可以为0,1,2,3. 对从甲盒中拿出的3个球进行分析:

从甲盒中拿出的球有0个黑球的概率为

$$P_0=\frac{C_5^3}{C_6^3}=\frac{1}{2},$$

从甲盒中拿出的球有1个黑球的概率为

$$P_1=\frac{C_5^2}{C_6^3}=\frac{1}{2},$$

则

$$P\{X=0\}=P_0\times\frac{C_5^3}{C_7^3}+P_1\times\frac{C_4^3}{C_7^3}=\frac{7}{35},$$

$$P\{X=1\}=P_0\times\frac{C_2^1C_5^2}{C_7^3}+P_1\times\frac{C_3^1C_4^2}{C_7^3}=\frac{19}{35},$$

$$P\{X=2\}=P_0\times\frac{C_2^2C_5^1}{C_7^3}+P_1\times\frac{C_3^2C_4^1}{C_7^3}=\frac{17}{70},$$

$$P\{X=3\}=P_1\times\frac{C_3^3}{C_7^3}=\frac{1}{70}.$$

所以 X 的分布律为

X	0	1	2	3
P	$\frac{7}{35}$	$\frac{19}{35}$	$\frac{17}{70}$	$\frac{1}{70}$

4 设 X_1 和 X_2 是任意两个相互独立的连续型随机变量，它们的概率密度分别为 $f_1(x)$ 和 $f_2(x)$，分布函数分别为 $F_1(x)$ 和 $F_2(x)$，则(　　).

(A) $f_1(x)+f_2(x)$ 必为某一随机变量的概率密度

(B) $f_1(x)f_2(x)$ 必为某一随机变量的概率密度

(C) $F_1(x)+F_2(x)$ 必为某一随机变量的分布函数

(D) $F_1(x)F_2(x)$ 必为某一随机变量的分布函数

答案 (D)

解析 从分布函数和概率密度的定义和相关性质出发，判断每个选项是否符合条件.

对选项(A)，

$$\int_{-\infty}^{+\infty}[f_1(x)+f_2(x)]\mathrm{d}x=\int_{-\infty}^{+\infty}f_1(x)\mathrm{d}x+\int_{-\infty}^{+\infty}f_2(x)\mathrm{d}x=2\neq 1,$$

故选项(A) 错误.

对选项 (B)，可以使用举反例法，设 $f_1(x)=\begin{cases}1, & -2<x<-1,\\ 0, & 其他,\end{cases}$ $f_2(x)=\begin{cases}1, & 0<x<1,\\ 0, & 其他,\end{cases}$ 则对任意 $x\in(-\infty,+\infty)$，都有 $\int_{-\infty}^{+\infty}f_1(x)f_2(x)\mathrm{d}x=0\neq 1$，故选项(B) 错误.

对选项(C)，$F_1(+\infty)+F_2(+\infty)=1+1\neq 1$，故选项(C) 错误.

综上所述，用排除法可以选出正确答案为选项(D).

进一步分析，若令 $X=\max\{X_1,X_2\}$，进而有 $X_i\sim f_i(x)$，$i=1,2$，则 X 的分布函数 $F(x)$

恰好是 $F_1(x)F_2(x)$，这是因为

$$F(x)=P\{\max\{X_1,X_2\}\leqslant x\}=P\{X_1\leqslant x,X_2\leqslant x\}$$
$$=P\{X_1\leqslant x\}P\{X_2\leqslant x\}=F_1(x)F_2(x).$$

5 设随机变量 X 的概率密度为

$$f(x)=\begin{cases}\dfrac{1}{3}, & x\in[0,1],\\ \dfrac{2}{9}, & x\in[3,6],\\ 0, & \text{其他}.\end{cases}$$

若 k 使得 $P\{X\geqslant k\}=\dfrac{2}{3}$，则 k 的取值范围是________.

答案 $[1,3]$

解析 本题考查的是连续型概率密度函数的性质，解析如下：

当 $k<1$ 时，$P\{X\geqslant k\}>P\{X\geqslant 1\}=\int_3^6\dfrac{2}{9}\mathrm{d}x=\dfrac{2}{3}$；

当 $k>3$ 时，$P\{X\geqslant k\}<P\{X\geqslant 3\}=\int_3^6\dfrac{2}{9}\mathrm{d}x=\dfrac{2}{3}$；

当 $1\leqslant k\leqslant 3$ 时，$P\{X\geqslant k\}=P\{k\leqslant X<3\}+P\{X\geqslant 3\}=\dfrac{2}{3}$.

所以 k 的取值范围是 $[1,3]$. 本题给出了求解此类填空题的一种方法，常规解法留给读者练习.

6 设 X_1,X_2,X_3 是随机变量，且 $X_1\sim N(0,1),X_2\sim N(0,2^2),X_3\sim N(5,3^2),P_i=P\{-2\leqslant X_i\leqslant 2\}(i=1,2,3)$，则（　　）.

(A) $P_1>P_2>P_3$　　(B) $P_2>P_1>P_3$

(C) $P_3>P_1>P_2$　　(D) $P_1>P_3>P_2$

答案 (A)

解析 由 $X_1\sim N(0,1),X_2\sim N(0,2^2),X_3\sim N(5,3^2)$，知 $\dfrac{X_2}{2}\sim N(0,1),\dfrac{X_3-5}{3}\sim N(0,1)$，则

$$P_1=P\{-2\leqslant X_1\leqslant 2\}=P\{|X_1|\leqslant 2\}=2\Phi(2)-1,$$

$$P_2=P\{-2\leqslant X_2\leqslant 2\}=P\left\{\left|\frac{X_2}{2}\right|\leqslant 1\right\}=2\Phi(1)-1,$$

$$P_3=P\{-2\leqslant X_3\leqslant 2\}=P\left\{\frac{-2-5}{3}\leqslant\frac{X_3-5}{3}\leqslant\frac{2-5}{3}\right\}$$
$$=\Phi(-1)-\Phi\left(-\frac{7}{3}\right)=\Phi\left(\frac{7}{3}\right)-\Phi(1).$$

由标准正态分布的概率密度曲线知 $P_1 > P_2 > P_3$.

7 设随机变量 Y 服从参数为 1 的指数分布，a 为常数且大于零，则 $P\{Y \leqslant a+1 \mid Y > a\} =$ ________.

答案 $1-\mathrm{e}^{-1}$

解析 由 $Y \sim E(1)$，即其概率密度为 $f(y)=\begin{cases}\mathrm{e}^{-y}, & y>0,\\ 0, & y \leqslant 0.\end{cases}$

由条件概率可得

$$P\{Y \leqslant a+1 \mid Y > a\} = \frac{P\{a < Y \leqslant a+1\}}{P\{Y > a\}} = \frac{\int_a^{a+1} f(y)\mathrm{d}y}{\int_a^{+\infty} f(y)\mathrm{d}y}$$

$$= \frac{\int_a^{a+1} \mathrm{e}^{-y}\mathrm{d}y}{\int_a^{+\infty} \mathrm{e}^{-y}\mathrm{d}y} = \frac{\mathrm{e}^{-a}-\mathrm{e}^{-(a+1)}}{\mathrm{e}^{-a}} = 1-\mathrm{e}^{-1}.$$

8 设离散型随机变量 X 的概率分布为 $P\{X=n\}=\frac{1}{2^n}$，$n=1,2,\cdots$，求 $Y=\sin\frac{\pi}{3}X$ 的分布函数.

解析 由于 X 只能取整数，因此 Y 的取值只有 $-\frac{\sqrt{3}}{2}, 0, \frac{\sqrt{3}}{2}$.

令 $Y=\sin\frac{\pi}{3}X=-\frac{\sqrt{3}}{2}$，可得 $x=6n-2, 6n-1$，则

$$P\left\{Y=-\frac{\sqrt{3}}{2}\right\}=\sum_{n=1}^{\infty}(P\{x=6n-2\}+P\{x=6n-1\})$$

$$=\sum_{n=1}^{\infty}\left(\frac{1}{2^{6n-2}}+\frac{1}{2^{6n-1}}\right)=\frac{4}{63}+\frac{2}{63}=\frac{2}{21}.$$

令 $Y=\sin\frac{\pi}{3}X=0$，可得 $x=6n, 6n-3$，则

$$P\{Y=0\}=\sum_{n=1}^{\infty}(P\{x=6n\}+P\{x=6n-3\})=\sum_{n=1}^{\infty}\left(\frac{1}{2^{6n}}+\frac{1}{2^{6n-3}}\right)=\frac{1}{63}+\frac{8}{63}=\frac{1}{7}.$$

令 $Y=\sin\frac{\pi}{3}X=\frac{\sqrt{3}}{2}$，可得 $x=6n-5, 6n-4$，则

$$P\left\{Y=\frac{\sqrt{3}}{2}\right\}=\sum_{n=1}^{\infty}(P\{x=6n-5\}+P\{x=6n-4\})$$

$$=\sum_{n=1}^{\infty}\left(\frac{1}{2^{6n-5}}+\frac{1}{2^{6n-4}}\right)=\frac{32}{63}+\frac{16}{63}=\frac{16}{21}.$$

所以 Y 的分布函数 $F(y)$ 为

$$F(y)=\begin{cases}0, & y<-\dfrac{\sqrt{3}}{2},\\ \dfrac{2}{21}, & -\dfrac{\sqrt{3}}{2}\leqslant y<0,\\ \dfrac{5}{21}, & 0\leqslant y<\dfrac{\sqrt{3}}{2},\\ 1, & y\geqslant\dfrac{\sqrt{3}}{2}.\end{cases}$$

9 设随机变量 X 的概率密度为 $f(x)=\begin{cases}\dfrac{1}{9}x^2, & 0<x<3,\\ 0, & 其他,\end{cases}$ 令随机变量

$$Y=\begin{cases}2, & X\leqslant 1,\\ X, & 1<X<2,\\ 1, & X\geqslant 2.\end{cases}$$

(1) 求 Y 的分布函数;

(2) 求概率 $P\{X\leqslant Y\}$.

解析 (1) 由题意知,Y 的分布函数为 $F_Y(y)=P\{Y\leqslant y\}$,故

① 当 $y<1$ 时,$F_Y(y)=0$;

② 当 $y\geqslant 2$ 时,$F_Y(y)=1$;

③ 当 $1\leqslant y<2$ 时,

$$\begin{aligned}F_Y(y)&=P\{Y\leqslant y\}=P\{Y=1\}+P\{1<Y\leqslant y\}\\&=P\{X\geqslant 2\}+P\{1<X\leqslant y\}=\int_2^3\frac{1}{9}x^2\mathrm{d}x+\int_1^y\frac{1}{9}x^2\mathrm{d}x\\&=\frac{1}{27}(y^3+18).\end{aligned}$$

则 Y 的分布函数为

$$F_Y(y)=\begin{cases}0, & y<1,\\ \dfrac{1}{27}(y^3+18), & 1\leqslant y<2,\\ 1, & y\geqslant 2.\end{cases}$$

(2) 由 Y 与 X 的关系知事件$\{X\leqslant Y\}$ 等价于事件$\{X<2\}$,则

$$P\{X\leqslant Y\}=P\{X<2\}=\int_0^2 f(x)\mathrm{d}x=\int_0^2\frac{1}{9}x^2\mathrm{d}x=\frac{8}{27}.$$

10 假设一设备开机后无故障工作的时间 X 服从指数分布,平均无故障工作的时间 $E(X)$ 为 5 小时,设备定时开机,出现故障时自动关机,而在无故障的情况下工作 2 小时便关机. 试求该设备每次开机无故障工作的时间 Y 的分布函数 $F(y)$.

解析 依题 $X \sim E(\lambda)$，且 $E(X)=\frac{1}{\lambda}=5$，则 $\lambda=\frac{1}{5}$. 又分析得 $Y=\min\{X,2\}$，因此

当 $y<0$ 时，$F(y)=0$；

当 $y \geqslant 2$ 时，$F(y)=1$；

当 $0 \leqslant y<2$ 时，

$$\begin{aligned} F(y) &= P\{Y \leqslant y\}=P\{\min\{X,2\} \leqslant y\} \\ &= P\{X \leqslant y\}=1-e^{-\lambda y}=1-e^{-\frac{y}{5}}. \end{aligned}$$

综上所述，Y 的分布函数为

$$F(y)=\begin{cases} 0, & y<0, \\ 1-e^{-\frac{y}{5}}, & 0 \leqslant y<2, \\ 1, & y \geqslant 2. \end{cases}$$

11 设随机变量 X 的密度函数为

$$f_X(x)=\begin{cases} 0, & x<0, \\ x^3 e^{-x^2}, & x \geqslant 0. \end{cases}$$

试求：(1)$Y=2X+3$ 的密度函数；

(2)$Y=X^2$ 的密度函数；

(3)$Y=\ln X$ 的密度函数.

解析 (1)$Y=2X+3$，于是 $y=2x+3$，得 $x=\frac{y-3}{2}$，$x'=\frac{1}{2}$，故

$$f_Y(y)=\begin{cases} \frac{1}{2}\left(\frac{y-3}{2}\right)^3 e^{-\left(\frac{y-3}{2}\right)^2}, & y \geqslant 3, \\ 0, & y<3. \end{cases}$$

(2)$Y=X^2$，于是 $y=x^2$，$x_1=\sqrt{y}$ 或 $x_2=-\sqrt{y}<0$，

$$x_1'=\frac{1}{2\sqrt{y}}, x_2'=-\frac{1}{2\sqrt{y}},$$

故

$$\begin{aligned} f_Y(y) &= f_X(\sqrt{y})(\sqrt{y})_y'+f_X(-\sqrt{y})\,|(-\sqrt{y})_y'| \\ &= \frac{1}{2\sqrt{y}}(\sqrt{y})^3 e^{-(\sqrt{y})^2}+0 \cdot \frac{1}{2\sqrt{y}} \\ &= \begin{cases} \frac{1}{2} y e^{-y}, & y>0, \\ 0, & y \leqslant 0. \end{cases} \end{aligned}$$

(3)$Y=\ln X$，于是 $y=\ln x$，$x=e^y$，$x'=e^y$. 故

$$f_Y(y)=f_X(e^y)e^y=e^{4y}e^{-e^{2y}}, -\infty<y<+\infty.$$

第三章 多维随机变量及其分布

大纲考试要求

考试要求	考试内容	
	数学一	数学三
了解	二维正态分布 $N(\mu_1,\mu_2;\sigma_1^2,\sigma_2^2;\rho)$ 的概率密度，理解其中参数的概率意义	
理解	多维随机变量的概念； 多维随机变量的分布的概念和性质； 二维离散型随机变量的概率分布、边缘分布和条件分布； 二维连续型随机变量的概率密度、边缘密度和条件密度； 随机变量的独立性及不相关性的概念	多维随机变量的分布函数的概念和基本性质； 二维离散型随机变量的概率分布和二维连续型随机变量的概率密度； 随机变量的独立性和不相关性的概念； 随机变量的不相关性与独立性的关系
掌握	随机变量相互独立的条件； 二维均匀分布	随机变量相互独立的条件； 二维随机变量的边缘分布和条件分布； 二维均匀分布和二维正态分布 $N(\mu_1,\mu_2;\sigma_1^2,\sigma_2^2;\rho)$，理解其中参数的概率意义
会	求与二维随机变量相关事件的概率； 求两个随机变量简单函数的分布； 求多个相互独立随机变量简单函数的分布	根据两个随机变量的联合分布求其函数的分布； 根据多个相互独立随机变量的联合分布求其简单函数的分布

知识导图

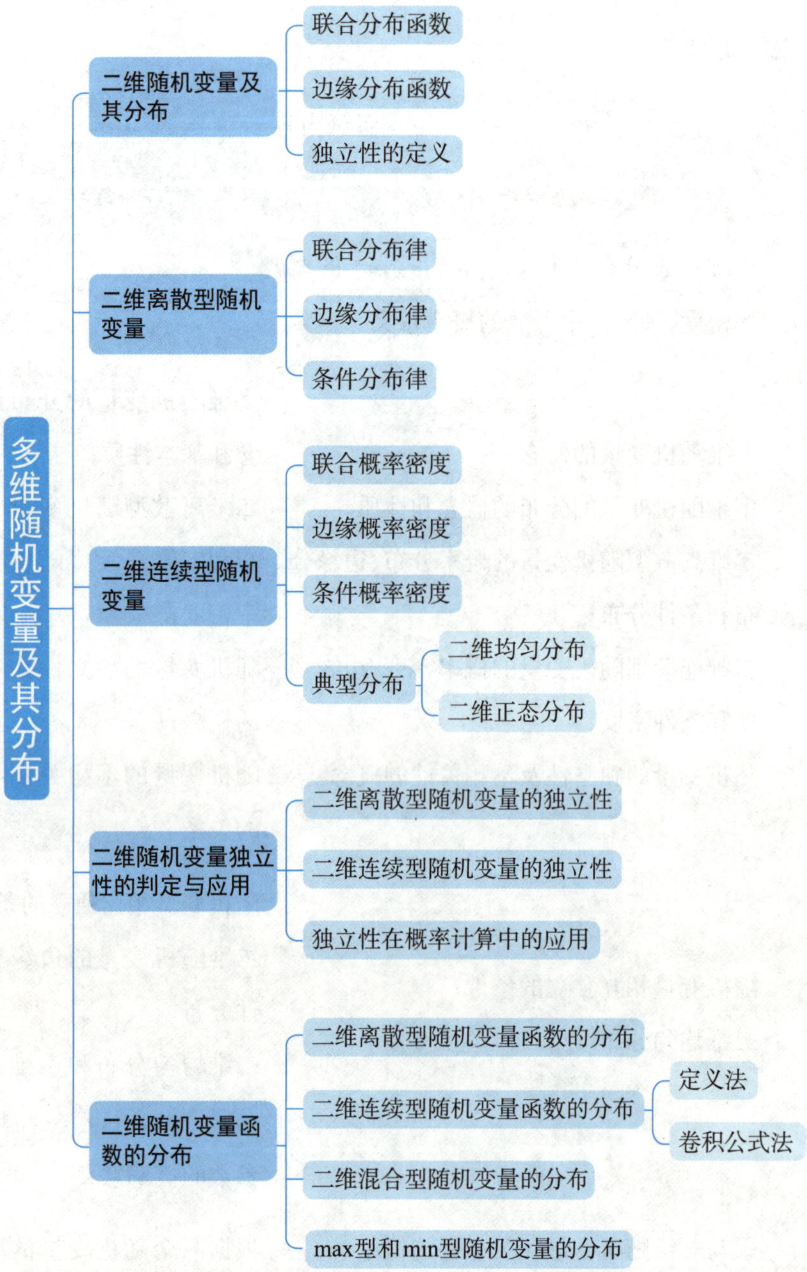
多维随机变量及其分布
二维随机变量及其分布
联合分布函数
边缘分布函数
独立性的定义
二维离散型随机变量
联合分布律
边缘分布律
条件分布律
二维连续型随机变量
联合概率密度
边缘概率密度
条件概率密度
典型分布
二维均匀分布
二维正态分布
二维随机变量独立性的判定与应用
二维离散型随机变量的独立性
二维连续型随机变量的独立性
独立性在概率计算中的应用
二维随机变量函数的分布
二维离散型随机变量函数的分布
二维连续型随机变量函数的分布
定义法
卷积公式法
二维混合型随机变量的分布
max型和min型随机变量的分布

3.1　二维随机变量及其分布

3.1.1　二维随机变量

n维随机变量$X=(X_1,X_2,\ldots,X_n)$是由n个单维随机变量$X_1,X_2,\cdots,X_n$组成的向量组. 每个X_i都是定义在同一个概率空间上的随机变量.

本章主要讨论$n=2$的情况,即二维随机变量.

【注】n维随机变量是描述多个随机现象联合分布的基本工具,它是概率在高维空间中的扩展,具有强大的理论价值和实际应用意义.

3.1.2　二维随机变量的联合分布函数

设(X,Y)为二维随机变量,对任何实数x,y,称二元函数

$$F(x,y)=P\{X\leqslant x,Y\leqslant y\}(-\infty<x,y<+\infty)$$

为(X,Y)的联合分布函数.

联合分布函数的性质:

(1)$0\leqslant F(x,y)\leqslant 1,F(x,-\infty)=F(-\infty,y)=F(-\infty,-\infty)=0,F(+\infty,+\infty)=1$;

(2)$F(x,y)$分别关于x和y单调不减;

(3)$F(x,y)$分别关于x和y右连续;

(4)二维随机变量(X,Y)落在矩形区域$D=\{(X,Y)\mid x_1<X\leqslant x_2,y_1<Y\leqslant y_2\}$上的概率为

$$P\{x_1<X\leqslant x_2,y_1<Y\leqslant y_2\}=F(x_2,y_2)-F(x_2,y_1)-F(x_1,y_2)+F(x_1,y_1).$$

【注】由于区间划分比较复杂,考试中很少要求直接求解二维分布函数,如果要求求解$F(x,y)$,一般思路是先对x进行区间划分,再在此基础上对y进行区间划分,这些过程均需要考虑关键点的问题.

3.1.3　二维随机变量的边缘分布函数

设(X,Y)的分布函数为$F(x,y)$,称X的分布函数$F_X(x)$为(X,Y)关于X的边缘分布函数,称Y的分布函数$F_Y(y)$为(X,Y)关于Y的边缘分布函数.

边缘分布函数求解公式为

$$F_X(x)=P\{X\leqslant x\}=P\{X\leqslant x,Y\leqslant+\infty\}=F(x,+\infty)=\lim_{y\to+\infty}F(x,y);$$

$$F_Y(y)=P\{Y\leqslant y\}=P\{X\leqslant+\infty,Y\leqslant y\}=F(+\infty,y)=\lim_{x\to+\infty}F(x,y).$$

二维边缘分布是从二维联合分布中提取一个随机变量的单独分布，它描述了两个随机变量中的一个变量的分布，而忽略另一个变量的影响.

【注】根据联合分布函数可以求解边缘分布函数(高维到低维)，但是边缘分布函数一般无法反求联合分布函数.

专题一　二维分布函数

3－1 以下函数可以作为二维随机变量的联合分布函数的是(　　).

(A)$F(x,y)=\begin{cases}0, & x<0\text{ 或 }y<0,\\ xy, & 0\leqslant x\leqslant 1\text{ 且 }0\leqslant y\leqslant 1,\\ 1, & x>1\text{ 且 }y>1\end{cases}$

(B)$F(x,y)=\begin{cases}0, & x<0\text{ 或 }y<0,\\ 1-\mathrm{e}^{-x}-\mathrm{e}^{-y}+\mathrm{e}^{-x-y}, & x\geqslant 0\text{ 且 }y\geqslant 0\end{cases}$

(C)$F(x,y)=\begin{cases}0, & x<0\text{ 或 }y<0,\\ x+y, & 0\leqslant x<1\text{ 且 }0\leqslant y<1,\\ 1, & x\geqslant 1\text{ 且 }y\geqslant 1\end{cases}$

(D)$F(x,y)=\begin{cases}x^2+y^2, & x\geqslant 0\text{ 且 }y\geqslant 0,\\ 0, & x<0\text{ 或 }y<0\end{cases}$

答案 (B)

解析 选项(A)：自变量的区间不完整，没有覆盖 $0\leqslant x\leqslant 1$ 且 $y\geqslant 1$ 等情况.

选项(B)：满足联合分布函数的一切性质，包括规范性，单调不减性等.

选项(C)：$x+y$ 取值有可能超过 1，不符合条件.

选择(D)：无法满足 $F(+\infty,+\infty)=1$.

3－2 设二维随机变量(X,Y)的联合分布函数为

$$F(x,y)=\begin{cases}0, & \min\{x,y\}<0,\\ \min\{x,y\}, & 0\leqslant\min\{x,y\}<1,\\ 1, & \min\{x,y\}\geqslant 1,\end{cases}$$

求边缘分布函数 $F_X(x),F_Y(y)$.

▶解析 根据定义可知 $F_X(x)=\lim\limits_{y\to+\infty}F(x,y)$，此时 $\min\{x,y\}=x$，则

$$F_X(x)=\begin{cases}0, & x<0,\\ x, & 0\leqslant x<1,\\ 1, & x\geqslant 1.\end{cases}$$

同理可得，$F_Y(x)=\lim\limits_{x\to+\infty}F(x,y)$，此时 $\min\{x,y\}=y$，则

$$F_Y(y)=\begin{cases}0, & y<0,\\ y, & 0\leqslant y<1,\\ 1, & y\geqslant 1.\end{cases}$$

3-3 已知二维随机变量 (X,Y) 的联合分布函数为

$$F(x,y)=\begin{cases}0, & x<0 \text{ 或 } y<0,\\ \dfrac{1}{32}x^2y^3, & 0\leqslant x<2 \text{ 且 } 0\leqslant y<2,\\ 1, & x\geqslant 2 \text{ 或 } y\geqslant 2,\end{cases}$$

则 (X,Y) 落在区域 $D=\{(x,y)\mid 0\leqslant x\leqslant 1 \text{ 且 } 1\leqslant y\leqslant 2\}$ 内的概率为________.

答案 $\dfrac{7}{32}$

▶解析 区域 $D=\{(x,y)\mid 0\leqslant x\leqslant 1 \text{ 且 } 1\leqslant y\leqslant 2\}$，

$$P\{(X,Y)\in D\}=F(1,2)-F(1,1)-F(0,2)+F(0,1),$$

代入题中条件解得

$$P\{(X,Y)\in D\}=\frac{8}{32}-\frac{1}{32}-0+0=\frac{7}{32}.$$

3.2　二维离散型随机变量

3.2.1　二维离散型随机变量

3.2.1.1　二维离散型随机变量的联合分布律

若二维离散型随机变量 (X,Y) 所有可能取值为有限多个或可列无限多个 (x_i,y_j)，i，$j=1,2,\cdots$，则称 (X,Y) 为二维离散型随机变量，称

$$P\{X=x_i,Y=y_j\}=p_{ij}(i,j=1,2,\cdots)$$

为(X,Y)的分布律或概率分布，常用如下表格表示：

X	Y			
	y_1	$\cdots$	y_j	$\cdots$
x_1	p_{11}	$\cdots$	p_{1j}	$\cdots$
$\vdots$	$\vdots$	$\vdots$	$\vdots$	$\vdots$
x_i	p_{i1}	$\cdots$	p_{ij}	$\cdots$
$\vdots$	$\vdots$	$\vdots$	$\vdots$	$\vdots$

3.2.1.2 二维离散型随机变量联合分布律的性质

(1) $p_{ij}\geqslant 0$；

(2) $\sum\limits_{i=1}^{\infty}\sum\limits_{j=1}^{\infty}p_{ij}=1$.

3.2.1.3 二维离散型随机变量的边缘分布律

设(X,Y)为离散型随机变量，所有可能取值为(x_i,y_j)，$i,j=1,2,\cdots$，则称

$$p_{i\cdot}=P\{X=x_i\}=\sum_{j=1}^{\infty}p_{ij}\ (i=1,2,\cdots),$$

$$p_{\cdot j}=P\{Y=y_j\}=\sum_{i=1}^{\infty}p_{ij}\ (j=1,2,\cdots),$$

分别为(X,Y)关于X和Y的边缘分布律，常用如下表格表示：

X	Y				$p_{i\cdot}=\sum\limits_{j=1}^{\infty}p_{ij}$
	y_1	$\cdots$	y_j	$\cdots$	
x_1	p_{11}	$\cdots$	p_{i1}	$\cdots$	$p_{1\cdot}$
$\vdots$	$\vdots$		$\vdots$	$\vdots$	$\vdots$
x_i	p_{i1}	$\cdots$	p_{ij}	$\cdots$	$p_{i\cdot}$
$\vdots$	$\vdots$	$\vdots$	$\vdots$	$\vdots$	$\vdots$
$p_{\cdot j}=\sum\limits_{i=1}^{\infty}p_{ij}$	$p_{\cdot 1}$	$\cdots$	$p_{\cdot j}$	$\cdots$	1

【注】(1) 联合分布律不是联合分布函数，它仅仅表示通过列表的方法，列举全部离散点对应的概率.

(2) 边缘分布律是指联合分布表中某行或者某列之和. 如$p_{i\cdot}=P\{X=x_i\}$表示表中第i行之和，$p_{\cdot j}=P\{Y=y_j\}$表示表中第j列之和.

(3) 联合分布律、边缘分布律均满足规范性，即所有取值概率之和等于1.

3.2.1.4　二维离散型随机变量的条件分布律

设(X,Y)为二维离散型随机变量，对于固定的j，若$P\{Y=y_j\}>0$，则称

$$P\{X=x_i \mid Y=y_j\}=\frac{P\{X=x_i,Y=y_j\}}{P\{Y=y_j\}}=\frac{p_{ij}}{p_{\cdot j}}(i=1,2,\cdots)$$

为在$Y=y_j$条件下的X的条件分布律.

同样地，对于固定的i，若$P\{X=x_i\}>0$，则称

$$P\{Y=y_j \mid X=x_i\}=\frac{P\{X=x_i,Y=y_j\}}{P\{X=x_i\}}=\frac{p_{ij}}{p_{i\cdot}}(j=1,2,\cdots)$$

为在$X=x_i$条件下的Y的条件分布律.

专题二　二维离散型随机变量

3-4 二维离散型随机变量(X,Y)的联合分布律为

$$P\{X=x,Y=y\}=\begin{cases}kxy, & x=1,2,3\text{ 且 }y=1,2,\\ 0, & \text{其他}.\end{cases}$$

(1) 求常数k；

(2) 求$P\{X+Y\leqslant 4\}$.

解析 (1) 根据联合分布律的规范性可知

$$\sum_{x=1}^{3}\sum_{y=1}^{3}P\{X=x,Y=y\}=1,$$

即$\sum\limits_{x=1}^{3}\sum\limits_{y=1}^{2}kxy=k\cdot 6\cdot 3=18k$，解得$k=\frac{1}{18}$.

(2) 方法一：代入联合概率分布$P\{X=x,Y=y\}=\frac{1}{18}xy$，枚举所有满足$x+y\leqslant 4$的点如下所示：

①$x=1,y=1:x+y=2,P\{X=1,Y=1\}=\frac{1}{18}\times 1\times 1=\frac{1}{18}$;

②$x=1,y=2:x+y=3,P\{X=1,Y=2\}=\frac{1}{18}\times 1\times 2=\frac{2}{18}$;

③$x=2,y=1:x+y=3,P\{X=2,Y=1\}=\frac{1}{18}\times 2\times 1=\frac{2}{18}$;

④$x=2,y=2:x+y=4,P\{X=2,Y=2\}=\frac{1}{18}\times 2\times 2=\frac{4}{18}$;

⑤$x=3,y=1:x+y=4,P\{X=3,Y=1\}=\frac{1}{18}\times 3\times 1=\frac{3}{18}$.

将所有符合条件的概率相加可得

$$P\{X+Y\leqslant 4\}=\frac{1}{18}+\frac{2}{18}+\frac{2}{18}+\frac{4}{18}+\frac{3}{18}=\frac{2}{3}.$$

方法二：$P\{X+Y\leqslant 4\}=1-P\{X+Y>4\}=1-P\{X=3,Y=2\}=1-\frac{6}{18}=\frac{2}{3}$.

3－5 设 A,B 为两个随机事件，且 $P(A)=\frac{1}{3}$，$P(B\mid A)=\frac{1}{3}$，$P(A\mid B)=\frac{1}{2}$，令

$$X=\begin{cases}1, & A\text{ 发生},\\ 0, & A\text{ 不发生},\end{cases}\quad Y=\begin{cases}1, & B\text{ 发生},\\ 0, & B\text{ 不发生}.\end{cases}$$

求二维随机变量 (X,Y) 的联合分布律.

解析 首先明确 X,Y 取值分别只有 2 个，因而联合分布表应该是 2×2 的表格. 先求边缘分布（一维随机变量的分布）比较便于简化计算.

$P\{X=1\}=P(A)=\frac{1}{3}$，则 $P\{X=0\}=1-\frac{1}{3}=\frac{2}{3}$.

$P(B\mid A)=\frac{P(AB)}{P(A)}=\frac{1}{3}$，则 $P(AB)=\frac{1}{9}$，即 $P\{X=1,Y=1\}=\frac{1}{9}$.

所以 $P\{X=1,Y=0\}=P\{X=1\}-P\{X=1,Y=1\}=\frac{2}{9}$.

$P(A\mid B)=\frac{P(AB)}{P(B)}=\frac{1}{2}$，则 $P(B)=\frac{2}{9}$，即 $P\{Y=1\}=\frac{2}{9}$，则 $P\{Y=0\}=\frac{7}{9}$.

$$P\{X=0,Y=1\}=P\{Y=1\}-P\{X=1,Y=1\}=\frac{1}{9},$$

$$P\{X=0,Y=0\}=P\{Y=0\}-P\{X=1,Y=0\}=\frac{5}{9}.$$

于是，(X,Y) 的概率分布如表所示.

X	Y	
	0	1
0	$\frac{5}{9}$	$\frac{1}{9}$
1	$\frac{2}{9}$	$\frac{1}{9}$

3－6 袋中有 2 个红球，3 个黑球和 4 个白球. 现有放回地从袋中取两次，每次取一个，以 X,Y,Z 分别表示两次取球所取得的红球、黑球与白球的个数.

(1) 求 $P\{X=1\mid Z=0\}$；

(2) 求二维随机变量 (X,Y) 的概率分布.

解析 (1) 由条件概率定义得

$$P\{X=1\mid Z=0\}=\frac{P\{X=1,Z=0\}}{P\{Z=0\}}.$$

$\{X=1,Z=0\}$ 表示"两次取球均没有取到白球并且只有一次取到红球",将此事件等价于事件"第一次取到红球,第二次取到黑球"与事件"第一次取到黑球,第二次取到红球"的和,所以

$$P\{X=1,Z=0\}=C_2^1\,\frac{3}{9}\times\frac{2}{9}=\frac{4}{27},$$

而$\{Z=0\}$ 表示两次取到的球均不是白球,即

$$P\{Z=0\}=\frac{5}{9}\times\frac{5}{9}=\frac{25}{81},$$

于是

$$P\{X=1\mid Z=0\}=\frac{P\{X=1,Z=0\}}{P\{Z=0\}}=\frac{12}{25}.$$

(2) 本题中是有放回地抽取,故明确了以下四个问题:

①X,Y 分别能取的值均为 0,1,2,故联合分布表为 3×3 结构;

②$X+Y\leqslant2$,即 $P\{X=2,Y=1\}=P\{X=1,Y=2\}=P\{X=2,Y=2\}=0$;

③ 概率计算过程中需要注意先后顺序(有放回地抽取);

④ 需要验算联合分布表中所有概率之和等于 1.

$\{X=0,Y=0\}$ 表示"两次抽取均为白球",即

$$P\{X=0,Y=0\}=\frac{4}{9}\times\frac{4}{9}=\frac{16}{81}.$$

$\{X=0,Y=1\}$ 表示"一次抽取黑球,另一次抽取白球(两种排列)",即

$$P\{X=0,Y=1\}=C_2^1\,\frac{3}{9}\times\frac{4}{9}=2\times\frac{3}{9}\times\frac{4}{9}=\frac{24}{81}.$$

$\{X=0,Y=2\}$ 表示"两次抽取均为黑球",即

$$P\{X=0,Y=2\}=\frac{3}{9}\times\frac{3}{9}=\frac{9}{81}.$$

$\{X=1,Y=0\}$ 表示"一次抽取红球,另一次抽取白球(两种排列)",即

$$P\{X=1,Y=0\}=C_2^1\,\frac{2}{9}\times\frac{4}{9}=2\times\frac{2}{9}\times\frac{4}{9}=\frac{16}{81}.$$

$\{X=1,Y=1\}$ 表示"一次抽取红球,另一次抽取黑球(两种排列)",即

$$P\{X=1,Y=1\}=C_2^1\,\frac{2}{9}\times\frac{3}{9}=2\times\frac{2}{9}\times\frac{3}{9}=\frac{12}{81}.$$

$\{X=2,Y=0\}$ 表示"两次抽取均为红球",即

$$P\{X=2,Y=0\}=\frac{2}{9}\times\frac{2}{9}=\frac{4}{81}.$$

综上可得联合分布律为

Y	X		
	0	1	2
0	$\frac{16}{81}$	$\frac{16}{81}$	$\frac{4}{81}$
1	$\frac{24}{81}$	$\frac{12}{81}$	0
2	$\frac{9}{81}$	0	0

3.3 二维连续型随机变量

3.3.1 二维连续型随机变量

3.3.1.1 二维连续型随机变量及其概率密度

设二维随机变量(X,Y)的分布函数为$F(x,y)$，若存在非负函数$f(x,y)$，使对任意实数x,y，都有

$$F(x,y)=\int_{-\infty}^{y}\int_{-\infty}^{x}f(x,y)\mathrm{d}x\,\mathrm{d}y,$$

则称(X,Y)是二维连续型随机变量，称$f(x,y)$为(X,Y)的概率密度(密度函数)，或X与Y的联合概率密度.

3.3.1.2 二维连续型随机变量概率密度的性质

(1)$f(x,y)\geqslant 0$；

(2)$\int_{-\infty}^{+\infty}\int_{-\infty}^{+\infty}f(x,y)\mathrm{d}x\,\mathrm{d}y=1$；

(3) 随机变量(X,Y)落在平面区域D内的概率为

$$P\{(X,Y)\in D\}=\iint_{D}f(x,y)\mathrm{d}x\,\mathrm{d}y;$$

(4) 若$f(x,y)$在(x,y)处连续，则有

$$\frac{\partial^2[F(x,y)]}{\partial x\partial y}=f(x,y).$$

3.3.1.3 二维连续型随机变量的边缘概率密度

设连续随机变量(X,Y)的概率密度为$f(x,y)$，则由边缘分布函数与联合分布函数的关系，知

$$F_X(x)=F(x,+\infty)=\int_{-\infty}^{x}\left[\int_{-\infty}^{+\infty}f(x,y)\mathrm{d}y\right]\mathrm{d}x,$$

$$F_Y(y)=F(+\infty,y)=\int_{-\infty}^{y}\left[\int_{-\infty}^{+\infty}f(x,y)\mathrm{d}x\right]\mathrm{d}y$$

分别为(X,Y)关于X与关于Y的边缘分布函数. 可知X与Y也是连续型随机变量，称

$$f_X(x)=\int_{-\infty}^{+\infty}f(x,y)\mathrm{d}y \text{ 与 } f_Y(y)=\int_{-\infty}^{+\infty}f(x,y)\mathrm{d}x$$

分别为(X,Y)关于X与关于Y的边缘分布概率密度.

3.3.1.4　二维连续型随机变量的条件概率密度

设(X,Y)为连续型随机变量，其概率密度为$f(x,y)$，边缘概率密度分别为$f_X(x)$和$f_Y(y)$.

若$f_Y(y)\neq 0$，则称

$$f_{X|Y}(x\mid y)=\frac{f(x,y)}{f_Y(y)}$$

为在$Y=y$条件下X的条件概率密度.

若$f_X(x)\neq 0$，则称

$$f_{Y|X}(y\mid x)=\frac{f(x,y)}{f_X(x)}$$

为在$X=x$条件下Y的条件概率密度.

二维连续型随机变量的条件概率分布函数分别为

$$F_{X|Y}(x\mid y)=\int_{-\infty}^{x}\frac{f(x,y)}{f_Y(y)}\mathrm{d}x,$$

$$F_{Y|X}(y\mid x)=\int_{-\infty}^{y}\frac{f(x,y)}{f_X(x)}\mathrm{d}y.$$

【注】边缘概率密度和条件概率密度的区别.

(1) 边缘概率密度描述的是某个单一变量的分布，不考虑其他变量的取值. 例如，$f_X(x)$表示X取值为x的概率分布，不考虑Y的值.

(2) 条件概率密度描述的是在已知一个变量的情况下，另一个变量的分布. 例如，$f_{Y|X}(y\mid x)$表示在$X=x$的条件下，Y取值为y的概率密度.

专题三　二维连续型随机变量

3－7 设随机变量X和Y的联合概率密度为

$$f_{X,Y}(x,y)=\begin{cases}2, & 0\leqslant x\leqslant 1,0\leqslant y\leqslant 1-x,\\ 0, & \text{其他}.\end{cases}$$

(1) 求X和Y的边缘概率密度$f_X(x)$和$f_Y(y)$；

(2) 求Y给定$X=x$条件下的概率密度$f_{Y|X}(y\mid x)$，以及X给定$Y=y$条件下的概率

密度 $f_{X|Y}(x \mid y)$.

解析 (1) 边缘概率密度 $f_X(x)$ 是通过对 y 积分进行"边缘化"得到的,即

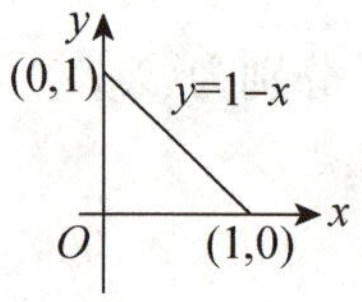

$$f_X(x)=\int_{-\infty}^{\infty} f_{X,Y}(x,y)\mathrm{d}y.$$

在联合概率密度非零区域 $0 \leqslant x \leqslant 1$ 且 $0 \leqslant y \leqslant 1-x$ 上(如图所示),积分为

$$f_X(x)=\int_0^{1-x} 2\mathrm{d}y=2(1-x), 0 \leqslant x \leqslant 1,$$

因此

$$f_X(x)=\begin{cases}2(1-x), & 0 \leqslant x \leqslant 1,\\ 0, & \text{其他}.\end{cases}$$

边缘概率密度 $f_Y(y)$ 是通过对 x 积分进行"边缘化"得到的,即

$$f_Y(y)=\int_{-\infty}^{+\infty} f_{X,Y}(x,y)\mathrm{d}x.$$

在联合概率密度的非零区域 $0 \leqslant x \leqslant 1$ 且 $0 \leqslant y \leqslant 1-x$,固定 y 时,x 的范围为 $0 \leqslant x \leqslant 1-y$. 因此

$$f_Y(y)=\int_0^{1-y} 2\mathrm{d}x=2(1-y), 0 \leqslant y \leqslant 1,$$

所以

$$f_Y(y)=\begin{cases}2(1-y), & 0 \leqslant y \leqslant 1,\\ 0, & \text{其他}.\end{cases}$$

(2) 条件概率密度的定义为

$$f_{Y|X}(y \mid x)=\frac{f_{X,Y}(x,y)}{f_X(x)}, f_X(x)>0.$$

因而只有在 $0<x<1$ 条件下,条件概率密度 $f_{Y|X}(y \mid x)$ 才有意义.

在条件 $0 \leqslant y \leqslant 1-x$ 上,代入 $f_{X,Y}(x,y)=2$ 和 $f_X(x)=2(1-x)$,有

$$f_{Y|X}(y \mid x)=\begin{cases}\dfrac{1}{1-x}, & 0 \leqslant y \leqslant 1-x,\\ 0, & \text{其他}.\end{cases}$$

同理,只有在 $0<y<1$ 条件下,条件概率密度 $f_{X|Y}(x \mid y)$ 才有意义.

在条件 $0 \leqslant y \leqslant 1-x$ 上,代入 $f_{X,Y}(x,y)=2$ 和 $f_Y(y)=2(1-y)$,有

$$f_{X|Y}(x \mid y)=\begin{cases}\dfrac{1}{1-y}, & 0 \leqslant x \leqslant 1-y,\\ 0, & \text{其他}.\end{cases}$$

3-8 设随机变量 X 在区间 $(0,2)$ 上服从均匀分布,在 $X=x(0<x<1)$ 条件下,随机变量 Y 在区间 $(x,2)$ 上服从均匀分布,求:

(1) 随机变量 X 和 Y 的联合概率密度；

(2) 随机变量 Y 的概率密度；

(3) 概率 $P\{X+Y>1\}$.

解析 (1) 联合概率密度函数的定义为

$$f_{X,Y}(x,y)=f_{Y|X}(y\mid x)f_X(x).$$

将 $f_{Y|X}(y\mid x)$ 和 $f_X(x)$ 代入，易知

$$f_X(x)=\frac{1}{2},\ 0<x<2,$$

$$f_{Y|X}(y\mid x)=\frac{1}{2-x},x<y<2.$$

因此

$$f_{X,Y}(x,y)=\begin{cases}\dfrac{1}{2}\cdot\dfrac{1}{2-x}=\dfrac{1}{2(2-x)}, & 0<x<y<2,\\ 0, & \text{其他}.\end{cases}$$

(2) 边缘概率密度 $f_Y(y)$ 的计算公式为

$$f_Y(y)=\int_{-\infty}^{+\infty}f_{X,Y}(x,y)\,\mathrm{d}x.$$

联合密度 $f_{X,Y}(x,y)\neq 0$ 的区域为 $0<x<y<2$. 固定 y 后，x 的范围为 $0<x<y$. 因此积分范围为 $x\in(0,y)$，

$$f_Y(y)=\int_0^y\frac{1}{2(2-x)}\mathrm{d}x,0<y<2,$$

可得

$$f_Y(y)=\begin{cases}\dfrac{1}{2}\ln\left(\dfrac{2}{2-y}\right), & 0<y<2,\\ 0, & \text{其他}.\end{cases}$$

(3) 积分区域如图所示.

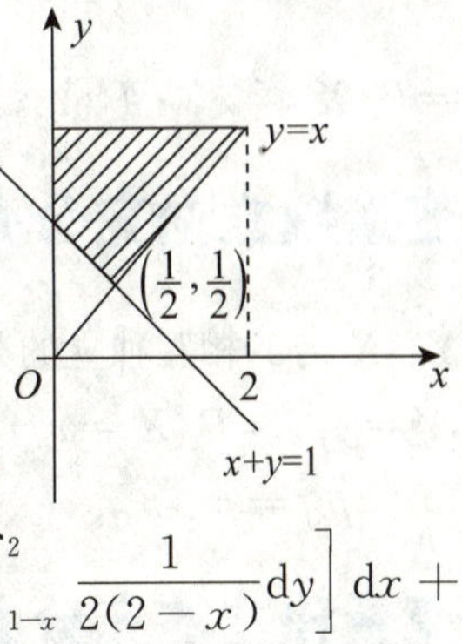

$$P\{X+Y>1\}=\int_0^{\frac{1}{2}}\left[\int_{1-x}^2\frac{1}{2(2-x)}\mathrm{d}y\right]\mathrm{d}x+\int_{\frac{1}{2}}^2\mathrm{d}x\int_x^2\frac{1}{2(2-x)}\mathrm{d}y,$$

其中，

$$\int_{1-x}^{2}\frac{1}{2(2-x)}dy=\frac{1+x}{2(2-x)},$$

$$\int_{x}^{2}\frac{1}{2(2-x)}dy=\frac{1}{2},$$

即

$$\begin{aligned}P\{X+Y>1\}&=\int_{0}^{\frac{1}{2}}\frac{1+x}{2(2-x)}dx+\int_{\frac{1}{2}}^{1}\frac{1}{2}dx.\\&=-\int_{0}^{\frac{1}{2}}\frac{1}{2}dx-\frac{3}{2}\int_{0}^{\frac{1}{2}}\frac{1}{x-2}dx+\frac{1}{4}\\&=-\frac{3}{2}\ln|x-2|\Big|_{0}^{\frac{1}{2}}=\frac{3}{2}\ln\frac{4}{3}.\end{aligned}$$

【注】由以上题目我们可以得出三个结论：

(1) 根据联合概率密度可以直接求出边缘概率密度、条件概率密度；

(2) 仅当边缘概率密度、条件概率密度均为已知时，才能求出联合概率密度；

(3) 二维连续型随机变量概率的计算一定要结合图像.

3.4　二维随机变量的独立性

3.4.1　二维随机变量独立性的定义

设 $F(x,y)$，$F_X(x)$，$F_Y(y)$ 分别是二维随机变量 (X,Y) 的联合分布函数和边缘分布函数. 若对任意实数 x，y，均有

$$F(x,y)=F_X(x)F_Y(y),$$

则称 X 与 Y 是相互独立的.

以上公式实际上解释的是

$$P\{X\leqslant x,Y\leqslant y\}=P\{X\leqslant x\}\cdot P\{Y\leqslant y\}，其中\ x,y\in\mathbf{R}.$$

3.4.2　二维离散型随机变量独立的充分必要条件

对于二维离散型随机变量 (X,Y)，X 与 Y 相互独立的充分必要条件是对所有的 i，j 均满足

$$P\{X=x_i,Y=y_j\}=P\{X=x_i\}P\{Y=y_j\},$$

即

$$p_{ij}=p_{i\cdot}\,p_{\cdot j}.$$

3.4.3　二维连续型随机变量独立的充分必要条件

对于二维连续型随机变量 (X,Y)，X 与 Y 相互独立的充分必要条件是对所有的 x，y 均

满足

$$f(x,y)=f_X(x)f_Y(y),$$

其中 $f(x,y)$,$f_X(x)$,$f_Y(y)$ 在点(x,y)处连续.

3.4.4　二维随机变量独立的推论

(1) 如果 X 和 Y 独立,则条件分布满足

$$f_{Y|X}(y\mid x)=f_Y(y)\text{ 和 }f_{X|Y}(x\mid y)=f_X(x).$$

推论:条件概率与条件变量无关,即

$$P\{Y\in B\mid X=x\}=P\{Y\in B\},P\{X\in A\mid Y=y\}=P\{X\in A\}.$$

(2) 如果 $X_1,X_2,\cdots,X_n$ 相互独立,则对任意集合 $A_1,A_2,\cdots,A_n$,只要 $A_i\cap A_j=\varphi(1\leqslant i\neq j\leqslant n)$,则有

$$P\{\bigcap_{i=1}^{n}X_i\in A_i\}=\prod_{i=1}^{n}P\{X_i\in A_i\}.$$

(3) 若 X 与 Y 独立,$f(X)$ 与 $g(Y)$ 也独立

专题四　二维随机变量的独立性

3-9 设二维随机变量(X,Y)的概率分布为

X	Y	
	0	1
0	0.3	a
1	b	0.2

已知随机变量 X,Y 相互独立且 $a<b$,则下列选项中正确的是(　　).

(A)$a=0.2,b=0.3$　　(B)$a=0.4,b=0.1$

(C)$a=0.3,b=0.2$　　(D)$a=0.1,b=0.4$

答案 (A)

解析 根据概率的完备性可知 $a+b=0.5$.

根据独立性,联合分布可以表示为边缘概率的乘积,

$$P\{X=0,Y=1\}=P\{X=0\}\cdot P\{Y=1\},$$

将值代入,

$$a=(0.3+a)\cdot(a+0.2).$$

同样,对于 $P\{X=1,Y=0\}$,

$$b=(b+0.2)\cdot(0.3+b),$$

解方程 $x=(x+0.3)(x+0.2)$,解得 $x=0.3$ 或 0.2,根据 $a<b$ 可知 $a=0.2,b=0.3$.

3－10 设随机变量(X,Y)的分布律为

X	Y	
	0	2
0	$\frac{1}{3}$	a
2	b	$\frac{1}{6}$

已知事件$\{X=0\}$与$\{X+Y=2\}$独立，则a,b分别为（　　）.

(A)$a=\frac{1}{6},b=\frac{1}{3}$　　(B)$a=\frac{1}{2},b=\frac{1}{2}$

(C)$a=\frac{1}{3},b=\frac{1}{6}$　　(D)$a=\frac{1}{4},b=\frac{1}{4}$

答案 (C)

解析 由分布律的规范性得$a+b=\frac{1}{2}$.

由$\{X=0\}$与$\{X+Y=2\}$独立得

$$P\{X=0,X+Y=2\}=P\{X=0\}\cdot P\{X+Y=2\},$$

其中
$$P\{X=0,X+Y=2\}=P\{X=0,Y=2\}=a,$$

$$P\{X=0\}=P\{X=0,Y=0\}+P\{X=0,Y=2\}=a+\frac{1}{3},$$

$$P\{X+Y=2\}=P\{X=0,Y=2\}+P\{X=2,Y=0\}=a+b=\frac{1}{2},$$

即$a=\left(\frac{1}{3}+a\right)\cdot\frac{1}{2}$，解得$a=\frac{1}{3}$，故$b=\frac{1}{6}$.

【注】注意此题与上题在概念上的区别，一个是随机变量的独立性，一个是随机事件的独立性.

3－11 设随机变量X与Y相互独立，且分别服从参数为2与参数为3的指数分布，则$P\{X<2Y\}=$（　　）.

(A) $\frac{4}{7}$　　(B) $\frac{1}{3}$　　(C) $\frac{2}{3}$　　(D) $\frac{4}{5}$

答案 (A)

解析 根据题意知X,Y的概率密度分别为

$$f_X(x)=\begin{cases}2e^{-2x}, & x>0,\\ 0, & x\leqslant 0,\end{cases}$$

$$f_Y(y)=\begin{cases}3e^{-3y}, & y>0,\\ 0, & y\leqslant 0.\end{cases}$$

又因为有 X 与 Y 相互独立，所以有 X 与 Y 的联合概率密度为

$$f(x,y)=f_X(x)\cdot f_Y(y)=\begin{cases}6e^{-(2x+3y)}, & x>0,y>0,\\ 0, & \text{其他}.\end{cases}$$

记 $D=\{(x,y)\mid 0<x<2y\}$，因此有

$$\begin{aligned}P\{X<2Y\}&=\iint\limits_D f(x,y)\mathrm{d}x\,\mathrm{d}y=\int_0^{+\infty}\mathrm{d}y\int_0^{2y}(2e^{-2x})(3e^{-3y})\mathrm{d}x\\&=\int_0^{+\infty}(3e^{-3y})\left(-e^{-2x}\Big|_0^{2y}\right)\mathrm{d}y\\&=\int_0^{+\infty}(3e^{-3y})(1-e^{-4y})\mathrm{d}y\\&=\int_0^{+\infty}3e^{-3y}\mathrm{d}y-\int_0^{+\infty}3e^{-7y}\mathrm{d}y\\&=1-\frac{3}{7}\\&=\frac{4}{7}.\end{aligned}$$

3－12 设随机变量 X 和 Y 相互独立，且均服从标准正态分布 $N(0,1)$，则 $P\{X^2+Y^2\leqslant 1\}=$________.

答案 $1-e^{-\frac{1}{2}}$

解析 随机变量 X 和 Y 独立，且 $X\sim N(0,1)$，$Y\sim N(0,1)$. 联合密度函数为

$$f_{X,Y}(x,y)=f_X(x)\cdot f_Y(y)=\frac{1}{2\pi}e^{-\frac{x^2}{2}}e^{-\frac{y^2}{2}}=\frac{1}{2\pi}e^{-\frac{x^2+y^2}{2}}.$$

$$P\{X^2+Y^2\leqslant 1\}=\int_0^{2\pi}\int_0^1\frac{1}{2\pi}e^{-\frac{r^2}{2}}r\,\mathrm{d}r\,\mathrm{d}\theta=\int_0^1 e^{-\frac{r^2}{2}}r\,\mathrm{d}r=-e^{-\frac{r^2}{2}}\Big|_0^1=1-e^{-\frac{1}{2}}.$$

3－13 设随机变量 X 与 Y 相互独立，且均服从正态分布 $N(0,1)$，则概率 $P\{XY\geqslant 0\}=$________.

答案 $\frac{1}{2}$

解析 由题设，$P\{X\geqslant 0\}=P\{X\leqslant 0\}=\frac{1}{2}$，$P\{Y\geqslant 0\}=P\{Y\leqslant 0\}=\frac{1}{2}$，于是

$$\begin{aligned}P\{XY\geqslant 0\}&=P\{X\geqslant 0,Y\geqslant 0\}+P\{X\leqslant 0,Y\leqslant 0\}\\&=P\{X\geqslant 0\}\cdot P\{Y\geqslant 0\}+P\{X\leqslant 0\}\cdot P\{Y\leqslant 0\}=\frac{1}{2}.\end{aligned}$$

3.5 二维均匀分布与二维正态分布

3.5.1 二维均匀分布

3.5.1.1 二维均匀分布的定义

设随机变量(X,Y)在一个区域D上服从均匀分布，如果其联合概率密度$f_{X,Y}(x,y)$满足

$$f_{X,Y}(x,y)=\begin{cases}\dfrac{1}{S(D)}, & (x,y)\in D,\\ 0, & (x,y)\notin D,\end{cases}$$

其中$S(D)$是区域D的面积，则称(X,Y)在区域D上服从二维均匀分布.

3.5.1.2 二维均匀分布的性质

(1) 对于任意子区域$A\subseteq D$，(X,Y)落入A的概率与A的面积成正比：

$$P\{(X,Y)\in A\}=\frac{S(A)}{S(D)}.$$

(2)X,Y是否独立与区域G的形状密切相关.

如果区域D是矩形$[a,b]\times[c,d]$，那么X和Y的边缘分布为一维均匀分布：

$$X\sim U(a,b),Y\sim U(c,d).$$

如果D是一个非矩形区域(如圆、三角形等)，X和Y通常不独立.

例如，在单位圆内$(x^2+y^2\leqslant 1)$的二维均匀分布中，边缘分布不再是均匀分布，而是由联合分布通过积分得到.

(3) 如果(X,Y)在矩形区域上均匀分布，则将X和Y作线性变换后的新随机变量(U,V)仍然是均匀分布.

3.5.2 二维正态分布

3.5.2.1 二维正态分布的定义

若二维连续型随机变量(X,Y)的概率密度为

$$f(x,y)=\frac{1}{2\pi\sigma_1\sigma_2\sqrt{1-\rho^2}}\exp\left\{-\frac{1}{2(1-\rho^2)}\left[\frac{(x-\mu_1)^2}{\sigma_1^2}-2\rho\frac{(x-\mu_1)(y-\mu_2)}{\sigma_1\sigma_2}+\frac{(y-\mu_2)^2}{\sigma_2^2}\right]\right\},$$

其中$\mu_1,\mu_2,\sigma_1,\sigma_2,\rho$为常数，且$\sigma_1>0,\sigma_2>0,|\rho|<1$，则称$(X,Y)$服从二维正态分布，记作$(X,Y)\sim N(\mu_1,\mu_2;\sigma_1^2,\sigma_2^2;\rho)$.

3.5.2.2　二维正态分布的性质

设$(X,Y)\sim N(\mu_1,\mu_2;\sigma_1^2,\sigma_2^2;\rho)$，则

(1) 两个边缘分布为正态分布，即 $X\sim N(\mu_1,\sigma_1^2)$，$Y\sim N(\mu_2,\sigma_2^2)$.

(2)X 与 Y 相互独立的充分必要条件是 $\rho=0$.

(3)X 与 Y 的非零线性组合$(aX+bY,cX+dY)$服从二维正态分布.

【注】 此结论成立的条件是 $\begin{vmatrix} a & b \\ c & d \end{vmatrix}\neq 0$.

(4)X 与 Y 的非零线性组合 $aX+bY$ 仍为正态分布，即

$$aX+bY\sim N(a\mu_1+b\mu_2,a^2\sigma_1^2+b^2\sigma_2^2+2ab\rho\sigma_1\sigma_2),$$

当 X 与 Y 相互独立时，有

$$aX+bY\sim N(a\mu_1+b\mu_2,a^2\sigma_1^2+b^2\sigma_2^2).$$

(5) 若 $X\sim N(\mu_1,\sigma_1^2)$，$Y\sim N(\mu_2,\sigma_2^2)$，则$(X,Y)$不一定服从二维正态分布.

专题五　二维均匀分布、二维正态分布

3-14 设随机变量 X 与 Y 相互独立，且都服从区间$[0,3]$上的均匀分布，则 $P\{x^2+y^2\leqslant 1\}=$(　　).

(A) $\frac{1}{4}$　　(B) $\frac{1}{2}$　　(C) $\frac{\pi}{8}$　　(D) $\frac{\pi}{36}$

答案 (D)

解析 由于 $X\sim U(0,3)$ 和 $Y\sim U(0,3)$，其联合概率密度为

$$f_{X,Y}(x,y)=\begin{cases}\frac{1}{9}, & (x,y)\in[0,3]\times[0,3],\\ 0, & \text{其他}.\end{cases}$$

随机变量 X 和 Y 的值限制在正方形区域$[0,3]\times[0,3]$上，其面积为 9，但是 $x^2+y^2\leqslant 1$ 的圆完全落在正方形$[0,3]\times[0,3]$内的范围为第一象限中的 1/4 圆，故

$$P\{x^2+y^2\leqslant 1\}=\text{联合概率密度}\times\text{有效区域面积}=\frac{1}{9}\times\frac{\pi}{4}=\frac{\pi}{36}.$$

3-15 设随机变量(X,Y)在圆形区域 $D=\{(x,y)\mid x^2+y^2\leqslant 1\}$ 上服从二维均匀分布，则 $X=\frac{1}{2}$ 条件下 Y 的条件分布是(　　).

(A) 均匀分布 $U\left(-\sqrt{\frac{3}{4}},\sqrt{\frac{3}{4}}\right)$　　(B) 均匀分布 $U\left(0,\sqrt{\frac{3}{4}}\right)$

(C) 均匀分布 $U\left(-\sqrt{\frac{1}{4}},\sqrt{\frac{1}{4}}\right)$ (D) 均匀分布 $U\left(0,\sqrt{\frac{1}{4}}\right)$

答案 (A)

解析 给定 $X=\frac{1}{2}$,由圆的方程 $x^2+y^2\leqslant 1$ 可知

$$y\in\left[-\sqrt{\frac{3}{4}},\sqrt{\frac{3}{4}}\right].$$

边缘概率密度通过积分求得

$$f_X(x)=\int_{-\sqrt{1-x^2}}^{\sqrt{1-x^2}} f_{X,Y}(x,y)\mathrm{d}y.$$

因为 $f_{X,Y}(x,y)=\frac{1}{\pi}$,所以

$$f_X(x)=\frac{1}{\pi}\int_{-\sqrt{1-x^2}}^{\sqrt{1-x^2}} 1\mathrm{d}y=\frac{1}{\pi}\cdot 2\sqrt{1-x^2}.$$

当 $X=\frac{1}{2}$ 时,有

$$f_X\left(\frac{1}{2}\right)=\frac{1}{\pi}\cdot 2\sqrt{1-\left(\frac{1}{2}\right)^2}=\frac{1}{\pi}\cdot 2\sqrt{\frac{3}{4}}=\frac{\sqrt{3}}{\pi}.$$

对于 $X=\frac{1}{2}$ 和 $y\in\left[-\sqrt{\frac{3}{4}},\sqrt{\frac{3}{4}}\right]$,有

$$f_{Y|X}\left(y\mid X=\frac{1}{2}\right)=\frac{\frac{1}{\pi}}{\frac{\sqrt{3}}{\pi}}=\frac{1}{\sqrt{3}}.$$

因此,条件概率密度为常数,说明 Y 在 $X=\frac{1}{2}$ 条件下服从均匀分布,即

$$Y\mid X=\frac{1}{2}\sim U\left(-\sqrt{\frac{3}{4}},\sqrt{\frac{3}{4}}\right).$$

3-16 设二维随机变量 (X,Y) 的概率密度为

$$f(x,y)=A\mathrm{e}^{-2x^2+2xy-y^2}\ (-\infty<x<+\infty,-\infty<y<+\infty),$$

则常数 $A=(\quad)$.

(A) $\frac{1}{\pi}$ (B) $\frac{1}{2\pi}$ (C) $\frac{1}{2}$ (D) $\frac{1}{3}$

答案 (A)

解析 根据 $f(x,y)$ 的特征判断其服从二维正态分布,采用配方、除方差、添系数的方法,得

$$f(x,y)=A(\sqrt{\pi})^2\left[\frac{1}{\sqrt{2\pi}\sqrt{\frac{1}{2}}}e^{\frac{-x^2}{2\left(\sqrt{\frac{1}{2}}\right)^2}}\right]\left[\frac{1}{\sqrt{2\pi}\sqrt{\frac{1}{2}}}e^{\frac{-(y-x)^2}{2\left(\sqrt{\frac{1}{2}}\right)^2}}\right],$$

根据概率密度的规范性，

$$\int_{-\infty}^{+\infty}dx\int_{-\infty}^{+\infty}f(x,y)dy=A\pi\int_{-\infty}^{+\infty}\left[\frac{1}{\sqrt{2\pi}\sqrt{\frac{1}{2}}}e^{\frac{-x^2}{2\left(\sqrt{\frac{1}{2}}\right)^2}}\right]dx\int_{-\infty}^{+\infty}\left[\frac{1}{\sqrt{2\pi}\sqrt{\frac{1}{2}}}e^{\frac{-(y-x)^2}{2\left(\sqrt{\frac{1}{2}}\right)^2}}\right]dy=1,$$

解得 $A=\frac{1}{\pi}$.

3-17 设二维随机变量(X,Y)的概率密度为

$$f(x,y)=\frac{1}{\pi}e^{-2x^2+2xy-y^2}(-\infty<x<+\infty,-\infty<y<+\infty),$$

则Y服从的边缘分布为(　　).

(A)$N(0,1)$　　(B)$N(0,2)$　　(C)$N(1,1)$　　(D)$N(1,2)$

答案　(A)

解析　根据$f(x,y)$的特征判断其服从二维正态分布，采用配方、除方差、添系数的方法，得

$$f(x,y)=\frac{1}{\pi}e^{-2\left(x-\frac{y}{2}\right)^2}e^{-\frac{y^2}{2}}=\frac{1}{\pi}e^{-\frac{\left(x-\frac{y}{2}\right)^2}{2\left(\frac{1}{2}\right)^2}}e^{-\frac{y^2}{2}}=\frac{1}{\pi}\sqrt{2\pi}\cdot\frac{1}{2}\cdot e^{-\frac{y^2}{2}}\left[\frac{1}{\sqrt{2\pi}\cdot\frac{1}{2}}e^{-\frac{\left(x-\frac{y}{2}\right)^2}{2\left(\frac{1}{2}\right)^2}}\right],$$

$$f_Y(y)=\int_{-\infty}^{+\infty}\frac{1}{\pi}\sqrt{2\pi}\cdot\frac{1}{2}\cdot e^{-\frac{y^2}{2}}\left[\frac{1}{\sqrt{2\pi}\cdot\frac{1}{2}}e^{-\frac{\left(x-\frac{y^2}{2}\right)^2}{2\left(\frac{1}{2}\right)^2}}\right]dx=\frac{1}{\sqrt{2\pi}}e^{-\frac{y^2}{2}},$$

即$Y\sim N(0,1)$，选(A).

3-18 设二维随机变量(X,Y)服从正态分布$N(1,2;3,4;0)$，则$P\{(X-1)(Y-2)<0\}=$________.

答案　$\frac{1}{2}$

解析　原式$=P\{X-1>0,Y-2<0\}+P\{X-1<0,Y-2>0\}$.

由条件可知$X\sim N(1,3)$，$Y\sim N(2,4)$，且X,Y相互独立，则

$$P\{X-1>0,Y-2<0\}=P\{X-1>0\}P\{Y-2<0\}=\left(\frac{1}{2}\right)^2=\frac{1}{4},$$

$$P\{X-1<0,Y-2>0\}=P\{X-1<0\}P\{Y-2>0\}=\left(\frac{1}{2}\right)^2=\frac{1}{4}.$$

综上，原式$=\frac{1}{4}+\frac{1}{4}=\frac{1}{2}$.

3.6 二维随机变量函数的分布

3.6.1 二维离散型随机变量函数的分布

设 $P\{X=x_i,Y=y_j\}=p_{ij}$，$Z=g(X,Y)$，则 Z 的分布律为

$$P\{Z=z_k\}=P\{g(X,Y)=z_k\}=\sum_{g(x_i,y_j)=z_k} P\{X=x_i,Y=y_j\}.$$

【注】二维离散型随机变量函数的分布一般都是求分布律，主要采用枚举法求解.

3.6.2 二维连续型随机变量函数的分布

设 (X,Y) 的概率密度为 $f(x,y)$，$Z=g(X,Y)$，则 Z 的分布函数为 $F_Z(z)=P\{Z\leqslant z\}=P\{g(X,Y)\leqslant z\}$，此时主要有两种方法.

(1) 定义法：$F_Z(z)=\iint\limits_{g(x,y)\leqslant z} f(x,y)\mathrm{d}x\,\mathrm{d}y$.

【注】此种方法的优点是具有普遍性，一般题目均可以使用. 但是也存在两个明显的问题：

(1) 变量 Z 区间的分段比较难确定；

(2) 含有三个字母 x,y,z 的二重积分 $\iint\limits_{g(x,y)\leqslant z} f(x,y)\mathrm{d}x\,\mathrm{d}y$ 计算难度较大.

因而此种方法在实际解题中并不是首选方法.

(2) 卷积公式法.

若 $Z=g(X,Y)$ 是 X,Y 的线性函数，可反解出 $Y=h(X,Z)$（或 $X=s(Y,Z)$），则 Z 的概率密度为

$$f_Z(z)=\int_{-\infty}^{+\infty} f(x,h(x,z))\left|\frac{\partial[h(x,z)]}{\partial z}\right|\mathrm{d}x \text{ 或 } f_Z(z)=\int_{-\infty}^{+\infty} f(s(y,z),y)\left|\frac{\partial[s(y,z)]}{\partial z}\right|\mathrm{d}y.$$

常见结论为

$Z=X+Y$ 的密度函数为 $f_Z(z)=\int_{-\infty}^{+\infty} f(x,z-x)\mathrm{d}x=\int_{-\infty}^{+\infty} f(z-y,y)\mathrm{d}y$；

$Z=X-Y$ 的密度函数为 $f_Z(z)=\int_{-\infty}^{+\infty} f(x,x-z)\mathrm{d}x=\int_{-\infty}^{+\infty} f(y+z,y)\mathrm{d}y$；

$Z=\frac{X}{Y}$ 的密度函数为 $f_Z(z)=\int_{-\infty}^{+\infty}\left|\frac{x}{z^2}\right|f\left(x,\frac{x}{z}\right)\mathrm{d}x=\int_{-\infty}^{+\infty}|y|f(yz,y)\mathrm{d}y$；

$Z=XY$ 的密度函数为 $f_Z(z)=\int_{-\infty}^{+\infty}\frac{1}{|y|}f\left(\frac{z}{y},y\right)\mathrm{d}y=\int_{-\infty}^{+\infty}\frac{1}{|x|}f\left(x,\frac{z}{x}\right)\mathrm{d}x$.

【注】 卷积公式是必须掌握的考点，关于卷积公式需要注意以下问题：

(1) 运用 $Y=h(X,Z)$ 还是 $X=s(Y,Z)$ 主要取决于解题的便利；

(2) 卷积公式并不需要 X,Y 独立这个条件，这是常见的误区；

(3) 卷积公式求解的是概率密度 $f_Z(z)$，而定义法求解的是分布函数 $F_Z(z)$；

(4) 一般来说，卷积公式的难度明显低于定义法求解.

3.6.3　二维混合型随机变量函数的分布

设 X 的分布律为 $P\{X=x_i\}=p_i(i=1,2,\cdots)$，$Y$ 为连续型随机变量，$Z=g(X,Y)$，则 Z 的分布函数可以用定义进行计算：

$$F(z)=P\{Z\leqslant z\}=P\{g(X,Y)\leqslant z\}=\sum_i P\{X=x_i,g(X_i,Y)\leqslant z\},$$

其中 $P\{g(x_i,Y)\leqslant z\}$ 可由 Y 的概率密度或者分布函数求得.

【注】 混合型分布是考试重点，关于混合型分布需要注意以下问题：

(1) 此种情况必须运用定义法，因为其不满足卷积公式的条件；

(2) 运用定义法时，将 X 的分布律 $P\{X=x_i\}=p_i(i=1,2,\cdots)$ 代入会极大地简化计算，此时复杂的二维随机变量蜕化为了一维随机变量；

(3) 将 $\sum_i P\{X=x_i,g(X_i,Y)\leqslant z\}$ 写成全概率公式 $\sum_i P\{X=x_i\}P\{g(X_i,Y)\leqslant z\mid X=x_i\}$ 一般来说是不必要甚至多余的，因为条件概率 $P\{g(X_i,Y)\leqslant z\mid X=x_i\}$ 并非已知结论.

3.6.4　max 型和 min 型随机变量的分布

设 (X,Y) 的联合分布函数为 $F(x,y)$，X 与 Y 的分布函数分别为 $F_X(x)$ 和 $F_Y(y)$，则

(1) $Z=\max\{X,Y\}$ 的分布函数分别为

$$F_{\max}(z)=P\{\max\{X,Y\}\leqslant z\}=P\{X\leqslant z,Y\leqslant z\}=F(z,z),$$

若 X,Y 相互独立，则 $F_{\max}(z)=F_X(z)F_Y(z)$；

(2)$Z=\min\{X,Y\}$ 的分布函数分别为

$$F_{\min}(z)=P\{\min\{X,Y\}\leqslant z\}=P\{(X\leqslant z)\cup(Y\leqslant z)\}$$
$$=P\{X\leqslant z\}+P\{Y\leqslant z\}-P\{X\leqslant z,Y\leqslant z\}$$
$$=F_X(z)+F_Y(z)-F(z,z),$$

若 X,Y 相互独立,则 $F_{\min}(z)=1-[1-F_X(z)][1-F_Y(z)]$.

【注】此部分亦是考试重点,一定要区分是否有 X,Y 相互独立这个条件.

3.6.5 其他重要推论

设随机变量 X 与 Y 相互独立,则

(1)若 $X\sim B(n,p),Y\sim B(m,p)$,则 $X+Y\sim B(n+m,p)$;

(2)若 $X\sim P(\lambda_1),Y\sim P(\lambda_2)$,则 $X+Y\sim P(\lambda_1+\lambda_2)$;

(3)若 $X\sim N(\mu_1,\sigma_1^2),Y\sim B(\mu_2,\sigma_2^2)$,则

$$(X,Y)\sim N(\mu_1,\mu_2;\sigma_1^2,\sigma_2^2;0),X+Y\sim N(\mu_1+\mu_2,\sigma_1^2+\sigma_2^2).$$

专题六 二维随机变量函数的分布

3-19 已知 X 的概率分布如表所示,且满足条件 $P\{X^2=Y\}=1$.

X	-1	0	2
P	$\frac{1}{4}$	$\frac{1}{2}$	$\frac{1}{4}$

(1)求 (X,Y) 的联合概率分布;

(2)求 $Z=X+Y$ 的概率分布.

解析 (1)根据 X 的取值 $-1,0,2$,计算 $X^2=Y$ 的可能值为 $1,0,4$.

当 $X=-1$ 且 $Y=1$,概率为

$$P\{X=-1,Y=1\}=P\{X=-1\}=\frac{1}{4};$$

当 $X=0$ 且 $Y=0$,概率为

$$P\{X=0,Y=0\}=P\{X=0\}=\frac{1}{2};$$

当 $X=2$ 且 $Y=4$,概率为

$$P\{X=2,Y=4\}=P\{X=2\}=\frac{1}{4}.$$

综上,(X,Y) 的联合概率分布表如表所示.

X	Y		
	0	1	4
-1	0	$\frac{1}{4}$	0
0	$\frac{1}{2}$	0	0
2	0	0	$\frac{1}{4}$

(2) 随机变量 $Z=X+Y$ 的可能取值由联合分布 (X,Y) 的所有情况可得

当 $(X,Y)=(-1,1)$，$Z=-1+1=0$；

当 $(X,Y)=(0,0)$，$Z=0+0=0$；

当 $(X,Y)=(2,4)$，$Z=2+4=6$.

因此，

$$P\{Z=0\}=P\{X=-1,Y=1\}+P\{X=0,Y=0\}=\frac{3}{4},$$

$$P\{Z=6\}=P\{X=2,Y=4\}=\frac{1}{4}.$$

综上，$Z=X+Y$ 的概率分布如表所示.

Z	0	6
P	$\frac{3}{4}$	$\frac{1}{4}$

3-20 设二维随机变量 (X,Y) 的概率密度为 $f(x,y)=\begin{cases}1, & 0<x<1,0<y<1,\\0, & \text{其他}.\end{cases}$

(1) 求 $Z=2X+Y$ 的概率密度 $f_Z(z)$；

(2) 求 $Z=2XY$ 的概率密度 $f_Z(z)$.

解析 观察可知，本题适合卷积公式法.

(1) 由题，$Y=Z-2X$.

根据卷积公式可知 $f_Z(z)=\int_{-\infty}^{+\infty}f(x,z-2x)\mathrm{d}x$.

根据概率密度非零区域，可知 x 限制在固定区间 $0<x<1$，$z-2x$ 所在区间为 $0<z-2x<1$. 即 $\{0<x<1\}\cap\left\{\frac{z-1}{2}<x<\frac{z}{2}\right\}$，现在寻找区间的交点（端点刚好遇见）.

令 $\frac{z-1}{2}=0$，$\frac{z-1}{2}=1$，得到 Z 的关键点为 1，3；令 $\frac{z}{2}=0$，$\frac{z}{2}=1$，得 Z 的关键点为 0，2.

综上，Z 的关键点是 0，1，2，3，故分 5 个区间进行计算：

① 当 $z<0$ 时，$\{0<x<1\}\cap\left\{\frac{z-1}{2}<x<\frac{z}{2}\right\}=\varnothing$，$f_Z(z)=0$；

② 当 $0<z<1$ 时，$\{0<x<1\}\cap\left\{\frac{z-1}{2}<x<\frac{z}{2}\right\}=\left\{0<x<\frac{z}{2}\right\}$，$f_Z(z)=\int_0^{\frac{z}{2}}1\mathrm{d}x=\frac{z}{2}$；

③ 当 $1<z<2$ 时，$\{0<x<1\}\cap\left\{\frac{z-1}{2}<x<\frac{z}{2}\right\}=\left\{\frac{z-1}{2}<x<\frac{z}{2}\right\}$，$f_Z(z)=\int_{\frac{z-1}{2}}^{\frac{z}{2}}1\mathrm{d}x=\frac{1}{2}$；

④ 当 $2<z<3$ 时，$\{0<x<1\}\cap\left\{\frac{z-1}{2}<x<\frac{z}{2}\right\}=\left\{\frac{z-1}{2}<x<1\right\}$，$f_Z(z)=\int_{\frac{z-1}{2}}^{1}1\mathrm{d}x=\frac{3-z}{2}$；

⑤ 当 $3<z$ 时，$\{0<x<1\}\cap\left\{\frac{z-1}{2}<x<\frac{z}{2}\right\}=\varnothing$，$f_Z(z)=0$.

综上可知 $f_Z(z)=\begin{cases}\frac{z}{2}, & 0<z<1,\\ \frac{1}{2}, & 1<z<2,\\ \frac{3-z}{2}, & 2<z<3,\\ 0, & \text{其他}.\end{cases}$

(2) 由题，$Y=\frac{Z}{2X}$.

根据卷积公式可知 $f_Z(z)=\int_{-\infty}^{+\infty}f\left(x,\frac{z}{2x}\right)\left|\frac{1}{2x}\right|\mathrm{d}x$.

根据概率密度非零区域，可知 x 限制在固定区间 $0<x<1$，$\frac{z}{2x}$ 所在区间为 $0<\frac{z}{2x}<1$，即 $\{0<x<1\}\cap\left\{0<\frac{z}{2}<x\right\}$，现在寻找区间的交点(端点刚好遇见).

令 $\frac{z}{2}=0$，$\frac{z}{2}=1$，得到 Z 的关键点 0，2，故分 3 个区间进行计算：

① 当 $z<0$ 时，$\{0<x<1\}\cap\left\{0<\frac{z}{2}<x\right\}=\varnothing$，$f_Z(z)=0$；

② 当 $0<z<2$ 时，$\{0<x<1\}\cap\left\{0<\frac{z}{2}<x\right\}=\left\{\frac{z}{2}<x<1\right\}$，$f_Z(z)=\int_{\frac{z}{2}}^{1}1\mathrm{d}x=1-\frac{z}{2}$；

③ 当 $2<z$ 时，$\{0<x<1\}\cap\left\{0<\frac{z}{2}<x\right\}=\varnothing$，$f_Z(z)=0$.

综上可知 $f_Z(z)=\begin{cases}1-\dfrac{z}{2}, & 0<z<2,\\ 0, & \text{其他}.\end{cases}$

3-21 设二维随机变量(X,Y)的概率密度为 $f(x,y)=\begin{cases}\dfrac{1}{\pi}, & x^2+y^2\leqslant 1,\\ 0, & \text{其他}.\end{cases}$ 求 $Z=X^2+Y^2$ 的概率密度 $f_Z(z)$.

解析 观察可知,$Z=X^2+Y^2$ 不易于使用卷积公式,故本题应该采用定义法.

$$F_Z(z)=P\{X^2+Y^2\leqslant z\}.$$

根据题中条件可知 $0\leqslant x^2+y^2\leqslant 1$,联立可知 z 的关键点是 0,1,故分 3 个区间进行计算:

① 当 $z<0$ 时,$\{X^2+Y^2\leqslant z\}\cap\{0\leqslant X^2+Y^2\leqslant 1\}=\varnothing$,$F_Z(z)=0$;

② 当 $0\leqslant z<1$ 时,$\{X^2+Y^2\leqslant z\}\cap\{0\leqslant X^2+Y^2\leqslant 1\}=\{X^2+Y^2\leqslant z\}$,$F_Z(z)=\iint\limits_{x^2+y^2\leqslant z}\dfrac{1}{\pi}\mathrm{d}x\,\mathrm{d}y=\dfrac{\pi z}{\pi}=z$;

③ 当 $1\leqslant z$ 时,$\{X^2+Y^2\leqslant z\}\cap\{0\leqslant X^2+Y^2\leqslant 1\}=\{0\leqslant X^2+Y^2\leqslant 1\}$,$F_Z(z)=\iint\limits_{x^2+y^2\leqslant 1}\dfrac{1}{\pi}\mathrm{d}x\,\mathrm{d}y=\dfrac{\pi}{\pi}=1$.

综上可知 $f_Z(z)=\dfrac{\mathrm{d}[F_Z(z)]}{\mathrm{d}z}=\begin{cases}1, & 0<z<1,\\ 0, & \text{其他}.\end{cases}$

3-22 设随机变量X与Y相互独立,且X服从标准正态分布$N(0,1)$,Y的概率分布为 $P\{Y=0\}=\dfrac{1}{3}$,$P\{Y=1\}=\dfrac{2}{3}$,记 $F_Z(z)$ 为随机变量 $Z=XY$ 的分布函数,则函数 $F_Z(z)$ 的间断点个数为(　　).

(A)0　　(B)1　　(C)2　　(D)3

答案 (B)

解析 由分布函数的概念可知

当 $z<0$ 时,

$$\begin{aligned}F_Z(z)&=P\{XY\leqslant z\}=P\{XY\leqslant z,Y=0\}+P\{XY\leqslant z,Y=1\}\\&=P\{0\leqslant z,Y=0\}+P\{X\leqslant z,Y=1\}\\&=P\{X\leqslant z\}P\{Y=1\}+P\{\varnothing\}\\&=\frac{2}{3}\Phi(z);\end{aligned}$$

当 $z\geqslant 0$ 时,

$$\begin{aligned}F_Z(z)&=P\{XY\leqslant z\}=P\{XY\leqslant z,Y=0\}+P\{XY\leqslant z,Y=1\}\\&=P\{0\leqslant z,Y=0\}+P\{X\leqslant z,Y=1\}\\&=P\{Y=0\}+P\{X\leqslant z\}P\{Y=1\}\\&=\frac{1}{3}+P\{X\leqslant z\}P\{Y=1\}\\&=\frac{1}{3}+\frac{2}{3}\Phi(z),\end{aligned}$$

所以函数 $F_Z(z)$ 仅在 $z=0$ 处间断,答案为(B).

3－23 设随机变量 X 与 Y 相互独立,且 X 服从标准正态分布 $N(0,1)$,Y 的概率分布为 $P\{Y=0\}=\frac{1}{3}$,$P\{Y=1\}=\frac{2}{3}$,记 $F_Z(z)$ 为随机变量 $Z=X+Y$ 的分布函数,则函数 $F_Z(z)$ 的间断点个数为(　　).

(A)0　　(B)1　　(C)2　　(D)3

答案 (A)

解析 由分布函数的概念可知

$$\begin{aligned}F_Z(z)&=P\{X+Y\leqslant z\}=P\{X+Y\leqslant z,Y=0\}+P\{X+Y\leqslant z,Y=1\}\\&=P\{X\leqslant z,Y=0\}+P\{X\leqslant z-1,Y=1\}\\&=P\{X\leqslant z\}P\{Y=0\}+P\{X\leqslant z-1\}P\{Y=1\}\\&=\frac{1}{3}\Phi(z)+\frac{2}{3}\Phi(z-1),\end{aligned}$$

所以函数 $F_Z(z)$ 没有间断点,答案为选项(A).

3－24 设随机变量 X 与 Y 均服从正态分布 $N(\mu,\sigma^2)$,则 $P\{\max\{X,Y\}>\mu\}-P\{\min\{X,Y\}<\mu\}=$________.

答案 0

解析 本题并未说明 X 与 Y 独立,故只能采用二维随机变量模型进行分析.

定义事件 $A:X\leqslant\mu$,事件 $B:Y\leqslant\mu$,根据正态分布的对称性可知 $P(A)=P(B)=\frac{1}{2}$,则

$$\begin{aligned}\text{原式}&=1-P\{\max\{X,Y\}\leqslant\mu\}-P\{\min\{X,Y\}<\mu\}\\&=1-P\{\max\{X,Y\}\leqslant\mu\}-P\{\min\{X,Y\}\leqslant\mu\}\\&=1-P\{\{X\leqslant\mu\}\cap\{Y\leqslant\mu\}\}-P\{\{X\leqslant\mu\}\cup\{Y\leqslant\mu\}\}\\&=1-P(AB)-P(A\cup B)\\&=1-P(AB)-[P(A)+P(B)-P(AB)]\\&=0.\end{aligned}$$

【注】本题中由于 X 与 Y 是连续型随机变量，故 $P\{\min\{X,Y\}\leqslant\mu\}=P\{\min\{X,Y\}<\mu\}$.

3-25 设总体 X 的密度函数 $f(x)=\begin{cases}2x, & 0<x<1,\\ 0, & 其他,\end{cases}$ 随机变量 X_1,X_2,X_3,X_4 独立且与 X 同分布，则 $X_{\max}=\max\{X_1,X_2,X_3,X_4\}$ 的密度函数为 $f_{X_{\max}}(x)=($　　$)$.

(A) $\begin{cases}0, & x\leqslant 0\\ x^2, & 0<x<1,\\ 1, & x\geqslant 1\end{cases}$　　(B) $\begin{cases}0, & x\leqslant 0\\ x^8, & 0<x<1,\\ 1, & x\geqslant 1\end{cases}$

(C) $\begin{cases}8x^7, & 0<x<1,\\ 0, & 其他\end{cases}$　　(D) $\begin{cases}4x^3, & 0<x<1,\\ 0, & 其他\end{cases}$

答案 (C)

解析 根据分布函数的定义 $F_X(x)=\int_{-\infty}^{x}f(t)\mathrm{d}t$.

当 $x<0$ 时，$F_X(x)=0$；

当 $0\leqslant x<1$ 时，$F_X(x)=\int_0^x 2t\,\mathrm{d}t=t^2\Big|_0^x=x^2$；

当 $1\leqslant x$ 时，$F_X(x)=\int_0^1 2t\,\mathrm{d}t=1$.

因此，分布函数为

$$F_X(x)=\begin{cases}0, & x<0,\\ x^2, & 0\leqslant x<1,\\ 1, & x>1.\end{cases}$$

$$F_{X_{\max}}(x)=P\{X_{\max}\leqslant x\}=P\{X_1\leqslant x,X_2\leqslant x,X_3\leqslant x,X_4\leqslant x\}.$$

由于 X_1,X_2,X_3,X_4 是独立的，因此

$$P\{X_{\max}\leqslant x\}=P\{X_1\leqslant x\}\cdot P\{X_2\leqslant x\}\cdot P\{X_3\leqslant x\}\cdot P\{X_4\leqslant x\},$$

于是

$$F_{X_{\max}}(x)=[F_X(x)]^4=\begin{cases}0, & x<0,\\ x^8, & 0\leqslant x<1,\\ 1, & x\geqslant 1,\end{cases}$$

求导可得

$$f_{X_{\max}}(x)=F'_{X_{\max}}(x)=\begin{cases}8x^7, & 0<x<1,\\ 0, & 其他.\end{cases}$$

3-26 设总体 X 的密度函数 $f(x)=\begin{cases}2x, & 0<x<1,\\ 0, & 其他,\end{cases}$ 随机变量 X_1,X_2,X_3,X_4 独立且与 X 同分布,则 $X_{\min}=\min\{X_1,X_2,X_3,X_4\}$ 的密度函数为 $f_{X_{\min}}(x)=(\quad)$.

(A) $\begin{cases}8x^7, & 0<x<1,\\ 0, & 其他\end{cases}$

(B) $\begin{cases}1-(1-x^2)^4, & 0<x<1,\\ 0, & 其他\end{cases}$

(C) $\begin{cases}4(1-x^2)^3, & 0<x<1,\\ 0, & 其他\end{cases}$

(D) $\begin{cases}8x(1-x^2)^3, & 0<x<1,\\ 0, & 其他\end{cases}$

答案 (D)

解析 由上题可知

$$F_X(x)=\begin{cases}0, & x<0,\\ x^2, & 0\leqslant x<1,\\ 1, & x\geqslant 1.\end{cases}$$

$$F_{X_{\min}}(x)=P\{X_{\min}\leqslant x\}.$$

由于 $X_{\min}=\min\{X_1,X_2,X_3,X_4\}$,我们知道:

$$P\{X_{\min}\leqslant x\}=1-P\{X_{\min}>x\},$$

又因为 $X_{\min}>x$ 等价于所有的 $X_1,X_2,X_3,X_4>x$,因此

$$P\{X_{\min}>x\}=P\{X_1>x\}\cdot P\{X_2>x\}\cdot P\{X_3>x\}\cdot P\{X_4>x\}.$$

由于 X_1,X_2,X_3,X_4 相互独立,且 $P\{X_i>x\}=1-F_X(x)$,于是

$$P\{X_{\min}>x\}=[1-F_X(x)]^4,$$

因此

$$F_{X_{\min}}(x)=1-[1-F_X(x)]^4,$$

所以

$$F_{X_{\min}}(x)=\begin{cases}0, & x<0,\\ 1-(1-x^2)^4, & 0\leqslant x<1\\ 1, & x\geqslant 1.\end{cases}$$

求导可得

$$f_{X_{\min}}(x)=\begin{cases}8x(1-x^2)^3, & 0<x<1\\ 0, & 其他.\end{cases}$$

课后作业

1 袋中有一个红球，两个黑球，三个白球. 现有放回地从袋中取两次，每次取一个，以 X,Y,Z 分别表示两次取球所取得的红球、黑球与白球的个数.

(1) 求 $P\{X=1 \mid Z=0\}$；

(2) 求二维随机变量(X,Y)的概率分布.

解析 (1) 由条件概率定义得

$$P\{X=1 \mid Z=0\}=\frac{P\{X=1,Z=0\}}{P\{Z=0\}}.$$

$\{X=1,Z=0\}$表示"两次取球均没有取到白球并且只有一次取到红球"，将此事件等价于事件"第一次取到红球，第二次取到黑球"与事件"第一次取到黑球，第二次取到红球"的和，所以

$$P\{X=1,Z=0\}=\frac{1}{6}\times\frac{2}{6}+\frac{2}{6}\times\frac{1}{6}=\frac{4}{36}.\text{而}$$

$$P\{Z=0\}=\frac{3}{6}\times\frac{3}{6}=\frac{9}{36},$$

于是

$$P\{X=1 \mid Z=0\}=\frac{P\{X=1,Z=0\}}{P\{Z=0\}}=\frac{4}{36}\times\frac{36}{9}=\frac{4}{9}.$$

(2) 本题的(X,Y)为离散型随机变量，较为简单，列举全部取值为$(0,0)$，$(0,1)$，$(0,2)$，$(1,0)$，$(1,1)$，$(1,2)$，$(2,0)$，$(2,1)$，$(2,2)$. 同样，将其中复杂事件等价为两个事件之和，可以求出相应的概率分别为

$$P\{X=0,Y=0\}=\frac{3}{6}\times\frac{3}{6}=\frac{9}{36},P\{X=0,Y=1\}=2\times\frac{2}{6}\times\frac{3}{6}=\frac{12}{36},$$

$$P\{X=0,Y=2\}=\frac{2}{6}\times\frac{2}{6}=\frac{4}{36},P\{X=1,Y=0\}=2\times\frac{1}{6}\times\frac{3}{6}=\frac{6}{36},$$

$$P\{X=1,Y=1\}=2\times\frac{1}{6}\times\frac{2}{6}=\frac{4}{36},P\{X=2,Y=0\}=\frac{1}{6}\times\frac{1}{6}=\frac{1}{36},$$

$$P\{X=2,Y=1\}=P\{X=1,Y=2\}=P\{X=2,Y=2\}=0.$$

于是得出(X,Y)的概率分布为

X	Y		
	0	1	2
0	$\frac{1}{4}$	$\frac{1}{3}$	$\frac{1}{9}$
1	$\frac{1}{6}$	$\frac{1}{9}$	0
2	$\frac{1}{36}$	0	0

2 射击手击中目标的概率为 $p(0<p<1)$，射击到第二次击中目标为止，设以 X 表示第一次击中目标所进行的射击次数，以 Y 表示总共进行的射击次数，试求 X 与 Y 的联合分布律以及条件分布律.

解析 由题意知，事件 $\{X=m\}$ 表示在第 m 次射击时第一次击中目标，故

$$P\{X=m\}=pq^{m-1}(m=1,2,\cdots),$$

事件 $\{Y=n\}$ 表示在第 n 次射击时击中目标，且前 $n-1$ 次射击中共有一次击中目标，故

$$P\{Y=n\}=p\cdot C_{n-1}^{1}pq^{n-1-1}=(n-1)p^2q^{n-2}(n=2,3,\cdots),$$

事件 $\{X=m,Y=n\}$ 表示共射击 n 次，且仅在第 m 次和第 n 次射中目标，故

$$P\{X=m,Y=n\}=p^2q^{n-2}(m=1,2,\cdots,n-1;n=2,3,\cdots),$$

则可得条件分布律为

$$P\{X=m\mid Y=n\}=\frac{P\{X=m,Y=n\}}{P\{Y=n\}}=\frac{p^2q^{n-2}}{(n-1)p^2q^{n-2}}$$

$$=\frac{1}{n-1}(m=1,2,\cdots,n-1;n=2,3,\cdots),$$

$$P\{Y=n\mid X=m\}=\frac{P\{X=m,Y=n\}}{P\{X=m\}}=\frac{p^2q^{n-2}}{pq^{m-1}}$$

$$=pq^{n-m-1}(m=1,2,\cdots;n=m+1,m+2,\cdots).$$

3 设二维随机变量 (X,Y) 的概率密度为

$$f(x,y)=\begin{cases}6x, & 0\leqslant x\leqslant y\leqslant 1,\\ 0, & \text{其他},\end{cases}$$

则 $P\{X+2Y\leqslant 1\}=$________.

答案 $\frac{1}{18}$

解析 本题是利用二维随机变量的概率密度求概率，由题

$$P\{X+2Y\leqslant 1\}=\iint\limits_{\substack{x+2y\leqslant 1\\ 0\leqslant x\leqslant y\leqslant 1}} f(x,y)\mathrm{d}x\mathrm{d}y$$

$$=\int_0^{\frac{1}{3}}\mathrm{d}x\int_x^{\frac{1-x}{2}}6x\,\mathrm{d}y=\int_0^{\frac{1}{3}}6x\left(\frac{1-3x}{2}\right)\mathrm{d}x$$

$$=\int_0^{\frac{1}{3}}(3x-9x^2)\mathrm{d}x$$

$$=\left(\frac{3}{2}x^2-3x^3\right)\Big|_0^{\frac{1}{3}}$$

$$=\frac{1}{18}.$$

4 设随机变量 X 与 Y 相互独立,且均服从区间$[0,3]$上的均匀分布,则 $P\{\max\{X,Y\}\leqslant 2\}=$ ________.

答案 $\frac{4}{9}$

解析 题设中随机变量 X 与 Y 相互独立,所以

$$P\{\max\{X,Y\}\leqslant 2\}=P\{X\leqslant 2,Y\leqslant 2\}=P\{X\leqslant 2\}P\{Y\leqslant 2\}=\frac{2}{3}\times\frac{2}{3}=\frac{4}{9}.$$

5 设随机变量 X 和 Y 独立且均服从相同的 0－1 分布,$P\{X=1\}=p$,$P\{X=0\}=1-p$. 又设 $Z=\begin{cases}0, & X+Y=\text{偶数},\\ 1, & X+Y=\text{奇数},\end{cases}$ 则 $p\{0<p<1\}$ 为________时,能使 Z 和 X 相互独立.

答案 $\frac{1}{2}$

解析 由 X 和 Y 独立,易知 $P\{Z=0\}=(1-p)^2+p^2$,$P\{Z=1\}=2p(1-p)$,要使 Z 与 X 独立,必须 $P\{X=i,Z=j\}=P\{X=i\}\cdot P\{Z=j\}$,$i=0,1$;$j=0,1$,即

$$\begin{cases}[(1-p)^2+p^2](1-p)=(1-p)^2,\\ 2p(1-p)(1-p)=p(1-p),\\ [(1-p)^2+p^2]p=p^2,\\ 2p(1-p)p=p(1-p),\end{cases}$$

解得
$$p=\frac{1}{2}.$$

6 设二维随机变量(X,Y)服从区域 G 上的均匀分布,其中 G 由 $x-y=0$,$x+y=2$ 与 $y=0$ 围成的三角形区域. 求:

(1)X 的概率密度 $f_X(x)$;

(2) 条件概率密度 $f_{X|Y}(x\mid y)$.

解析 (1) 由题设可以求出三角形区域的面积为 $A=1$,根据均匀分布的定义可以得到(X,Y)的联合密度为

$$f(x,y)=\begin{cases}1, & (x,y)\in G,\\ 0, & (x,y)\notin G.\end{cases}$$

当 $x<0$ 时,$f_X(x)=0$;

当 $0 \leqslant x < 1$ 时，$f_X(x) = \int_0^x 1\mathrm{d}y = x$；

当 $1 \leqslant x < 2$ 时，$f_X(x) = \int_0^{2-x} 1\mathrm{d}y = 2 - x$；

当 $x \geqslant 2$ 时，$f_X(x) = 0$.

则

$$f_X(x) = \begin{cases} x, & 0 \leqslant x < 1, \\ 2 - x, & 1 \leqslant x < 2, \\ 0, & \text{其他}. \end{cases}$$

(2) 根据条件分布的概率密度公式得

$$f_{X|Y}(x \mid y) = \frac{f(x,y)}{f_Y(y)}.$$

当 $y < 0$ 时，$f_Y(y) = 0$；

当 $0 \leqslant y < 1$ 时，$y < x < 2 - y$，所以 $f_Y(y) = \int_y^{2-y} 1\mathrm{d}x = 2 - 2y$；

当 $y \geqslant 1$ 时，$f_Y(y) = 0$.

所以

$$f_Y(y) = \begin{cases} 2(1-y), & 0 < y < 1, \\ 0, & \text{其他}, \end{cases}$$

则

$$f_{X|Y}(x \mid y) = \begin{cases} \dfrac{1}{2-2y}, & y < x < 2-y, 0 < y < 1, \\ 0, & \text{其他}. \end{cases}$$

7 设两个相互独立的随机变量 X 和 Y 分别服从正态分布 $N(0,1)$ 和 $N(1,1)$，则 $P\{X + Y \leqslant 1\} =$ ________.

答案 $\frac{1}{2}$

解析 因为 $X + Y \sim N(1,2)$，由几何意义易知 $P\{X + Y \leqslant 1\} = \frac{1}{2}$.

8 设随机变量 X 与 Y 都服从正态分布 $N(0,\sigma^2)$，且 $P\{X \leqslant 0, Y \geqslant 0\} = \frac{1}{3}$，则 $P\{X > 0, Y < 0\} =$ ________.

答案 $\frac{1}{3}$

解析 记 $A = \{X \leqslant 0\}$，$B = \{Y \geqslant 0\}$，则

$$P\{X > 0, Y < 0\} = P(\overline{A}\overline{B}) = P(\overline{A \cup B}) = 1 - P(A \cup B)$$

$$=1-P(A)-P(B)+P(AB)=1-\frac{1}{2}-\frac{1}{2}+\frac{1}{3}=\frac{1}{3}.$$

9 设随机变量 X 的概率分布为 $P\{X=1\}=P\{X=2\}=\frac{1}{2}$，在给定 $X=i$ 的条件下，随机变量 Y 服从均匀分布 $U(0,i)(i=1,2)$.

(1) 求随机变量 Y 的分布函数；

(2) 求随机变量 $Z=XY$ 的分布函数.

解析 (1) 由全概率公式可知

$$\begin{aligned}F_Y(y)&=P\{Y\leqslant y\}\\&=P\{X=1\}P\{Y\leqslant y\mid X=1\}+P\{X=2\}P\{Y\leqslant y\mid X=2\}\\&=\frac{1}{2}P\{Y\leqslant y\mid X=1\}+\frac{1}{2}P\{Y\leqslant y\mid X=2\}.\end{aligned}$$

由于当 $X=1$ 时，$Y\sim U(0,1)$，当 $X=2$ 时，$Y\sim U(0,2)$，可知 Y 的分布函数分段点为 0，1，2，故

$$F_Y(y)=\begin{cases}0, & y<0,\\ \frac{1}{2}y+\frac{1}{2}\cdot\frac{y}{2}, & 0\leqslant y<1,\\ \frac{1}{2}+\frac{1}{2}\cdot\frac{y}{2}, & 1\leqslant y<2,\\ 1, & y\geqslant 2\end{cases}=\begin{cases}0, & y<0,\\ \frac{3y}{4}, & 0\leqslant y<1,\\ \frac{y+2}{4}, & 1\leqslant y<2,\\ 1, & y\geqslant 2.\end{cases}$$

(2) 由全概率公式

$$\begin{aligned}F_Z(z)&=P\{XY\leqslant Z\}\\&=P\{X=1\}P\{Y\leqslant Z\mid X=1\}+P\{X=2\}P\left\{Y\leqslant\frac{Z}{2}\middle|X=2\right\}\\&=\frac{1}{2}P\{Y\leqslant Z\mid X=1\}+\frac{1}{2}P\left\{Y\leqslant\frac{Z}{2}\middle|X=2\right\}.\end{aligned}$$

分别令 $Z=0,Z=1,\frac{Z}{2}=0,\frac{Z}{2}=2$ 可得 Z 的分布函数分段点为 0，1，4，则

$$F_Z(z)=\begin{cases}0, & z<0,\\ \frac{1}{2}z+\frac{1}{2}\cdot\frac{\frac{z}{2}}{2}, & 0\leqslant z<1,\\ \frac{1}{2}+\frac{1}{2}\cdot\frac{\frac{z}{2}}{2}, & 1\leqslant z<4,\\ 1, & z\geqslant 4\end{cases}=\begin{cases}0, & z<0,\\ \frac{5z}{8}, & 0\leqslant z<1,\\ \frac{z+4}{8}, & 1\leqslant z<4,\\ 1, & z\geqslant 4.\end{cases}$$

10 设二维随机变量(X,Y)的概率密度为$f(x,y)=\begin{cases}2-x-y, & 0<x<1,0<y<1,\\ 0, & 其他.\end{cases}$

(1) 求$Z=X+Y$的概率密度$f_Z(z)$;

(2) 求$Z=XY$的概率密度$f_Z(z)$.

解析 (1) 根据卷积公式可知$f_Z(z)=\int_{-\infty}^{+\infty}f(x,z-x)\mathrm{d}x$. 根据概率密度非零区域,可知$x$限制在固定区间$0<x<1$,$z-x$所在区间为$0<z-x<1$. 即$\{0<x<1\}\cap\{z-1<x<z\}$,令$z=0,1$以及$z-1=0,1$,得$z$分段点0,1,2,则$Z$的概率密度为

$$f_Z(z)=\int_{-\infty}^{+\infty}f(x,z-x)\mathrm{d}x=\begin{cases}\int_0^z(2-z)\mathrm{d}x, & 0<z<1,\\ \int_{z-1}^1(2-z)\mathrm{d}x, & 1\leqslant z<2,\\ 0, & 其他\end{cases}=\begin{cases}2z-z^2, & 0<z<1,\\ (2-z)^2, & 1\leqslant z<2,\\ 0, & 其他.\end{cases}$$

(2) 根据卷积公式$f_Z(z)=\int_{-\infty}^{+\infty}f\left(x,\frac{z}{x}\right)\frac{1}{|x|}\mathrm{d}x$.

根据概率密度非零区域,x限制在固定区间$0<x<1$,$\frac{z}{x}$所在区间为$0<\frac{z}{x}<1$.

即$\{0<x<1\}\cap\{0<z<x\}$,令$z=0,1$得分段点0,1,则Z的概率密度为

$$f_Z(z)=\begin{cases}\int_z^1\left(2-x-\frac{z}{x}\right)\frac{1}{x}\mathrm{d}x, & 0<z<1,\\ 0, & 其他\end{cases}=\begin{cases}2(z-\ln z-1), & 0<z<1,\\ 0, & 其他.\end{cases}$$

11 随机变量X,Y独立同分布,且X的分布函数为$F(x)$,则$Z=\max\{2X,Y\}$的分布函数为(　　).

(A)$F\left(\frac{x}{2}\right)\cdot F(x)$ (B)$F\left(\frac{x}{2}\right)F(y)$

(C)$1-[1-F(x)]^2$ (D)$\left[1-F\left(\frac{x}{2}\right)\right][1-F(y)]$

答案 (A)

解析 由分布函数的定义得

$$F_Z(x)=P\{Z\leqslant x\}=P\{\max\{2X,Y\}\leqslant x\}=P\{2X\leqslant x,Y\leqslant x\}.$$

由题设可知,X,Y相互独立并且同分布,所以

$$F_Z(x)=P\left\{X\leqslant\frac{x}{2},Y\leqslant x\right\}=P\left\{X\leqslant\frac{x}{2}\right\}P\{Y\leqslant x\}=F\left(\frac{x}{2}\right)\cdot F(x).$$

第四章　随机变量的数字特征

大纲考试要求

考试要求	考试内容	
	数学一	数学三
了解		切比雪夫不等式
理解	随机变量的数字特征（数学期望、方差、标准差、矩、协方差、相关系数）的概念	
掌握	常用分布的数字特征	
会	求随机变量函数的数学期望； 运用数字特征的基本性质	

知识导图

- 随机变量的数字特征
  - 数学期望
    - 概念
      - 存在的条件
      - 四类数学期望的计算公式
    - 性质
      - 和的数学期望
      - 独立性对数学期望的影响
    - 常用结论
      - 八大分布的数学期望
      - 将一般数学期望转化为常见分布的数学期望
  - 方差
    - 概念
      - 由数学期望定义方差的计算公式
      - 由数学期望和方差计算平方的数学期望
    - 性质
      - 和的方差
      - 随机变量线性运算对应的方差
      - 独立性对方差的影响
    - 常用结论
      - 八大分布的方差
  - 协方差与相关系数
    - 协方差
      - 计算公式
      - 性质
        - 复杂协方差拆分为简单结构
        - 独立性对协方差的影响
    - 相关系数
      - 计算公式
      - 性质
        - 相关系数绝对值为1的充分条件
        - 相关系数绝对值为1的必要条件
    - 不相关与独立性
      - 不相关的四个等价表示
      - 不相关性与独立性的关系
        - 独立一定不相关
        - 不相关不一定独立
        - 相关一定不独立
        - 二维正态分布条件下二者等价
  - 随机变量的矩
    - 一维随机变量的矩
      - 原点矩
      - 中心矩
    - 二维随机变量的矩
      - 混合原点矩
      - 混合中心矩

4.1　随机变量的数学期望

4.1.1　数学期望的定义

数学期望(简称期望,Expectation)是概率论和统计学中的一个重要概念,表示随机变量在概率分布下的加权平均值,是描述随机变量集中趋势的一个度量.

4.1.1.1　一维离散型随机变量的数学期望

设离散型随机变量 X 的可能取值为 $x_1,x_2,\cdots$,对应的概率为 $P\{X=x_i\}=p_i$,其中 $p_i\geqslant 0$ 且 $\sum_i p_i=1$,则 X 的数学期望定义为

$$E(X)=\sum_i x_i p_i.$$

需要注意的是,数学期望不一定存在. 数学期望 $E(X)$ 存在的条件是

$$\sum_i |x_i| p_i<\infty.$$

读者可能会认为上述定义有误,因为从直观的角度来看,只需要满足 $\sum_i x_i p_i$ 收敛即可,而不需要绝对收敛这个更强的条件. 实际上,从普遍性的角度而言,数学期望存在的条件确实是要求级数绝对收敛. 绝对收敛保证了级数的和在数学和物理意义上的稳定性. 对于离散型随机变量,概率 $P\{X=x_i\}\geqslant 0$,但 x_i 的取值可能包括正负数. 如果仅要求条件收敛,正负项可能部分抵消,使得结果缺乏物理意义,而绝对收敛确保所有正负项都可以"合理"累计.

4.1.1.2　一维连续型随机变量的数学期望

设随机变量 X 是连续型随机变量,其概率密度为 $f_X(x)$,则数学期望定义为

$$E(X)=\int_{-\infty}^{+\infty} x f_X(x)\mathrm{d}x,$$

数学期望 $E(X)$ 存在的条件是

$$\int_{-\infty}^{+\infty} |x| f_X(x)\mathrm{d}x<\infty.$$

4.1.1.3　一维随机变量函数的数学期望

设 Y 是随机变量 X 的函数:$Y=g(X)$(g 是连续函数或分段连续函数).

(1) 若 X 为离散型随机变量,分布律为

$$P\{X=x_k\}=p_k(k=1,2,\cdots),$$

且无穷级数 $\sum_{k=1}^{\infty} g(x_k)p_k$ 绝对收敛,则

$$E(Y)=E[g(X)]=\sum_k g(x_k)p_k.$$

(2) 若 X 为连续型随机变量，概率密度为 $f(x)$，且广义积分 $\int_{-\infty}^{+\infty} g(x)f(x)\,dx$ 绝对收敛，则有

$$E(Y)=E[g(X)]=\int_{-\infty}^{+\infty} g(x)f(x)\,dx.$$

4.1.1.4 二维随机变量函数的数学期望

设 $Z=g(X,Y)$ 是随机变量 X,Y 的连续函数.

(1) 若 (X,Y) 为二维离散型随机变量，分布律为

$$P\{X=x_i,Y=y_j\}=p_{ij}\ (i,j=1,2,\cdots),$$

且无穷级数 $\sum\limits_{(i,j)} g(x_i,y_j)p_{ij}$ 绝对收敛，则

$$E(Z)=E[g(X,Y)]=\sum_{(i,j)} g(x_i,y_j)p_{ij}.$$

(2) 若 (X,Y) 为二维连续型随机变量，联合概率密度为 $f(x,y)$，且广义积分

$$\int_{-\infty}^{+\infty}\int_{-\infty}^{+\infty} g(x,y)f(x,y)\,dx\,dy$$

绝对收敛，则

$$E(Z)=E[g(X,Y)]=\int_{-\infty}^{+\infty}\int_{-\infty}^{+\infty} g(x,y)f(x,y)\,dx\,dy.$$

4.1.2 数学期望的性质与常用结论

4.1.2.1 数学期望的性质

设随机变量 X 和 Y 的数学期望为 $E(X)$，$E(Y)$，a,b,c 为任意常数，则

(1) $E(c)=c$；

(2) $E(cX)=cE(X)$；

(3) $E(aX+bY)=E(aX)+E(bY)=aE(X)+bE(Y)$；

(4) 若 X 与 Y 相互独立，则 $E(XY)=E(X)E(Y)$.

4.1.2.2 常见分布的数学期望

分布名称	符号	数学期望
0-1分布	$B(1,p)$	p
二项分布	$B(n,p)$	np
泊松分布	$P(\lambda)$	λ
几何分布	$G(p)$	$\frac{1}{p}$

续表

分布名称	符号	数学期望
超几何分布	$H(N,M,n)$	$\frac{nM}{N}$
均匀分布	$U(a,b)$	$\frac{a+b}{2}$
指数分布	$E(\lambda)$	$\frac{1}{\lambda}$
正态分布	$N(\mu,\sigma^2)$	μ

专题一　数学期望

4－1 设离散型随机变量 X 取值于 $\{x_1,x_2,\cdots\}$，分布律为 $P\{X=x_i\}$. 以下是数学期望 $E(X)$ 存在的充分条件的是(　　).

(A) $\sum_{i=1}^{\infty}P\{X=x_i\}=1$　　(B) $\sum_{i=1}^{\infty}|x_i|\cdot P\{X=x_i\}$ 收敛

(C) $\sum_{i=1}^{\infty}x_i\cdot P\{X=x_i\}\neq 0$　　(D) $\sum_{i=1}^{\infty}x_i^3\cdot P\{X=x_i\}<\infty$

答案 (B)

解析 数学期望的存在条件是级数 $\sum_{i=1}^{\infty}x_i\cdot P\{X=x_i\}$ 绝对收敛，即

$$\sum_{i=1}^{\infty}|x_i|\cdot P\{X=x_i\}\text{ 收敛.}$$

选项(A) 是概率分布律的基本性质，与数学期望的存在无直接关系；

选项(C) 错误，数学期望可以为 0；

选项(D) 是数学期望三阶中心矩存在的必要条件，而不是数学期望本身存在的条件.

故选(B).

4－2 设随机变量 X 和 Y 的分布律分别为 $P\{X=x_i\}$ 和 $P\{Y=y_j\}$. 若 X 和 Y 的数学期望相同，则必然满足的条件是(　　).

(A) $P\{X=x_i\}=P\{Y=x_i\}$ 对任意 i 成立

(B) $\sum_{i}x_i\cdot P\{X=x_i\}=\sum_{j}y_j\cdot P\{Y=y_j\}$

(C) X 和 Y 是相互独立的随机变量

(D) X 和 Y 的分布具有相同的方差

答案 (B)

解析 数学期望的定义是随机变量的加权平均值，即

$$E(X)=\sum_{i} x_i \cdot P\{X=x_i\}, E(Y)=\sum_{j} y_j \cdot P\{Y=y_j\}.$$

题目中，已知$E(X)=E(Y)$，这说明X和Y的数学期望的计算结果相等，但这并不要求它们的分布律相等.唯一需要满足的条件是

$$\sum_{i} x_i \cdot P\{X=x_i\}=\sum_{j} y_j \cdot P\{Y=y_j\}.$$

故选(B).

4-3 现有10张奖券，其中8张2元，2张5元.现每人从中随机地无放回地抽取3张，则此人抽得奖券的金额的数学期望为(　　).

(A)6　　(B)12　　(C)7.8　　(D)9

答案 (C)

解析 假设X表示随机地无放回地抽取3张所抽得奖券的金额，则X的概率分布为

$P\{X=6\}=P\{3\text{张都是}2\text{元}\}=\dfrac{C_8^3}{C_{10}^3}=\dfrac{7}{15}$;

$P\{X=9\}=P\{2\text{张}2\text{元},1\text{张}5\text{元}\}=\dfrac{C_8^2C_2^1}{C_{10}^3}=\dfrac{7}{15}$;

$P\{X=12\}=P\{1\text{张}2\text{元},2\text{张}5\text{元}\}=\dfrac{C_8^1C_2^2}{C_{10}^3}=\dfrac{1}{15}$.

$E(X)=6\times\dfrac{7}{15}+9\times\dfrac{7}{15}+12\times\dfrac{1}{15}=7.8.$

故选(C).

4-4 已知随机变量X的分布函数$F(x)$在$x=1$处连续，且$F(1)=1$，记$Y=\begin{cases}a, & X>1,\\ b, & X=1,\\ c, & X<1\end{cases}$ $(abc\neq 0)$，则Y的期望$E(Y)=$(　　).

(A)$a+b+c$　　(B)a　　(C)b　　(D)c

答案 (D)

解析 由于$F(x)$在$x=1$处连续且$F(1)=1$，则

$$P\{X>1\}=1-P\{X\leqslant 1\}=1-F(1)=0,$$
$$P\{X=1\}=F(1)-F(1-0)=0,$$
$$P\{X<1\}=F(1-0)=F(1)=1,$$
$$E(Y)=aP\{X>1\}+bP\{X=1\}+cP\{X<1\}=c.$$

故选(D).

4-5 已知二维离散型随机变量(X,Y)的联合分布如下.

Y \ X	1	2	3
1	$\frac{1}{12}$	$\frac{1}{6}$	$\frac{1}{12}$
2	$\frac{1}{6}$	$\frac{1}{6}$	$\frac{1}{12}$
3	$\frac{1}{12}$	$\frac{1}{12}$	$\frac{1}{12}$

则 $E(XY)=$______.

答案 $\frac{11}{3}$

解析 根据数学期望的定义：

$$E(XY)=\sum_{(i,j)} x_{i\cdot}\cdot y_{j\cdot}\cdot p_{ij}.$$

当 $X=1,Y=1$ 时，

$$x\cdot y\cdot P\{X=x,Y=y\}=1\times1\times\frac{1}{12}=\frac{1}{12}.$$

当 $X=1,Y=2$ 时，

$$x\cdot y\cdot P\{X=x,Y=y\}=1\times2\times\frac{1}{6}=\frac{2}{6}=\frac{1}{3}.$$

当 $X=1,Y=3$ 时，

$$x\cdot y\cdot P\{X=x,Y=y\}=1\times3\times\frac{1}{12}=\frac{3}{12}=\frac{1}{4}.$$

当 $X=2,Y=1$ 时，

$$x\cdot y\cdot P\{X=x,Y=y\}=2\times1\times\frac{1}{6}=\frac{2}{6}=\frac{1}{3}.$$

当 $X=2,Y=2$ 时，

$$x\cdot y\cdot P\{X=x,Y=y\}=2\times2\times\frac{1}{6}=\frac{4}{6}=\frac{2}{3}.$$

当 $X=2,Y=3$ 时，

$$x\cdot y\cdot P\{X=x,Y=y\}=2\times3\times\frac{1}{12}=\frac{6}{12}=\frac{1}{2}.$$

当 $X=3,Y=1$ 时，

$$x\cdot y\cdot P\{X=x,Y=y\}=3\times1\times\frac{1}{12}=\frac{3}{12}=\frac{1}{4}.$$

当 $X=3,Y=2$ 时，

$$x\cdot y\cdot P\{X=x,Y=y\}=3\times2\times\frac{1}{12}=\frac{6}{12}=\frac{1}{2}.$$

当 $X=3,Y=3$ 时，

$$x \cdot y \cdot P\{X=x, Y=y\}=3\times 3\times \frac{1}{12}=\frac{9}{12}=\frac{3}{4}.$$

以上项求和可得 $E(XY)=\frac{11}{3}$.

4-6 设随机变量 X 和 Y 同分布,且 $f_X(x)=\begin{cases}2x\theta^2, & 0<x<\frac{1}{\theta},\\ 0, & 其他,\end{cases}$ 且 $E[a(X+2Y)]=\frac{1}{\theta}$,则 a 的值为(　　).

(A) $\frac{1}{2}$　　(B) $\frac{1}{3}$　　(C) $\frac{1}{2\theta^2}$　　(D) $\frac{2}{3\theta}$

答案 (A)

解析 由题设

$$E(X)=\int_{-\infty}^{+\infty} x f_X(x)\mathrm{d}x=\int_0^{\frac{1}{\theta}} 2x^2\theta^2\mathrm{d}x=\frac{2}{3}\theta^2\cdot x^3\Big|_0^{\frac{1}{\theta}}=\frac{2}{3\theta},$$

且 $E(Y)=E(X)=\frac{2}{3\theta}$,于是 $E[a(X+2Y)]=aE(X)+2aE(Y)=\frac{2a}{\theta}=\frac{1}{\theta}$,即 $a=\frac{1}{2}$. 故选(A).

4-7 设随机变量 X 的概率密度 $f(x)=\begin{cases}x, & a<x<b,\\ 0, & 其他\end{cases}$ $(0<a<b)$,且 $E(X^2)=2$,则 $P\{|X|<\sqrt{2}\}=$________.

答案 $\frac{1}{2}$

解析 首先要求出 $f(x)$ 中的未知参数 a,b,而后由 $P\{|X|<\sqrt{2}\}=\int_{-\sqrt{2}}^{\sqrt{2}} f(x)\mathrm{d}x$ 求得概率.

因为
$$1=\int_{-\infty}^{+\infty} f(x)\mathrm{d}x=\int_a^b x\mathrm{d}x=\frac{b^2-a^2}{2}, \qquad ①$$

又
$$2=E(X^2)=\int_a^b x^3\mathrm{d}x=\frac{b^4-a^4}{4}=\frac{b^2+a^2}{2}\cdot\frac{b^2-a^2}{2}=\frac{b^2+a^2}{2}. \qquad ②$$

故由式①、式②联立求得 $a=1, b=\sqrt{3}$. 所以 $f(x)=\begin{cases}x, & 1<x<\sqrt{3},\\ 0, & 其他.\end{cases}$

故
$$P\{|X|<\sqrt{2}\}=P\{-\sqrt{2}<X<\sqrt{2}\}=\int_1^{\sqrt{2}} x\mathrm{d}x=\frac{x^2}{2}\Big|_1^{\sqrt{2}}=\frac{1}{2}.$$

4-8 设二维连续型随机变量 (X,Y) 的联合概率密度为

$$f(x,y)=\begin{cases}8xy, & 0<y<x<1,\\ 0, & 其他,\end{cases}$$

计算下列数学期望.

(1)$E(X+Y)$；　　(2)$E(XY)$；　　(3)$E(X+XY+3)$.

解析 (1) 我们直接使用数学期望公式：

$$E(X+Y)=\iint_D (x+y)\cdot f(x,y)\mathrm{d}x\mathrm{d}y.$$

根据概率密度的条件可知，

$$E(X+Y)=\int_0^1\left(\int_0^x 8x^2y\mathrm{d}y\right)\mathrm{d}x+\int_0^1\left(\int_0^x 8xy^2\mathrm{d}y\right)\mathrm{d}x.$$

对于$\int_0^1\left(\int_0^x 8x^2y\mathrm{d}y\right)\mathrm{d}x$，先对 y 积分，

$$\int_0^x 8x^2y\mathrm{d}y=8x^2\cdot\frac{y^2}{2}\Big|_0^x=4x^2\cdot x^2=4x^4;$$

再对 x 积分，

$$\int_0^1 4x^4\mathrm{d}x=4\cdot\frac{x^5}{5}\Big|_0^1=\frac{4}{5}.$$

对于$\int_0^1\left(\int_0^x 8xy^2\mathrm{d}y\right)\mathrm{d}x$，先对 y 积分，

$$\int_0^x 8xy^2\mathrm{d}y=8x\cdot\frac{y^3}{3}\Big|_0^x=\frac{8x}{3}\cdot x^3=\frac{8x^4}{3};$$

再对 x 积分，

$$\int_0^1\frac{8x^4}{3}\mathrm{d}x=\frac{8}{3}\cdot\frac{x^5}{5}\Big|_0^1=\frac{8}{15}.$$

故 $E(X+Y)=\frac{4}{5}+\frac{8}{15}=\frac{4}{3}$.

(2)$E(XY)=\iint_D xy\cdot f(x,y)\mathrm{d}x\mathrm{d}y$.

根据概率密度区间可知

$$E(XY)=\int_0^1\left(\int_0^x 8x^2y^2\mathrm{d}y\right)\mathrm{d}x.$$

先对 y 积分，

$$\int_0^x 8x^2y^2\mathrm{d}y=8x^2\cdot\frac{y^3}{3}\Big|_0^x=\frac{8x^5}{3}.$$

再对 x 积分，

$$E(XY)=\int_0^1\frac{8x^5}{3}\mathrm{d}x=\frac{8}{3}\cdot\frac{x^6}{6}\Big|_0^1=\frac{8}{3}\cdot\frac{1}{6}=\frac{4}{9}.$$

(3) 根据数学期望的性质可知，

$$E(X+XY+3)=E(X)+E(XY)+3.$$

根据第(1)问可知 $E(X)=\frac{4}{5}$,根据第(2)问可知 $E(XY)=\frac{4}{9}$.综上可知,

$$E(X+XY+3)=\frac{4}{5}+\frac{4}{9}+3=\frac{191}{45}.$$

4-9 已知随机变量 X 在(1,2)上服从均匀分布,在 $X=x$ 条件下 Y 服从参数为 x 的指数分布,则 $E(XY)=$________.

答案 1

解析 由题设得(X,Y)的概率密度

$$f(x,y)=f_X(x)f_{Y|X}(Y|X)=\begin{cases}x\mathrm{e}^{-xy}, & 1<x<2,y>0,\\ 0, & \text{其他}.\end{cases}$$

故$E(XY)=\int_1^2 \mathrm{d}x\int_0^{+\infty} xyx\mathrm{e}^{-xy}\mathrm{d}y$.

上式中$\int_0^{+\infty} xyx\mathrm{e}^{-xy}\mathrm{d}y=x\int_0^{+\infty} y(x\mathrm{e}^{-xy})\mathrm{d}y$,$x\mathrm{e}^{-xy}$ 可以看作参数为x 的指数分布的概率密度,$\int_0^{+\infty} y(x\mathrm{e}^{-xy})\mathrm{d}y$ 表示 y 服从参数为x 的指数分布情形下 y 的数学期望,其数值为$\frac{1}{x}$.

故$E(XY)=\int_1^2 \mathrm{d}x\int_0^{+\infty} xyx\mathrm{e}^{-xy}\mathrm{d}y=\int_1^2 x\cdot\frac{1}{x}\mathrm{d}x=1.$

【注】本题中,利用常见分布的数字特征求积分的方法很重要.此种等量置换的方法类似于"曹冲称象"的思想.

4.2 随机变量的方差

4.2.1 方差的定义与计算

4.2.1.1 方差的定义

设 X 为随机变量,若数学期望 $E\{[X-E(X)]^2\}$ 存在,则称其为 X 的方差,记为 $D(X)$,即

$$D(X)=E\{[X-E(X)]^2\},$$

称$\sqrt{D(X)}$ 为随机变量X 的标准差.

【注】方差(Variance)是统计学中的一个重要概念,用于衡量数据的**离散程度**,即数据点偏离其数学期望的程度.方差越大,表示数据点越分散;方差越小,表示数据点越接近数学期望.

4.2.1.2　方差的常用计算公式

$$D(X)=E(X^2)-[E(X)]^2.$$

【注】 需要注意的是 $D(X)=E\{[X-E(X)]^2\}$ 主要描述方差的概念和意义，而计算相对复杂. $D(X)=E(X^2)-[E(X)]^2$ 是上式化简后的结果，更适合在解题中应用. 由以上公式可知，方差的计算主要依赖于数学期望的计算，或者说方差是与数学期望密切关联的概念.

4.2.1.3　运用方差求数学期望

若随机变量 X 的数学期望、方差均存在，则 $E(X^2)=D(X)+[E(X)]^2$.

4.2.2　方差的性质与常用结论

4.2.2.1　方差的性质

设随机变量 X 与 Y 的方差存在，a,b,c 为常数，则

(1) $D(X)\geqslant 0$;

(2) $D(c)=0$;

(3) $D(X+c)=D(X)$;

(4) $D(aX)=a^2D(X)$;

(5) $D(X\pm Y)=D(X)+D(Y)\pm 2[E(XY)-E(X)E(Y)]$;

(6) 若 X 与 Y 相互独立，则 $D(X\pm Y)=D(X)+D(Y)$;

(7) $E(X^2)=[E(X)]^2+D(X)\geqslant[E(X)]^2$.

【注】 以上性质中，解题最常用的是性质(5)和(6)，即求解和的方差是本部分的重点.

4.2.2.2　常见分布的方差

分布名称	符号	方差
0－1分布	$B(1,p)$	$p(1-p)$
二项分布	$B(n,p)$	$np(1-p)$
泊松分布	$P(\lambda)$	λ
几何分布	$G(p)$	$\frac{1-p}{p^2}$
超几何分布	$H(N,M,n)$	$\frac{nM}{N}\left(1-\frac{M}{N}\right)\left(\frac{N-n}{N-1}\right)$

续表

分布名称	符号	方差
均匀分布	$U(a,b)$	$\frac{(b-a)^2}{12}$
指数分布	$E(\lambda)$	$\frac{1}{\lambda^2}$
正态分布	$N(\mu,\sigma^2)$	σ^2

专题二　方差

4-10 设随机变量 X 的数学期望为 μ，方差为 $\sigma^2(\sigma>0)$，则对任意常数 C，必有(　　).

(A)$E[(X-C)^2]=E(X^2)-C^2$　　(B)$E[(X-C)^2]=E[(X-\mu)^2]$

(C)$E[(X-C)^2]<E[(X-\mu)^2]$　　(D)$E[(X-C)^2]\geqslant E[(X-\mu)^2]$

答案 (D)

解析 本题考查方差的基本性质，根据题目条件

$$\begin{aligned}E[(X-C)^2]&=[E(X-C)]^2+D(X-C)\\&=[E(X)-E(C)]^2+D(X)\\&=(\mu-C)^2+D(X)\geqslant D(X).\end{aligned}$$

而根据方差的定义，$E[(X-\mu)^2]=D(X)$，故(D) 正确.

4-11 设随机变量 X,Y 的数学期望和方差均存在，则下列说法中正确的是(　　).

(A)$D(aX+c)=a^2D(X)$　　(B)$D(X+Y)=D(X)+D(Y)$

(C)$D(XY)=D(X)D(Y)$　　(D)$D(X)>0$

答案 (A)

解析 本题考查方差的基本性质，根据题目条件

$$D(aX+c)=D(aX)=a^2D(X),$$

故(A) 正确.

$$D(X+Y)=D(X)+D(Y)+2[E(XY)-E(X)E(Y)],$$

只有 X 和 Y 相互独立时，$D(X+Y)=D(X)+D(Y)$，故(B) 错误.

$$D(XY)=E[(XY)^2]-[E(XY)]^2,$$

在缺少信息的情况下无法进一步简化，故(C) 错误.

$D(X)\geqslant 0$，特别地，常数的方差为 0，故(D) 错误.

4-12 随机变量 X 的概率密度为

$$f(x)=\begin{cases}ax^2+bx+c, & 0<x<1,\\0, & \text{其他}.\end{cases}$$

已知 $E(X)=0.5, D(X)=0.15$，求 a, b, c.

分析 考查随机变量的概率密度的性质，考查随机变量的数学期望、方差的计算.

解析 因为 $\int_{-\infty}^{+\infty} f(x)\mathrm{d}x=1$，所以

$$\int_0^1 (ax^2+bx+c)\mathrm{d}x=1,$$

即

$$\frac{1}{3}a+\frac{1}{2}b+c=1. \quad ①$$

由期望定义，有

$$E(X)=\int_{-\infty}^{+\infty} xf(x)\mathrm{d}x=\int_0^1 x(ax^2+bx+c)\mathrm{d}x,$$

即

$$\frac{1}{4}a+\frac{1}{3}b+\frac{1}{2}c=0.5. \quad ②$$

由方差定义，有

$$D(X)=E(X^2)-[E(X)]^2, 0.15=E(X^2)-0.5^2,$$

化简可得，

$$E(X^2)=0.4=\int_0^1 x^2(ax^2+bx+c)\mathrm{d}x,$$

即

$$\frac{1}{5}a+\frac{1}{4}b+\frac{1}{3}c=0.4. \quad ③$$

联立式 ①，式 ②，式 ③ 得

$$a=12, b=-12, c=3.$$

4-13 设随机变量 X 的概率分布为 $P\{X=-1\}=\frac{1}{2}P\{X=1\}=a, P\{X=2\}=b$，若 $E(X)=1$，则 $D(X)=$________.

答案 $\frac{6}{5}$

解析 由概率的规范性可知，

$$a+b+2a=1.$$

由期望的定义知，

$$\begin{aligned}E(X)&=(-1)\cdot P\{X=-1\}+1\cdot P\{X=1\}+2\cdot P\{X=2\}\\&=(-1)\cdot a+1\cdot 2a+2b=1.\end{aligned}$$

联立 $\begin{cases}3a+b=1,\\ a+2b=1,\end{cases}$ 解得 $\begin{cases}a=\frac{1}{5},\\ b=\frac{2}{5}.\end{cases}$

故 $E(X^2)=(-1)^2P\{X=-1\}+1^2\cdot P\{X=1\}+2^2\cdot P\{X=2\}=\frac{1}{5}+\frac{2}{5}+\frac{8}{5}=\frac{11}{5}.$

因此 $D(X)=E(X^2)-[E(X)]^2=\frac{11}{5}-1=\frac{6}{5}.$

4-14 设随机变量 X 的概率密度为

$$f(x)=\frac{1}{2}e^{-|x-2|},-\infty<x<+\infty,$$

则 $E(X)=$________,$D(X)=$________.

答案 2;2

解析 X 不属于常见分布,故用定义计算,则

$$E(X)=\int_{-\infty}^{+\infty}xf(x)dx=\int_{-\infty}^{+\infty}x\cdot\frac{1}{2}e^{-|x-2|}dx.$$

令 $x-2=t$,则

$$E(X)=\int_{-\infty}^{+\infty}(t+2)\cdot\frac{1}{2}\cdot e^{-|t|}dt=\int_{-\infty}^{+\infty}\frac{1}{2}te^{-|t|}dt+\int_{-\infty}^{+\infty}e^{-|t|}dt.$$

由奇偶性知,

$$E(X)=2\int_0^{+\infty}e^{-t}dt=2,$$

$$E(X^2)=\int_{-\infty}^{+\infty}x^2\cdot\frac{1}{2}e^{-|x-2|}dx.$$

令 $x-2=t$,则

$$E(X^2)=\int_{-\infty}^{+\infty}(t+2)^2\cdot\frac{1}{2}e^{-|t|}dt=\int_{-\infty}^{+\infty}\left(\frac{t^2}{2}+2t+2\right)e^{-|t|}dt.$$

由奇偶性知,$E(X^2)=\int_{-\infty}^{+\infty}\left(\frac{t^2}{2}+2\right)e^{-|t|}dt=\int_0^{+\infty}(t^2+4)e^{-t}dt.$

上式可视作 $T\sim E(1)$ 条件下,T^2+4 的期望,即 $E(T^2+4)=[E(T)]^2+D(T)+4=1^2+1+4=6$,即 $E(X^2)=6$,故 $D(X)=E(X^2)-[E(X)]^2=2.$

4-15 设二维随机变量 (X,Y) 在平面直角坐标系中以点 $(1,0)$,$(0,1)$,$(1,1)$ 为顶点的三角形区域上服从均匀分布,求随机变量 $Z=X+Y$ 的方差.

分析 本题考查二维随机变量函数的数字特征的计算.

解析 方法一:利用二维随机变量函数的数学期望的公式计算,已知三角形区域 $D=\{(x,y)\mid 0\leqslant x\leqslant 1,1-x\leqslant y\leqslant 1\}$,则 (X,Y) 的概率密度为

$$f(x,y)=\begin{cases}2, & (x,y)\in D,\\0, & (x,y)\notin D.\end{cases}$$

故

$$D(Z)=E(Z^2)-[E(Z)]^2,$$

其中
$$E(Z)=E(X+Y)=\iint_D (x+y)f(x,y)\mathrm{d}x\mathrm{d}y$$
$$=\int_0^1 \mathrm{d}x\int_{1-x}^1 2(x+y)\mathrm{d}y=\frac{4}{3},$$
$$E(Z^2)=E[(X+Y)^2]=\iint_D (x+y)^2 f(x,y)\mathrm{d}x\mathrm{d}y$$
$$=\int_0^1 \mathrm{d}x\int_{1-x}^1 2(x+y)^2\mathrm{d}y=\frac{11}{6},$$

所以 $D(Z)=E(Z^2)-[E(Z)]^2=\frac{1}{18}$.

方法二:综合利用边缘分布的数学期望、二维随机变量函数的数学期望及方差的性质计算,已知三角形区域 $D=\{(x,y)|0\leqslant x\leqslant 1,1-x\leqslant y\leqslant 1\}$,则 X 和 Y 的概率密度为
$$f(x,y)=\begin{cases}2, & (x,y)\in D,\\ 0, & (x,y)\notin D.\end{cases}$$

记 $f_X(x)$ 表示 X 的概率密度,则

当 $x\leqslant 0$ 或 $x\geqslant 1$ 时,$f_X(x)=0$;

当 $0<x<1$ 时,$f_X(x)=\int_{-\infty}^{+\infty} f(x,y)\mathrm{d}y=\int_{1-x}^1 2\mathrm{d}y=2x$,因此,
$$E(X)=\int_0^1 2x^2\mathrm{d}x=\frac{2}{3},E(X^2)=\int_0^1 2x^3\mathrm{d}x=\frac{1}{2},$$
$$D(X)=E(X^2)-[E(X)]^2=\frac{1}{18}.$$

同理可得,$E(Y)=\frac{2}{3}$,$D(Y)=\frac{1}{18}$,而
$$E(XY)=\iint_D 2xy\mathrm{d}x\mathrm{d}y=2\int_0^1 x\mathrm{d}x\int_{1-x}^1 y\mathrm{d}y=\frac{5}{12},$$
$$\mathrm{Cov}(X,Y)=E(XY)-E(X)\cdot E(Y)=-\frac{1}{36},$$

所以,$D(Z)=D(X+Y)=D(X)+D(Y)+2\mathrm{Cov}(X,Y)=\frac{1}{18}$.

方法三:先求出随机变量函数的分布,再计算数字特征.

已知三角形区域 $D=\{(x,y)|0\leqslant x\leqslant 1,1-x\leqslant y\leqslant 1\}$,则 X 和 Y 的概率密度为
$$f(x,y)=\begin{cases}2, & (x,y)\in D,\\ 0, & (x,y)\notin D.\end{cases}$$

关键点是 1,2,将 $(-\infty,+\infty)$ 划分为 $(-\infty,1)$,$[1,2)$,$[2,+\infty)$,则由和的概率密度公式

$$f_Z(z)=\int_{-\infty}^{+\infty}f(x,z-x)\mathrm{d}x=\begin{cases}\int_{z-1}^{1}2\mathrm{d}x, & 1<z<2,\\ 0, & \text{其他}\end{cases}$$

$$=\begin{cases}2(2-z), & 1<z<2,\\ 0, & \text{其他}.\end{cases}$$

则
$$E(Z)=\int_{-\infty}^{+\infty}zf_Z(z)\mathrm{d}z=\int_1^2 z\cdot 2(2-z)\mathrm{d}z=\frac{4}{3},$$

$$E(Z^2)=\int_{-\infty}^{+\infty}z^2 f_Z(z)\mathrm{d}z=\int_1^2 z^2\cdot 2(2-z)\mathrm{d}z=\frac{11}{6},$$

故 $D(Z)=E(Z^2)-[E(Z)]^2=\frac{1}{18}$.

【注】以上三种方法中，最具有优势的是方法三，即将二维随机变量的数字特征尽量转化为一维随机变量的数字特征，减轻求解协方差带来的计算量.

4－16 设二维随机变量 (X,Y) 在矩形区域 $D=\{(x,y)\mid 0<x<2,0<y<1\}$ 上服从均匀分布，随机变量 $Z=\max\{X,Y\}$，求 $E(Z)$，$D(Z)$.

分析 本题考查最值分布数字特征的计算.

解析 先求出 Z 的分布函数、概率密度，再求 $E(Z)$，$D(Z)$.

$$f(x,y)=\begin{cases}\frac{1}{2}, & 0<x<2,0<y<1,\\ 0, & \text{其他}.\end{cases}$$

又 $F_Z(z)=P\{Z\leqslant z\}=P\{\max\{X,Y\}\leqslant z\}=P\{X\leqslant z,Y\leqslant z\}$.

当 $z<0$ 时，$F_Z(z)=0$；

当 $0\leqslant z<1$ 时，如图(a)所示，$F_Z(z)=P\{X\leqslant z,Y\leqslant z\}=\frac{z^2}{2}$；(利用均匀分布的面积比)

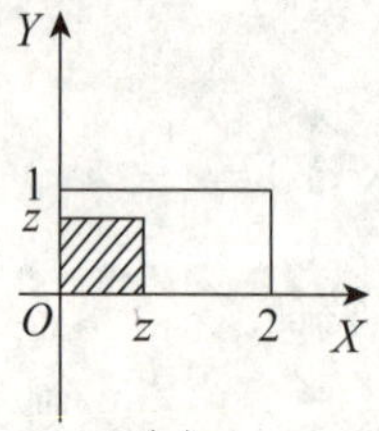

(a)

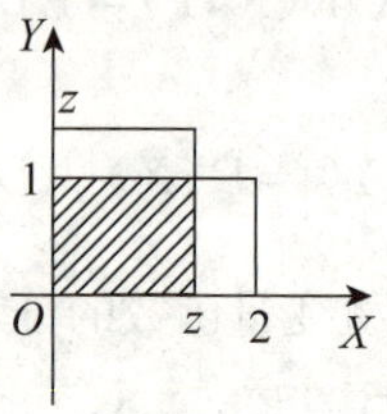

(b)

当 $1\leqslant z<2$ 时，如图(b)所示，$F_Z(z)=P\{X\leqslant z,Y\leqslant z\}=\frac{z}{2}$；

当 $z\geqslant 2$ 时，$F_Z(z)=1$.

故 $Z=\max\{X,Y\}$ 的分布函数为

$$F_Z(z)=\begin{cases}0, & z<0,\\ \frac{z^2}{2}, & 0\leqslant z<1,\\ \frac{z}{2}, & 1\leqslant z<2,\\ 1, & z\geqslant 2.\end{cases}$$

故 $Z=\max\{X,Y\}$ 的概率密度为

$$f_Z(z)=\begin{cases}z, & 0<z<1,\\ \frac{1}{2}, & 1<z<2,\\ 0, & \text{其他}.\end{cases}$$

故

$$E(Z)=\int_{-\infty}^{+\infty} z f_Z(z)\mathrm{d}z=\int_0^1 z^2\mathrm{d}z+\frac{1}{2}\int_1^2 z\mathrm{d}z=\frac{13}{12}.$$

$$E(Z^2)=\int_{-\infty}^{+\infty} z^2 f_Z(z)\mathrm{d}z=\int_0^1 z^3\mathrm{d}z+\frac{1}{2}\int_1^2 z^2\mathrm{d}z=\frac{17}{12}.$$

因此，

$$D(Z)=E(Z^2)-[E(Z)]^2=\frac{17}{12}-\left(\frac{13}{12}\right)^2=\frac{35}{144}.$$

【注】本题通过求解 $Z=\max\{X,Y\}$ 的概率密度，将二维随机变量的数字特征转化为一维随机变量的数字特征，减轻求解协方差带来的计算量.

4－17 设 $X_1,X_2,\cdots,X_n$ 是来自总体 X 的样本，总体 X 服从区间 $(0,1)$ 上的均匀分布，记 $U=\max\{X_1,X_2,\cdots,X_n\}$，$V=\min\{X_1,X_2,\cdots,X_n\}$.

(1) 求 $E(U)$，$E(V)$；

(2) 求 $D(U)$，$D(V)$.

解析 根据题意，X 的概率密度、分布函数分别为

$$f(x)=\begin{cases}1, & 0<x<1,\\ 0, & \text{其他},\end{cases}\quad F(x)=\begin{cases}0, & x<0,\\ x, & 0\leqslant x<1,\\ 1, & x\geqslant 1.\end{cases}$$

U，V 的分布函数分别为

$$F_U(u)=F^n(u)=\begin{cases}0, & u<0,\\ u^n, & 0\leqslant u<1,\\ 1, & u\geqslant 1,\end{cases}$$

$$F_V(v)=1-[1-F(v)]^n=\begin{cases}0, & v<0,\\ 1-(1-v)^n, & 0\leqslant v<1,\\ 1, & v\geqslant 1,\end{cases}$$

故 U,V 的概率密度分别为

$$f_U(u)=\begin{cases}nu^{n-1}, & 0<u<1,\\ 0, & \text{其他},\end{cases}\quad f_V(v)=\begin{cases}n(1-v)^{n-1}, & 0<v<1,\\ 0, & \text{其他}.\end{cases}$$

(1) $$E(U)=\int_{-\infty}^{+\infty}uf_U(u)\mathrm{d}u=\int_0^1 u\cdot nu^{n-1}\mathrm{d}u=\frac{n}{n+1},$$

$$E(V)=\int_{-\infty}^{+\infty}vf_V(v)\mathrm{d}v=\int_0^1 v\cdot n(1-v)^{n-1}\mathrm{d}v=\frac{1}{n+1}.$$

(2) $$E(U^2)=\int_{-\infty}^{+\infty}u^2f_U(u)\mathrm{d}u=\int_0^1 u^2\cdot nu^{n-1}\mathrm{d}u=\frac{n}{n+2},$$

$$E(V^2)=\int_{-\infty}^{+\infty}v^2f_V(v)\mathrm{d}v=\int_0^1 v^2\cdot n(1-v)^{n-1}\mathrm{d}v=\frac{2}{(n+1)(n+2)},$$

故 $$D(U)=E(U^2)-[E(U)]^2=\frac{n}{n+2}-\left(\frac{n}{n+1}\right)^2=\frac{n}{(n+1)^2(n+2)},$$

$$D(V)=E(V^2)-[E(V)]^2=\frac{2}{(n+1)(n+2)}-\frac{1}{(n+1)^2}=\frac{n}{(n+1)^2(n+2)}.$$

4-18 随机变量 X,Y,Z 相互独立,其中 X 在[0,6]上服从均匀分布,Y 服从参数为 1 的指数分布,Z 服从参数为 3 的泊松分布.记 $U=X-2Y+3Z$,则 $E(U)=$______,$D(U)=$______.

答案 10;34.

解析 由题设 $X\sim U[0,6]$,$Y\sim E(1)$,$Z\sim P(3)$,所以 $E(X)=3$,$E(Y)=1$,$E(Z)=3$,$D(X)=3$,$D(Y)=1$,$D(Z)=3$.

由 X,Y,Z 相互独立和数字特征的性质,故

$$E(U)=E(X)-2E(Y)+3E(Z)=3-2\times1+3\times3=10.$$
$$D(U)=D(X)+4D(Y)+9D(Z)=3+4\times1+9\times3=34.$$

4.3 协方差与相关系数

4.3.1 协方差

4.3.1.1 协方差的定义

设(X,Y)为二维随机变量,如果 $E\{[X-E(X)][Y-E(Y)]\}$ 存在,则称其为随机变量 X 和 Y 的协方差,记为 $\mathrm{Cov}(X,Y)$,即

$$\mathrm{Cov}(X,Y)=E\{[X-E(X)][Y-E(Y)]\}.$$

4.3.1.2　协方差的计算公式

$$\mathrm{Cov}(X,Y)=E(XY)-E(X)E(Y).$$

4.3.1.3　协方差的性质

(1) $\mathrm{Cov}(X,Y)=\mathrm{Cov}(Y,X)$；

(2) $\mathrm{Cov}(X,X)=D(X)$；

(3) $\mathrm{Cov}(X,c)=0$，c 为任意常数；

(4) $\mathrm{Cov}(aX,bY)=ab\mathrm{Cov}(X,Y)$，$a,b$ 是任意常数；

(5) $\mathrm{Cov}(X_1+X_2,Y)=\mathrm{Cov}(X_1,Y)+\mathrm{Cov}(X_2,Y)$；

(6) $\mathrm{Cov}(X_1+X_2,Y_1+Y_2)=\mathrm{Cov}(X_1,Y_1)+\mathrm{Cov}(X_1,Y_2)+\mathrm{Cov}(X_2,Y_1)+\mathrm{Cov}(X_2,Y_2)$；

(7) 如果 X 与 Y 独立，则 $\mathrm{Cov}(X,Y)=0$.

【注】以上性质中，解题最常用的是性质(6)和(7). 运用性质(6)将大规模的协方差分解为若干个小规模的协方差，进一步运用性质(7)简化协方差的运算.

4.3.2　相关系数

4.3.2.1　相关系数的定义

对于随机变量 X 和 Y，若 $D(X)>0$，$D(Y)>0$，则称 $\dfrac{\mathrm{Cov}(X,Y)}{\sqrt{D(X)}\sqrt{D(Y)}}$ 为随机变量 X 和 Y 的相关系数，记作 ρ_{XY}，即

$$\rho_{XY}=\frac{\mathrm{Cov}(X,Y)}{\sqrt{D(X)}\sqrt{D(Y)}}.$$

4.3.2.2　相关系数的性质

(1) $|\rho_{XY}|\leqslant 1$；

(2) $|\rho_{XY}|=1$ 的充分必要条件是存在常数 $a,b(a\neq 0)$ 使

$$P\{Y=aX+b\}=1.$$

当 $a>0$(正相关)时，$\rho_{XY}=1$；

当 $a<0$(负相关)时，$\rho_{XY}=-1$.

【注】需要注意的是性质(2)中的隐含条件，即

$$Y=aX+b \;\underset{\not\Leftarrow}{\Rightarrow}\; P\{Y=aX+b\}=1\Leftrightarrow|\rho_{XY}|=1.$$

4.3.2.3　随机变量不相关的定义与性质

如果随机变量 X 和 Y 的相关系数 $\rho_{XY}=0$，则称 X 和 Y 不相关.

【注】与随机变量不相关等价的命题有

$\rho_{XY}=0\Leftrightarrow \mathrm{Cov}(X,Y)=0\Leftrightarrow E(XY)=E(X)E(Y)\Leftrightarrow D(X\pm Y)=D(X)+D(Y)$.

4.3.3 独立性与不相关性的关系

独立性是指概率的特定性质，体现在 $P\{X\in A,Y\in B\}=P\{X\in A\}P\{Y\in B\}$. 而不相关性是数字特征的特定性质，主要体现在 $E(XY)=E(X)E(Y)$.

从定义上来说，这两个概念属于完全不同的范畴，代表完全不同的含义，但是从运算的角度，又有一定的递进关系，主要体现在：

(1) 若随机变量 X 和 Y 相互独立，则 X 和 Y 一定不相关；

(2) 若 X 和 Y 不相关，则不能推出 X 和 Y 相互独立；

(3) 若 X 和 Y 相关，则一定能推出 X 和 Y 不相互独立；

(4) 若随机变量 X 和 Y 的联合分布是二维正态分布，则 X 和 Y 独立的充分必要条件是 X 和 Y 不相关，即 $\rho_{XY}=0$.

【注】(1) 与 (3) 互为逆否命题. (2) 是常见的出错点，数字特征不能直接推出概率分布. (4) 强调的是二维正态分布中的特殊结论，对于其他分布一般不成立.

专题三 协方差与相关系数

4-19 箱内有 6 个球，其中红，白，黑球的个数分别为 1,2,3，现从箱中随机地取出 2 个球，记 X 为取出的红球个数，Y 为取出的白球个数，则 $\mathrm{Cov}(X,Y)=$________.

答案 $-\dfrac{4}{45}$

解析 求解协方差，首先要求解随机变量的分布律. 根据题中条件 X 可取 0,1,Y 可取 0,1,2.

计算概率如下，

$$P\{X=0,Y=0\}=\frac{C_3^2}{C_6^2}=\frac{1}{5},P\{X=0,Y=1\}=\frac{C_2^1C_3^1}{C_6^2}=\frac{2}{5},$$

$$P\{X=0,Y=2\}=\frac{C_2^2}{C_6^2}=\frac{1}{15},P\{X=1,Y=0\}=\frac{C_3^1}{C_6^2}=\frac{1}{5},$$

$$P\{X=1,Y=1\}=\frac{C_2^1}{C_6^2}=\frac{2}{15},P\{X=1,Y=2\}=0,$$

故所求分布及其边缘分布为

Y \ X	0	1	2	$p_{i\cdot}$
0	$\frac{1}{5}$	$\frac{2}{5}$	$\frac{1}{15}$	$\frac{2}{3}$
1	$\frac{1}{5}$	$\frac{2}{15}$	0	$\frac{1}{3}$
$p_{\cdot j}$	$\frac{2}{5}$	$\frac{8}{15}$	$\frac{1}{15}$	1

又
$$\mathrm{Cov}(X,Y)=E(XY)-E(X)E(Y),$$

其中 $E(XY)=\sum_{(i,j)}p_{ij}\cdot x_iy_j=1\cdot 1\cdot P\{X=1,Y=1\}=\frac{2}{15}$.

X,Y 分别为一维随机变量，$E(X)=\sum_i x_ip_i=\frac{1}{3}$，$E(Y)=\sum_j y_jp_j=\frac{2}{3}$.

综上，$\mathrm{Cov}(X,Y)=E(XY)-E(X)E(Y)=\frac{2}{15}-\frac{1}{3}\times\frac{2}{3}=-\frac{4}{45}$.

4-20 设随机变量 (X,Y) 具有概率密度

$$f(x,y)=\begin{cases}\frac{1}{8}(x+y), & 0\leqslant x\leqslant 2, 0\leqslant y\leqslant 2,\\ 0, & \text{其他}.\end{cases}$$

(1) 求 $\mathrm{Cov}(X,Y)$；

(2) 求 ρ_{XY}.

解析 (1) 根据题中条件，有

$$E(XY)=\int_{-\infty}^{+\infty}\int_{-\infty}^{+\infty}xyf(x,y)\,\mathrm{d}x\,\mathrm{d}y=\int_0^2\mathrm{d}x\int_0^2\frac{xy}{8}(x+y)\,\mathrm{d}y$$
$$=\frac{1}{4}\int_0^2\left(x^2+\frac{4x}{3}\right)\mathrm{d}x=\frac{4}{3}.$$

$$E(X)=\int_{-\infty}^{+\infty}\int_{-\infty}^{+\infty}xf(x,y)\,\mathrm{d}x\,\mathrm{d}y=\int_0^2\mathrm{d}x\int_0^2\frac{x}{8}(x+y)\,\mathrm{d}y$$
$$=\int_0^2\left[\frac{x}{8}\left(xy+\frac{1}{2}y^2\right)\Bigg|_{y=0}^{y=2}\right]\mathrm{d}x=\int_0^2\frac{x}{4}(x+1)\,\mathrm{d}x=\frac{7}{6},$$

$$E(X^2)=\int_{-\infty}^{+\infty}\int_{-\infty}^{+\infty}x^2f(x,y)\,\mathrm{d}x\,\mathrm{d}y=\int_0^2\mathrm{d}x\int_0^2\frac{x^2}{8}(x+y)\,\mathrm{d}y$$
$$=\frac{1}{8}\int_0^2\left[x^2\left(xy+\frac{1}{2}y^2\right)\Bigg|_{y=0}^{y=2}\right]\mathrm{d}x=\frac{1}{4}\int_0^2(x^3+x^2)\,\mathrm{d}x=\frac{5}{3}.$$

由 x,y 在 $f(x,y)$ 的表达式中的对称性(即在表达式 $f(x,y)$ 中将 x 和 y 互换，表达式不变)，得知

$$E(Y)=E(X)=\frac{7}{6},E(Y^2)=E(X^2)=\frac{5}{3},$$

且有 $D(Y)=D(X)=E(X^2)-[E(X)]^2=\frac{5}{3}-\left(\frac{7}{6}\right)^2=\frac{11}{36}$.

而 $$\mathrm{Cov}(X,Y)=E(XY)-E(X)E(Y)=\frac{4}{3}-\frac{49}{36}=-\frac{1}{36},$$

(2) $$\rho_{XY}=\frac{\mathrm{Cov}(X,Y)}{\sqrt{D(X)}\sqrt{D(Y)}}=-\frac{1}{11}.$$

4－21 设随机变量 $X_1,X_2,\cdots,X_n(n>1)$ 独立同分布，且其方差为 $\sigma^2>0$. 令 $Y=\frac{1}{n}\sum_{i=1}^{n}X_i$，则下列说法中错误的是(　　).

(A) $\mathrm{Cov}(X_1,Y)=\frac{\sigma^2}{n}$　　(B) $\mathrm{Cov}(X_1+X_2,Y)=\frac{2\sigma^2}{n}$

(C) $D(X_1+Y)=\frac{n+3}{n}\sigma^2$　　(D) $D(X_1-Y)=\frac{n+1}{n}\sigma^2$

答案 (D)

解析 由 $X_1,X_2,\cdots,X_n$ 独立同分布，方差 $D(X_j)=\mathrm{Cov}(X_j,X_j)=\sigma^2$，其中 $j=1,2,\cdots,n$，得

$$\mathrm{Cov}(X_i,X_j)=\begin{cases}\sigma^2, & i=j,\\ 0, & i\neq j.\end{cases}$$

对选项(A)，

$$\mathrm{Cov}(X_1,Y)=\mathrm{Cov}\left(X_1,\frac{1}{n}\sum_{i=1}^{n}X_i\right)=\frac{1}{n}\mathrm{Cov}(X_1,\sum_{i=1}^{n}X_i)$$
$$=\frac{1}{n}\mathrm{Cov}(X_1,X_1)=\frac{1}{n}D(X_1)=\frac{\sigma^2}{n}.$$

对选项(B)，

$$\mathrm{Cov}(X_1+X_2,Y)=\mathrm{Cov}(X_1,Y)+\mathrm{Cov}(X_2,Y).$$

根据 X_1,X_2 同分布可知，

$$\mathrm{Cov}(X_1,Y)=\mathrm{Cov}(X_2,Y)=\frac{\sigma^2}{n},$$

故 $\mathrm{Cov}(X_1+X_2,Y)=\mathrm{Cov}(X_1,Y)+\mathrm{Cov}(X_2,Y)=\frac{2\sigma^2}{n}$.

对于选项(C)，

$$D(X_1+Y)=D(X_1)+D(Y)+2\mathrm{Cov}(X_1,Y),$$

其中 $D(Y)=D\left(\frac{1}{n}\sum_{i=1}^{n}X_i\right)=\frac{1}{n^2}D(\sum_{i=1}^{n}X_i)=\frac{1}{n^2}n\sigma^2=\frac{\sigma^2}{n}$.

故 $D(X_1+Y)=D(X_1)+D(Y)+2\mathrm{Cov}(X_1,Y)=\sigma^2\left(1+\frac{1}{n}+\frac{2}{n}\right)=\sigma^2\left(1+\frac{3}{n}\right)$.

对于选项(D)，

$$D(X_1-Y)=D(X_1)+D(Y)-2\mathrm{Cov}(X_1,Y)=\sigma^2\left(1+\frac{1}{n}-\frac{2}{n}\right)=\sigma^2\left(1-\frac{1}{n}\right).$$

故(D)错误.

【注】若 $X_1,X_2,\cdots,X_n$ 相互独立且同分布，则 $D(X_1+X_2+\cdots+X_n)=nD(X)$.

4-22 设 $X_1,X_2,\cdots,X_{n+m}(n>m)$ 独立同分布且有有限方差，则 $Y=\sum_{k=1}^{n}X_k$ 与 $Z=\sum_{k=1}^{n}X_{m+k}$ 的相关系数为(　　).

(A) $\frac{n-m}{n}$　　(B) $\frac{n-m}{m}$　　(C) $\frac{m-n}{n}$　　(D) $\frac{m-n}{m}$

答案 (A)

解析 因为随机变量 $X_1,X_2,\cdots,X_{n+m}(n>m)$ 独立同分布且方差存在，不妨设 $E(X_i)=\mu,D(X_i)=\sigma^2,i=1,2,\cdots,n+m$.

$$\begin{aligned}\mathrm{Cov}(Y,Z)&=\mathrm{Cov}\left(\sum_{k=1}^{n}X_k,\sum_{k=1}^{n}X_{m+k}\right)=\mathrm{Cov}(X_1+X_2+\cdots+X_n,X_{m+1}+X_{m+2}+\cdots+X_{m+n})\\&=\mathrm{Cov}(X_1+X_2+\cdots+X_m,X_{m+1}+X_{m+2}+\cdots+X_{m+n})+\\&\quad\mathrm{Cov}(X_{m+1}+X_{m+2}+\cdots+X_n,X_{m+1}+X_{m+2}+\cdots+X_{m+n}).\end{aligned}$$

根据题中独立性可知 $\mathrm{Cov}(X_1+X_2+\cdots+X_m,X_{m+1}+X_{m+2}+\cdots+X_{m+n})=0$，即

$$\mathrm{Cov}(Y,Z)=\mathrm{Cov}(X_{m+1}+X_{m+2}+\cdots+X_n,X_{m+1}+X_{m+2}+\cdots+X_{m+n}),$$

又

$$\begin{aligned}&\mathrm{Cov}(X_{m+1}+X_{m+2}+\cdots+X_n,X_{m+1}+X_{m+2}+\cdots+X_{m+n})\\=&\mathrm{Cov}(X_{m+1}+X_{m+2}+\cdots+X_n,X_{m+1}+X_{m+2}+\cdots+X_n)+\\&\mathrm{Cov}(X_{m+1}+X_{m+2}+\cdots+X_n,X_{n+1}+X_{n+2}+\cdots+X_{n+m}),\end{aligned}$$

根据题中独立性可知 $\mathrm{Cov}(X_{m+1}+X_{m+2}+\cdots+X_n,X_{n+1}+X_{n+2}+\cdots+X_{n+m})=0$.

综上可知，

$$\begin{aligned}\mathrm{Cov}(Y,Z)&=\mathrm{Cov}(X_{m+1}+X_{m+2}+\cdots+X_n,X_{m+1}+X_{m+2}+\cdots+X_n)\\&=D(X_{m+1}+X_{m+2}+\cdots+X_n)\\&=(n-m)D(X)=(n-m)\sigma^2,\end{aligned}$$

$$D(Y)=D\left(\sum_{k=1}^{n}X_k\right)=n\sigma^2,D(Z)=D\left(\sum_{k=1}^{n}X_{m+k}\right)=n\sigma^2,$$

所以，$\rho_{YZ}=\frac{\mathrm{Cov}(Y,Z)}{\sqrt{D(Y)}\sqrt{D(Z)}}=\frac{(n-m)\sigma^2}{n\sigma^2}=\frac{n-m}{n}$. 选(A)

4-23 设随机变量 X 与 Y 的相关系数为 0，且 $E(X)=0,E(Y)=1,E(X^2)=4,E(Y^2)=10$，则 $E[(X+Y)^2]=$________.

答案 14

解析 因为$D(X)=E(X^2)-[E(X)]^2=4, D(Y)=E(Y^2)-[E(Y)]^2=9$,

$$\mathrm{Cov}(X,Y)=\rho_{XY}\cdot\sqrt{D(X)}\cdot\sqrt{D(Y)}=0,$$

$$E[(X+Y)^2]=D(X+Y)+[E(X+Y)]^2,$$

其中

$$E(X+Y)=E(X)+E(Y)=1, D(X+Y)=D(X)+D(Y)=13,$$

则$E[(X+Y)^2]=D(X+Y)+[E(X+Y)]^2=14$.

4-24 将长度为1米的木棒随机地截成两段,则两段木棒长度的相关系数为(　　).

(A)1　　(B)$\frac{1}{2}$　　(C)$-\frac{1}{2}$　　(D)-1

答案 (D)

解析 依题设木棒截成两段的长度分别为X,Y,则$X+Y=1$.

因为$Y=1-X$,由相关系数的意义知X,Y是负相关,所以相关系数为$\rho_{XY}=-1$.故选(D).

4-25 设随机变量$X\sim N(0,1)$,$Y\sim N(1,4)$,且相关系数$\rho_{XY}=-1$,则(　　).

(A)$Y=2X+1$　　(B)$Y=2X-1$

(C)$P\{Y=-2X+1\}=1$　　(D)$P\{Y=2X+1\}=1$

答案 (C)

解析 首先相关系数仅对应概率分布,概率分布无法确定随机变量的关系,故(A),(B)错误.

$\rho_{XY}=\pm1$的意义是Y与X以概率1呈线性关系,即$P\{Y=aX+b\}=1$.

当$\rho_{XY}=-1$时,$a<0$.

由条件可知$E(X)=0, E(Y)=1, D(X)=1, D(Y)=4$,则

$$E(Y)=E(aX+b), D(Y)=D(aX+b),$$

即$D(Y)=D(aX)=a^2D(X)$,也即$4=a^2, a=-2$.

$$E(Y)=E(-2X+b)=-2E(X)+b=1,$$

即$1=b$.故选(C).

4-26 设二维随机变量(X,Y)在$D=\{(x,y)\mid x^2+y^2\leqslant R^2\}$上服从均匀分布.

(1) 求随机变量的边缘概率密度;

(2) 判断X与Y是否独立;

(3) 判断X与Y是否不相关.

解析 (1) 易知(X,Y)的联合概率密度为

$$f(x,y)=\begin{cases}\dfrac{1}{\pi R^2}, & (x,y)\in D,\\ 0, & \text{其他}.\end{cases}$$

于是易得两个边缘密度，

$$f_X(x)=\int_{-\infty}^{+\infty}f(x,y)\mathrm{d}y=\begin{cases}\dfrac{2}{\pi R^2}\sqrt{R^2-x^2}, & |x|<R,\\ 0, & \text{其他}.\end{cases}$$

$$f_Y(y)=\int_{-\infty}^{+\infty}f(x,y)\mathrm{d}x=\begin{cases}\dfrac{2}{\pi R^2}\sqrt{R^2-y^2}, & |y|<R,\\ 0, & \text{其他}.\end{cases}$$

(2) 由(1)可知，当 $|x|<R$，$|y|<R$ 时，$f(x,y)\neq f_X(x)f_Y(y)$，所以 X 与 Y 不独立.

(3)
$$\mathrm{Cov}(X,Y)=E(XY)-E(X)E(Y),$$

又
$$E(X)=\int_{-\infty}^{+\infty}xf_X(x)\mathrm{d}x=\int_{-R}^{R}x\,\frac{2}{\pi R^2}\sqrt{R^2-x^2}\,\mathrm{d}x=0,$$

$$E(Y)=\int_{-\infty}^{+\infty}yf_Y(y)\mathrm{d}y=\int_{-R}^{R}y\,\frac{2}{\pi R^2}\sqrt{R^2-y^2}\,\mathrm{d}y=0,$$

$$E(XY)=\int_{-\infty}^{+\infty}\int_{-\infty}^{+\infty}xyf(x,y)\mathrm{d}x\mathrm{d}y=\iint_D xy\,\frac{1}{\pi R^2}\mathrm{d}x\mathrm{d}y=0,$$

故 $\mathrm{Cov}(X,Y)=0$，即 X 与 Y 不相关.

【注】由本题可知，不相关仅是数字特征计算的结果，无法推出独立性.

独立性必须用概率分布进行分析，而无法从数字特征直接得到.这是解题中最容易出现的误区.

4-27 已知随机变量(X,Y)服从二维正态分布$N\left(1,0;9,16;-\dfrac{1}{2}\right)$，设$Z_1=\dfrac{X}{3}+\dfrac{Y}{4}$，$Z_2=\dfrac{X}{3}-\dfrac{Y}{4}$.

(1) 求 Z_1,Z_2 的数学期望和方差；

(2) Z_1 与 X 是否相互独立，请说明理由；

(3) Z_1 与 Z_2 是否相互独立，请说明理由.

解析 (1) 由二维正态分布的性质可知 $X\sim N(1,9)$，$Y\sim N(0,16)$，$\rho_{XY}=-\dfrac{1}{2}$.

题中给了相关系数，立即想到

$$\mathrm{Cov}(X,Y)=\rho_{XY}\cdot\sqrt{D(X)}\cdot\sqrt{D(Y)}=-6,$$

$$E(Z_1)=E\left(\frac{X}{3}+\frac{Y}{4}\right)=\frac{1}{3}+\frac{0}{4}=\frac{1}{3},$$

$$D(Z_1)=D\left(\frac{X}{3}+\frac{Y}{4}\right)=D\left(\frac{X}{3}\right)+D\left(\frac{Y}{4}\right)+2\mathrm{Cov}\left(\frac{X}{3},\frac{Y}{4}\right)=\frac{D(X)}{9}+\frac{D(Y)}{16}+\frac{\mathrm{Cov}(X,Y)}{6}=1.$$

同理,得

$$E(Z_2)=E\left(\frac{X}{3}-\frac{Y}{4}\right)=\frac{1}{3}-\frac{0}{4}=\frac{1}{3},$$

$$\begin{aligned}D(Z_2)&=D\left(\frac{X}{3}-\frac{Y}{4}\right)=D\left(\frac{X}{3}\right)+D\left(\frac{Y}{4}\right)-2\mathrm{Cov}\left(\frac{X}{3},\frac{Y}{4}\right)\\&=\frac{D(X)}{9}+\frac{D(Y)}{16}-\frac{\mathrm{Cov}(X,Y)}{6}=3.\end{aligned}$$

(2) 因为(X,Y)服从二维正态分布,$(Z_1,X)=\left(\frac{X}{3}+\frac{Y}{4},X\right)$是$(X,Y)$的线性组合,也服从二维正态分布,故独立性等同于不相关性,仅考虑协方差即可.

$$\begin{aligned}\mathrm{Cov}(Z_1,X)&=\mathrm{Cov}\left(\frac{X}{3}+\frac{Y}{4},X\right)=\frac{1}{3}\mathrm{Cov}(X,X)+\frac{1}{4}\mathrm{Cov}(X,Y)\\&=\frac{D(X)}{3}+\frac{1}{4}\mathrm{Cov}(X,Y)=1.5,\end{aligned}$$

即$\mathrm{Cov}(Z_1,X)\neq 0$,则$Z_1$与$X$相关,故一定不相互独立.

(3) 因为(X,Y)服从二维正态分布,$(Z_1,Z_2)=\left(\frac{X}{3}+\frac{Y}{4},\frac{X}{3}-\frac{Y}{4}\right)$是$(X,Y)$的线性组合,也服从二维正态分布,故独立性等同于不相关性,仅考虑协方差即可.

$$\mathrm{Cov}(Z_1,Z_2)=\mathrm{Cov}\left(\frac{X}{3}+\frac{Y}{4},\frac{X}{3}-\frac{Y}{4}\right)=\mathrm{Cov}\left(\frac{X}{3},\frac{X}{3}\right)-\mathrm{Cov}\left(\frac{Y}{4},\frac{Y}{4}\right)=\frac{D(X)}{9}-\frac{D(Y)}{16}=0,$$

即Z_1与Z_2不相关,则一定相互独立.

【注】本题有两个重要概念需要注意:

(1) 仅在二维正态分布情况下,不相关性完全等同于独立性,这也是本题和上一题的区别;

(2)$\mathrm{Cov}(aX+bY,aX-bY)$属于常见考点,具体化简如下.

$$\begin{aligned}\mathrm{Cov}(aX+bY,aX-bY)&=\mathrm{Cov}(aX,aX)+\mathrm{Cov}(aX,-bY)+\mathrm{Cov}(bY,aX)+\\&\quad\ \mathrm{Cov}(bY,-bY)\\&=a^2D(X)-ab\mathrm{Cov}(X,Y)+ab\mathrm{Cov}(X,Y)-b^2D(Y)\\&=a^2D(X)-b^2D(Y).\end{aligned}$$

此结论在解题中可以直接应用.

4－28 设随机变量 X,Y 的数学期望、方差均存在，则随机变量 $\xi=X+2Y$ 与 $\eta=X-2Y$ 不相关的充要条件为（　　）.

(A)ξ,η 相互独立

(B)X,Y 相互独立

(C)$E(X^2)-[E(X)]^2=4\{E(Y^2)-[E(Y)]^2\}$

(D)$E(X^2)+[E(X)]^2=E(Y^2)+[E(Y)]^2$

答案 (C)

解析 本题考点是不相关性，而独立性是不相关性的充分非必要条件，故(A)，(B) 均不符合条件.

根据不相关的定义可知

$$\xi \text{ 和 } \eta \text{ 不相关} \Leftrightarrow \mathrm{Cov}(\xi,\eta)=0,$$

则 $\mathrm{Cov}(\xi,\eta)=\mathrm{Cov}(X+2Y,X-2Y)=D(X)-4D(Y)=0$，即 $D(X)=4D(Y)$.

故选(C).

4.4　随机变量的矩

4.4.1　k 阶原点矩

设 X 为随机变量，若

$$E(X^k)\ (k=1,2,\cdots)$$

存在，则称其为 X 的 k 阶原点矩.

【注】X 的数学期望即为 X 的一阶原点矩.

4.4.2　k 阶中心矩

设 X 为随机变量，若

$$E\{[X-E(X)]^k\}\ (k=1,2,\cdots)$$

存在，则称其为 X 的 k 阶中心矩.

【注】X 的方差即为 X 的二阶中心矩.

4.4.3　$k+l$ 阶混合原点矩

设 X 和 Y 为两个随机变量，若

$$E(X^kY^l)\ (k,l=1,2,\cdots)$$

存在，则称其为 X 和 Y 的 $k+l$ 阶混合原点矩.

4.4.4 $k+l$ 阶混合中心矩

设 X 和 Y 为两个随机变量，若

$$E\{[X-E(X)]^k[Y-E(Y)]^l\}\ (k,l=1,2,\cdots)$$

存在，则称其为 X 和 Y 的 $k+l$ 阶混合中心矩.

专题四　随机变量的矩

4-29 设随机变量 X 的概率密度为 $f(x)=Ae^{-x^2+x-\frac{1}{4}}(-\infty<x<+\infty)$，则随机变量 X 的二阶原点矩为________.

答案 $\frac{3}{4}$

解析 根据题中条件可知 X 服从正态分布，

$$f(x)=Ae^{-x^2+x-\frac{1}{4}}=A\sqrt{\pi}\,\frac{1}{\sqrt{2\pi}\sqrt{\frac{1}{2}}}e^{-\frac{\left(x-\frac{1}{2}\right)^2}{2\cdot\frac{1}{2}}},$$

根据概率密度的规范性可知 $A\sqrt{\pi}=1$，可知随机变量 $X\sim N\left(\frac{1}{2},\frac{1}{2}\right)$，则

$$E(X)=\frac{1}{2},D(X)=\frac{1}{2},$$

则

$$E(X^2)=D(X)+[E(X)]^2=\frac{3}{4}.$$

4-30 假设 X 和 Y 是两个独立的随机变量，且满足以下条件：

$$X\sim N(\mu_X,\sigma_X^2),Y\sim N(\mu_Y,\sigma_Y^2).$$

(1) 推导 $E\{[X-E(X)]^2[Y-E(Y)]^2\}$，并说明其统计意义；

(2) 设 $Z_1=X+Y,Z_2=X-Y$，已知 $D(X)=D(Y)$，求 Z_1 和 Z_2 的混合中心矩 $E\{[Z_1-E(Z_1)]^2[Z_2-E(Z_2)]^2\}$.

解析 (1) 由于 X 和 Y 是独立的，$\mathrm{Cov}(X,Y)=0$，所以我们有

$$\begin{aligned}&E\{[X-E(X)]^2[Y-E(Y)]^2\}\\&=E\{[X-E(X)]^2\}\cdot E\{[Y-E(Y)]^2\}\\&=D(X)\cdot D(Y),\end{aligned}$$

即 $E\{[X-E(X)]^2[Y-E(Y)]^2\}=\sigma_X^2\cdot\sigma_Y^2$.

该结果在两个随机变量独立的情况下，2+2 阶混合中心矩等于它们方差的乘积.

(2) 根据条件(Z_1,Z_2)也服从二维正态分布，且

$$\mathrm{Cov}(Z_1,Z_2)=\mathrm{Cov}(X+Y,X-Y)=D(X)-D(Y)=0,$$

故 Z_1 与 Z_2 相互独立. 又

$$D(Z_1)=D(X)+D(Y)=\sigma_X^2+\sigma_Y^2,$$

$$D(Z_2)=D(X)+D(Y)=\sigma_X^2+\sigma_Y^2.$$

因此，Z_1 和 Z_2 的混合中心矩是

$$E\{[Z_1-E(Z_1)]^2[Z_2-E(Z_2)]^2\}=D(Z_1)\cdot D(Z_2)=(\sigma_X^2+\sigma_Y^2)^2.$$

课后作业

1 设盒子中装有 m 个颜色各异的球，有放回地抽取 n 次，每次 1 个球. 设 X 表示 n 次中抽到的球的颜色的种数，则 $E(X)=$________.

答案 $m\left[1-\left(1-\dfrac{1}{m}\right)^n\right]$

解析 令

$$X_i=\begin{cases}1, & n\text{ 次中抽到过第 } i \text{ 种颜色的球},\\ 0, & \text{其他},\end{cases}\quad i=1,2,\cdots,m.$$

则

$$X=X_1+X_2+\cdots+X_m.$$

事件"$X_i=0$"表示 n 次中没有抽到第 i 种颜色的球，由于是有放回地抽取，n 次中各次抽取的结果互不影响，因此有

$$P\{X_i=0\}=\left(1-\frac{1}{m}\right)^n,P\{X_i=1\}=1-\left(1-\frac{1}{m}\right)^n,$$

故

$$E(X)=E\left(\sum_{i=1}^m X_i\right)=\sum_{i=1}^m E(X_i)=m\left[1-\left(1-\frac{1}{m}\right)^n\right].$$

2 编有序号 $1,2,\cdots,n$ 的 n 个人随机进入编有序号 $1,2,\cdots,n$ 的 n 个房间，每个房间只进一人，用随机变量 X 表示人与房间的编号恰好一样的个数，求 $E(X)$，$D(X)$.

解析 令 $A_i=\{$第 i 个人进入第 i 个房间$\}$，$X_i=\begin{cases}1, & A_i\text{ 发生},\\ 0, & A_i\text{ 不发生},\end{cases}$ $i=1,2,\cdots,n$，则 $X=X_1+X_2+\cdots+X_n$，且

$$P\{X_i=0\}=\frac{n-1}{n},P\{X_i=1\}=\frac{1}{n}.$$

则

$$E(X_i)=E(X_i^2)=\frac{1}{n},D(X_i)=\frac{n-1}{n^2}(i=1,2,\cdots,n),$$

$$E(X)=\sum_{i=1}^{n}E(X_i)=1.$$

当 $i\neq j$ 时，$P\{X_i=1,X_j=1\}=P(A_iA_j)=P(A_i)P(A_j\mid A_i)=\frac{1}{n(n-1)}$，则

$$X_iX_j\sim\begin{pmatrix}0 & 1\\ 1-\frac{1}{n(n-1)} & \frac{1}{n(n-1)}\end{pmatrix}.$$

从而有

$$E(X_iX_j)=\frac{1}{n(n-1)}(i\neq j),$$

$$\mathrm{Cov}(X_i,X_j)=E(X_iX_j)-E(X_i)E(X_j)=\frac{1}{n(n-1)}-\frac{1}{n^2}=\frac{1}{n^2(n-1)}(i\neq j),$$

$$D(X)=\sum_{i=1}^{n}D(X_i)+2\sum_{i\neq j}\mathrm{Cov}(X_i,X_j)=\frac{n-1}{n}+2\mathrm{C}_n^2\cdot\frac{1}{n^2(n-1)}=1.$$

3 设随机变量 X 的概率密度为

$$f(x)=\begin{cases}2^{-x}\ln 2, & x>0,\\ 0, & x\leqslant 0.\end{cases}$$

对 X 进行独立重复的观测，直到第 2 个大于 3 的观测值出现时停止，记 Y 为观测次数.

(1) 求 Y 的概率分布；

(2) 求 $E(Y)$.

分析 本题考查随机变量概率分布的概念与概率的计算，考查独立重复试验概率模型，考查数学期望的计算.

解析 (1) 每次观测中，观测值大于 3 的概率

$$p=\int_3^{+\infty}f(x)\mathrm{d}x=\int_3^{+\infty}2^{-x}\ln 2\mathrm{d}x=-2^{-x}\Big|_3^{+\infty}=2^{-3}=\frac{1}{8}.$$

Y 的概率分布

$$P\{Y=n\}=\mathrm{C}_{n-1}^{1}\frac{1}{8}\cdot\left(\frac{7}{8}\right)^{n-2}\cdot\frac{1}{8}=(n-1)\left(\frac{1}{8}\right)^2\cdot\left(\frac{7}{8}\right)^{n-2},n=2,3,\cdots.$$

(2) **方法一**：由数学期望的定义

$$E(Y)=\sum_{n=2}^{\infty}nP\{X=n\}=\sum_{n=2}^{\infty}n(n-1)\left(\frac{1}{8}\right)^2\cdot\left(\frac{7}{8}\right)^{n-2}=\left(\frac{1}{8}\right)^2\sum_{n=2}^{\infty}n(n-1)\left(\frac{7}{8}\right)^{n-2}$$

$$=\left(\frac{1}{8}\right)^2\sum_{n=2}^{\infty}n(n-1)x^{n-2}\Big|_{x=\frac{7}{8}}=\left(\frac{1}{8}\right)^2\left(\sum_{n=2}^{\infty}x^n\right)''\Big|_{x=\frac{7}{8}}=\left(\frac{1}{8}\right)^2\cdot\frac{2}{(1-x)^3}\Big|_{x=\frac{7}{8}}=16.$$

方法二：设Y_1表示直到出现第1个大于3的观测值时所需要的观测次数，Y_2表示出现第1个大于3的观测值之后到出现第2个大于3的观测值时所需要的观测次数，则$Y=Y_1+Y_2$，且Y_1,Y_2均服从参数为$p=\frac{1}{8}$的几何分布，故$E(Y_1)=E(Y_2)=8$，所以$E(Y)=E(Y_1)+E(Y_2)=16$.

4 设随机变量X的概率密度为$f(x)=\begin{cases}4x\mathrm{e}^{-2x}, & x>0,\\ 0, & x\leqslant 0,\end{cases}$求$D(2X+5)$.

分析 考查利用方差的性质、计算公式计算方差.

解析 由方差的性质

$$D(2X+5)=4D(X)=4\{E(X^2)-[E(X)]^2\}.$$

利用积分公式$\int_0^{+\infty}x^n\mathrm{e}^{-x}\mathrm{d}x=n!$计算，

$$E(X)=\int_0^{+\infty}4x^2\mathrm{e}^{-2x}\mathrm{d}x\xlongequal{t=2x}\frac{1}{2}\int_0^{+\infty}t^2\mathrm{e}^{-t}\mathrm{d}t=\frac{1}{2}\cdot 2!=1,$$

$$E(X^2)=\int_0^{+\infty}4x^3\mathrm{e}^{-2x}\mathrm{d}x\xlongequal{t=2x}\frac{1}{4}\int_0^{+\infty}t^3\mathrm{e}^{-t}\mathrm{d}t=\frac{1}{4}\cdot 3!=\frac{3}{2},$$

所以$D(2X+5)=4\left(\frac{3}{2}-1\right)=2$.

【注】积分$\int_0^{+\infty}x^n\mathrm{e}^{-x}\mathrm{d}x=n!$是概率计算中一个常用的结果.

5 设随机变量X的概率密度为$f(x)=\begin{cases}\frac{1}{2}\cos\frac{x}{2}, & 0\leqslant x\leqslant \pi,\\ 0, & 其他,\end{cases}$对$X$进行独立地重复观察4次，用$Y$表示观察值大于$\frac{\pi}{3}$的次数，求$Y^2$的数学期望$E(Y^2)$.

分析 考查常见分布的数学期望、方差.

解析 由题设$Y\sim B(n,p)$，其中$n=4$，p为在一次观察中观察值大于$\frac{\pi}{3}$的概率，即

$$p=\int_{\frac{\pi}{3}}^{+\infty}f(x)\mathrm{d}x=\int_{\frac{\pi}{3}}^{\pi}\frac{1}{2}\cos\frac{x}{2}\mathrm{d}x=\sin\frac{x}{2}\Big|_{\frac{\pi}{3}}^{\pi}=\frac{1}{2},$$

所以$E(Y)=np=4\times\frac{1}{2}=2$，$D(Y)=np(1-p)=4\times\frac{1}{2}\times\frac{1}{2}=1$.

故$E(Y^2)=D(Y)+[E(Y)]^2=1+4=5$.

【注】$E(X^2)=D(X)+[E(X)]^2$是常用公式.

6 设二维随机变量(X,Y)服从二维正态分布$N\left(1,2;1,4;-\frac{1}{8}\right)$，求$E(|2X-Y|)$，$D(|2X-Y|)$.

分析 本题考查二维正态分布函数数字特征的计算.

解析 因为$(X,Y)\sim N\left(1,2;1,4;-\frac{1}{8}\right)$，根据二维正态分布的性质，得

$$X\sim N(1,1),Y\sim N(2,4),\rho_{XY}=-\frac{1}{8},$$

根据期望与方差的性质，得

$$E(2X-Y)=2E(X)-E(Y)=0,$$

$$D(2X-Y)=4D(X)+D(Y)-4\rho_{XY}\sqrt{D(X)}\cdot\sqrt{D(Y)}=4+4-4\times\left(-\frac{1}{8}\right)\times1\times2=9.$$

所以$2X-Y\sim N(0,9)$，标准化可知$\frac{2X-Y}{3}\sim N(0,1)$，记$U=\frac{2X-Y}{3}$，则

$$E(|2X-Y|)=E(|3U|)=3E(|U|)=3\int_{-\infty}^{+\infty}|u|\frac{1}{\sqrt{2\pi}}e^{-\frac{u^2}{2}}du$$

$$=6\int_0^{+\infty}u\frac{1}{\sqrt{2\pi}}e^{-\frac{u^2}{2}}du=\frac{6}{\sqrt{2\pi}},$$

$$D(2X-Y)=E[(2X-Y)^2]-[E(|2X-Y|)]^2$$

$$=D(2X-Y)+[E(2X-Y)]^2-[E(|2X-Y|)]^2=9-\frac{18}{\pi}.$$

7 设随机变量X与Y相互独立，且X服从参数为2的泊松分布，Y服从参数为$\frac{1}{3}$的指数分布，记$U=\max\{X,Y\}$，$V=\min\{X,Y\}$.

(1) 求$E(U+V)$，$D(U+V)$；

(2) 求$E(UV)$，$D(UV)$.

解析 (1) 由于
$$U=\max\{X,Y\}=\frac{1}{2}(X+Y+|X-Y|),$$

$$V=\min\{X,Y\}=\frac{1}{2}(X+Y-|X-Y|),$$

则
$$U+V=X+Y,U\cdot V=X\cdot Y.$$

所以
$$E(U+V)=E(X+Y)=E(X)+E(Y)=2+3=5,$$

$$D(U+V)=D(X+Y)=D(X)+D(Y)=2+9=11.$$

(2)
$$E(UV)=E(XY)=E(X)\cdot E(Y)=2\times3=6,$$

$$D(UV)=D(XY)=E[(XY)^2]-[E(XY)]^2$$

$$=E(X^2)\cdot E(Y^2)-[E(X)]^2[E(Y)]^2$$

$$=\{D(X)+[E(X)]^2\}\{D(Y)+[E(Y)]^2\}-[E(X)]^2[E(Y)]^2$$
$$=(2+2^2)(3^2+3^2)-2^2\times 3^2=72.$$

【注】

$$U=\max\{X,Y\}=\frac{1}{2}(X+Y+|X-Y|),$$

$$V=\min\{X,Y\}=\frac{1}{2}(X+Y-|X-Y|),$$

$U+V=X+Y, U\cdot V=X\cdot Y.$

以上是 max 型，min 型随机变量数字特征的常用结论.

8 设随机变量U服从二项分布$B\left(2,\frac{1}{2}\right)$，随机变量

$$X=\begin{cases}-1, & U\leqslant 0,\\ 1, & U>0;\end{cases}\quad Y=\begin{cases}-1, & U<2,\\ 1, & U\geqslant 2.\end{cases}$$

求随机变量X与Y的协方差$\mathrm{Cov}(X,Y)=$________.

答案 $\frac{1}{4}$

解析 **方法一**：先求出X与Y的概率分布及XY的概率分布. 即

$$P\{X=-1\}=P\{U\leqslant 0\}=P\{U=0\}=\frac{1}{4}, P\{X=1\}=\frac{3}{4},$$

$$P\{Y=-1\}=P\{U<2\}=1-P\{U=2\}=\frac{3}{4}, P\{Y=1\}=\frac{1}{4},$$

$$P\{XY=-1\}=P\{X=-1,Y=1\}+P\{X=1,Y=-1\}=0+\frac{1}{2}=\frac{1}{2},$$

$$P\{XY=1\}=1-P\{XY=-1\}=\frac{1}{2}.$$

其次计算$E(X)$，$E(Y)$与$E(XY)$，即

$$E(X)=-P\{X=-1\}+P\{X=1\}=-\frac{1}{4}+\frac{3}{4}=\frac{1}{2}, E(Y)=-\frac{1}{2},$$

$$E(XY)=-P\{XY=-1\}+P\{XY=1\}=0.$$

最后应用公式可得

$$\mathrm{Cov}(X,Y)=E(XY)-E(X)\cdot E(Y)=\frac{1}{4}.$$

方法二：先求出$X\pm Y$的概率分布. 即

$$P\{X+Y=-2\}=P\{X=-1,Y=-1\}=P\{U\leqslant 0,U<2\}=P\{U=0\}=\frac{1}{4}.$$

同理，

$$P\{X+Y=0\}=\frac{1}{2},P\{X+Y=2\}=\frac{1}{4},$$

$$P\{X-Y=0\}=P\{X=-1,Y=-1\}+P\{X=1,Y=1\}$$
$$=P\{U=0\}+P\{U=2\}=\frac{1}{2}.$$

同理，$P\{X-Y=-2\}=0,P\{X-Y=2\}=\frac{1}{2}$.

其次，计算 $E(X\pm Y),D(X\pm Y)$，即

$$E(X+Y)=0,D(X+Y)=E[(X+Y)^2]=2,$$
$$E(X-Y)=1,D(X-Y)=E[(X-Y)^2]-[E(X-Y)]^2=1.$$

最后计算 $\mathrm{Cov}(X,Y)$，解方程组

$$\begin{cases}D(X+Y)=D(X)+D(Y)+2\mathrm{Cov}(X,Y),\\D(X-Y)=D(X)+D(Y)-2\mathrm{Cov}(X,Y).\end{cases}$$

可得

$$\mathrm{Cov}(X,Y)=\frac{1}{4}[D(X+Y)-D(X-Y)]=\frac{1}{4}.$$

9 设随机变量 $X_i\sim\begin{pmatrix}-1 & 0 & 1\\ \frac{1}{4} & \frac{1}{2} & \frac{1}{4}\end{pmatrix}(i=1,2)$，且 $P\{X_1\cdot X_2=0\}=1$，求：

(1) $\mathrm{Cov}(X_1,X_2)$；

(2) 讨论 X_1 与 X_2 相关性与独立性；

(3) $\mathrm{Cov}(X_1^2,X_2^2)$.

解析 首先求解 (X_1,X_2) 的概率分布，再利用公式法求解协方差，并通过协方差判断相关性.

(1) 根据题意求解 (X_1,X_2) 的概率分布.

X_2 \ X_1	-1	0	1	$p_{i\cdot}$
-1	0	$\frac{1}{4}$	0	$\frac{1}{4}$
0	$\frac{1}{4}$	0	$\frac{1}{4}$	$\frac{1}{2}$
1	0	$\frac{1}{4}$	0	$\frac{1}{4}$
$p_{\cdot j}$	$\frac{1}{4}$	$\frac{1}{2}$	$\frac{1}{4}$	1

于是

$$E(X_1X_2)=0,E(X_1)=E(X_2)=0,$$

即得

$$\mathrm{Cov}(X_1,X_2)=E(X_1X_2)-E(X_1)E(X_2)=0.$$

(2) 由 (X_1,X_2) 的概率分布可知 X_1 与 X_2 不相互独立，又 $\mathrm{Cov}(X_1,X_2)=0$，故 X_1 与 X_2 不相关.

(3) 根据 (X_1,X_2) 的概率分布求解出 (X_1^2,X_2^2) 的概率分布.

X_2^2 \ X_1^2	0	1	$p_{i\cdot}$
0	0	$\frac{1}{2}$	$\frac{1}{2}$
1	$\frac{1}{2}$	0	$\frac{1}{2}$
$p_{\cdot j}$	$\frac{1}{2}$	$\frac{1}{2}$	1

所以

$$E(X_1^2X_2^2)=0,E(X_1^2)=E(X_2^2)=\frac{1}{2},$$

即得

$$\mathrm{Cov}(X_1^2,X_2^2)=E(X_1^2X_2^2)-E(X_1^2)E(X_2^2)=-\frac{1}{4}.$$

10 设随机变量 $\theta\sim U[0,2\pi]$，$X=\cos\theta$，$Y=\sin\theta$，则(　　).

(A) X 与 Y 相互独立　　(B) X^2 与 Y^2 相互独立

(C) X 与 Y 不相关　　(D) X^2 与 Y^2 不相关

答案 (C)

分析 本题考查随机变量方差、协方差的概念与计算以及不相关的概念.

解析 利用定义判断.

因为 $\theta\sim U[0,2\pi]$，于是 θ 的概率密度为

$$f(\theta)=\begin{cases}\frac{1}{2\pi}, & 0<\theta<2\pi,\\ 0, & 其他.\end{cases}$$

$$E(X)=E(\cos\theta)=\frac{1}{2\pi}\int_0^{2\pi}\cos\theta\,\mathrm{d}\theta=0,E(Y)=E(\sin\theta)=\frac{1}{2\pi}\int_0^{2\pi}\sin\theta\,\mathrm{d}\theta=0,$$

$$E(XY)=E(\cos\theta\cdot\sin\theta)=\frac{1}{2\pi}\int_0^{2\pi}\sin\theta\cdot\cos\theta\,\mathrm{d}\theta=\frac{1}{2\pi}\cdot\frac{1}{2}\sin 2\theta\Big|_0^{2\pi}=0.$$

于是

$$\mathrm{Cov}(X,Y)=E(XY)-E(X)E(Y)=0.$$

所以随机变量 X,Y 不相关.

记 $A=\left\{X\leqslant\frac{1}{2}\right\}$，$B=\left\{Y\leqslant\frac{1}{2}\right\}$，于是 $P(A)=P\left\{X\leqslant\frac{1}{2}\right\}=P\left\{0\leqslant\theta\leqslant\frac{\pi}{3}\right\}=\frac{1}{6}$，

$$P(B)=P\left\{Y\leqslant\frac{1}{2}\right\}=P\left\{0\leqslant\theta\leqslant\frac{\pi}{6}\right\}=\frac{1}{12},$$

$$P(AB)=P\left\{X\leqslant\frac{1}{2},Y\leqslant\frac{1}{2}\right\}=P\left\{0\leqslant\theta\leqslant\frac{\pi}{6}\right\}=\frac{1}{12},$$

可以验证 $P(AB)\neq P(A)P(B)$. 所以 X 与 Y 不相互独立.

因为 $P\{X^2+Y^2=1\}=1$,所以 X^2 与 Y^2 不是不相关,X^2 与 Y^2 不相互独立.

11 设 A 和 B 是试验 E 的两个事件,且 $P(A)>0,P(B)>0$,并定义随机变量 X,Y 如下:

$$X=\begin{cases}1, & A\text{ 发生},\\0, & A\text{ 不发生},\end{cases}\quad Y=\begin{cases}1, & B\text{ 发生},\\0, & B\text{ 不发生}.\end{cases}$$

证明:若 $\rho_{XY}=0$,则 X 和 Y 必定相互独立.

解析 X,Y 的分布律分别为

X	0	1
P	$P(\overline{A})$	$P(A)$

Y	0	1
P	$P(\overline{B})$	$P(B)$

由 X,Y 的定义,XY 只能取 0,1 两个值,且

$$P\{XY=1\}=P\{X=1,Y=1\}=P(AB),$$

于是得 XY 的分布律为

XY	0	1
P	$1-P(AB)$	$P(AB)$

即得 $E(X)=P(A),E(Y)=P(B),E(XY)=P(AB)$.

由假设 $\rho_{XY}=0$,得 $E(XY)=E(X)E(Y)$,即

$$P(AB)=P(A)P(B).$$

故知 A 与 B 相互独立. 从而知 A 与 $\overline{B}$、$\overline{A}$ 与 B、$\overline{A}$ 与 $\overline{B}$ 也相互独立.

故 X,Y 相互独立.

第五章　大数定律和中心极限定理

大纲考试要求

<table>
<tr><th rowspan="2">考试要求</th><th colspan="2">考试内容</th></tr>
<tr><th>数学一</th><th>数学三</th></tr>
<tr><td>了解</td><td>切比雪夫不等式；
切比雪夫大数定律、伯努利大数定律和辛钦大数定律（独立同分布随机变量序列的大数定律）；
棣莫弗-拉普拉斯定理（二项分布以正态分布为极限分布）和列维-林德伯格定理（独立同分布随机变量序列的中心极限定理）</td><td>切比雪夫大数定律、伯努利大数定律和辛钦大数定律（独立同分布随机变量序列的大数定律）；
棣莫弗-拉普拉斯中心极限定理（二项分布以正态分布为极限分布）和列维-林德伯格中心极限定理（独立同分布随机变量序列的中心极限定理）</td></tr>
<tr><td>会</td><td></td><td>用相关定理近似计算有关随机事件的概率</td></tr>
</table>

知识导图

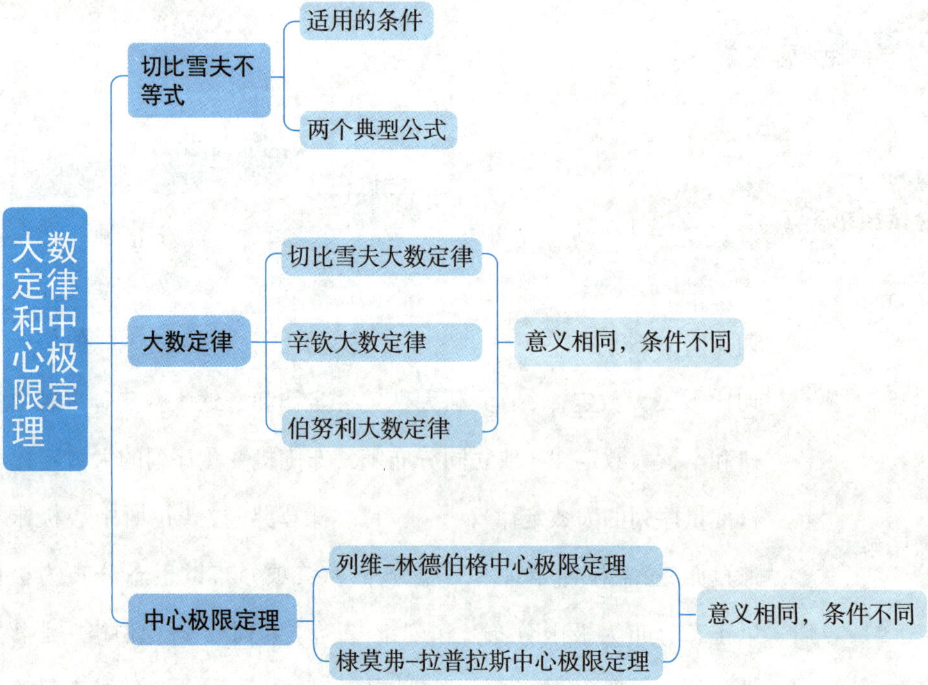
大数定律和中心极限定理
切比雪夫不等式
适用的条件
两个典型公式
大数定律
切比雪夫大数定律
辛钦大数定律
伯努利大数定律
意义相同，条件不同
中心极限定理
列维–林德伯格中心极限定理
棣莫弗–拉普拉斯中心极限定理
意义相同，条件不同

5.1　切比雪夫不等式

5.1.1　依概率收敛

对于随机变量序列 $X_1,X_2,\cdots,X_n,\cdots$，且 a 为常数，如果对任意的正数 ε，恒有

$$\lim_{n\to\infty}P\{|X_n-a|<\varepsilon\}=1,$$

则称随机变量序列 $X_1,X_2,\cdots,X_n,\cdots$ 依概率收敛于 a，记作 $X_n\xrightarrow{P}a$.

依概率收敛的序列有以下性质：

设 $X_n\xrightarrow{P}a$，$Y_n\xrightarrow{P}b$，又设函数 $g(x,y)$ 在点 (a,b) 连续，则

$$g(X_n,Y_n)\xrightarrow{P}g(a,b)\text{（证略）}.$$

【注】这里需要区分依概率收敛和高等数学中的收敛. 依概率收敛只要求 X_n 与 a 差距变大的概率逐渐接近零，并不要求在每个样本路径上都接近.

5.1.2　切比雪夫不等式

设随机变量 X 的数学期望 $E(X)$ 和方差 $D(X)$ 均存在，则对任意 $\varepsilon>0$，有

$$P\{|X-E(X)|\geqslant\varepsilon\}\leqslant\frac{D(X)}{\varepsilon^2},$$

$$P\{|X-E(X)|<\varepsilon\}\geqslant1-\frac{D(X)}{\varepsilon^2}.$$

【注】切比雪夫不等式描述了一个随机变量偏离其期望值的程度，具体来说，它给出了一个关于随机变量的分布的普适性界限，而不需要知道分布的具体形式，注意以下两个问题：

(1) 切比雪夫不等式并不能用来计算具体的概率值，而仅仅是给出了概率 $P\{|X-E(X)|\geqslant\varepsilon\}$ 的上界，需要注意使用条件，

(2) $P\{|X-E(X)|\geqslant\varepsilon\}=1-P\{|X-E(X)|<\varepsilon\}$，因而以上两个结论只需要记住其中一个即可.

专题一　切比雪夫不等式

5-1 设随机变量 X 和 Y 分别服从正态分布 $N(1,1)$ 和 $N(0,1)$，$E(XY)=-0.25$，根据切比雪夫不等式，$P\{-5<X+2Y<7\}\geqslant$________.

答案 $\frac{8}{9}$

解析 题目提到了切比雪夫不等式，故首先需要计算数学期望，方差.

令 $Z=X+2Y$，由 $E(X)=D(X)=1$，$E(Y)=0$，$D(Y)=1$，得

$$E(Z)=E(X+2Y)=E(X)+2E(Y)=1,$$

$$\mathrm{Cov}(X,Y)=E(XY)-E(X)\cdot E(Y)=-0.25,$$

$$\begin{aligned}D(Z)&=D(X+2Y)=D(X)+D(2Y)+2\mathrm{Cov}(X,2Y)\\&=D(X)+4D(Y)+4\mathrm{Cov}(X,Y)=4,\end{aligned}$$

由切比雪夫不等式得

$$P\{-5<Z<7\}=P\{|Z-E(Z)|<6\}\geqslant 1-\frac{D(Z)}{6^2}=\frac{8}{9}.$$

【注】本题不能用正态分布的分布函数来计算，因为本题明确提到了切比雪夫不等式，因而计算的是概率的下界.

5-2 设随机变量 X 在 $[-3,b]$ 上服从均匀分布，若由切比雪夫不等式知 $P\{|X-1|<\varepsilon\}\geqslant\frac{2}{3}$，则 $b=$________，$\varepsilon=$________.

答案 5;4

解析 题中提到了切比雪夫不等式，即

$$P\{|X-E(X)|<\varepsilon\}\geqslant 1-\frac{D(X)}{\varepsilon^2},$$

可知 $E(X)=1$，$1-\frac{D(X)}{\varepsilon^2}=\frac{2}{3}$，则

$$E(X)=\frac{b-3}{2}=1,$$

$$1-\frac{D(X)}{\varepsilon^2}=1-\frac{\frac{(b+3)^2}{12}}{\varepsilon^2}=\frac{2}{3},$$

解得 $b=5$，$\varepsilon=4$.

5.2　大数定律

5.2.1　大数定律

5.2.1.1　切比雪夫大数定律

设随机变量 $X_1,X_2,\cdots,X_n,\cdots$ 相互独立，每个变量 X_i 的数学期望 $E(X_i)$ 和方差 $D(X_i)$ 存在，且存在常数 c，使得 $D(X_i)\leqslant c,i=1,2,\cdots$，则对任意正数 ε，有

$$\lim_{n\to\infty}P\left\{\left|\frac{1}{n}\sum_{k=1}^{n}X_k-\frac{1}{n}\sum_{k=1}^{n}E(X_k)\right|<\varepsilon\right\}=1.$$

定理表明：当 n 充分大时，随机变量的平均值 $\frac{1}{n}\sum_{k=1}^{n}X_k$ 依概率收敛于其数学期望 $\frac{1}{n}\sum_{k=1}^{n}E(X_k)$，其成立的条件是 $X_1,X_2,\cdots,X_n,\cdots$ 相互独立，且方差有公共上界.

【注】 此定理的证明过程如下.

首先，定义前 n 个随机变量的样本均值为 $\overline{X}_n=\frac{1}{n}\sum_{k=1}^{n}X_k$，根据数学期望和方差的性质，

$$E(\overline{X}_n)=\frac{1}{n}\sum_{k=1}^{n}E(X_k),$$

且

$$D(\overline{X}_n)=\frac{1}{n^2}\sum_{k=1}^{n}D(X_k).$$

由于 $D(X_i)\leqslant c$ 对所有 i 都成立，因此

$$D(\overline{X}_n)\leqslant\frac{1}{n^2}\sum_{k=1}^{n}c=\frac{nc}{n^2}=\frac{c}{n},$$

应用切比雪夫不等式，对于任意的 $\varepsilon>0$，我们有

$$P(|\overline{X}_n-E(\overline{X}_n)|\geqslant\varepsilon)\leqslant\frac{D(\overline{X}_n)}{\varepsilon^2}\leqslant\frac{c}{n\varepsilon^2},$$

因此，

$$0\leqslant\lim_{n\to\infty}P(|\overline{X}_n-E(\overline{X}_n)|\geqslant\varepsilon)\leqslant\lim_{n\to\infty}\frac{c}{n\varepsilon^2}=0.$$

这意味着
$$\lim_{n\to\infty}P\{|\overline{X}_n-E(\overline{X}_n)|\geqslant\varepsilon\}=0$$

$$\lim_{n\to\infty}P\{|\overline{X}_n-E(\overline{X}_n)|<\varepsilon\}=1.$$

5.2.1.2 辛钦大数定律

若随机变量$X_1,X_2,\cdots,X_n,\cdots$相互独立且同分布，有相同的数学期望$E(X_i)=\mu,i=1,2,\cdots$，则对任意正数$\varepsilon$，有

$$\lim_{n\to\infty}P\left\{\left|\frac{1}{n}\sum_{i=1}^{n}X_i-\mu\right|<\varepsilon\right\}=1.$$

定理表明：当n充分大时，独立同分布的随机变量的平均值$\frac{1}{n}\sum_{k=1}^{n}X_k$依概率收敛于它的数学期望$\mu$.

【注】辛钦大数定律要求随机变量独立同分布，但是对方差无要求.

5.2.1.3 伯努利大数定律

设随机变量$X_1,X_2,\cdots,X_n,\cdots$独立且同服从于0－1分布$B(1,p)$，则对任意正数$\varepsilon$，有

$$\lim_{n\to\infty}P\left\{\left|\frac{1}{n}\sum_{i=1}^{n}X_i-p\right|<\varepsilon\right\}=1.$$

伯努利大数定律的等价形式：设事件A在每次试验中发生的概率为p，n次重复独立试验中事件A发生的次数为$n_A\sim B(n,p)$，则对任意正数ε，有

$$\lim_{n\to\infty}P\left\{\left|\frac{n_A}{n}-p\right|<\varepsilon\right\}=1.$$

【注】伯努利大数定律虽然在考试中出题较少，但其意义深刻.

由伯努利大数定律可知，对于给定的任意小的正数ε，在n充分大时，事件“频率$\frac{f_A}{n}$与概率p的偏差小于ε”实际上几乎是必定要发生的，这就是频率稳定性的含义，由实际试验值推断理论值，在实际应用中，当试验次数很大时，便可以用事件的频率来近似事件的概率.

从初学者的角度，似乎觉得三个大数定律的概念比较模糊，实际上从应用的角度来说，非常容易区分，简单来说包括以下两个方面：

(1) 共同点：三个大数定律都强调$X_1,X_2,\cdots,X_n,\cdots$相互独立，在一定的条件下随机变量的平均值$\frac{1}{n}\sum_{k=1}^{n}X_k$依概率收敛于它的数学期望，解题中见到依概率收敛，首先应该想到大数定律的结论.

(2) 不同点：三个大数定律的适用条件不同.

① 切比雪夫大数定律要求每个X_i的数学期望$E(X_i)$和方差$D(X_i)$存在，$D(X_i)$具有公共上界；

② 辛钦大数定律要求每个 X_i 同分布(此条件很严格),数学期望 $E(X)$ 存在,对方差无要求;

③ 伯努利大数定律要求二项分布这个前提条件,因而适用范围更小.

专题二　大数定律

5-3 假设随机变量 $X_1,X_2,\cdots,X_n,\cdots$ 相互独立同分布于参数为 λ 的指数分布,则下面的随机变量序列中满足切比雪夫大数定律条件的是(　　).

(A) $X_1+X_2,X_2+X_3,\cdots,X_n+X_{n+1},\cdots$

(B) $X_1X_2,X_2X_3,\cdots,X_nX_{n+1},\cdots$

(C) $X_1,2X_2,\cdots,nX_n,\cdots$

(D) $X_1,\frac{1}{2}X_2,\cdots,\frac{1}{n}X_n,\cdots$

答案 (D)

解析 切比雪夫大数定律要求满足三个条件.第一个条件是随机变量序列相互独立,显然(A),(B) 均不满足,例如,X_1+X_2,X_2+X_3 不相互独立,同理 X_1X_2,X_2X_3 也不相互独立.

第二个条件是各随机变量的数学期望与方差都存在,(C),(D) 显然都成立.

第三个条件是方差有公共上界,即 $D(X_n)<c$,c 是与 n 无关的常数,则

对于选项(C),$D(nX_n)=n^2D(X_n)=\frac{n^2}{\lambda^2}$,无公共上界,不满足条件;

对于选项(D),$D\left(\frac{1}{n}X_n\right)=\frac{1}{n^2}D(X_n)\leqslant D(X_n)=\frac{1}{\lambda^2}$,具有公共上界,满足条件.

故选(D).

5-4 假设随机变量 $X_1,X_2,\cdots,X_n,\cdots$ 相互独立同分布于参数为 λ 的指数分布,则下面的随机变量序列中满足辛钦大数定律条件的是(　　).

(A) $X_1+X_2,X_2+X_3,\cdots,X_n+X_{n+1},\cdots$

(B) $X_1X_2,X_2X_3,\cdots,X_nX_{n+1},\cdots$

(C) $X_1X_2,X_3X_4,\cdots,X_{2n-1}X_{2n},\cdots$

(D) $X_1,\frac{1}{2}X_2,\cdots,\frac{1}{n}X_n,\cdots$

答案 (C)

解析 辛钦大数定律要求满足三个条件.

第一个条件是随机变量序列相互独立,显然(A),(B) 均不满足,例如,X_1+X_2,X_2+X_3

不相互独立,同理 X_1X_2,X_2X_3 也不相互独立.

第二个条件是各随机变量同分布,显然 $X_1,\frac{1}{2}X_2,\cdots,\frac{1}{n}X_n,\cdots$ 不具有同分布,例如,$X_1,\frac{1}{2}X_2$ 的数学期望不相等,显然不是同分布,(D) 不满足.

第三个条件是数学期望存在.

综上,只有(C) 满足条件. 又 $X_1X_2,X_3X_4,\cdots,X_{2n-1}X_{2n},\cdots$ 显然相互独立,具有相同的分布,且

$$E(X_{2n-1}X_{2n})=E(X_{2n-1})E(X_{2n})=\frac{1}{\lambda^2},$$

存在,故选(C).

5-5 设随机变量序列 $\{X_n\}$ $(n\geqslant 1)$ 相互独立,则根据辛钦大数定律,当 $n\to\infty$ 时,$\frac{1}{n}\sum_{k=1}^{n}X_k$ 依概率收敛于其数学期望,只要 $\{X_n\}$ $(n\geqslant 1)$ (　　).

(A) 服从于同一离散型分布　　(B) 服从于同一连续型分布

(C) 服从于同一正态分布　　(D) 有相同的数学期望

答案 (C)

解析 由辛钦大数定律的三个条件:随机变量序列 $\{X_n\}$ $(n\geqslant 1)$ 相互独立,同分布,且其数学期望存在,知

选项(A),(B),虽然服从相同的分布,但都不能保证其数学期望存在,故不正确;

选项(D),有相同的数学期望,但不能保证随机变量序列是同分布的,故不正确;

选项(C),满足辛钦大数定律的三个条件. 故选(C).

5-6 设随机变量序列 $X_1,X_2,\cdots,X_n,\cdots$ 服从参数为 2 的泊松分布,则当 $n\to\infty$ 时,$Y_n=\frac{1}{n}\sum_{i=1}^{n}X_i^2$ 依概率收敛于________.

答案 6

解析 本题是客观题,看到依概率收敛,立即想到大数定律,本题中 $X_1,X_2,\cdots,X_n\cdots$ 独立同分布,由题意可知 $X_1^2,X_2^2,\cdots,X_n^2,\cdots$ 满足辛钦大数定律的条件.

$$E(X_i)=2,i=1,2,3,\cdots,n,$$

$$D(X_i)=2,i=1,2,3,\cdots,n.$$

则

$$E(X_i^2)=[E(X_i)]^2+D(X_i)=2^2+2=6.$$

根据辛钦大数定律,当 n 充分大时,$\frac{1}{n}\sum_{i=1}^{n}X_i^2\xrightarrow{P}6$,所以 $Y_n=\frac{1}{n}\sum_{i=1}^{n}X_i^2$ 依概率收敛于 6.

5.3　中心极限定理

5.3.1　列维-林德伯格中心极限定理（独立同分布的中心极限定理）

设随机变量 $X_1, X_2, \cdots, X_n, \cdots$ 相互独立，服从同一分布，且具有相同的数学期望和方差，

$$E(X_i)=\mu, D(X_i)=\sigma^2>0, i=1,2,\cdots,$$

则对任意实数 x，有

$$\begin{cases} \lim\limits_{n\to\infty} P\left\{\dfrac{\sum\limits_{i=1}^{n} X_i - n\mu}{\sqrt{n\sigma^2}} \leqslant x\right\} = \displaystyle\int_{-\infty}^{x} \frac{1}{\sqrt{2\pi}} e^{-\frac{t^2}{2}} dt = \Phi(x), \\ \lim\limits_{n\to\infty} P\left\{\dfrac{\frac{1}{n}\sum\limits_{i=1}^{n} X_i - \mu}{\sigma/\sqrt{n}} \leqslant x\right\} = \displaystyle\int_{-\infty}^{x} \frac{1}{\sqrt{2\pi}} e^{-\frac{t^2}{2}} dt = \Phi(x), \end{cases}$$

其中 $\Phi(x)$ 是标准正态分布函数.

上述结果可理解为当 n 充分大时，

$$\frac{\overline{X}-\mu}{\frac{\sigma}{\sqrt{n}}} \overset{\text{近似地}}{\sim} N(0,1) \text{ 或 } \overline{X} \overset{\text{近似地}}{\sim} N\left(\mu, \frac{\sigma^2}{n}\right).$$

【注】上述定理不能随意使用，必须有限制条件（n 充分大）或者题目明确提到中心极限定理时才可使用.

5.3.2　棣莫弗-拉普拉斯中心极限定理

设随机变量 $Y_n \sim B(n,p)$，$n=1,2,\cdots$，则对于任意实数 x，有

$$\lim_{n\to\infty} P\left\{\frac{Y_n-np}{\sqrt{np(1-p)}} \leqslant x\right\} = \int_{-\infty}^{x} \frac{1}{\sqrt{2\pi}} e^{-\frac{t^2}{2}} dt = \Phi(x),$$

其中 $\Phi(x)$ 是标准正态分布函数.

定理表明：当 n 充分大时，Y_n 近似服从正态分布 $N(np, np(1-p))$，其标准化随机变量 $\dfrac{Y_n-np}{\sqrt{np(1-p)}}$ 近似服从标准正态分布 $N(0,1)$，即正态分布是二项分布的极限分布. 当 n 充分大时，可以利用该定理来计算二项分布的概率.

【注】棣莫弗-拉普拉斯中心极限定理实际上是列维-林德伯格中心极限定理的特殊情况. Y_n 分解成为 n 个相互独立、服从同一 $B(1,p)$ 分布的随机变量 $X_1,X_2,\cdots,X_n$ 之和,即有

$$Y_n=\sum_{k=1}^{n}X_k.$$

根据列维-林德伯格中心极限定理即可得到结论, $Y_n \overset{\text{近似地}}{\sim} N(np,np(1-p))$.

专题三　中心极限定理

5-7 设随机变量 $X_1,X_2,\cdots,X_n$ 相互独立, $S_n=X_1+X_2+\cdots+X_n$,则根据列维-林德伯格中心极限定理,当 n 充分大时, S_n 近似服从正态分布,只要 $X_1,X_2,\cdots,X_n$(　　).

(A) 有相同的数学期望和方差　　(B) 服从同一离散型分布

(C) 服从同一泊松分布　　(D) 服从同一连续型分布

答案 (C)

解析 使用列维-林德伯格中心极限定理需满足三个条件:随机变量序列独立,同分布,且各随机变量的数学期望和方差存在.

选项(A),因为随机变量序列有相同的数学期望和方差,但未必有相同的分布,不满足条件;

选项(B),(D),虽然同分布,但是数学期望和方差未必存在,不满足条件;

选项(C),同一泊松分布,且数学期望和方差都存在,满足条件.

5-8 设 $X_1,X_2,\cdots,X_n,\cdots$ 为独立同分布的随机变量,且均服从参数为 $\lambda(\lambda>1)$ 的泊松分布,记 $\Phi(x)$ 为标准正态分布函数,则(　　).

(A) $\lim\limits_{n\to\infty}P\left\{\dfrac{\sum\limits_{i=1}^{n}X_i-n\lambda}{\lambda\sqrt{n}}\leqslant x\right\}=\Phi(x)$　　(B) $\lim\limits_{n\to\infty}P\left\{\dfrac{\sum\limits_{i=1}^{n}X_i-n\lambda}{\sqrt{n\lambda}}\leqslant x\right\}=\Phi(x)$

(C) $\lim\limits_{n\to\infty}P\left\{\dfrac{\frac{1}{n}\sum\limits_{i=1}^{n}X_i-\lambda}{\sqrt{\lambda}}\leqslant x\right\}=\Phi(x)$　　(D) $\lim\limits_{n\to\infty}P\left\{\dfrac{\frac{1}{n}\sum\limits_{i=1}^{n}X_i-\lambda}{\sqrt{\lambda}/n}\leqslant x\right\}=\Phi(x)$

答案 (B)

解析 题设中 $X_1,X_2,\cdots,X_n,\cdots$ 为独立同分布的随机变量,均服从参数为 λ 的泊松分布,则

$$E(X_k)=\lambda,D(X_k)=\lambda,k=1,2,\cdots,n,\cdots.$$

故随机变量序列满足独立同分布中心极限定理(列维-林德伯格中心极限定理),由数学

期望和方差的性质可得

$$E\left(\sum_{i=1}^{n}X_i\right)=\sum_{i=1}^{n}E(X_i)=n\lambda,D\left(\sum_{i=1}^{n}X_i\right)=\sum_{i=1}^{n}D(X_i)=n\lambda.$$

所以根据列维-林德伯格中心极限定理，有

$$\lim_{n\to\infty}P\left\{\frac{\sum_{i=1}^{n}X_i-n\lambda}{\sqrt{n\lambda}}\leqslant x\right\}=\Phi(x),$$

$$\lim_{n\to\infty}P\left\{\frac{\frac{1}{n}\sum_{i=1}^{n}X_i-\lambda}{\sqrt{\lambda/n}}\leqslant x\right\}=\Phi(x).$$

故本题只有(B)符合条件.

5-9 分别利用切比雪夫不等式及中心极限定理估计下面的概率.

$$P\left\{\left|\frac{\mu_n}{n}-p\right|\geqslant\varepsilon\right\},$$

其中 μ_n 是 n 次伯努利试验中事件 A 发生的次数，p 为事件 A 每次试验时发生的概率.

解析 依题知：

$$E\left(\frac{\mu_n}{n}\right)=p,D\left(\frac{\mu_n}{n}\right)=\frac{1}{n^2}D(\mu_n)=\frac{1}{n^2}\cdot npq=\frac{pq}{n}(q=1-p).$$

由切比雪夫不等式，有

$$P\left\{\left|\frac{\mu_n}{n}-p\right|\geqslant\varepsilon\right\}\leqslant\frac{\sigma^2}{\varepsilon^2}=\frac{pq}{n\varepsilon^2}.$$

由中心极限定理估计，有

$$\begin{aligned}P\left\{\left|\frac{\mu_n}{n}-p\right|\geqslant\varepsilon\right\}&=P\left\{\left|\frac{\mu_n-np}{\sqrt{npq}}\right|\geqslant\varepsilon\sqrt{\frac{n}{pq}}\right\}\\&=1-P\left\{\left|\frac{\mu_n-np}{\sqrt{npq}}\right|<\varepsilon\sqrt{\frac{n}{pq}}\right\}\\&=1-\left[2\Phi\left(\varepsilon\sqrt{\frac{n}{pq}}\right)-1\right]=2-2\Phi\left(\varepsilon\sqrt{\frac{n}{pq}}\right).\end{aligned}$$

5-10 一生产线生产的产品成箱包装，每箱的质量是随机的. 假设每箱平均 50 千克，标准差为 5 千克，若用最大载重量为 5 吨的汽车承运，则试利用中心极限定理说明每辆汽车最多可以装多少箱，才能保障不超载的概率大于 0.977($\Phi(2)=0.977$，其中 $\Phi(x)$ 是标准正态分布函数).

解析 假设随机变量 $A_i(i=1,2,3,\cdots,n)$ 是装运的第 i 箱产品的质量，其中 n 为所装箱数. 由题设可知，$A_1,A_2,A_3,\cdots,A_n$ 相互独立且服从同一分布. 故装车总质量为

$$Y_n=A_1+A_2+A_3+\cdots+A_n.$$

由题意可知，$E(A_i)=50$，$\sqrt{D(A_i)}=5$. 根据期望及方差性质计算得

$$E(Y_n)=50n, \sqrt{D(Y_n)}=5\sqrt{n},$$

单位均为千克.

由列维-林德伯格中心极限定理可知，Y_n 近似服从正态分布 $N(50n,25n)$，要保证不超载，即 $Y_n \leqslant 5\ 000$，所以

$$P\{Y_n \leqslant 5\ 000\}=P\left\{\frac{Y_n-50n}{5\sqrt{n}} \leqslant \frac{5\ 000-50n}{5\sqrt{n}}\right\} \approx \Phi\left(\frac{1\ 000-10n}{\sqrt{n}}\right)>0.977=\Phi(2).$$

根据正态分布的性质有

$$\frac{1\ 000-10n}{\sqrt{n}}>2 \Rightarrow n<98.019\ 9,$$

所以最多装 98 箱.

课后作业

1 设随机变量 X 和 Y 的数学期望分别为 -2 和 2，方差分别为 1 和 4，而相关系数为 -0.5，则根据切比雪夫不等式 $P\{|X+Y| \geqslant 6\} \leqslant$ ______.

答案 $\frac{1}{12}$

分析 本题考查的是数字特征的性质，切比雪夫不等式估计概率.

解析 由题设可知，

$$E(X+Y)=E(X)+E(Y)=-2+2=0,$$

$$\begin{aligned} D(X+Y) &= D(X)+D(Y)+2\rho_{XY}\sqrt{D(X)}\sqrt{D(Y)} \\ &= 1+4+2\times(-0.5)\times 2=3. \end{aligned}$$

由切比雪夫不等式可得，$P\{|X+Y| \geqslant 6\} \leqslant \frac{D(X+Y)}{36}=\frac{3}{36}=\frac{1}{12}$.

2 设总体 X 的数学期望为 2，方差为 4，$X_1, X_2, \cdots, X_{16}$ 为来自总体 X 的一个简单随机样本，记 $\overline{X}=\frac{1}{16}\sum_{i=1}^{16} X_i$，则根据切比雪夫不等式估计 $P\{|\overline{X}-2|<2\} \geqslant$ ______.

答案 $\frac{15}{16}$

分析 本题考查的是统计量的数字特征，切比雪夫不等式估计概率.

解析 首先确定样本均值 $\overline{X}$ 的数学期望和方差，再利用切比雪夫不等式估计概率.

已知随机变量为样本均值 $\overline{X}=\frac{1}{16}\sum_{i=1}^{16} X_i$，根据数学期望和方差的性质，可得

$$E(\overline{X})=\frac{1}{16}\sum_{i=1}^{16}E(X_i)=2,D(\overline{X})=\frac{1}{16^2}\sum_{i=1}^{16}D(X_i)=\frac{4}{16}=\frac{1}{4}.$$

由切比雪夫不等式,可得

$$P\{|\overline{X}-2|<2\}\geqslant 1-\frac{D(\overline{X})}{2^2}=\frac{15}{16}.$$

3 设随机变量序列 $X_1,X_2,\cdots,X_n,\cdots$ 相互独立且服从参数为 λ 的指数分布,下面随机变量序列中不满足切比雪夫大数定律条件的是(　　).

(A) $X_1,\cdots,X_n,\cdots$　　(B) $X_1+1,\cdots,X_n+1,\cdots$

(C) $X_1,\cdots,nX_n,\cdots$　　(D) $X_1,\cdots,\frac{1}{n}X_n,\cdots$

答案 (C)

分析 本题考查的是大数定律

解析 切比雪夫大数定律的条件是随机变量序列 $X_1,X_2,\cdots,X_n,\cdots$ 相互独立,数学期望 $E(X_i)$ 和方差 $D(X_i)$ 都存在,且 $D(X_i)(i=1,2,\cdots)$ 有公共上界,而 $D(nX_i)=n^2\cdot\frac{1}{\lambda^2}$ 无界.故选(C).

4 将一枚骰子重复掷 n 次,则当 $n\to\infty$ 时,n 次掷出点数的算术平均值依概率收敛于________.

答案 $\frac{7}{2}$

分析 本题考查的是辛钦大数定律.

解析 设 X_i 表示第 i 次掷出的点数,则 $X_1,X_2,\cdots,X_n$ 相互独立同分布,且

$$E(X_i)=1\times\frac{1}{6}+2\times\frac{1}{6}+3\times\frac{1}{6}+4\times\frac{1}{6}+5\times\frac{1}{6}+6\times\frac{1}{6}=\frac{7}{2},$$

满足辛钦大数定律的条件,故 $\frac{1}{n}\sum_{i=1}^{n}X_i$ 依概率收敛于 $\frac{1}{n}\sum_{i=1}^{n}E(X_i)=\frac{7}{2}$.

5 设随机变量 $X_1,X_2,\cdots,X_n$ 为来自总体离散型随机变量 X 的一个简单随机样本,令 $S_n=X_1+X_2+\cdots+X_n$,则根据列维-林德伯格中心极限定理,当 n 充分大时,S_n 近似服从正态分布,则总体 X 的概率分布不成立的是(　　).

(A) $P\{X=k\}=\frac{1}{2^k}(k=1,2,\cdots)$　　(B) $P\{X=k\}=\frac{e^{-1}}{k!}(k=1,2,\cdots)$

(C) $P\{X=k\}=\frac{1}{k(k+1)}(k=1,2,\cdots)$　　(D) $P\{X=k\}=\frac{2^{k-1}}{3^k}(k=1,2,\cdots)$

答案 (C)

分析 本题考查的是中心极限定理存在的条件.

解析 中心极限定理要求随机变量序列具有相互独立性且同分布. 作为简单随机样本 $X_1,X_2,\cdots,X_n$,以上两条均满足,注意还要求 $X_1,X_2,\cdots,X_n$ 具有有限的数学期望和方差. 选项(C),总体 X 的概率分布为 $P\{X=k\}=\dfrac{1}{k(k+1)}$,则 $E(X)$ 对应的级数是发散的,故 $E(X)$ 不存在,所以不满足列维-林德伯格中心极限定理的条件. 其他选项的概率分布,可以验证存在有限的数学期望和方差.

6 分别用切比雪夫不等式和棣莫弗-拉普拉斯中心极限定理估计,当投掷一枚均匀硬币时,需投掷多少次,才能保证出现正面的频率在 0.4 至 0.6 之间的概率不小于 90%.

解析 记 X 为将一枚硬币投掷 n 次时,出现正面的次数. 问题变为由 $P\left\{0.4\leqslant\dfrac{X}{n}\leqslant 0.6\right\}\geqslant 0.9$ 来估计 n.

① 用切比雪夫不等式求解.

因为 $X\sim B(n,0.5)$,所以 $E(X)=0.5n$,$D(X)=0.25n$,则由切比雪夫不等式知,

$$P\left\{0.4\leqslant\frac{X}{n}\leqslant 0.6\right\}=P\{|X-0.5n|\leqslant 0.1n\}$$
$$\geqslant 1-\frac{0.25n}{(0.1n)^2}=1-\frac{25}{n}\geqslant 0.90,$$

解得 $n\geqslant 250$.

② 用棣莫弗-拉普拉斯中心极限定理求解.

因为 $X\sim B(n,0.5)$,由棣莫弗-拉普拉斯中心极限定理知,

$$P\left\{0.4\leqslant\frac{X}{n}\leqslant 0.6\right\}=P\left\{\left|\frac{X}{n}-0.5\right|<0.1\right\}=P\left\{\left|\frac{X-0.5n}{0.5\sqrt{n}}\right|<\frac{\sqrt{n}}{5}\right\}$$
$$\approx 2\Phi\left(\frac{\sqrt{n}}{5}\right)-1\geqslant 0.90,$$

解得 $\Phi\left(\dfrac{\sqrt{n}}{5}\right)\geqslant 0.95\Rightarrow\dfrac{\sqrt{n}}{5}\geqslant 1.65\Rightarrow n\geqslant 68.0625$.

所以 $n\geqslant 69$ 为所求.

【注】结果表明,用切比雪夫不等式得到的估计远不如用中心极限定理得到的估计精确. 另外,用中心极限定理还可估算非对称区间上的概率.

7 某种电子器件的寿命(以 h 计)具有数学期望 μ(未知),方差 $\sigma^2=400$. 为了估计 μ,随机地取 n 只这种器件,在 $t=0$ 时投入测试(测试是相互独立的)直到失效,测得其寿命为 $X_1,X_2,\cdots,X_n$,以 $\overline{X}=\dfrac{1}{n}\sum\limits_{i=1}^{n}X_i$ 作为 μ 的估计,为使 $P\{|\overline{X}-\mu|<1\}\geqslant 0.95$,问 n 至少为多少?

▶解析 由列维-林德伯格中心极限定理可知，当 n 充分大时，

$$\frac{\sum_{i=1}^{n} X_i - n\mu}{\sqrt{n}\sigma} = \frac{\frac{1}{n}\sum_{i=1}^{n} X_i - \mu}{\frac{\sigma}{\sqrt{n}}} \overset{\text{近似地}}{\sim} N(0,1),$$

即

$$\frac{\overline{X}-\mu}{\frac{\sigma}{\sqrt{n}}} \overset{\text{近似地}}{\sim} N(0,1).$$

由题设 $D(X_i)=400(i=1,2,\cdots,n)$，即有 $\sigma=\sqrt{400}$. 于是 $\frac{\overline{X}-\mu}{\frac{\sqrt{400}}{\sqrt{n}}}=\frac{\overline{X}-\mu}{\frac{20}{\sqrt{n}}}$ 近似地服从 $N(0,1)$ 分布，即有

$$\begin{aligned} P\{|\overline{X}-\mu|<1\} &= P\{-1<\overline{X}-\mu<1\} \\ &= P\left\{\frac{-1}{\frac{20}{\sqrt{n}}}<\frac{\overline{X}-\mu}{\frac{20}{\sqrt{n}}}<\frac{1}{\frac{20}{\sqrt{n}}}\right\} \\ &\approx \Phi\left(\frac{1}{\frac{20}{\sqrt{n}}}\right)-\Phi\left(\frac{-1}{\frac{20}{\sqrt{n}}}\right)=2\Phi\left(\frac{1}{\frac{20}{\sqrt{n}}}\right)-1. \end{aligned}$$

现在要求 $P\{|\overline{X}-\mu|<1\}\geqslant 0.95$，即要求

$$2\Phi\left(\frac{1}{\frac{20}{\sqrt{n}}}\right)-1\geqslant 0.95,$$

亦即要求

$$\Phi\left(\frac{1}{\frac{20}{\sqrt{n}}}\right)\geqslant 0.975=\Phi(1.96).$$

故需要

$$\frac{1}{\frac{20}{\sqrt{n}}}\geqslant 1.96,$$

即

$$n\geqslant(20\times 1.96)^2=1\,536.64.$$

所以 n 至少为 1 537.

第六章 数理统计的基本概念

大纲考试要求

考试要求	考试内容	
	数学一	数学三
了解	χ^2 分布、t 分布和 F 分布的概念及性质； 上侧 α 分位数的概念并会查表计算； 正态总体的常用抽样分布	总体、简单随机样本、统计量、样本均值、样本方差及样本矩的概念； 产生 χ^2 变量、t 变量和 F 变量的典型模式； 标准正态分布、χ^2 分布、t 分布和 F 分布的上侧α 分位数，会查相应的数值表； 经验分布函数的概念和性质
理解	总体、简单随机样本、统计量、样本均值、样本方差及样本矩的概念	
掌握		正态总体的样本均值、样本方差、样本矩的抽样分布

知识导图

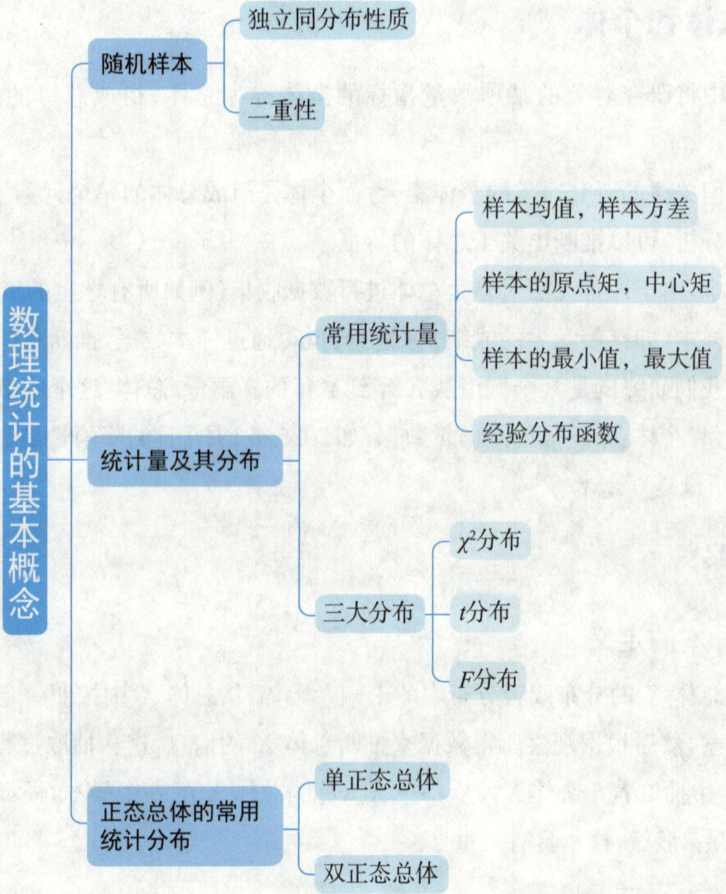
数理统计的基本概念
随机样本
独立同分布性质
二重性
统计量及其分布
常用统计量
样本均值，样本方差
样本的原点矩，中心矩
样本的最小值，最大值
经验分布函数
三大分布
χ^2分布
t分布
F分布
正态总体的常用统计分布
单正态总体
双正态总体

6.1 随机样本

6.1.1 总体和个体

数理统计中将研究对象的某项数量指标的全体称为总体，组成总体的每个元素称为个体.

总体是我们关注的研究对象的全体集合，而**个体**是组成总体的单个元素. 通过对一部分个体的研究和分析，可以推断出关于总体的特征.

在统计学中，由于通常无法对整个总体进行数据收集(例如所有学生的成绩)，我们通过从总体中抽取**样本**(即某些学生的成绩) 来进行分析. 通过样本数据，推断总体的特征.

例如假设我们研究的是某个城市从 X 年到 Y 年的降雨量. **总体**：这个城市在这段时间内每一天的降雨量. **个体**：某一天的降雨量数据，如2025年1月1日的降雨量是15毫米，2025年1月2日的降雨量是0毫米等.

6.1.2 样本

6.1.2.1 样本的定义

为了推断总体 X 的分布或者分布中的未知参数，需从总体 X 中按照一定的法则抽取若干个体进行观察，然后根据观察所得数据来推断总体 X 的信息，这一抽取过程称为抽样.

从总体 X 中抽取若干个体 $X_1, X_2, \cdots, X_n$，称为总体 X 的一个样本，样本中个体的数量 n 称为样本容量. 显然，样本具有二重性.

6.1.2.2 样本的二重性

设 $X_1, X_2, \cdots, X_n$ 为从总体 X 抽取的样本，则

(1) 样本 $X_1, X_2, \cdots, X_n$ 本身为一随机变量，具有随机变量的各种性质(如分布函数、数字特征)；

(2) 样本的观测值 $x_1, x_2, \cdots, x_n$ 为一组数，具有数的属性.

假设我们从一个城市的总人口中随机抽取 100 人，来研究他们的身高. 这里，身高的样本 $X_1, \cdots, X_{100}$ 代表了 100 个人的身高数据，它们是随机的，因为每次抽样的个体不同，身高数据也会有所不同. 如果我们已经抽取了 100 个人，并且记录了他们的身高数据，那么这些身高值 $x_1, \cdots, x_{100}$ 就是样本的观测值，具有实数的特性.

6.1.3　简单随机样本

6.1.3.1　简单随机样本的定义

设 X 是具有分布函数 F 的随机变量，若 $X_1,X_2,\cdots,X_n$ 是具有同一分布函数的、相互独立的随机变量，则称 $X_1,X_2,\cdots,X_n$ 为从总体 X 得到的容量为 n 的简单随机样本，简称样本，它们的观察值 $x_1,x_2,\cdots,x_n$ 称为样本值，又称为 X 的 n 个独立的观察值.

【注】对有限总体而言，有放回地随机抽取的样本为简单随机样本，无放回地抽样不能保证 $X_1,X_2,\cdots,X_n$ 的独立性；但对无限总体而言，无放回随机抽样也可得到简单随机样本. 本书所提到的样本如未特殊说明均指简单随机样本.

6.1.3.2　简单随机样本的概率分布

设总体 X 的分布函数为 $F(x)$，$X_1,X_2,\cdots,X_n$ 是来自总体的一个简单随机样本，则样本的联合分布函数为

$$F(x_1,x_2,\cdots,x_n)=\prod_{i=1}^{n}F(x_i).$$

(1) 若总体 X 为连续型随机变量，概率密度为 $f(x)$，则样本的联合概率密度为

$$f(x_1,x_2,\cdots,x_n)=\prod_{i=1}^{n}f(x_i);$$

(2) 若总体 X 为离散型随机变量，分布律为 $P\{X=a_i\}=p_i,i=1,2,\cdots,n$，则样本的联合分布律为

$$P\{X_1=x_1,X_2=x_2,\cdots,X_n=x_n\}=\prod_{i=1}^{n}P\{X_i=x_i\},$$

其中用 x_i 取代 $a_i(i=1,2,\cdots,n)$.

6.2　统计量及其分布

6.2.1　统计量

6.2.1.1　统计量的定义

样本 $X_1,X_2,\cdots,X_n$ 的不含任何未知参数的函数 $T=T(X_1,X_2,\cdots,X_n)$ 称为样本 $X_1,X_2,\cdots,X_n$ 的一个统计量. 当样本 $X_1,X_2,\cdots,X_n$ 的观测值为 $x_1,x_2,\cdots,x_n$ 时，则称 $T(x_1,x_2,\cdots,x_n)$ 是统计量 $T(X_1,X_2,\cdots,X_n)$ 的观测值.

【注】这里需要注意两个问题：

(1) 统计量中“不含任何未知参数”这个限定条件，保证了统计量可以通过样本直接获得；

(2) 由于样本具有二重性，因此统计量也具有二重性.

6.2.1.2 常用统计量

设 $X_1,X_2,\cdots,X_n$ 为来自总体 X 的简单随机样本，以下为常用的统计量：

(1) 样本均值 $\overline{X}=\frac{1}{n}\sum_{i=1}^{n}X_i$；

(2) 样本方差 $S^2=\frac{1}{n-1}\sum_{i=1}^{n}(X_i-\overline{X})^2=\frac{1}{n-1}(\sum_{i=1}^{n}X_i^2-n\overline{X}^2)$；

(3) 样本标准差 $S=\sqrt{S^2}=\sqrt{\frac{1}{n-1}\sum_{i=1}^{n}(X_i-\overline{X})^2}$；

(4) 样本的 k 阶原点矩 $A_k=\frac{1}{n}\sum_{i=1}^{n}X_i^k,k=1,2,\cdots$；

(5) 样本的 k 阶中心矩 $B_k=\frac{1}{n}\sum_{i=1}^{n}(X_i-\overline{X})^k,k=2,3,\cdots$；

(6) $X_{(1)}=\min\{X_1,X_2,\cdots,X_n\}$，$X_{(n)}=\max\{X_1,X_2,\cdots,X_n\}$，其分布函数分别为

$$F_{\min}(x)=P\{\min\{X_1,X_2,\cdots,X_n\}\leqslant x\}=1-[1-F(x)]^n,$$

$$F_{\max}(x)=P\{\max\{X_1,X_2,\cdots,X_n\}\leqslant x\}=[F(x)]^n,$$

其中 $F(x)$ 为总体 X 的分布函数.

【注】样本均值，样本方差，样本的原点矩，中心矩是统计学的概念，其数值是根据样本值计算所得. 而数学期望，方差，随机变量的原点矩，中心矩是数字特征中的概念，其数值是根据随机变量的概率分布计算所得. 解题时容易将以上概念混淆.

6.2.1.3 常用统计量的数字特征

常用统计量的数字特征是需要掌握的重要结论，设总体 X 的数学期望，方差分别为 μ，σ^2，则

$$E(\overline{X})=E\left(\frac{1}{n}\sum_{i=1}^{n}X_i\right)=\frac{1}{n}E(\sum_{i=1}^{n}X_i)=\frac{1}{n}\cdot n\mu=\mu,$$

$$D(\overline{X})=D\left(\frac{1}{n}\sum_{i=1}^{n}X_i\right)=\frac{1}{n^2}D(\sum_{i=1}^{n}X_i)=\frac{1}{n^2}\cdot n\sigma^2=\frac{\sigma^2}{n},$$

$$E(S^2)=\sigma^2.$$

6.2.1.4　经验分布函数

设 $x_1, x_2, \cdots, x_n$ 是来自分布函数为 $F(x)$ 的总体 X 的样本观察值，则 X 的经验分布函数 $F_n(x)$，定义为样本观察值 $x_1, x_2, \cdots, x_n$ 中小于或等于指定值 x 所占的比例，即

$$F_n(x)=\frac{N(x_i \leqslant x)}{n}, -\infty < x < +\infty,$$

其中 $N(x_i \leqslant x)$ 表示 $x_1, x_2, \cdots, x_n$ 中小于或等于 x 的个数.

一般地，设 $x_1, x_2, \cdots, x_n$ 是总体 X 的一个容量为 n 的样本观察值，先将 $x_1, x_2, \cdots, x_n$ 按自小到大的次序排序，并重新编号为

$$x_{(1)} \leqslant x_{(2)} \leqslant \cdots \leqslant x_{(n)},$$

则经验分布函数 $F_n(x)$ 可写成

$$F_n(x)=\begin{cases} 0, & x < x_{(1)}, \\ k/n, & x_{(k)} \leqslant x < x_{(k+1)}, k=1,2,\cdots,n-1, \\ 1, & x \geqslant x_{(n)}, \end{cases}$$

【注】 $F_n(x)$ 是以等概率 $1/n$ 取 $x_1, x_2, \cdots, x_n$ 的离散型随机变量的分布函数. 类似于分布函数，$F_n(x)$ 也具有累积性.

6.2.2　统计量的分布

统计量的分布称为抽样分布.

6.2.2.1　三大抽样分布（χ^2 分布、t 分布、F 分布）

1. χ^2 分布

(1) 定义：设随机变量 $X_1, X_2, \cdots, X_n$ 相互独立，且均服从标准正态分布 $N(0,1)$，则称随机变量

$$\chi^2 = X_1^2 + X_2^2 + \cdots + X_n^2 = \sum_{i=1}^{n} X_i^2$$

服从自由度为 n 的 χ^2 分布，记为 $\chi^2 \sim \chi^2(n)$. 这里自由度 n 是指独立变量的个数.

(2) χ^2 分布的上侧 α 分位数：设随机变量 $\chi^2 \sim \chi^2(n)$，对于给定的 $\alpha(0<\alpha<1)$，则称满足条件

$$P\{\chi^2 > \chi_\alpha^2(n)\} = \int_{\chi_\alpha^2(n)}^{+\infty} f(x)\,\mathrm{d}x = \alpha$$

的点 $\chi_\alpha^2(n)$ 为 $\chi^2(n)$ 分布的上侧 α 分位数，如图所示.

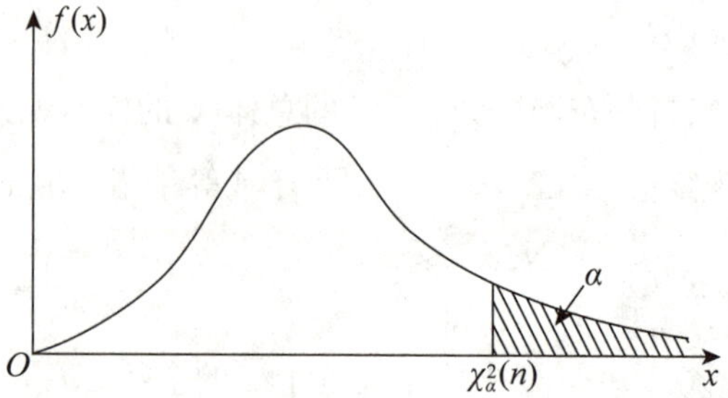

(3)χ^2 分布的性质.

① 数字特征:若 $\chi^2 \sim \chi^2(n)$,则 $E(\chi^2)=n, D(\chi^2)=2n$;

② 独立可加性:设 $\chi_1^2 \sim \chi^2(n_1)$,$\chi_2^2 \sim \chi^2(n_2)$,且 χ_1^2 与 χ_2^2 相互独立,则

$$\chi_1^2+\chi_2^2 \sim \chi^2(n_1+n_2).$$

【注】χ^2 分布中主要是注意自由度的问题,例如若 $X_1,\cdots,X_n$ 是来自 $N(0,1)$ 的简单随机样本,则 $\sum\limits_{i=1}^{n}X_i^2 \sim \chi^2(n)$,而 $\dfrac{\left(\sum\limits_{i=1}^{n}X_i\right)^2}{n} \sim \chi^2(1)$. 以上两者主要区别在于,第一个统计量是 n 个独立的样本平方和,因而自由度为 n. 而第二个统计量中 $\sum\limits_{i=1}^{n}X_i$ 经过独立可加性,降维成一维正态分布,$\sum\limits_{i=1}^{n}\chi_i \sim N(0,n)$,故 $\left(\dfrac{\sum\limits_{i=1}^{n}\chi_i-0}{\sqrt{n}}\right)^2 \sim \chi^2(1)$.

2. t 分布

(1) 定义:设随机变量 $X \sim N(0,1)$,$Y \sim \chi^2(n)$,且 X 与 Y 相互独立,则称随机变量

$$T=\frac{X}{\sqrt{Y/n}}$$

服从自由度为 n 的 t 分布,记为 $T \sim t(n)$.

(2)t 分布的上侧 α 分位数:设 $T \sim t(n)$,对于给定的 $\alpha(0<\alpha<1)$,则称满足条件

$$P\{T>t_\alpha(n)\}=\int_{t_\alpha(n)}^{+\infty}f(x)\,\mathrm{d}x=\alpha$$

的点 $t_\alpha(n)$ 为 $t(n)$ 分布的上侧 α 分位数,如图所示.

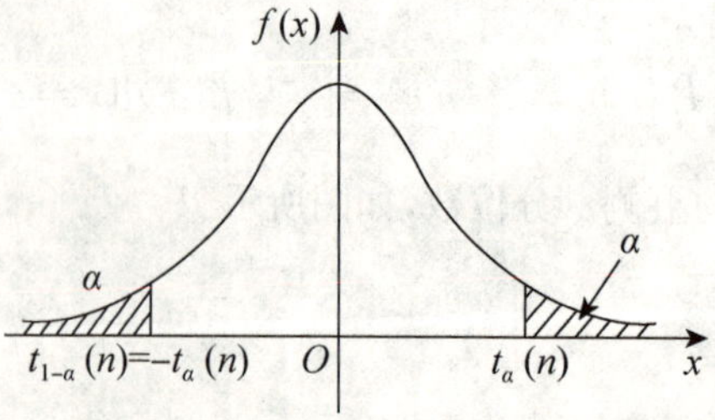

(3)t 分布的性质.

①t 分布的概率密度 $f(x)$ 为偶函数，其函数图形关于 y 轴对称，则有 $t_{1-\alpha}(n)=-t_{\alpha}(n)$；

②$\lim\limits_{n\to\infty}f(x)=\frac{1}{\sqrt{2\pi}}e^{-\frac{x^2}{2}}$，即当 n 充分大时，t 分布近似于 $N(0,1)$ 分布；

③$T^2\sim F(1,n)$.

④$1/T^2\sim F(n,1)$

【注】t 分布必须注意对称性问题，一般在解题中，可以将 t 分布的概率密度图像等同于标准正态分布的概率密度图像.

3.F 分布

(1) 定义：设 $X\sim\chi^2(m)$，$Y\sim\chi^2(n)$，且 X 与 Y 相互独立，则称统计量

$$F=\frac{X/m}{Y/n}$$

服从自由度为(m,n)的F分布，记作$F\sim F(m,n)$，其中m为第一自由度，n为第二自由度.

(2)F 分布的上侧α 分位数：设 $F\sim F(m,n)$，对于给定的$\alpha(0<\alpha<1)$，则称满足条件

$$P\{F>F_{\alpha}(m,n)\}=\int_{F_{\alpha}(m,n)}^{+\infty}f(x)\,dx=\alpha$$

的点 $F_{\alpha}(m,n)$ 为$F(m,n)$ 分布的上侧α 分位数，如图所示.

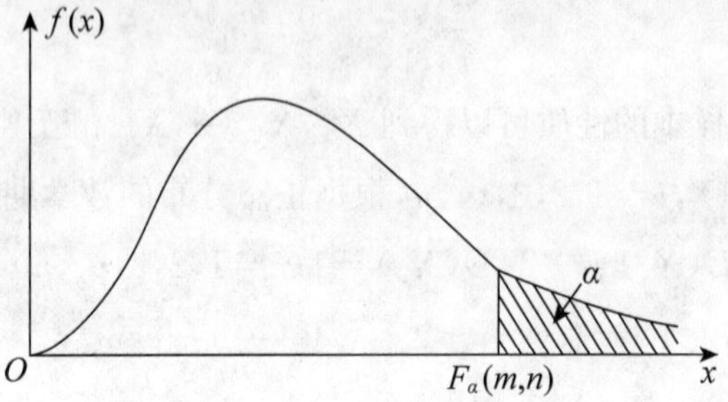

(3)F 分布的性质.

① 若 $F\sim F(m,n)$，则$\frac{1}{F}\sim F(n,m)$；

②$F_{1-\alpha}(m,n)=\frac{1}{F_{\alpha}(n,m)}$.

专题一 统计量的概念及分布

6－1 设总体 X 服从正态分布 $N(\mu,\sigma^2)$，其中 μ,σ^2 均未知，$X_1,\cdots,X_n$ 为取自总体 X 的简单随机样本，则下列各式中可以作为统计量的为(　　).

(A) $\frac{1}{n}\sum_{i=1}^{n}(X_i-\mu)$　　(B) $\max\limits_{1\leqslant i\leqslant n}\{X_i\}$

(C) $\sum_{i=1}^{n}\left(\frac{X_i-\mu}{\sigma}\right)^2$　　(D) $\frac{\frac{1}{n}\sum\limits_{i=1}^{n}X_i-\mu}{\sigma/\sqrt{n}}$

答案 (B)

解析 由于 μ,σ^2 均是未知量，故统计量中不能出现这些变量. 只有(B)中未出现未知变量，符合条件.

6－2 设总体 X 服从 $N(-1,1)$，$X_1,X_1,\cdots,X_n(n\geqslant 2)$ 为来自总体 X 的简单随机样本，则对于统计量 $T_1=\frac{1}{n}\sum_{i=1}^{n}X_i$，$T_2=\frac{1}{n-1}\sum_{i=1}^{n-1}X_i+\frac{1}{n}X_n$，有(　　).

(A) $E(T_1)>E(T_2),D(T_1)>D(T_2)$

(B) $E(T_1)>E(T_2),D(T_1)<D(T_2)$

(C) $E(T_1)<E(T_2),D(T_1)>D(T_2)$

(D) $E(T_1)<E(T_2),D(T_1)<D(T_2)$

答案 (B)

解析 由简单随机样本的性质可以得到 $X_1,X_2,\cdots,X_n$ 相互独立，且与总体 X 的分布相同，有 $X_i\sim N(-1,1)$，$i=1,2,3,\cdots,n$，根据正态分布的数学期望和方差的性质得

$$E(X_i)=-1,D(X_i)=1(i=1,2,3,\cdots,n).$$

则

$$E(T_1)=E\left(\frac{1}{n}\sum_{i=1}^{n}X_i\right)=E(X)=-1,$$

$$E(T_2)=E\left(\frac{1}{n-1}\sum_{i=1}^{n-1}X_i\right)+\frac{1}{n}E(X_n)=E(X)+\frac{E(X)}{n}=-1-\frac{1}{n},$$

故 $E(T_1)>E(T_2)$.

又
$$D(T_1)=D\left(\frac{1}{n}\sum_{i=1}^{n}X_i\right)=\frac{D(X)}{n}=\frac{1}{n},$$

$$D(T_2)=D\left(\frac{1}{n-1}\sum_{i=1}^{n-1}X_i\right)+D\left(\frac{1}{n}X_n\right)$$
$$=\frac{D(X)}{n-1}+\frac{D(X)}{n^2}=\frac{1}{n-1}+\frac{1}{n^2}>\frac{1}{n-1}>\frac{1}{n},$$

则 $D(T_1)<D(T_2)$.

故选(B).

6-3 设总体 X 的数学期望和方差均存在，分别记作 μ,σ^2. $X_1,\cdots,X_n$ 为总体 X 的简单随机样本，定义样本均值为 $\overline{X}=\frac{1}{n}\sum\limits_{i=1}^{n}X_i$，样本方差为 $S^2=\frac{1}{n-1}\sum\limits_{i=1}^{n}(X_i-\overline{X})^2$.

(1) 证明 $E(S^2)=\sigma^2$；

(2) 若 X 的概率密度为 $f(x)=\frac{1}{2}e^{-|x|}\ (-\infty<x<+\infty)$，求 $E(S^2)$.

解析 (1) $E(S^2)=E\left[\frac{1}{n-1}\sum\limits_{i=1}^{n}(X_i-\overline{X})^2\right]=\frac{1}{n-1}E\left[\sum\limits_{i=1}^{n}(X_i-\overline{X})^2\right]$，由 $X_1,\cdots,X_n$ 独立同分布，得

$$E(S^2)=\frac{n}{n-1}E\left[(X_i-\overline{X})^2\right],$$

其中 $E\left[(X_i-\overline{X})^2\right]=\left[E(X_i-\overline{X})\right]^2+D(X_i-\overline{X})$.

又 $E(X_i-\overline{X})=E(X_i)-E(\overline{X})=\mu-\mu=0$,

$$\begin{aligned}D(X_i-\overline{X})&=D(X_i)+D(\overline{X})-2\mathrm{Cov}(X_i,\overline{X})\\&=\sigma^2+\frac{\sigma^2}{n}-2\mathrm{Cov}\left(X_i,\frac{X_1+\cdots+X_n}{n}\right)\\&=\sigma^2+\frac{\sigma^2}{n}-\frac{2}{n}\mathrm{Cov}(X_i,X_i)=\sigma^2+\frac{\sigma^2}{n}-\frac{2}{n}\sigma^2\\&=\frac{n-1}{n}\sigma^2,\end{aligned}$$

代入，得 $E(S^2)=\frac{n}{n-1}E\left[(X_i-\overline{X})^2\right]=\frac{n}{n-1}\cdot\frac{n-1}{n}\sigma^2=\sigma^2$.

(2) 由公式 $E(S^2)=D(X)$ 知，只需求出 $D(X)$ 即可. 根据数学期望定义得到

$$E(X)=\int_{-\infty}^{+\infty}xf(x)\,\mathrm{d}x=\int_{-\infty}^{+\infty}\frac{x}{2}e^{-|x|}\,\mathrm{d}x=0,$$

$$E(X^2)=\int_{-\infty}^{+\infty}x^2f(x)\,\mathrm{d}x=\int_{-\infty}^{+\infty}\frac{x^2}{2}e^{-|x|}\,\mathrm{d}x=\int_{0}^{+\infty}x^2e^{-x}\,\mathrm{d}x=2,$$

所以

$$E(S^2)=D(X)=E(X^2)-\left[E(X)\right]^2=2.$$

6-4 设总体 X 服从正态分布 $N(\mu_1,\sigma^2)$，总体 Y 服从正态分布 $N(\mu_2,\sigma^2)$，$X_1,X_2,\cdots,X_{n_1}$ 和 $Y_1,Y_2,\cdots,Y_{n_2}$ 分别是来自总体 X 和 Y 的简单随机样本，其样本均值分别为 $\overline{X},\overline{Y}$，则 $E\left[\sum\limits_{i=1}^{n_1}(X_i-\overline{X})^2+\sum\limits_{j=1}^{n_2}(Y_j-\overline{Y})^2\right]=$________.

答案 $(n_1+n_2-2)\sigma^2$

解析 本题若直接计算,则比较烦琐.

定义$S_1^2=\dfrac{1}{n_1-1}\sum\limits_{i=1}^{n_1}(X_i-\overline{X})^2, S_2^2=\dfrac{1}{n_2-1}\sum\limits_{j=1}^{n_2}(Y_j-\overline{Y})^2$分别为两组样本的样本方差.

注意到样本方差的数学期望等于总体的方差,利用这一推论可得

$$\begin{aligned}E\left[\sum_{i=1}^{n_1}(X_i-\overline{X})^2+\sum_{j=1}^{n_2}(Y_j-\overline{Y})^2\right]&=E\left[(n_1-1)S_1^2+(n_2-1)S_2^2\right]\\&=(n_1-1)E(S_1^2)+(n_2-1)E(S_2^2)\\&=(n_1-1)D(X)+(n_2-1)D(Y)\\&=(n_1+n_2-2)\sigma^2.\end{aligned}$$

6-5 设随机变量X和Y都服从标准正态分布,则(　　).

(A)$X+Y$服从正态分布

(B)X^2+Y^2服从χ^2分布

(C)X^2和Y^2都服从χ^2分布

(D)X^2/Y^2服从F分布

答案 (C)

解析 由题目可知,X和Y都服从标准正态分布,由χ^2分布的概念可以得到X^2,Y^2都是服从自由度为1的χ^2分布.

另一方面X与Y是否相互独立未知,因而不能确定$X+Y$是否服从正态分布,X^2+Y^2是否服从χ^2分布,也不能确定X^2/Y^2是否服从F分布,所以(A),(B),(D)选项错误.

【注】本题再次强调了三大分布中独立性条件的重要性.

6-6 设X_1,X_2,X_3,X_4是来自总体$X\sim N(1,2)$的简单随机样本,且$k\left(\sum\limits_{i=1}^{4}X_i-4\right)^2$服从$\chi^2(n)$分布,则常数$k$和$\chi^2$分布的自由度$n$分别为(　　).

(A) $\dfrac{1}{8}$,4　　(B) $\dfrac{1}{2}$,1

(C) $\dfrac{1}{8}$,1　　(D) $\dfrac{1}{2}$,4

答案 (C)

解析 根据独立可加性知$\sum\limits_{i=1}^{4}X_i$服从正态分布,且$E\left(\sum\limits_{i=1}^{4}X_i\right)=4E(X)=4$,

$D\left(\sum\limits_{i=1}^{4}X_i\right)=4D(X)=8$,即$\sum\limits_{i=1}^{4}X_i\sim N(4,8)$,则$\dfrac{\sum\limits_{i=1}^{4}X_i-4}{\sqrt{8}}\sim N(0,1)$,故$\left(\dfrac{\sum\limits_{i=1}^{4}X_i-4}{\sqrt{8}}\right)^2=$

$$\frac{\left(\sum_{i=1}^{4}X_i-4\right)^2}{8}\sim\chi^2(1).$$

故 $k=\dfrac{1}{8}, n=1$，选(C).

6-7 设 X_1,X_2,X_3,X_4 是来自总体 $X\sim N(1,2)$ 的简单随机样本，且 $k\sum_{i=1}^{4}(X_i-1)^2$ 服从 $\chi^2(n)$ 分布，则常数 k 和 χ^2 分布的自由度 n 分别为(　　).

(A) $\dfrac{1}{8},4$　　(B) $\dfrac{1}{2},1$

(C) $\dfrac{1}{8},1$　　(D) $\dfrac{1}{2},4$

答案 (D)

解析 根据正态分布的标准化性质可知

$$\frac{X_i-1}{\sqrt{2}}\sim N(0,1), \left(\frac{X_i-1}{\sqrt{2}}\right)^2\sim\chi^2(1),$$

根据独立可加性知 $\sum_{i=1}^{4}\left(\dfrac{X_i-1}{\sqrt{2}}\right)^2=\dfrac{\sum_{i=1}^{4}(X_i-1)^2}{2}\sim\chi^2(4)$.

故 $k=\dfrac{1}{2}, n=4$，选(D).

【注】注意以上两个题目在 χ^2 分布自由度的区别，χ^2 分布的自由度是考试重点.

6-8 设 X_1,X_2,X_3,X_4 为来自总体 $N(1,\sigma^2)\ (\sigma>0)$ 的简单随机样本，则统计量 $T=\dfrac{X_1-X_2}{|X_3+X_4-2|}$ 的分布为(　　).

(A) $N(0,1)$　　(B) $t(1)$　　(C) $\chi^2(1)$　　(D) $F(1,1)$

答案 (B)

解析 T 的分母中出现了绝对值，立即想到是由根号得到. 三大分布中对样本进行开根号的只能是 t 分布，排除法只能选(B).

由独立可加性知，

$$X_1-X_2\sim N(0,2\sigma^2), X_3+X_4\sim N(2,2\sigma^2), X_3+X_4-2\sim N(0,2\sigma^2).$$

根据标准化的性质可得

$$\frac{X_1-X_2}{\sqrt{2}\sigma}\sim N(0,1), \frac{X_3+X_4-2}{\sqrt{2}\sigma}\sim N(0,1).$$

因为 $X_i(i=1,2,3,4)$ 相互独立,则 $\frac{X_1-X_2}{\sqrt{2}\sigma}$ 与 $\frac{X_3+X_4-2}{\sqrt{2}\sigma}$ 相互独立,所以有

$$\frac{\frac{X_1-X_2}{\sqrt{2}\sigma}}{\sqrt{\left(\frac{X_3+X_4-2}{\sqrt{2}\sigma}\right)^2\Big/1}}\sim t(1),\text{即}\frac{X_1-X_2}{|X_3+X_4-2|}\sim t(1).$$

6-9 设 X_1,X_2,X_3,X_4 为来自总体 $N(1,\sigma^2)(\sigma>0)$ 的简单随机样本,统计量 $T=k\frac{X_1-X_2}{\sqrt{(X_3-1)^2+(X_4-1)^2}}\sim t(n)$,则常数 k 和 t 分布的自由度 n 分别为(　　).

(A)1,2　　　　(B)1,1

(C)2,1　　　　(D)2,2

答案 (A)

解析 由独立可加性知,$X_1-X_2\sim N(0,2\sigma^2)$,$X_3-1\sim N(0,\sigma^2)$,$X_4-1\sim N(0,\sigma^2)$.

根据标准化的性质可得

$$\frac{X_1-X_2}{\sqrt{2}\sigma}\sim N(0,1),\frac{X_3-1}{\sigma}\sim N(0,1),\frac{X_4-1}{\sigma}\sim N(0,1).$$

因为 $X_i(i=1,2,3,4)$ 相互独立,则 $\left(\frac{X_3-1}{\sigma}\right)^2+\left(\frac{X_4-1}{\sigma}\right)^2\sim\chi^2(2)$.

又 $\frac{X_1-X_2}{\sqrt{2}\sigma}$ 与 $\left(\frac{X_3-1}{\sigma}\right)^2+\left(\frac{X_4-1}{\sigma}\right)^2$ 相互独立,所以有

$$\frac{\frac{X_1-X_2}{\sqrt{2}\sigma}}{\sqrt{\left[\left(\frac{X_3-1}{\sigma}\right)^2+\left(\frac{X_4-1}{\sigma}\right)^2\right]\Big/2}}\sim t(2),\text{即}\frac{X_1-X_2}{\sqrt{(X_3-1)^2+(X_4-1)^2}}\sim t(2).$$

故 $k=1,n=2$.故选(A).

【注】注意以上两题在 t 分布自由度上的区别 $(X_3+X_4-2)^2$ 只有一个平方,则自由度为 1,而 $(X_3-1)^2+(X_4-1)^2$ 有两个平方,则自由度为 2.

6-10 设总体 $X\sim N(0,2^2)$,而 $X_1,X_2,\cdots,X_{15}$ 是来自总体 X 的简单随机样本,则随机变量 $T=\frac{(X_1+\cdots+X_{10})^2}{2(X_{11}^2+\cdots+X_{15}^2)}$ 服从______分布,参数为______.

答案 F;(1,5)

解析 根据独立可加性,$X_1+\cdots+X_{10}\sim N(0,40)$,则

$$\frac{X_1+\cdots+X_{10}-0}{\sqrt{40}}\sim N(0,1),\frac{(X_1+\cdots+X_{10})^2}{40}\sim\chi^2(1).$$

根据随机样本的性质，$X_1,X_2,\cdots,X_{15}$ 相互独立且同服从于 $N(0,2^2)$，所以 $X_1+X_2+\cdots+X_{10}$ 与 $X_{11}^2+X_{12}^2+\cdots+X_{15}^2$ 也相互独立.

因为 $X_i\sim N(0,2^2)$，则$\frac{X_i}{2}\sim N(0,1)$，所以

$$\left(\frac{X_{11}}{2}\right)^2+\cdots+\left(\frac{X_{15}}{2}\right)^2=\frac{1}{4}(X_{11}^2+\cdots+X_{15}^2)\sim\chi^2(5).$$

所以

$$T=\frac{\frac{(X_1+\cdots+X_{10})^2}{40}\Big/1}{\frac{1}{4}(X_{11}^2+\cdots+X_{15}^2)\Big/5}=\frac{(X_1+\cdots+X_{10})^2}{2(X_{11}^2+\cdots+X_{15}^2)}\sim F(1,5).$$

故 $T=\frac{(X_1+\cdots+X_{10})^2}{2(X_{11}^2+\cdots+X_{15}^2)}$ 服从 F 分布，参数为(1,5).

6-11 设总体 $X\sim N(0,2^2)$，$X_1,X_2,\cdots,X_{15}$ 是来自总体 X 的简单随机样本，则统计量 $T=\frac{X_1^2+\cdots+X_{10}^2}{2(X_{11}^2+\cdots+X_{15}^2)}$ 服从______分布，参数为______.

答案 F;(10,5)

解析 由 $X_1,\cdots,X_{15}$ 独立同分布，得

$$\frac{X_i-0}{2}\sim N(0,1),\left(\frac{X_i-0}{2}\right)^2\sim\chi^2(1),$$

即$\left(\frac{X_1}{2}\right)^2+\cdots+\left(\frac{X_{10}}{2}\right)^2\sim\chi^2(10)$，$\left(\frac{X_{11}}{2}\right)^2+\cdots+\left(\frac{X_{15}}{2}\right)^2\sim\chi^2(5)$.

则 $T=\frac{\left[\left(\frac{X_1}{2}\right)^2+\cdots+\left(\frac{X_{10}}{2}\right)^2\right]\Big/10}{\left[\left(\frac{X_{11}}{2}\right)^2+\cdots+\left(\frac{X_{15}}{2}\right)^2\right]\Big/5}\sim F(10,5)$，即 $T=\frac{X_1^2+\cdots+X_{10}^2}{2(X_{11}^2+\cdots+X_{15}^2)}\sim F(10,5)$.

【注】注意比较以上两题中 F 分布自由度的区别.

6-12 设随机变量 $X\sim t(n)$，$Y\sim F(1,n)$，给定 $\alpha(\alpha>0.5)$，常数 c 满足 $P\{X<c\}=\alpha$，则 $P\{Y>c^2\}=($　　$)$.

(A)α　　(B)$2(1-\alpha)$　　(C)2α　　(D)$1-2\alpha$

答案 (B)

解析 由 t 分布的对称性以及 $\alpha>0.5$，可知 $c>0$.

由 $X \sim t(n)$ 知,$X^2 \sim F(1,n)$,故 Y 与 X^2 同分布.

由题设条件和 t 分布的对称性可得

$$P\{Y > c^2\} = P\{X^2 > c^2\} = P\{X > c\} + P\{X < -c\} = 2P\{X > c\} = 2(1-\alpha).$$

故选(B).

【注】这里的 X 是连续型随机变量,故

$$P\{X > c\} = P\{X \geqslant c\} = 1 - P\{X < c\} = 1 - \alpha.$$

6.3 正态总体的常用统计分布

6.3.1 单正态总体的常用统计分布

设 $X_1, X_2, \cdots, X_n$ 是来自正态总体 $X \sim N(\mu, \sigma^2)$ 的一个简单随机样本,$\overline{X}$ 与 S^2 分别为样本均值和样本方差,则

(1) $\overline{X}$ 与 S^2 相互独立;

(2) $\overline{X} \sim N\left(\mu, \dfrac{\sigma^2}{n}\right)$, $\dfrac{\overline{X}-\mu}{\sigma/\sqrt{n}} \sim N(0,1)$;

(3) $\sum\limits_{i=1}^{n}\left(\dfrac{X_i-\mu}{\sigma}\right)^2 \sim \chi^2(n)$;

(4) $\sum\limits_{i=1}^{n}\dfrac{(X_i-\overline{X})^2}{\sigma^2} = \dfrac{(n-1)S^2}{\sigma^2} \sim \chi^2(n-1)$;

(5) $\dfrac{\dfrac{\overline{X}-\mu}{\sigma/\sqrt{n}}}{\sqrt{\dfrac{(n-1)S^2}{\sigma^2}\Big/ n-1}} = \dfrac{\overline{X}-\mu}{S/\sqrt{n}} \sim t(n-1)$.

【注】以上结论中有四个需要注意的问题:

(1) $\overline{X}$ 与 S^2 相互独立仅在正态总体假设下成立,其他情况一般不可使用;

(2) $\dfrac{\overline{X}-\mu}{\sigma/\sqrt{n}} \sim N(0,1)$ 与 $\dfrac{\overline{X}-\mu}{S/\sqrt{n}} \sim t(n-1)$ 经常在一个题目中出现,需要注意前一个统计量形式简单,但是要求 σ 已知,后一个统计量一般在 σ 未知的情况下使用;

(3) $\sum_{i=1}^{n}\left(\frac{X_i-\mu}{\sigma}\right)^2\sim\chi^2(n)$ 与 $\sum_{i=1}^{n}\frac{(X_i-\overline{X})^2}{\sigma}=\frac{(n-1)S^2}{\sigma^2}\sim\chi^2(n-1)$ 经常在一个题目中出现，需要注意前一个统计量形式简单，但是要求 μ 已知，后一个统计量一般在 μ 未知的情况下使用；

(4) 由统计分布的第(5)条可以清晰地认识到，在一个正态总体的前提下，最多可以得到自由度为 $n-1$ 的 t 分布.

6.3.2　双正态总体的常用统计分布

设 $X_1,X_2,\cdots,X_{n_1}$ 与 $Y_1,Y_2,\cdots,Y_{n_2}$ 分别为来自正态总体 $N(\mu_1,\sigma_1^2)$ 和 $N(\mu_2,\sigma_2^2)$ 的简单随机样本，且两个样本之间相互独立，令

$$\overline{X}=\frac{1}{n_1}\sum_{i=1}^{n_1}X_i,S_1^2=\frac{1}{n_1-1}\sum_{i=1}^{n_1}(X_i-\overline{X})^2,$$

$$\overline{Y}=\frac{1}{n_2}\sum_{j=1}^{n_2}Y_j,S_2^2=\frac{1}{n_2-1}\sum_{j=1}^{n_2}(Y_j-\overline{Y})^2$$

分别为两个样本的样本均值和样本方差，则

(1) $\overline{X}\pm\overline{Y}\sim N\left(\mu_1\pm\mu_2,\frac{\sigma_1^2}{n_1}+\frac{\sigma_2^2}{n_2}\right)$.

由于在实际应用中 $\overline{X}-\overline{Y}$ 应用更多，我们特别注意 $\frac{(\overline{X}-\overline{Y})-(\mu_1-\mu_2)}{\sqrt{\frac{\sigma_1^2}{n_1}+\frac{\sigma_2^2}{n_2}}}\sim N(0,1)$.

(2) $\frac{(n_1-1)S_1^2}{\sigma_1^2}+\frac{(n_2-1)S_2^2}{\sigma_2^2}\sim\chi^2(n_1+n_2-2)$；

$$\frac{\frac{1}{\sigma_1^2}\sum_{i=1}^{n_1}(X_i-\mu_1)^2\Big/n_1}{\frac{1}{\sigma_2^2}\sum_{j=1}^{n_2}(Y_j-\mu_2)^2\Big/n_2}\sim F(n_1,n_2);$$

$$\frac{\frac{(n_1-1)S_1^2}{\sigma_1^2}\Big/(n_1-1)}{\frac{(n_2-1)S_2^2}{\sigma_2^2}\Big/(n_2-1)}=\frac{S_1^2/S_2^2}{\sigma_1^2/\sigma_2^2}\sim F(n_1-1,n_2-1).$$

(3) 若 $\sigma_1^2=\sigma_2^2=\sigma^2$，则有

$$T=\frac{\dfrac{(\overline{X}-\overline{Y})-(\mu_1-\mu_2)}{\sqrt{\dfrac{\sigma_1^2}{n_1}+\dfrac{\sigma_2^2}{n_2}}}}{\sqrt{\left[\dfrac{(n_1-1)S_1^2}{\sigma_1^2}+\dfrac{(n_2-1)S_2^2}{\sigma_2^2}\right]\Big/(n_1+n_2-2)}}=\frac{\overline{X}-\overline{Y}-(\mu_1-\mu_2)}{S_W\sqrt{\dfrac{1}{n_1}+\dfrac{1}{n_2}}}\sim t(n_1+n_2-2),$$

其中 $S_W^2=\dfrac{(n_1-1)S_1^2+(n_2-1)S_2^2}{n_1+n_2-2}$.

【注】由(3)可以清晰地认识到，在双正态总体的前提下，最多可以得到自由度为 n_1+n_2-2 的 t 分布.

专题二　正态总体的抽样分布

6-13 设总体 $X\sim N(\mu,\sigma^2)$，$X_1,X_2,\cdots,X_n$ 为取自总体 X 的简单随机样本，记 $\overline{X}=\dfrac{1}{n}\sum_{i=1}^{n}X_i$，$S^2=\dfrac{1}{n-1}\sum_{i=1}^{n}(X_i-\overline{X})^2$.

(1) 求 $D(S^2)$；

(2) 求 $E(S^4)$.

解析 (1) 由于 $\dfrac{(n-1)S^2}{\sigma^2}\sim\chi^2(n-1)$，故 $D\left[\dfrac{(n-1)S^2}{\sigma^2}\right]=2(n-1)$，则

$$D(S^2)=\frac{2(n-1)}{\left(\dfrac{n-1}{\sigma^2}\right)^2}=\frac{2}{n-1}\sigma^4.$$

(2) 根据 $E(S^2)=\sigma^2$，故

$$E(S^4)=D(S^2)+[E(S^2)]^2=\frac{2}{n-1}\sigma^4+\sigma^4=\frac{n+1}{n-1}\sigma^4.$$

【注】$D(S^2)=\dfrac{2}{n-1}\sigma^4$ 仅可在正态总体假设条件下使用.

6-14 设 $X_1,X_2,\cdots,X_n$ 是来自标准正态总体的简单随机样本，$\overline{X}$ 和 S^2 为样本均值和样本方差，则(　　).

(A) $\overline{X}$ 服从标准正态分布

(B) $\sum_{i=1}^{n}X_i^2$ 服从自由度为 $n-1$ 的 χ^2 分布

(C) $\overline{X}/S$ 服从标准正态分布

(D) $(n-1)S^2$ 服从自由度为 $n-1$ 的 χ^2 分布

答案 (D)

解析 根据单正态总体的性质可知

$\overline{X} \sim N\left(0,\frac{1}{n}\right)$,(A) 错误;

$\sum_{i=1}^{n} X_i^2 = \sum_{i=1}^{n}\left(\frac{X_i - 0}{1}\right)^2 \sim \chi^2(n)$,(B) 错误;

$\frac{\overline{X}-\mu}{S/\sqrt{n}} = \frac{\overline{X}\cdot\sqrt{n}}{S} \sim t(n-1)$,(C) 错误;

$\frac{(n-1)S^2}{\sigma^2} = (n-1)S^2 \sim \chi^2(n-1)$,(D) 正确.

综上,选(D).

6-15 设 $X_1,X_2,\cdots,X_n$ 是来自正态总体 $N(\mu,\sigma^2)$ 的简单随机样本,$\overline{X}$ 是样本均值,记

$$S_1^2 = \frac{1}{n-1}\sum_{i=1}^{n}(X_i-\overline{X})^2, S_2^2 = \frac{1}{n}\sum_{i=1}^{n}(X_i-\overline{X})^2,$$

$$S_3^2 = \frac{1}{n-1}\sum_{i=1}^{n}(X_i-\mu)^2, S_4^2 = \frac{1}{n}\sum_{i=1}^{n}(X_i-\mu)^2,$$

则服从自由度为 $n-1$ 的 t 分布的随机变量是(　　).

(A) $t = \frac{\overline{X}-\mu}{\frac{S_1}{\sqrt{n-1}}}$　　(B) $t = \frac{\overline{X}-\mu}{\frac{S_2}{\sqrt{n-1}}}$　　(C) $t = \frac{\overline{X}-\mu}{\frac{S_3}{\sqrt{n}}}$　　(D) $t = \frac{\overline{X}-\mu}{\frac{S_4}{\sqrt{n}}}$

答案 (B)

解析 要实现 t 分布,首先要有独立性的假设.

本题中 S_3,S_4 与 $\overline{X}$ 并不独立,因而排除(C),(D).

对于 S_1,正确结论是 $\frac{\overline{X}-\mu}{S_1/\sqrt{n}} \sim t(n-1)$,排除(A).

故本题答案为(B).

根据正态分布的性质可知 $\frac{\overline{X}-\mu}{\frac{\sigma}{\sqrt{n}}} \sim N(0,1)$,$\frac{nS_2^2}{\sigma^2} = \sum_{i=1}^{n}\left(\frac{X_i-\overline{X}}{\sigma}\right)^2 \sim \chi^2(n-1)$,

则 $t = \frac{\frac{\overline{X}-\mu}{\sigma/\sqrt{n}}}{\sqrt{\frac{nS_2^2}{\sigma^2}\Big/(n-1)}} = \frac{\overline{X}-\mu}{\frac{S_2}{\sqrt{n-1}}} \sim t(n-1)$.

6-16 设总体 X 与 Y 都服从正态分布 $N(0,\sigma^2)$，$X_1,\cdots,X_n$ 与 $Y_1,\cdots,Y_n$ 分别来自总体 X 和 Y 容量都为 n 的两个相互独立的简单随机样本，样本均值和方差分别为 $\overline{X}$，S_X^2 与 $\overline{Y}$，S_Y^2，则下列选项中服从自由度为 $2n-2$ 的 t 分布的随机变量是(　　).

(A) $\dfrac{\overline{X}-\overline{Y}}{\sqrt{S_X^2+S_Y^2}}$　　(B) $\dfrac{\sqrt{n}(\overline{X}-\overline{Y})}{\sqrt{S_X^2+S_Y^2}}$

(C) $\dfrac{\overline{X}-\overline{Y}}{\sqrt{n(S_X^2+S_Y^2)}}$　　(D) $\dfrac{\overline{X}-\overline{Y}}{n\sqrt{(S_X^2+S_Y^2)}}$

答案 (B)

解析 由题设知 $\overline{X}$，S_X^2，$\overline{Y}$，S_Y^2 相互独立，且

$$\overline{X}\sim N\left(0,\frac{\sigma^2}{n}\right),\overline{Y}\sim N\left(0,\frac{\sigma^2}{n}\right),$$

$$\frac{(n-1)S_X^2}{\sigma^2}\sim\chi^2(n-1),\frac{(n-1)S_Y^2}{\sigma^2}\sim\chi^2(n-1).$$

由此知 $\overline{X}-\overline{Y}\sim N\left(0,\dfrac{2\sigma^2}{n}\right)$，$\dfrac{n-1}{\sigma^2}(S_X^2+S_Y^2)\sim\chi^2(2n-2)$，且 $\overline{X}-\overline{Y}$ 与 $S_X^2+S_Y^2$ 相互独立，则

$$\frac{(\overline{X}-\overline{Y})\Big/\sqrt{\frac{2}{n}\sigma^2}}{\sqrt{\frac{n-1}{\sigma^2}(S_X^2+S_Y^2)\Big/2(n-1)}}=\frac{\sqrt{n}(\overline{X}-\overline{Y})}{\sqrt{S_X^2+S_Y^2}}\sim t(2n-2),$$ 故选项(B)正确.

6-17 设 $X_1,X_2,\cdots,X_n$ 是总体服从 $N(\mu,\sigma^2)$ 的简单随机样本. 记

$$Y_1=\frac{1}{n}\sum_{i=1}^{n}(X_i-\overline{X})^2,Y_2=\sum_{i=1}^{n}\left(\frac{X_i-\mu}{\sigma}\right)^2,$$

则 $E(Y_1)=$________，$D(Y_1)=$________，$E(Y_2)=$________，$D(Y_2)=$________.

答案 $\dfrac{n-1}{n}\sigma^2$；$\dfrac{2(n-1)\sigma^4}{n^2}$；$n$；$2n$

解析 由题设，有

$$Y_1=\frac{n-1}{n}\cdot\frac{1}{n-1}\sum_{i=1}^{n}(X_i-\overline{X})^2=\frac{n-1}{n}S^2,\frac{(n-1)S^2}{\sigma^2}\sim\chi^2(n-1),$$

$$E\left[\frac{(n-1)S^2}{\sigma^2}\right]=n-1,D\left[\frac{(n-1)S^2}{\sigma^2}\right]=2(n-1),$$

于是，

$$E(Y_1)=E\left[\sigma^2\frac{(n-1)S^2}{n\sigma^2}\right]=\frac{\sigma^2}{n}E\left[\frac{(n-1)S^2}{\sigma^2}\right]=\frac{n-1}{n}\sigma^2,$$

$$D(Y_1)=D\left[\sigma^2\frac{(n-1)S^2}{n\sigma^2}\right]=\frac{\sigma^4}{n^2}D\left[\frac{(n-1)S^2}{\sigma^2}\right]=\frac{2(n-1)\sigma^4}{n^2}.$$

又 $Y_2=\sum_{i=1}^{n}\left(\frac{X_i-\mu}{\sigma}\right)^2\sim\chi^2(n)$，故 $E(Y_2)=n$，$D(Y_2)=2n$.

课后作业

1 设 $X\sim N(\mu,\sigma^2)$，其中 μ 已知，σ 未知，且 X_1，X_2 为来自总体 X 的简单随机样本，则不能作为统计量的是(　　).

(A) X_1+X_2　　(B) $X_1+X_2-\mu$　　(C) $\frac{X_1-\mu}{\sigma}$　　(D) $X_1^2+X_2^2$

答案 (C)

解析 在 $\frac{X_1-\mu}{\sigma}$ 中，有未知参数 σ，故不能作为统计量．因此选(C).

2 设 X_1,X_2,X_3,X_4 是来自正态总体 $N(0,2^2)$ 的简单随机样本，又

$$X=a(X_1-2X_2)^2+b(3X_3-4X_4)^2.$$

则当 $a=$________，$b=$________时，统计量 X 服从 χ^2 分布，其自由度为________.(a，b 都不为零)

答案 $\frac{1}{20}$；$\frac{1}{100}$；2

解析 依据 χ^2 分布的标准模式求解未知参数.

将统计量整理为

$$X=[\sqrt{a}(X_1-2X_2)]^2+[\sqrt{b}(3X_3-4X_4)]^2\sim\chi^2(2),$$

于是

$$\sqrt{a}(X_1-2X_2)\sim N(0,1),\sqrt{b}(3X_3-4X_4)\sim N(0,1).$$

又 X_1,X_2,X_3,X_4 相互独立，且 $D(X_i)=4(i=1,2,3,4)$，根据方差的性质可得

$$D[\sqrt{a}(X_1-2X_2)]=a[D(X_1)+4D(X_2)]=1\Rightarrow a=\frac{1}{20},$$

$$D[\sqrt{b}(3X_3-4X_4)]=b[9D(X_3)+16D(X_4)]=1\Rightarrow b=\frac{1}{100}.$$

所以当 $a=\frac{1}{20}$，$b=\frac{1}{100}$ 时，X 是两个服从标准正态分布随机变量的平方和，因此其自由度为 2.

3 设 X_1,X_2,X_3,X_4 为来自正态总体 $N(0,1)$ 的一个简单随机样本，则统计量 $Y=\dfrac{X_1-X_2}{\sqrt{X_3^2+X_4^2}}$ 服从的分布为________.

答案 $t(2)$

分析 本题考查 t 分布的概念.

解析 因为 X_1,X_2,X_3,X_4 为来自标准正态总体 $N(0,1)$ 的一个简单随机样本，所以 $X_1-X_2\sim N(0,2)$，$\dfrac{X_1-X_2}{\sqrt{2}}\sim N(0,1)$.

而 $X_3^2+X_4^2\sim\chi^2(2)$，又 $\dfrac{X_1-X_2}{\sqrt{2}}$ 与 $X_3^2+X_4^2$ 相互独立，故根据 t 分布定义，有

$$Y=\frac{X_1-X_2}{\sqrt{X_3^2+X_4^2}}=\frac{\dfrac{X_1-X_2}{\sqrt{2}}}{\sqrt{\dfrac{X_3^2+X_4^2}{2}}}\sim t(2).$$

4 设随机变量 $X\sim t(n)$，对于给定的 $0<\alpha<1$，$P\{X>t_\alpha(n)\}=\alpha$，若

$$P\{|X|\leqslant x\}=\alpha,$$

则(　　).

(A) $x=t_\alpha(n)$　　(B) $x=t_{1-\alpha}(n)$　　(C) $x=t_{\frac{1-\alpha}{2}}(n)$　　(D) $x=t_{1-\frac{\alpha}{2}}(n)$

答案 (C)

分析 本题考查的是 t 分布的概念及其上侧分位数的概念.

解析 $P\{|X|\leqslant x\}=P\{-x\leqslant X\leqslant x\}=\alpha$.

于是可得

$$P\{X<-x\}+P\{X>x\}=1-\alpha.$$

根据对称性，

$$P\{X>x\}=\frac{1-\alpha}{2},$$

即得 $x=t_{\frac{1-\alpha}{2}}(n)$，故选(C).

5 设 X_1,X_2,X_3,X_4 为来自正态总体 $N(0,1)$ 的一个简单随机样本，则统计量 $Y=\dfrac{3X_1^2}{X_2^2+X_3^2+X_4^2}$ 服从的分布为__________.

答案 $F(1,3)$

分析 本题考查的是 F 分布的概念.

解析 因为 X_1,X_2,X_3,X_4 为来自标准正态总体 $N(0,1)$ 的一个简单随机样本，所以 $X_1^2\sim\chi^2(1)$，$X_2^2+X_3^2+X_4^2\sim\chi^2(3)$，且 X_1^2 与 $X_2^2+X_3^2+X_4^2$ 相互独立，根据 F 分布定

义,有

$$Y=\frac{3X_1^2}{X_2^2+X_3^2+X_4^2}=\frac{X_1^2}{\frac{X_2^2+X_3^2+X_4^2}{3}}\sim F(1,3).$$

6 设 $X_1,X_2,\cdots,X_n$ 为来自总体 $X\sim N(\mu,\sigma^2)$ 的一个简单随机样本,记 $\overline{X},S^2$ 分别为样本均值与样本方差,则下列统计量中服从 t 分布的是(　　).

(A) $\dfrac{\overline{X}}{\sqrt{\dfrac{(n-1)S^2}{\sigma^2}}}$　(B) $\dfrac{\overline{X}-\mu}{\sqrt{\dfrac{(n-1)S^2}{\sigma^2}}}$　(C) $\dfrac{\frac{\overline{X}-\mu}{\frac{\sigma}{\sqrt{n}}}}{\sqrt{\dfrac{(n-1)S^2}{\sigma^2}}}$　(D) $\dfrac{\frac{\overline{X}-\mu}{\frac{\sigma}{\sqrt{n}}}}{\sqrt{\dfrac{S^2}{\sigma^2}}}$

答案 (D)

分析 本题考查正态总体的抽样分布.

解析 因为总体 $X\sim N(\mu,\sigma^2)$,所以

$$\frac{\overline{X}-\mu}{\frac{\sigma}{\sqrt{n}}}\sim N(0,1),\frac{(n-1)S^2}{\sigma^2}\sim \chi^2(n-1).$$

由 $\overline{X},S^2$ 相互独立,可知$\dfrac{\overline{X}-\mu}{\frac{\sigma}{\sqrt{n}}}$与$\dfrac{(n-1)S^2}{\sigma^2}$相互独立,于是

$$\frac{\frac{\overline{X}-\mu}{\frac{\sigma}{\sqrt{n}}}}{\sqrt{\frac{S^2}{\sigma^2}}}=\frac{\frac{\overline{X}-\mu}{\frac{\sigma}{\sqrt{n}}}}{\sqrt{\frac{\frac{(n-1)S^2}{\sigma^2}}{n-1}}}\sim t(n-1),$$

故选(D).

7 设 $X\sim N(0,\sigma^2)$,$X_1,X_2,\cdots,X_n$ 是来自总体 X 的简单随机样本,则随机变量$\dfrac{n(\overline{X})^2}{S^2}$服从的分布为________.

答案 $F(1,n-1)$

分析 本题考查正态总体的常用抽样分布.

解析 因为 $X_1,X_2,\cdots,X_n$ 为来自总体 $N(0,\sigma^2)$ 的简单随机样本,所以

$\dfrac{\overline{X}}{\sigma/\sqrt{n}}\sim N(0,1),\dfrac{n(\overline{X})^2}{\sigma^2}\sim \chi^2(1),$

$$\frac{(n-1)S^2}{\sigma^2}\sim \chi^2(n-1),$$

又 $\overline{X}$ 与 S^2 相互独立,故 $\dfrac{n(\overline{X})^2}{S^2}=\dfrac{\dfrac{n(\overline{X})^2}{\sigma^2}}{\dfrac{(n-1)S^2}{\sigma^2}\Big/(n-1)}\sim F(1,n-1)$.

8 设 $X_1,X_2,\cdots,X_n$ 是来自总体 $N(\mu,\sigma^2)$ 的简单随机样本,记 $T=\overline{X}^2-\dfrac{1}{n}S^2$.

(1) 证明:$E(T)=\mu^2$.

(2) 当 $\mu=0,\sigma=1$ 时,求 $D(T)$.

分析 本题考查统计量的数字特征.

解析 (1) 因为 $X_1,X_2,\cdots,X_n$ 是来自总体 $N(\mu,\sigma^2)$ 的简单随机样本,所以

$$E(\overline{X})=E(X)=\mu,D(\overline{X})=\frac{1}{n}D(X)=\frac{1}{n}\sigma^2,E(S^2)=D(X)=\sigma^2,$$

于是

$$\begin{aligned}E(T)&=E\left(\overline{X}^2-\frac{1}{n}S^2\right)=E(\overline{X}^2)-\frac{1}{n}E(S^2)\\&=D(\overline{X})+[E(\overline{X})]^2-\frac{1}{n}E(S^2)=\frac{1}{n}\sigma^2+\mu^2-\frac{1}{n}\sigma^2=\mu^2.\end{aligned}$$

(2) 当 $\mu=0,\sigma=1$ 时, $X_1,X_2,\cdots,X_n$ 是来自总体 $N(0,1)$ 的简单随机样本,所以 $\sqrt{n}\overline{X}\sim N(0,1)$,从而 $(\sqrt{n}\overline{X})^2\sim\chi^2(1)$,$(n-1)S^2\sim\chi^2(n-1)$.

于是 $D[(\sqrt{n}\overline{X})^2]=2$,$D[(n-1)S^2]=2(n-1)$.

由 $\overline{X}$ 与 S^2 相互独立,可得

$$\begin{aligned}D(T)&=D\left(\overline{X}^2-\frac{1}{n}S^2\right)=D(\overline{X}^2)+D\left(\frac{1}{n}S^2\right)\\&=\frac{1}{n^2}D[(\sqrt{n}\overline{X})^2]+\frac{1}{n^2(n-1)^2}D[(n-1)S^2]\\&=\frac{2}{n^2}+\frac{2(n-1)}{n^2(n-1)^2}=\frac{2}{n(n-1)}.\end{aligned}$$

9 设总体 X 的二阶矩存在,$X_1,X_2,\cdots,X_n$ 是来自总体 X 的简单随机样本,求 $X_i-\overline{X}$ 与 $X_j-\overline{X}(i\neq j)$ 的相关系数.

分析 本题考查简单随机样本的概念和性质,考查方差和协方差的概念和性质.

解析 设 $D(X)=\sigma^2$,则 $D(\overline{X})=\dfrac{\sigma^2}{n}$.

因为 $X_1,X_2,\cdots,X_n$ 是来自总体 X 的简单随机样本,所以

$$D(X_i-\overline{X})=D\left(X_i-\frac{1}{n}\sum_{k=1}^{n}X_k\right)=D\left[\left(1-\frac{1}{n}\right)X_i-\frac{1}{n}\sum_{k\neq i}X_k\right]$$

$$=\left(1-\frac{1}{n}\right)^2\sigma^2+\frac{n-1}{n^2}\sigma^2=\frac{n-1}{n}\sigma^2.$$

同理，$D(X_j-\overline{X})=\dfrac{n-1}{n}\sigma^2$.

由协方差的双线性性质结合样本的独立性，则

$$\begin{aligned}&\mathrm{Cov}(X_i-\overline{X},X_j-\overline{X})\\&=\mathrm{Cov}(X_i,X_j)-\mathrm{Cov}(X_i,\overline{X})-\mathrm{Cov}(\overline{X},X_j)+\mathrm{Cov}(\overline{X},\overline{X})\\&=-\frac{1}{n}\mathrm{Cov}(X_i,X_i)-\frac{1}{n}\mathrm{Cov}(X_j,X_j)+\mathrm{Cov}(\overline{X},\overline{X})\\&=-\frac{1}{n}D(X_i)-\frac{1}{n}D(X_j)+D(\overline{X})\\&=-\frac{1}{n}\sigma^2-\frac{1}{n}\sigma^2+\frac{1}{n}\sigma^2=-\frac{1}{n}\sigma^2,\end{aligned}$$

所以 $X_i-\overline{X}$ 与 $X_j-\overline{X}(i\neq j)$ 的相关系数

$$\rho=\frac{\mathrm{Cov}(X_i-\overline{X},X_j-\overline{X})}{\sqrt{D(X_i-\overline{X})}\sqrt{D(X_j-\overline{X})}}=\frac{-\frac{\sigma^2}{n}}{\frac{n-1}{n}\sigma^2}=\frac{1}{1-n}.$$

10 设总体 $X\sim f(x)=\begin{cases}|x|, & |x|<1,\\0, & 其他,\end{cases}$ $X_1,X_2,\cdots,X_{50}$ 为取自 X 的一个简单随机样本，试求：

(1)$\overline{X}$ 的数学期望和方差；

(2)S^2 的数学期望；

(3)$P\{|\overline{X}|>0.02\}$(运用中心极限定理计算).

▶解析 依题知

$$\begin{aligned}\mu&=E(X)=\int_{-1}^{1}x|x|\mathrm{d}x=0,\\\sigma^2&=D(X)=E(X^2)-[E(X)]^2\\&=E(X^2)=\int_{-1}^{1}x^2|x|\mathrm{d}x\\&=2\int_0^1x^3\mathrm{d}x=\frac{1}{2}.\end{aligned}$$

(1)$\overline{X}=\dfrac{1}{50}\sum\limits_{i=1}^{50}X_i$，则

$$E(\overline{X})=E\left(\frac{1}{50}\sum_{i=1}^{50}X_i\right)=\frac{1}{50}\sum_{i=1}^{50}E(X_i)=0,$$

$$D(\overline{X})=D\left(\frac{1}{50}\sum_{i=1}^{50}X_i\right)=\frac{1}{50^2}\left[\sum_{i=1}^{50}D(X_i)\right]$$
$$=\frac{\sigma^2}{50}=\frac{1}{100}.$$

(2)$E(S^2)=\sigma^2=\dfrac{1}{2}$.

(3)$P\{|\overline{X}|>0.02\}=1-P\{|\overline{X}|\leqslant 0.02\}$

$$\approx 1-P\left\{\left|\frac{\overline{X}-\mu}{\sqrt{D(\overline{X})}}\right|\leqslant\frac{0.02-\mu}{\sqrt{D(\overline{X})}}\right\}$$
$$=1-P\{10|\overline{X}|\leqslant 0.2\}$$
$$=2-2\Phi(0.2)\approx 0.841.$$

第七章 参数估计

大纲考试要求

<table>
<tr><th rowspan="2">考试要求</th><th colspan="2">考试内容</th></tr>
<tr><th>数学一</th><th>数学三</th></tr>
<tr><td>了解</td><td>估计量的无偏性、有效性（最小方差性）和一致性（相合性）的概念，并会验证估计量的无偏性</td><td>参数的点估计、估计量与估计值的概念</td></tr>
<tr><td>理解</td><td>参数的点估计、估计量与估计值的概念；区间估计的概念，会求单正态总体的均值和方差的置信区间，会求双正态总体的均值差和方差比的置信区间</td><td></td></tr>
<tr><td>掌握</td><td colspan="2">矩估计法（一阶矩、二阶矩）和最大似然估计法</td></tr>
</table>

知识导图

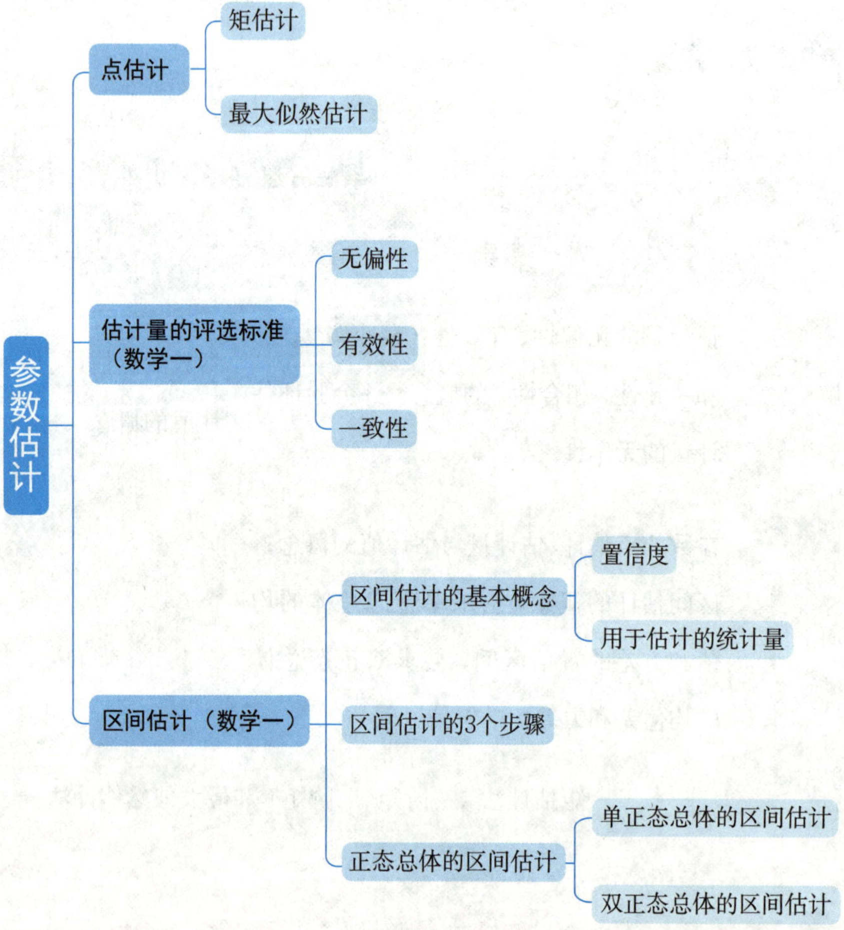
参数估计
点估计
矩估计
最大似然估计
估计量的评选标准（数学一）
无偏性
有效性
一致性
区间估计（数学一）
区间估计的基本概念
置信度
用于估计的统计量
区间估计的3个步骤
正态总体的区间估计
单正态总体的区间估计
双正态总体的区间估计

7.1　点估计

7.1.1　点估计的定义

设总体 X 的分布函数为 $F(x;\theta)$，θ 是未知参数或称待估参数. 点估计问题就是构造统计量 $\hat{\theta}(X_1,X_2,\cdots,X_n)$，用它来估计未知参数 θ，用其观察值 $\hat{\theta}(x_1,x_2,\cdots,x_n)$ 作为未知参数 θ 的近似值. 通常称 $\hat{\theta}(X_1,X_2,\cdots,X_n)$ 为 θ 的估计量，称 $\hat{\theta}(x_1,x_2,\cdots,x_n)$ 为 θ 的估计值.

7.1.2　点估计的方法

7.1.2.1　矩估计

以样本矩作为相应总体矩的估计量，以样本矩的函数作为相应总体矩函数的估计量，从而求出未知参数的方法称为矩估计法.

设总体 X 的分布函数为 $F(x;\theta_1,\cdots,\theta_k)$，其中 $\theta_i(i=1,2,\cdots,k)$ 为待估参数，$X_1,X_2,\cdots,X_n$ 为总体 X 的一个样本，则求矩估计的步骤为

(1) 求出总体矩(原点矩或中心矩)$E(X^i)$ 或 $E\{[X-E(X)]^i\}$，$i=1,2,\cdots,k$；

(2) 令总体矩等于相应的样本矩，得方程组，即

$$\frac{1}{n}\sum_{j=1}^{n}X_j^i=E(X^i)\ (i=1,2,\cdots,k),$$

或

$$\frac{1}{n}\sum_{j=1}^{n}(X_j-\overline{X})^i=E\{[X-E(X)]\}^i\ (i=1,2,\cdots,k);$$

(3) 解上面的方程组，得 θ_i 的矩估计值为 $\hat{\theta}_i(x_1,x_2,\cdots,x_n)$，$\theta_i$ 的矩估计量为 $\hat{\theta}_i(X_1,X_2,\cdots,X_n)$.

【注】 需要注意的是 ① 样本矩(测量值)和总体矩(理论值)之间本身是没有直接关系的. 本章中，为了实现参数估计，以样本矩(测量值)来近似总体矩(理论值)的方法称为矩估计法. ② 有 k 个未知参数就求到 k 阶原点矩或中心矩. 为计算简便，一般优先取原点矩.

7.1.2.2　最大似然估计

设 $X_1,X_2,\cdots,X_n$ 是来自总体 X 的样本，$x_1,x_2,\cdots,x_n$ 为样本值，X 的分布函数为 $F(x;\theta)$，θ 是待估参数. 构造相应的似然函数：

对于离散型总体 X，设其分布律为 $P\{X=x_i\}=p(x_i;\theta)$，$i=1,2,\cdots$，则其似然函数为

$$L(\theta)=L(x_1,x_2,\cdots,x_n;\theta)=\prod_{i=1}^{n}p(x_i;\theta);$$

对于连续型总体 X，设其概率密度为 $f(x;\theta)$，则其似然函数为

$$L(\theta)=L(x_1,x_2,\cdots,x_n;\theta)=\prod_{i=1}^{n}f(x_i;\theta).$$

无论对于离散型总体还是连续型总体，若

$$L(x_1,x_2,\cdots,x_n;\hat{\theta})=\max\{L(x_1,x_2,\cdots,x_n;\theta)\},$$

则称 $\hat{\theta}(x_1,x_2,\cdots,x_n)$ 为参数 θ 的最大似然估计值，称 $\hat{\theta}(X_1,X_2,\cdots,X_n)$ 为参数 θ 的最大似然估计量. 最大似然估计值与最大似然估计量统称为最大似然估计，称这种估计方法为最大似然估计法.

最大似然估计的求解步骤：

(1) 写出样本的似然函数，

$$L(\theta)=L(x_1,x_2,\cdots,x_n;\theta)=\begin{cases}\prod_{i=1}^{n}p(x_i;\theta), & X \text{ 为离散型随机变量}, \\ \prod_{i=1}^{n}f(x_i;\theta), & X \text{ 为连续型随机变量};\end{cases}$$

(2) 求似然函数 $L(\theta)$ 的最大值点，令 $\frac{\mathrm{d}[L(\theta)]}{\mathrm{d}\theta}=0$ 或 $\frac{\mathrm{d}[\ln L(\theta)]}{\mathrm{d}\theta}=0$；

(3) 若(2)中的方程有解，则 θ_i 的最大似然估计值为 $\hat{\theta}_i(x_1,x_2,\cdots,x_n)$，$\theta_i$ 的最大似然估计量为 $\hat{\theta}_i(X_1,X_2,\cdots,X_n)$. 若(2)中的方程无解，则需要运用单调性求解.

【注】 这里需要注意以下三个问题：

(1) 最大似然估计中为何能通过 $\frac{\mathrm{d}[\ln L(\theta)]}{\mathrm{d}\theta}=0$ 来求解，其原因在于 $\frac{\mathrm{d}[\ln L(\theta)]}{\mathrm{d}\theta}=0\Leftrightarrow\frac{1}{L(\theta)}\frac{\mathrm{d}[L(\theta)]}{\mathrm{d}\theta}=0\Leftrightarrow\frac{\mathrm{d}[L(\theta)]}{\mathrm{d}\theta}=0$，因而似然函数取对数后的驻点与原方程的驻点是一致的.

(2) 最大似然估计中为何需要通过 $\frac{\mathrm{d}[\ln L(\theta)]}{\mathrm{d}\theta}=0$ 来求解，其原因在于 $L(\theta)$ 往往具有多项乘积的结构，求导比较复杂，然而通过取对数，使得乘积的导数转化为和的导数，计算量大幅度下降.

(3) 若 $\frac{\mathrm{d}[\ln L(\theta)]}{\mathrm{d}\theta}=0$ 无解，则说明 $L(\theta)$ 是单调函数，此时 $L(\theta)$ 最大值在 θ 的区间边界取得.

以 $\hat{\theta}=\min\{x_1,x_2\cdots x_n\}$ 或 $\hat{\theta}=\max\{x_1,x_2\cdots x_n\}$ 比较多见.

专题一　点估计

7-1 设总体 X 在 $[a,b]$ 上服从均匀分布，a,b 均未知. $X_1,X_2,\cdots,X_n$ 是来自总体 X 的简单随机样本，试求 a,b 的矩估计量.

解析 本题中有两个未知量，故需要运用二阶矩来计算.

令 $\frac{1}{n}\sum_{i=1}^{n}X_i=E(X)$，$\frac{1}{n}\sum_{i=1}^{n}(X_i-\overline{X})^2=E\{[X-E(X)]^2\}$，即

$$\overline{X}=E(X),\frac{1}{n}\sum_{i=1}^{n}(X_i-\overline{X})^2=D(X).$$

根据均匀分布的性质可知 $E(X)=\frac{a+b}{2}$，$D(X)=\frac{(b-a)^2}{12}$，代入矩估计表达式可得

$$\begin{cases}\frac{a+b}{2}=\overline{X},\\ \frac{(b-a)^2}{12}=\frac{1}{n}\sum_{i=1}^{n}(X_i-\overline{X})^2,\end{cases}\text{化简得}\begin{cases}a+b=2\overline{X},\\ b-a=2\sqrt{\frac{3}{n}\sum_{i=1}^{n}(X_i-\overline{X})^2},\end{cases}$$

解得 $\hat{a}=\overline{X}-\sqrt{\frac{3}{n}\sum_{i=1}^{n}(X_i-\overline{X})^2}$，$\hat{b}=\overline{X}+\sqrt{\frac{3}{n}\sum_{i=1}^{n}(X_i-\overline{X})^2}$.

7-2 设总体 X 的概率密度为 $f(x;\theta)=\begin{cases}\frac{\theta^2}{x^3}\mathrm{e}^{-\frac{\theta}{x}}, & x>0,\\ 0, & \text{其他},\end{cases}$ 其中 θ 为未知参数且大于零，$X_1,X_2,\cdots,X_n$ 为来自总体 X 的简单随机样本.

(1) 求 θ 的矩估计量；

(2) 求 θ 的最大似然估计量.

解析 (1) 依题知，

$$E(X)=\int_{-\infty}^{+\infty}xf(x)\,\mathrm{d}x=\int_{0}^{+\infty}x\,\frac{\theta^2}{x^3}\mathrm{e}^{-\frac{\theta}{x}}\,\mathrm{d}x=\theta\int_{0}^{+\infty}\mathrm{e}^{-\frac{\theta}{x}}\,\mathrm{d}\left(-\frac{\theta}{x}\right)=\theta,$$

令 $E(X)=\overline{X}$，得 $\theta=\overline{X}$，即 θ 的矩估计量为 $\overline{X}$.

(2) 样本的似然函数为

$$L(\theta)=\prod_{i=1}^{n}f(x_i;\theta)=\prod_{i=1}^{n}\frac{\theta^2}{x_i^3}\mathrm{e}^{-\frac{\theta}{x_i}}=\theta^{2n}\frac{1}{\prod_{i=1}^{n}x_i^3}\mathrm{e}^{\sum_{i=1}^{n}\left(-\frac{\theta}{x_i}\right)}.$$

当 $x_i>0$ 时，取对数为

$$\ln L(\theta)=2n\ln\theta-3\sum_{i=1}^{n}\ln x_i-\theta\sum_{i=1}^{n}\frac{1}{x_i}.$$

求导得

$$\frac{\mathrm{d}[\ln L(\theta)]}{\mathrm{d}\theta}=\frac{2n}{\theta}-\sum_{i=1}^{n}\frac{1}{x_i}.$$

令上式为0，解得 $\theta=\dfrac{2n}{\sum\limits_{i=1}^{n}\dfrac{1}{x_i}}$，所以得 θ 的最大似然估计量 $\hat{\theta}=\dfrac{2n}{\sum\limits_{i=1}^{n}\dfrac{1}{X_i}}$.

7-3 设 $X_1,X_2,\cdots,X_n$ 为来自正态总体 $N(\mu_0,\sigma^2)$ 的简单随机样本，其中 μ_0 已知，$\sigma^2>0$ 未知. $\overline{X}$ 和 S^2 分别表示样本均值和样本方差.

(1) 求参数 σ^2 的最大似然估计 $\hat{\sigma}^2$；

(2) 计算 $E(\hat{\sigma}^2)$ 和 $D(\hat{\sigma}^2)$.

解析 (1) 由题目可知 $X\sim N(\mu_0,\sigma^2)$，则有

$$f(x;\sigma^2)=\frac{1}{\sqrt{2\pi}\sigma}\mathrm{e}^{-\frac{(x-\mu_0)^2}{2\sigma^2}}.$$

所以似然函数为

$$L(\sigma^2)=\prod_{i=1}^{n}\frac{1}{\sqrt{2\pi}\sigma}\mathrm{e}^{-\frac{(x_i-\mu_0)^2}{2\sigma^2}}=\frac{1}{(\sqrt{2\pi}\sigma)^n}\mathrm{e}^{-\frac{1}{2\sigma^2}\sum\limits_{i=1}^{n}(x_i-\mu_0)^2}.$$

将上式两端取对数

$$\ln L(\sigma^2)=-\frac{n}{2}\ln(2\pi)-\frac{n}{2}\ln(\sigma^2)-\frac{1}{2\sigma^2}\sum_{i=1}^{n}(x_i-\mu_0)^2.$$

令

$$\frac{\mathrm{d}[\ln L(\sigma^2)]}{\mathrm{d}\sigma^2}=-\frac{n}{2\sigma^2}+\frac{1}{2(\sigma^2)^2}\sum_{i=1}^{n}(x_i-\mu_0)^2=0.$$

解上式可得 σ^2 的最大似然估计为 $\hat{\sigma}^2=\dfrac{1}{n}\sum\limits_{i=1}^{n}(X_i-\mu_0)^2$.

(2) 计算最大似然估计的数学期望和方差.

$$E(\hat{\sigma}^2)=E\left[\frac{1}{n}\sum_{i=1}^{n}(X_i-\mu_0)^2\right]=\frac{\sigma^2}{n}\left[\sum_{i=1}^{n}\left(\frac{X_i-\mu_0}{\sigma}\right)^2\right],$$

$$D(\hat{\sigma}^2)=D\left[\frac{1}{n}\sum_{i=1}^{n}(X_i-\mu_0)^2\right]=D\left[\frac{\sigma^2}{n}\sum_{i=1}^{n}\left(\frac{X_i-\mu_0}{\sigma}\right)^2\right]=\frac{\sigma^4}{n^2}D\left[\sum_{i=1}^{n}\left(\frac{X_i-\mu_0}{\sigma}\right)^2\right].$$

由于 $X_i\sim N(\mu_0,\sigma^2)$，所以 $\dfrac{X_i-\mu_0}{\sigma}\sim N(0,1)$.

$$\sum_{i=1}^{n}\left(\frac{X_i-\mu_0}{\sigma}\right)^2\sim\chi^2(n).$$

令 $Y=\sum\limits_{i=1}^{n}\left(\dfrac{X_i-\mu_0}{\sigma}\right)^2$，则由 χ^2 分布的性质知 $D(Y)=2n$，$E(Y)=n$.

故 $E(\hat{\sigma}^2)=\dfrac{\sigma^2}{n}\cdot n=\sigma^2, D(\hat{\sigma}^2)=\dfrac{\sigma^4}{n^2}D\left[\sum\limits_{i=1}^{n}\left(\dfrac{X_i-\mu_0}{\sigma}\right)^2\right]=\dfrac{\sigma^4}{n^2}D(Y)=\dfrac{\sigma^4}{n^2}\cdot 2n=\dfrac{2}{n}\sigma^4$.

7-4 已知总体 X 是离散型随机变量，X 可能取值为 0,1,2. $X_1,X_2,\cdots,X_n$ 是来自总体 X 的简单随机样本，如果

$$P\{X=2\}=(1-\theta)^2, E(X)=2(1-\theta)\left(\text{其中 }\theta\text{ 为未知参数}, 0<\theta<\frac{1}{2}\right).$$

(1) 求 X 的概率分布；

(2) 求 θ 的矩估计量 $\hat{\theta}_1$；

(3) 从总体 X 中抽取容量为 8 的一组样本，其样本值为 2,1,2,0,2,0,1,2. 求 θ 的最大似然估计值 $\hat{\theta}_2$.

解析 (1) 已知 $p_2=P\{X=2\}=(1-\theta)^2$，为求 X 的概率分布，仅需求得概率 $p_0=P\{X=0\}, p_1=P\{X=1\}$. 由于

$$p_0+p_1+p_2=1, \quad ①$$

$$E(X)=2(1-\theta)=0\times p_0+1\times p_1+2\times p_2=p_1+2(1-\theta)^2, \quad ②$$

由式② 解得 $p_1=2\theta(1-\theta)$，由式① 解得 $p_0=1-p_1-p_2=\theta^2$，故 X 的概率分布为

X	0	1	2
P	θ^2	$2\theta\ 1-\theta$	$(1-\theta)^2$

(2) 由矩估计法方程 $E(X)=\overline{X}$，即 $2(1-\theta)=\overline{X}$，解得 θ 的矩估计量

$$\hat{\theta}_1=1-\frac{2}{\overline{X}}, \text{其中 } \overline{X}=\frac{1}{n}\sum_{i=1}^{n}X_i.$$

(3) 已知总体 X 的概率分布 $p_i=P\{X=x_i\}$，故样本值 $x_i\,(1\leqslant i\leqslant 8)$ 的似然函数为

$$\begin{aligned}L(x_1,\cdots,x_8;\theta)&=\prod_{i=1}^{8}P\{X=x_i\}\\&=(\theta^2)^2[2\theta(1-\theta)]^2[(1-\theta)^2]^4=4\theta^6(1-\theta)^{10},\\ \ln L&=\ln 4+6\ln\theta+10\ln(1-\theta).\end{aligned}$$

令 $\dfrac{\mathrm{d}[\ln L]}{\mathrm{d}\theta}=\dfrac{6}{\theta}-\dfrac{10}{1-\theta}=0$，解得 θ 的最大似然估计值 $\hat{\theta}_2=\dfrac{3}{8}$.

7-5 设某种元件的使用寿命 X 的概率密度为

$$f(x;\theta)=\begin{cases}3\mathrm{e}^{-3(x-\theta)}, & x>\theta,\\ 0, & x\leqslant\theta,\end{cases}$$

其中 $\theta>0$ 为未知参数. 又设 $x_1,x_2,\cdots,x_n$ 是 X 的一组样本观测值，求参数 θ 的最大似然估计值.

解析 样本的似然函数为

$$L(\theta)=L(x_1,x_2,\cdots,x_n;\theta)=\begin{cases}\prod_{i=1}^{n}3e^{-3(x_i-\theta)}, & x_i\geqslant\theta,i=1,2,\cdots,n,\\ 0, & \text{其他},\end{cases}$$

$$=\begin{cases}3^n e^{-3\sum_{i=1}^{n}(x_i-\theta)}, & x_i\geqslant\theta,i=1,2,\cdots,n,\\ 0, & \text{其他}.\end{cases}$$

当 $x_i\geqslant\theta(i=1,2,\cdots,n)$ 时，显然 $L(\theta)=3^n e^{-3\sum_{i=1}^{n}(x_i-\theta)}>0$，两端取对数得

$$\ln L(\theta)=n\ln 3-3\sum_{i=1}^{n}(x_i-\theta)=n\ln 3-3(x_1+\cdots+x_n)+3n\theta.$$

因为 $\frac{d[\ln L(\theta)]}{d\theta}=3n>0$，所以 $L(\theta)$ 是 θ 的单调递增函数. 又由于 $\theta\leqslant x_i(i=1,2,\cdots,n)$，即 θ 应满足 $\theta\leqslant\min\{x_1,x_2,\cdots,x_n\}$，因此 θ 的最大似然估计值为 $\hat{\theta}=\min\{x_1,x_2,\cdots,x_n\}$.

7.2 估计量的评选标准(数学一)

7.2.1 无偏性

若 $\hat{\theta}=\hat{\theta}(X_1,X_2,\cdots,X_n)$ 是 θ 的估计量，其数学期望 $E(\hat{\theta})$ 存在，且 $E(\hat{\theta})=\theta$，则称 $\hat{\theta}$ 是 θ 的无偏估计.

7.2.2 有效性

设 $\hat{\theta}_1=\hat{\theta}_1(X_1,X_2,\cdots,X_n)$ 与 $\hat{\theta}_2=\hat{\theta}_2(X_1,X_2,\cdots,X_n)$ 都是 θ 的无偏估计量. 若 $D(\hat{\theta}_1)<D(\hat{\theta}_2)$，则称 $\hat{\theta}_1$ 比 $\hat{\theta}_2$ 更有效.

7.2.3 一致性

设 $\hat{\theta}=\hat{\theta}(X_1,X_2,\cdots,X_n)$ 为参数 θ 的估计量，若当 $n\to\infty$ 时，$\hat{\theta}$ 依概率收敛于 θ，即对任意 $\varepsilon>0$，有

$$\lim_{n\to\infty}P\{|\hat{\theta}-\theta|<\varepsilon\}=1,$$

则称 $\hat{\theta}$ 是 θ 的一致(相和) 估计量.

【注】估计量的评选标准中比较难的是一致性.这里需要注意切比雪夫不等式、大数定律、依概率收敛等概念的综合运用.

若 $\lim\limits_{n\to\infty}E(\hat{\theta})=\theta$，$\lim\limits_{n\to\infty}D(\hat{\theta})=0$，则 $\hat{\theta}$ 是 θ 的一致估计.

专题二　估计量的评选标准

7－6 设随机变量 X 与 Y 相互独立且分别服从正态分布 $N(\mu,\sigma^2)$ 与 $N(\mu,2\sigma^2)$，其中 σ 是未知参数且 $\sigma>0$. 设 $Z=X-Y$.

(1) 求 Z 的概率密度 $f(z;\sigma^2)$；

(2) 设 $Z_1,Z_2,\cdots,Z_n$ 为来自总体 Z 的简单随机样本，求 σ^2 的最大似然估计量 $\hat{\sigma}^2$；

(3) 证明 $\hat{\sigma}^2$ 为 σ^2 的无偏估计量.

解析 (1) 因为 $X\sim N(\mu,\sigma^2)$，$Y\sim N(\mu,2\sigma^2)$，且 X 与 Y 相互独立，则 $Z=X-Y$ 服从正态分布，又

$$E(Z)=E(X-Y)=E(X)-E(Y)=0,$$
$$D(Z)=D(X-Y)=D(X)+D(Y)=3\sigma^2.$$

所以 $Z\sim N(0,3\sigma^2)$.

从而 Z 的概率密度为

$$f(z;\sigma^2)=\frac{1}{\sqrt{2\pi\cdot3\sigma^2}}e^{-\frac{(z-0)^2}{2\cdot3\sigma^2}}=\frac{1}{\sqrt{6\pi}\sigma}e^{-\frac{z^2}{6\sigma^2}}\ (-\infty<z<+\infty).$$

(2) 由已知条件得似然函数为

$$L(\sigma^2)=\prod_{i=1}^{n}f(z_i,\sigma^2)=\prod_{i=1}^{n}\left(\frac{1}{\sqrt{6\pi}\sigma}e^{-\frac{z_i^2}{6\sigma^2}}\right)$$
$$=\frac{1}{(\sqrt{6\pi})^n\sigma^n}e^{-\frac{\sum\limits_{i=1}^{n}z_i^2}{6\sigma^2}}\ (-\infty<z_i<+\infty,i=1,2,\cdots,n).$$

方程两边取对数得

$$\ln L(\sigma^2)=-n\ln(\sqrt{6\pi})-\frac{n}{2}\ln(\sigma^2)-\frac{1}{6\sigma^2}\sum_{i=1}^{n}z_i^2.$$

令 $\dfrac{d[\ln L(\sigma^2)]}{d(\sigma)}=-\dfrac{n}{2\sigma^2}+\dfrac{1}{6\sigma^4}\sum\limits_{i=1}^{n}z_i^2=0$，得 $\sigma^2=\dfrac{1}{3n}\sum\limits_{i=1}^{n}z_i^2$，因此 σ^2 的最大似然估计量为

$\hat{\sigma}^2=\frac{1}{3n}\sum_{i=1}^{n}Z_i^2$.

(3) 因为

$$E(\hat{\sigma}^2)=E\left(\frac{1}{3n}\sum_{i=1}^{n}Z_i^2\right)=\frac{1}{3n}E\left(\sum_{i=1}^{n}Z_i^2\right)=\frac{1}{3}E(Z^2)$$

$$=\frac{1}{3}\left[[E(Z)]^2+D(Z)\right]=\frac{1}{3}(0+3\sigma^2)=\sigma^2.$$

由无偏估计定义可知 $\hat{\sigma}^2$ 为 σ^2 的无偏估计量.

【注】$\frac{\mathrm{d}[\ln L]}{\mathrm{d}\sigma^2}=0$ 与 $\frac{\mathrm{d}[\ln L]}{\mathrm{d}\sigma}=0$ 是同解方程.

7-7 设总体 X 的概率密度为 $f(x;\theta)=\begin{cases}\frac{1}{\theta}\mathrm{e}^{-\frac{x}{\theta}}, & x>0,\\ 0, & 其他,\end{cases}$ $X_1,X_2,\cdots,X_n$ 是来自总体 X 的简单随机样本,定义统计量 $Z_1=\overline{X}$,$Z_2=n\min\{X_1,X_2,\cdots,X_n\}$,$n>1$.

(1) 说明 Z_1,Z_2 是否是 θ 的无偏估计;

(2) 在(1)的条件下比较 Z_1,Z_2 的有效性;

(3) 说明 Z_1 是否是 θ 的一致估计.

解析 (1) 由题设知 X 服从参数为 $\frac{1}{\theta}$ 的指数分布,于是 $E(X)=\theta,D(X)=\theta^2$.

所以 $E(Z_1)=E(\overline{X})=E(X)=\theta$,即 Z_1 是 θ 的无偏估计.

Z_2 的分布函数

$$\begin{aligned}F_{Z_2}(z)&=P\{Z_2\leqslant z\}=P\{n\min\{X_1,X_2,\cdots,X_n\}\leqslant z\}\\&=P\left\{\min\{X_1,X_2,\cdots,X_n\}\leqslant\frac{z}{n}\right\}=1-P\left\{\min\{X_1,X_2,\cdots,X_n\}>\frac{z}{n}\right\}\\&=1-P\left\{X_1>\frac{z}{n},X_2>\frac{z}{n},\cdots,X_n>\frac{z}{n}\right\}\\&=1-P\left\{X_1>\frac{z}{n}\right\}P\left\{X_2>\frac{z}{n}\right\}\cdots P\left\{X_n>\frac{z}{n}\right\}\\&=1-\left[1-F_X\left(\frac{z}{n}\right)\right]^n,\end{aligned}$$

其中 $F_X(x)=\begin{cases}1-\mathrm{e}^{-\frac{x}{\theta}}, & x>0,\\ 0, & 其他\end{cases}$ 为 X 的分布函数,所以 $F_{Z_2}(z)=\begin{cases}1-\mathrm{e}^{-\frac{z}{\theta}}, & z>0,\\ 0, & 其他.\end{cases}$

Z_2 的概率密度为 $f_{Z_2}(z)=\begin{cases}\frac{1}{\theta}\mathrm{e}^{-\frac{z}{\theta}}, & z>0,\\ 0, & 其他,\end{cases}$ Z_2 也是 θ 的无偏估计.

(2) 由 $D(Z_1)=D(\overline{X})=\frac{1}{n}D(X)=\frac{1}{n}\theta^2$，$D(Z_2)=\theta^2$ 可知 $D(Z_1)<D(Z_2)$，所以 Z_1 比 Z_2 更有效.

(3) 由切比雪夫不等式得 $P\{|Z_1-\theta|\geqslant\varepsilon\}=P\{|Z_1-E(Z_1)|\geqslant\varepsilon\}\leqslant\frac{D(Z_1)}{\varepsilon^2}=\frac{\frac{1}{n}\sigma^2}{\varepsilon^2}=\frac{\sigma^2}{n\varepsilon^2}$，于是 $\lim\limits_{n\to\infty}P\{|Z_1-\theta|\geqslant\varepsilon\}=0$，即 Z_1 是 θ 的一致估计.

7-8 假设总体 X 的方差 $D(X)=\sigma^2$ 存在($\sigma>0$)，$X_1,X_2,\cdots,X_n$ 是取自总体 X 的简单随机样本，其样本方差为 S^2，且 $D(S)>0$，则(　　).

(A)S 是 σ 的矩估计量

(B)S 是 σ 的最大似然估计量

(C)S 是 σ 的无偏估计量

(D)S 是 σ 的相合(一致) 估计量

答案 (D)

解析 最大似然估计需要运用似然函数(基于概率分布) 来计算，首先排除(B).

根据样本方差的性质可知 $E(S^2)=\sigma^2$，故 $S^2\xrightarrow{P}\sigma^2$，同理可知 $S\xrightarrow{P}\sigma$，故选(D).

由于 $E(S^2)=[E(S)]^2+D(S)>[E(S)]^2$，即 $\sigma^2>[E(S)]^2$，故 $E(S)<\sigma$，可知(A)，(C) 不成立.

7.3　区间估计(数学一)

7.3.1　置信区间

设总体 X 的分布函数 $F(x;\theta)$ 含有一个未知参数 θ，对于给定值 $\alpha(0<\alpha<1)$，若由样本 $X_1,X_2,\cdots,X_n$ 确定的两个统计量 $\theta_1=\theta_1(X_1,X_2,\cdots,X_n)$ 和 $\theta_2=\theta_2(X_1,X_2,\cdots,X_n)$ 满足

$$P\{\theta_1<\theta<\theta_2\}\geqslant 1-\alpha,$$

则称随机区间 (θ_1,θ_2) 是 θ 的置信水平为 $1-\alpha$ 的置信区间. θ_1 和 θ_2 分别称为置信水平 $1-\alpha$ 的双侧置信区间的置信下限和置信上限，$1-\alpha$ 称为置信水平或置信度.

7.3.2　求解置信区间的方法

要求解置信区间，如果依靠记忆公式则比较困难，这里我们讲解求解置信区间的一般方

法，我们主要以单正态总体为例，双正态总体同理可得.

(1) 选取统计量 T.

对单正态总体，主要分两类
$$\begin{cases} ①\text{ 对 } \mu \text{ 估计} \begin{cases} \dfrac{\overline{X}-\mu}{\sigma/\sqrt{n}} \sim N(0,1), \sigma \text{ 已知;} \\ \dfrac{\overline{X}-\mu}{S/\sqrt{n}} \sim t(n-1), \sigma \text{ 未知.} \end{cases} \\ ②\text{ 对 } \sigma^2 \text{ 估计} \begin{cases} \dfrac{(n-1)S^2}{\sigma^2} \sim \chi^2(n-1), \mu \text{ 未知,} \\ \sum\limits_{i=1}^{n}\left(\dfrac{X_i-\mu}{\sigma}\right)^2 \sim \chi^2(n), \mu \text{ 已知.} \end{cases} \end{cases}$$

(2) 根据 T 服从的分布找出置信度为 $1-\alpha$ 的置信区间.

这里主要考虑对称性，要求置信区间处于中心位置(即左右两个残余区间对应的概率均为 $\alpha/2$). 考虑到概率密度的对称性，我们分两组，即概率密度具有严格对称性的 $N(0,1)$，$t(n)$，以及概率密度不具有严格对称性的 $\chi^2(n)$，$F(m,n)$，我们以图像描述其对称区间如下.

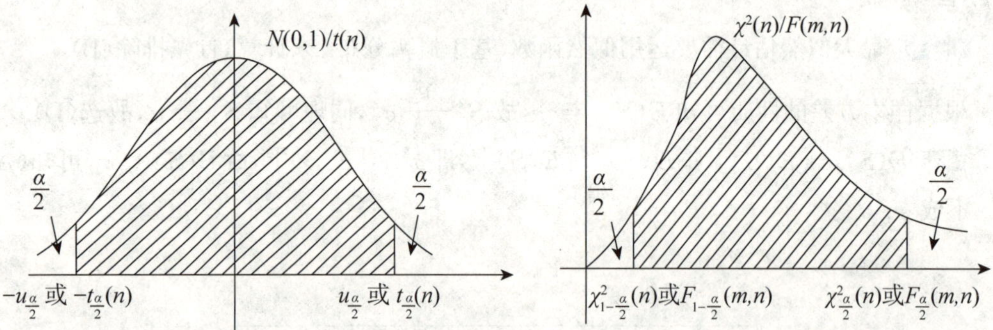

(3) 将(1) 中 T 的表达式代入(2) 中的置信区间，解得待估参数的双侧置信区间.

7.3.3 单正态总体数学期望和方差的双侧置信区间

待估参数	其他参数	双侧置信区间
μ	σ^2 已知	$\left(\overline{X}-\dfrac{\sigma}{\sqrt{n}}u_{\alpha/2}, \overline{X}+\dfrac{\sigma}{\sqrt{n}}u_{\alpha/2}\right)$
	σ^2 未知	$\left(\overline{X}-\dfrac{S}{\sqrt{n}}t_{\alpha/2}(n-1), \overline{X}+\dfrac{S}{\sqrt{n}}t_{\alpha/2}(n-1)\right)$
σ^2	μ 已知	$\left(\dfrac{\sum\limits_{i=1}^{n}(X_i-\mu)^2}{\chi^2_{\alpha/2}(n)}, \dfrac{\sum\limits_{i=1}^{n}(X_i-\mu)^2}{\chi^2_{1-\alpha/2}(n)}\right)$
	μ 未知	$\left(\dfrac{(n-1)S^2}{\chi^2_{\alpha/2}(n-1)}, \dfrac{(n-1)S^2}{\chi^2_{1-\alpha/2}(n-1)}\right)$

7.3.4　双正态总体数学期望和方差的双侧置信区间

待估参数	其他参数	双侧置信区间
$\mu_1-\mu_2$	σ_1^2,σ_2^2 已知	$\left(\overline{X}-\overline{Y}-u_{\alpha/2}\sqrt{\dfrac{\sigma_1^2}{n_1}+\dfrac{\sigma_2^2}{n_2}},\overline{X}-\overline{Y}+u_{\alpha/2}\sqrt{\dfrac{\sigma_1^2}{n_1}+\dfrac{\sigma_2^2}{n_2}}\right)$
	σ_1^2,σ_2^2 未知，但 $\sigma_1^2=\sigma_2^2$	$\left(\overline{X}-\overline{Y}-t_{\alpha/2}(n_1+n_2-2)S_w\sqrt{\dfrac{1}{n_1}+\dfrac{1}{n_2}},\overline{X}-\overline{Y}+t_{\alpha/2}(n_1+n_2-2)S_w\sqrt{\dfrac{1}{n_1}+\dfrac{1}{n_2}}\right)$ 其中 $S_w^2=\dfrac{(n_1-1)S_1^2+(n_2-1)S_2^2}{n_1+n_2-2}$
$\dfrac{\sigma_1^2}{\sigma_2^2}$	μ_1,μ_2 已知	$\left(\dfrac{\frac{1}{n_1}\sum_{i=1}^{n_1}(X_i-\mu_1)^2/\frac{1}{n_2}\sum_{i=1}^{n_2}(Y_i-\mu_2)^2}{F_{\alpha/2}(n_1,n_2)},\dfrac{\frac{1}{n_1}\sum_{i=1}^{n_1}(X_i-\mu_1)^2/\frac{1}{n_2}\sum_{i=1}^{n_2}(Y_i-\mu_2)^2}{F_{1-\alpha/2}(n_1,n_2)}\right)$
	μ_1,μ_2 未知	$\left(\dfrac{S_1^2}{S_2^2}\cdot\dfrac{1}{F_{\alpha/2}(n_1-1,n_2-1)},\dfrac{S_1^2}{S_2^2}\cdot\dfrac{1}{F_{1-\alpha/2}(n_1-1,n_2-1)}\right)$

专题三　置信区间

7-9 设一批零件的长度服从正态分布 $N(\mu,1)$，其中 μ 未知. 现从中随机抽取 16 个零件，测得样本均值 $\overline{x}=20$ cm，则 μ 的置信度为 0.90 的置信区间是(　　).

(A) $\left(20-\dfrac{1}{4}u_{0.05},20+\dfrac{1}{4}u_{0.05}\right)$

(B) $\left(20-\dfrac{1}{2}u_{0.05},20+\dfrac{1}{2}u_{0.05}\right)$

(C) $\left(20-\dfrac{1}{4}u_{0.1},20+\dfrac{1}{4}u_{0.1}\right)$

(D) $\left(20-\dfrac{1}{2}u_{0.1},20+\dfrac{1}{2}u_{0.1}\right)$

答案 (A)

解析 按照求解置信区间的三个步骤来求解：

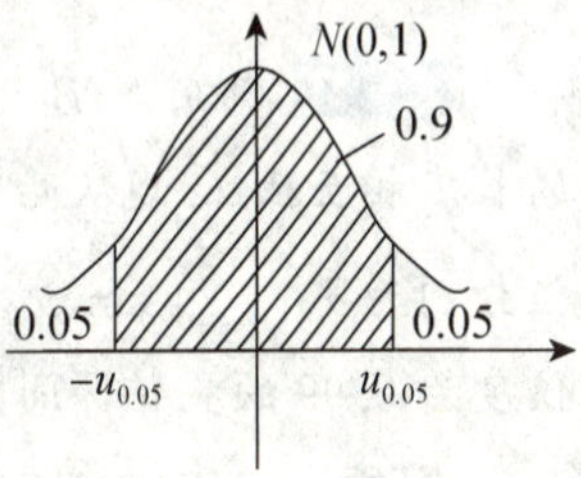

(1) 本题中估计 μ，且 $\sigma^2=1$ 已知，选取统计量 $T=\dfrac{\overline{X}-\mu}{\sigma/\sqrt{n}}\sim N(0,1)$；

(2) 根据 $N(0,1)$ 的对称性，如图可知置信度为 0.90 的置信区间是 $(-u_{0.05},u_{0.05})$；

(3) 将(1)代入(2)，即 $-u_{0.05}<T=\dfrac{20-\mu}{1/4}<u_{0.05}$.

解得 μ 的置信度为 0.90 的置信区间是 $\left(20-\frac{1}{4}u_{0.05},20+\frac{1}{4}u_{0.05}\right)$.

故选(A).

7-10 设一批零件的长度服从正态分布 $N(\mu,\sigma^2)$，其中 μ,σ^2 均未知. 现从中随机抽取 16 个零件，测得样本均值 $\overline{x}=20$ cm，样本标准差 $s=2$ cm，则 μ 的置信度为 0.90 的置信区间是(　　).

(A) $\left(20-\frac{1}{4}t_{0.05}(15),20+\frac{1}{4}t_{0.05}(15)\right)$

(B) $\left(20-\frac{1}{2}t_{0.05}(15),20+\frac{1}{2}t_{0.05}(15)\right)$

(C) $\left(20-\frac{1}{4}t_{0.1}(15),20+\frac{1}{4}t_{0.1}(15)\right)$

(D) $\left(20-\frac{1}{2}t_{0.1}(15),20+\frac{1}{2}t_{0.1}(15)\right)$

答案 (B)

解析 按照求解置信区间的三个步骤来求解：

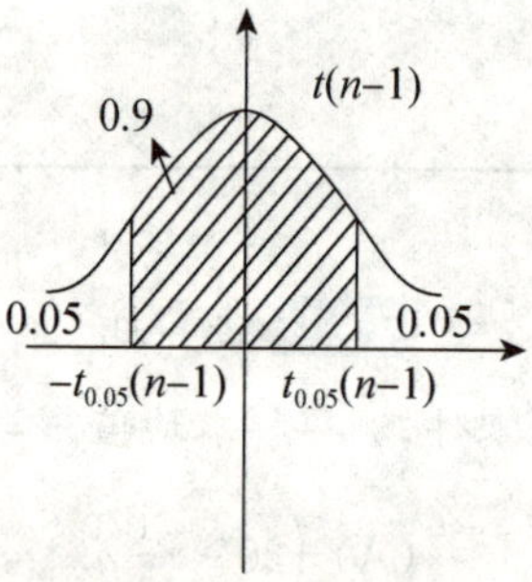

(1) 本题中估计 μ，且 σ^2 未知，选取统计量 $T=\frac{\overline{X}-\mu}{S/\sqrt{n}}\sim t(n-1)$；

(2) 根据 $t(n-1)$ 的对称性，如图可知置信度为 0.90 的置信区间是 $(-t_{0.05}(n-1),t_{0.05}(n-1))$；

(3) 将(1)代入(2)，即 $-t_{0.05}(15)<T=\frac{20-\mu}{2/4}<t_{0.05}(15)$.

解得 μ 的置信度为 0.90 的置信区间是 $\left(20-\frac{1}{2}t_{0.05}(15),20+\frac{1}{2}t_{0.05}(15)\right)$.

故选(B).

【注】注意以上两题统计量选取上的不同.

7-11 研究 A,B 两种零件，其长度都服从正态分布，并且已知方差均为 0.1，两种零件的长度相互独立. 现从两种零件中各自抽出 20 个样本进行分析，即 $n_1=n_2=20$. 测得样本均值分别为 $\overline{x}_1=24$ cm，$\overline{x}_2=18$ cm，设两样本独立. 则 A,B 两种零件的均值差 $\mu_1-\mu_2$ 的置信度为 0.99 的置信区间为______. ($u_{0.01}\approx 2.32,u_{0.005}\approx 2.57$)

答案 (5.743,6.257)

解析 设 A,B 两种零件总体为 X_1 和 X_2，则 $X_1\sim N(\mu_1,\sigma^2)$，$X_2\sim N(\mu_2,\sigma^2)$，则 $\overline{X}_1\sim N(\mu_1,\sigma^2/n_1)$，$\overline{X}_2\sim N(\mu_2,\sigma^2/n_2)$.

根据正态分布的独立可加性得$\overline{X}_1-\overline{X}_2\sim N\left(\mu_1-\mu_2,\frac{\sigma^2}{n_1}+\frac{\sigma^2}{n_2}\right)$，下面进行置信区间的计算：

(1) 选用统计量 $T=\dfrac{(\overline{X}_1-\overline{X}_2)-(\mu_1-\mu_2)}{\sqrt{\left(\dfrac{1}{n_1}+\dfrac{1}{n_2}\right)\sigma^2}}\sim N(0,1)$；

(2) 根据标准正态分布的对称性，得置信区间为$(-u_{0.005},u_{0.005})$；

(3) 将(1) 代入(2)，即

$$-u_{0.005}<\frac{(\overline{X}_1-\overline{X}_2)-(\mu_1-\mu_2)}{\sqrt{\left(\dfrac{1}{n_1}+\dfrac{1}{n_2}\right)\sigma^2}}<u_{0.005},$$

代入题中条件得$-2.57<\dfrac{6-(\mu_1-\mu_2)}{0.1}<2.57$，解得$5.743<\mu_1-\mu_2<6.257$，即$\mu_1-\mu_2$的置信度为 0.99 的置信区间为(5.743,6.257).

7－12 已知 $Y=\ln X$ 服从正态分布 $N(\mu,1)$. 从总体 X 抽取简单随机样本值，其值为 0.50,1.25,0.80,2.00.

(1) 求 X 的数学期望 b；

(2) 求 μ 的置信度为 0.95 的置信区间($u_{0.05}\approx1.64,u_{0.025}\approx1.96$)；

(3) 求 b 的置信度为 0.95 的置信区间($u_{0.05}\approx1.64,u_{0.025}\approx1.96$).

解析 (1) 已知 $Y=\ln X$，即 $X=e^Y$，

$$b=E(X)=E(e^Y)=\int_{-\infty}^{+\infty}e^y f(y)\,dy=\int_{-\infty}^{+\infty}e^y\frac{1}{\sqrt{2\pi}}e^{-\frac{(y-\mu)^2}{2}}\,dy$$
$$=e^{\mu+\frac{1}{2}}\int_{-\infty}^{+\infty}\frac{1}{\sqrt{2\pi}}e^{-\frac{(y-\mu-1)^2}{2}}\,dy=e^{\mu+\frac{1}{2}}.$$

(2) 根据题中条件 $\overline{y}=\dfrac{\ln 0.5+\ln 1.25+\ln 0.8+\ln 2}{4}=\dfrac{\ln 1}{4}=0.$

选取统计量 $T=\dfrac{\overline{Y}-\mu}{\sigma/\sqrt{n}}\sim N(0,1)$.

令 $-u_{0.025}<T<u_{0.025}$，即 $-u_{0.025}<\dfrac{\overline{Y}-\mu}{\dfrac{1}{2}}<u_{0.025}$，代入题中条件可得$(-0.98,0.98)$.

(3) 由(2) 可知 $P\{-0.98<\mu<0.98\}=0.95$，由(1) 可知 $b=e^{\mu+\frac{1}{2}}$，则所以 b 的置信度为 0.95 的置信区间为$(e^{-0.98+0.5},e^{0.98+0.5})$，即为$(e^{-0.48},e^{1.48})$.

课后作业

1 设总体 X 的概率分布为

X	0	1	2	3
P	θ^2	$2\theta(1-\theta)$	θ^2	$1-2\theta$

其中 $\theta\left(0<\theta<\dfrac{1}{2}\right)$ 是未知参数，利用总体 X 的如下样本值：

$$3,1,3,0,3,1,2,3.$$

求 θ 的矩估计值和最大似然估计值.

解析 ① 矩估计：应用一阶矩，令 $\mu_1=E(X)$，即得

$\mu_1=E(X)=0\times\theta^2+1\times 2\theta(1-\theta)+2\times\theta^2+3\times(1-2\theta)=3-4\theta$，

$\overline{x}=\dfrac{1}{8}(3+1+3+0+3+1+2+3)=2.$

令 $E(X)=\overline{x}$，即 $3-4\theta=2$，得 $\theta=\dfrac{1}{4}$.

所以 θ 的矩估计值为 $\hat{\theta}=\dfrac{1}{4}$.

② 似然函数为

$$\begin{aligned}L(\theta)&=P\{X_1=3,X_2=1,X_3=3,X_4=0,X_5=3,X_6=1,X_7=2,X_8=3\}\\&=P\{X=0\}[P\{X=1\}]^2P\{X=2\}[P\{X=3\}]^4\\&=\theta^2[2\theta(1-\theta)]^2\theta^2(1-2\theta)^4\\&=4\theta^6(1-\theta)^2(1-2\theta)^4.\end{aligned}$$

两边同时取对数，

$$\ln L(\theta)=\ln 4+6\ln\theta+2\ln(1-\theta)+4\ln(1-2\theta),$$

$$\begin{aligned}\frac{\mathrm{d}[\ln L(\theta)]}{\mathrm{d}\theta}&=\frac{6}{\theta}-\frac{2}{1-\theta}-\frac{8}{1-2\theta}\\&=\frac{6-28\theta+24\theta^2}{\theta(1-\theta)(1-2\theta)}.\end{aligned}$$

令

$$\frac{\mathrm{d}[\ln L(\theta)]}{\mathrm{d}\theta}=0,$$

即

$$24\theta^2-28\theta+6=0,$$

解得 $\theta_{1,2}=\dfrac{1}{12}(7\pm\sqrt{13})$.

但
$$\theta=\frac{1}{12}(7+\sqrt{13})>\frac{1}{2},$$
不合题意,舍去.

故 θ 的最大似然估计值为
$$\hat{\theta}=\frac{1}{12}(7-\sqrt{13}).$$

2 设随机变量 X 的分布函数为
$$F(x;\alpha;\beta)=\begin{cases}1-\left(\frac{\alpha}{x}\right)^{\beta}, & x>\alpha,\\ 0, & x\leqslant\alpha,\end{cases}$$
其中参数 $\alpha>0,\beta>1$. 设 $X_1,X_2,\cdots,X_n$ 为来自总体 X 的简单随机样本.

(1) 当 $\alpha=1$ 时, 求未知参数 β 的矩估计量;

(2) 当 $\alpha=1$ 时, 求未知参数 β 的最大似然估计量;

(3) 当 $\beta=2$ 时, 求未知参数 α 的最大似然估计量.

分析 本题考查的是点估计.

解析 (1) 当 $\alpha=1$ 时,随机变量 X 的概率密度为
$$f(x;\beta)=\begin{cases}\beta x^{-\beta-1}, & x>1,\\ 0, & x\leqslant 1,\end{cases}$$
$$E(X)=\int_{-\infty}^{+\infty}xf(x;\beta)\mathrm{d}x=\beta\int_{1}^{+\infty}x^{-\beta}\mathrm{d}x=\frac{\beta}{\beta-1}.$$
令 $\frac{\beta}{\beta-1}=\overline{X}$,得 β 的矩估计量 $\hat{\beta}=\frac{\overline{X}}{\overline{X}-1}$,其中 $\overline{X}=\frac{1}{n}\sum_{i=1}^{n}X_i$.

(2) 设 $x_1,x_2,\cdots,x_n$ 为样本观测值,似然函数为
$$L(\beta)=\prod_{k=1}^{n}f(x_i;\beta)=\begin{cases}\prod_{k=1}^{n}\beta x_i^{-\beta-1}, & x_i>1,i=1,2,\cdots,n,\\ 0, & \text{其他}\end{cases}$$
$$=\begin{cases}\beta^n(x_1x_2\cdots x_n)^{-\beta-1}, & x_i>1,i=1,2,\cdots,n,\\ 0, & \text{其他}.\end{cases}$$
当 $x_i>1,i=1,2,\cdots,n$ 时,取对数,得对数似然函数
$$\ln L(\beta)=n\ln\beta-(\beta+1)\ln(x_1x_2\cdots x_n),$$
求导, 令 $\frac{\mathrm{d}[\ln L(\beta)]}{\mathrm{d}\beta}=\frac{n}{\beta}-\ln(x_1x_2\cdots x_n)=0$,解得最大似然估计值 $\hat{\beta}=\frac{n}{\sum_{k=1}^{n}\ln x_k}$. 于是,

β 的最大似然估计量 $\hat{\beta}=\frac{n}{\sum_{k=1}^{n}\ln X_k}$.

(3) 当 $\beta=2$ 时，随机变量 X 的概率密度为

$$f(x;\alpha)=\begin{cases}\dfrac{2\alpha^2}{x^3}, & x>\alpha,\\ 0, & x\leqslant\alpha.\end{cases}$$

设 $x_1,x_2,\cdots,x_n$ 为样本观测值，似然函数为

$$L(\alpha)=\prod_{k=1}^{n}f(x_i;\alpha)=\begin{cases}\prod\limits_{k=1}^{n}\dfrac{2\alpha^2}{x_i^3}, & x_i>\alpha,i=1,2,\cdots,n,\\ 0, & \text{其他}\end{cases}$$

$$=\begin{cases}2^n\alpha^{2n}(x_1x_2\cdots x_n)^{-3}, & x_i>\alpha,i=1,2,\cdots,n,\\ 0, & \text{其他}.\end{cases}$$

当 $x_i>\alpha,i=1,2,\cdots,n$ 时，取对数，得对数似然函数

$$\ln L(\alpha)=n\ln 2+2n\ln\alpha-3\ln(x_1x_2\cdots x_n).$$

求导，$\dfrac{\mathrm{d}[\ln L(\alpha)]}{\mathrm{d}\alpha}=\dfrac{2n}{\alpha}>0$，故 $\ln L(\alpha)$ 是 α 的单调增函数，α 越大，则似然函数越大. 然而需要满足 $x_i>\alpha,i=1,2,\cdots n$，即 $\alpha\in(0,x_{(1)}]$，其中 $x_{(1)}=\min\{x_1,x_2,\cdots,x_n\}$.

因此应有 α 的最大似然估计值 $\hat{\alpha}=x_{(1)}$. 于是，α 的最大似然估计量 $\hat{\alpha}=X_{(1)}$.

3 设总体 X 的概率密度为 $f(x;\theta;\varphi)=\begin{cases}\theta, & 0<x<1,\\ \varphi, & 1\leqslant x<2,\\ 0, & \text{其他},\end{cases}$ 其中 $\theta,\varphi(0<\theta,\varphi<1)$ 是未知参数，$X_1,X_2,\cdots,X_n$ 是取自总体 X 的简单随机样本，记 N 为样本值 $x_1,x_2,\cdots,x_n$ 中小于 1 的个数，求 θ,φ 的最大似然估计值.

解析 首先利用规范性求解参数之间的联系，再对两个参数进行最大似然估计.

由规范性得 $\int_{-\infty}^{+\infty}f(x;\theta;\varphi)\mathrm{d}x=1$，解得 $\varphi=1-\theta$. 在此基础上对未知参数 θ 进行估计. 记似然函数 $L(\theta)$，则

$$L(\theta)=\prod_{i=1}^{n}f(x_i,\theta)$$

$$=\begin{cases}\overbrace{\theta\cdot\theta\cdot\cdots\cdot\theta}^{N\text{个}}\cdot\overbrace{(1-\theta)\cdot(1-\theta)\cdot\cdots\cdot(1-\theta)}^{(n-N)\text{个}}, & 0<x_{i_1},\cdots,x_{i_N}<1,1\leqslant x_{i_{N+1}},\cdots,x_{i_n}<2,\\ 0, & \text{其他}\end{cases}$$

$$=\begin{cases}\theta^N\cdot(1-\theta)^{n-N}, & 0<x_{i_1},\cdots,x_{i_N}<1,1\leqslant x_{i_{N+1}},\cdots,x_{i_n}<2,\\ 0, & \text{其他}.\end{cases}$$

当 $0<x_{i_1},\cdots,x_{i_N}<1,1\leqslant x_{i_{N+1}},\cdots,x_{i_n}<2$ 时，两边取对数得

$$\ln L(\theta)=N\ln\theta+(n-N)\ln(1-\theta).$$

令$\dfrac{\mathrm{d}[\ln L(\theta)]}{\mathrm{d}\theta}=\dfrac{N}{\theta}-\dfrac{n-N}{1-\theta}=0$,解得 $\theta=\dfrac{N}{n}$.

因此 θ 的最大似然估计值为 $\hat{\theta}=\dfrac{N}{n}$,进而 φ 的最大似然估计值为 $\hat{\varphi}=1-\dfrac{N}{n}$.

4 设总体 X 的概率密度为 $f(x;\theta;\mu)=\begin{cases}\dfrac{1}{\theta}\mathrm{e}^{-\frac{x-\mu}{\theta}}, & x>\mu,\\ 0, & x\leqslant\mu,\end{cases}$ 其中 $\theta>0$,μ 是未知参数. X_1, X_2,…,X_n 是取自 X 的简单随机样本.

求(1)μ,θ 的矩估计量;

(2)μ,θ 的最大似然估计量.

解析 (1) 这里有两个未知参数,采用一阶矩和二阶矩进行估计.

$$\mu_1=E(X)=\int_{-\infty}^{+\infty}xf(x;\theta;\mu)\mathrm{d}x=\int_{\mu}^{+\infty}\frac{1}{\theta}x\mathrm{e}^{-\frac{x-\mu}{\theta}}\mathrm{d}x=\theta+\mu,$$

$$\mu_2=E(X^2)=\int_{-\infty}^{+\infty}x^2f(x;\theta;\mu)\mathrm{d}x=\int_{\mu}^{+\infty}\frac{1}{\theta}x^2\mathrm{e}^{-\frac{x-\mu}{\theta}}\mathrm{d}x=\theta^2+(\theta+\mu)^2.$$

令$\begin{cases}\theta+\mu=\overline{X},\\ \theta^2+(\theta+\mu)^2=\dfrac{1}{n}\displaystyle\sum_{i=1}^{n}X_i^2.\end{cases}$

解得$\begin{cases}\theta=\sqrt{\dfrac{1}{n}\displaystyle\sum_{i=1}^{n}X_i^2-\overline{X}^2}=\sqrt{\dfrac{1}{n}\displaystyle\sum_{i=1}^{n}(X_i-\overline{X})^2}=\sqrt{\dfrac{n-1}{n}}S,\\ \mu=\overline{X}-\sqrt{\dfrac{n-1}{n}}S.\end{cases}$

所以 μ,θ 的矩估计量为 $\hat{\theta}=\sqrt{\dfrac{n-1}{n}}S$,$\hat{\mu}=\overline{X}-\sqrt{\dfrac{n-1}{n}}S$.

(2) 设 $x_1,x_2,\cdots,x_n$ 为样本观测值,似然函数为

$$L(\theta,\mu)=\prod_{i=1}^{n}\frac{1}{\theta}\mathrm{e}^{-\frac{x_i-\mu}{\theta}},x_i\geqslant\mu,i=1,2,\cdots,n,$$

取对数 $\ln L(\theta,\mu)=-n\ln\theta-\dfrac{1}{\theta}\left(\displaystyle\sum_{i=1}^{n}x_i-n\mu\right)$,

$$\begin{cases}\dfrac{\partial[\ln L(\theta,\mu)]}{\partial\theta}=-\dfrac{n}{\theta}+\dfrac{1}{\theta^2}\left(\displaystyle\sum_{i=1}^{n}x_i-n\mu\right),\\ \dfrac{\partial[\ln L(\theta,\mu)]}{\partial\mu}=\dfrac{n}{\theta}.\end{cases}$$

由$\dfrac{\partial[\ln L(\theta,\mu)]}{\partial\mu}=\dfrac{n}{\theta}>0$,$x_i\geqslant\mu$,$i=1,2,\cdots,n$ 可知当 $\mu=\min\{x_1,x_2,\cdots,x_n\}$ 时,

$\ln L(\theta,\mu)$ 最大.

由 $\dfrac{\partial[\ln L(\theta,\mu)]}{\partial\theta}=0$ 得 θ 最大似然估计值 $\theta=\dfrac{1}{n}\sum\limits_{i=1}^{n}(x_i-\mu)=\overline{X}-\mu$，所求最大似然估计量分别为

$$\hat{\mu}=\min\{X_1,X_2,\cdots,X_n\}=X_{(1)},\hat{\theta}=\overline{X}-X_{(1)}.$$

5 设总体 X 的概率密度为 $f(x;\theta)=\begin{cases}\dfrac{2x}{3\theta^2}, & \theta<x<2\theta,\\ 0, & \text{其他},\end{cases}$ 其中 θ 为未知参数，$X_1,X_2,\cdots,X_n$ 为来自总体 X 的简单随机样本，若 $c\sum\limits_{i=1}^{n}x_i^2$ 是 θ^2 的无偏估计，则 $c=$________.

答案 $\dfrac{2}{5n}$

解析 因为 $E\left(c\sum\limits_{i=1}^{n}X_i^2\right)=c\sum\limits_{i=1}^{n}E(X_i^2)=c\sum\limits_{i=1}^{n}E(X^2)=ncE(X^2)$，而

$$E(X^2)=\int_{-\infty}^{+\infty}x^2f(x,\theta)\mathrm{d}x=\int_{\theta}^{2\theta}\frac{2x^3}{3\theta^2}\mathrm{d}x=\frac{5}{2}\theta^2,$$

所以 $E\left(c\sum\limits_{i=1}^{n}X_i^2\right)=\dfrac{5}{2}nc\theta^2$，由无偏性 $\dfrac{5}{2}nc\theta^2=\theta^2$，因此 $c=\dfrac{2}{5n}$.

6 设随机变量 X 的概率密度为 $f(x;\theta)=\begin{cases}\mathrm{e}^{-(x-\theta)}, & x>\theta,\\ 0, & x\leqslant\theta,\end{cases}$ 其中 $\theta>0$ 是未知参数. 从总体 X 中抽取简单随机样本 $X_1,X_2,\cdots,X_n$.

(1) 求未知参数 θ 的矩估计量 $\hat{\theta}_1$；

(2) 求未知参数 $\theta-\dfrac{1}{n}$ 的最大似然估计量 $\hat{\theta}_2$；

(3) 证明 $\hat{\theta}_1,\hat{\theta}_2$ 是 θ 的两个无偏估计，并确定哪个更有效.

解析 (1) 随机变量 X 的概率密度为

$$f(x;\theta)=\begin{cases}\mathrm{e}^{-(x-\theta)}, & x>\theta,\\ 0, & x\leqslant\theta,\end{cases}$$

$$E(X)=\int_{-\infty}^{+\infty}xf(x;\theta)\mathrm{d}x=\int_{\theta}^{+\infty}x\mathrm{e}^{-(x-\theta)}\mathrm{d}x$$

$$=\int_{0}^{+\infty}(t+\theta)\mathrm{e}^{-t}\mathrm{d}t=1+\theta,$$

令 $1+\theta=\overline{X}$ 得 θ 的矩估计量 $\hat{\theta}_1=\overline{X}-1$，其中 $\overline{X}=\dfrac{1}{n}\sum\limits_{i=1}^{n}X_i$.

(2) 设 $x_1,x_2,\cdots,x_n$ 为样本观测值，似然函数为

$$L(\theta)=\begin{cases}\prod_{i=1}^{n} e^{-(x_i-\theta)}, & x_i>\theta, i=1,2,\cdots,n,\\ 0, & \text{其他}\end{cases}$$

$$=\begin{cases}e^{-\left(\sum_{i=1}^{n}x_i-n\theta\right)}, & x_i>\theta, i=1,2,\cdots,n,\\ 0, & \text{其他}.\end{cases}$$

当 $x_i>\theta, i=1,2,\cdots,n$ 时，

$$L(\theta)=e^{-\left(\sum_{i=1}^{n}x_i-n\theta\right)},$$

取对数

$$\ln L(\theta)=-\left(\sum_{i=1}^{n}x_i-n\theta\right),$$

求导得

$$\frac{d[\ln L(\theta)]}{d\theta}=n>0,$$

可知 θ 的最大似然估计值 $\hat{\theta}=\min\{x_1,x_2,\cdots,x_n\}=x_{(1)}$.

于是 $\theta-\frac{1}{n}$ 的最大似然估计量为 $\hat{\theta}_2=X_{(1)}-\frac{1}{n}$.

(3) $$E(\hat{\theta}_1)=E(\overline{X}-1)=E(X)-1,$$

而 $$E(X)=\int_{-\infty}^{+\infty}xf(x;\theta)dx=\int_{\theta}^{+\infty}xe^{-(x-\theta)}dx=\theta+1,$$

所以 $E(\hat{\theta}_1)=\theta$.

$$E(\hat{\theta}_2)=E(X_{(1)})-\frac{1}{n}, \text{其中 } X_{(1)}=\min\{X_1,X_2,\cdots,X_n\},$$

而 $$F_{X_{(1)}}(x)=1-[1-F(x)]^n, F(x)=\int_{-\infty}^{x}f(t;\theta)dt,$$

$$f_{X_{(1)}}(x)=F'_{X_{(1)}}(x)=n[1-F(x)]^{n-1}f(x;\theta)=\begin{cases}ne^{-n(x-\theta)}, & x>\theta,\\ 0, & x\leqslant\theta,\end{cases}$$

$E(X_{(1)})=\int_{\theta}^{+\infty}xne^{-n(x-\theta)}dx=\theta+\frac{1}{n}$，于是 $E(\hat{\theta}_2)=\theta$，所以，$\hat{\theta}_1$，$\hat{\theta}_2$ 是 θ 的两个无偏估计.

又 $$D(\hat{\theta}_1)=D(\overline{X}-1)=D(\overline{X})=\frac{1}{n}D(X)=\frac{1}{n}\{E(X^2)-[E(X)]^2\}=\frac{1}{n},$$

$$D(\hat{\theta}_2)=D\left(X_{(1)}-\frac{1}{n}\right)=D(X_{(1)})=\frac{1}{n}\{E(X_{(1)}^2)-[E(X_{(1)})]^2\}=\frac{1}{n^2},$$

当 $n>1$ 时，$D(\hat{\theta}_2)<D(\hat{\theta}_1)$，即 $\hat{\theta}_2$ 比 $\hat{\theta}_1$ 更有效.

【注】 由于当 $n\to\infty$ 时，$E(\hat{\theta}_1)=\theta$，$E(\hat{\theta}_2)=\theta$，$D(\hat{\theta}_1)=\frac{1}{n}\to 0$，$D(\hat{\theta}_2)=\frac{1}{n^2}\to 0$，所以 $\hat{\theta}_1$，$\hat{\theta}_2$ 也是 θ 的一致估计量.

7 设已知一批零件的长度 X(单位:cm) 服从正态分布 $N(\mu,1)$，从中随机地抽取 16 个零件，得到长度的平均值为 40 cm，则 μ 的置信度为 0.95 的置信区间是________.

(注:标准正态分布函数值 $\Phi(1,96)=0.975$，$\Phi(1.645)=0.95$)

答案 (39.51,40.49)

解析 选取统计量 $T=\frac{\overline{X}-\mu}{\sigma/\sqrt{n}}\sim N(0,1)$.

根据对称性 T 的置信度为 0.95 的置信区间是 $(-u_{0.025},u_{0.025})$.

设 $y\sim N(0,1)$，则 $P\{y\leqslant 1.96\}=0.975$，即 $P\{y>1.96\}=0.025$，可知 $u_{0.025}=1.96$，

令 $-1.96<T=\frac{\overline{X}-\mu}{\sigma/\sqrt{n}}<1.96$，代入 $\overline{X}=40$，$\alpha=0.05$，$n=16$，$\sigma^2=1$，解得 μ 的置信区间为(39.51,40.49).

8 已知一批零件的长度 X(单位:cm) 服从正态分布 $N(\mu,1)$，若要使 μ 的置信度为 0.95 的置信区间长度不超过 0.392，则样本容量至少为________.

(注:标准正态分布函数值 $\Phi(1,96)=0.975$，$\Phi(1.645)=0.95$)

答案 100

解析 选取统计量 $T=\frac{\overline{X}-\mu}{\sigma/\sqrt{n}}\sim N(0,1)$.

根据对称性 T 的置信度为 0.95 的置信区间是 $(-u_{0.025},u_{0.025})$.

设 $y\sim N(0,1)$，则 $P\{y\leqslant 1.96\}=0.975$，即 $P\{y>1.96\}=0.025$，可知 $u_{0.025}=1.96$，

令 $-1.96<T=\frac{\overline{X}-\mu}{\sigma/\sqrt{n}}<1.96$，得

$$\overline{X}-1.96\frac{\sigma}{\sqrt{n}}<\mu<\overline{X}+1.96\frac{\sigma}{\sqrt{n}},$$

置信区间长度 $L=\left(\overline{X}+1.96\frac{\sigma}{\sqrt{n}}\right)-\left(\overline{X}-1.96\frac{\sigma}{\sqrt{n}}\right)=3.92\frac{\sigma}{\sqrt{n}}\leqslant 0.392$，可得 $\frac{\sqrt{n}}{\sigma}\geqslant 10$，解得 $n\geqslant 100$.

9 设总体 $X\sim N(\mu,\sigma^2)$，样本容量为 9，样本方差 $S^2=1.25^2$，则 μ 的置信水平为 0.95 的置信区间的长度为________.

(注:$t_{0.025}(8)=2.306\,0$，$t_{0.025}(9)=2.262\,2$)

答案 1.921 7

解析 正态总体的方差未知，则 μ 的置信水平为 0.95 的置信区间为

$$\left(\overline{X}-t_{\frac{\alpha}{2}}(n-1)\frac{S}{\sqrt{n}},\overline{X}+t_{\frac{\alpha}{2}}(n-1)\frac{S}{\sqrt{n}}\right).$$

区间长度为

$$2t_{\frac{\alpha}{2}}(n-1)\frac{S}{\sqrt{n}}=t_{\frac{\alpha}{2}}(n-1)\frac{2\times 1.25}{\sqrt{9}},$$

置信区间长度为 1.921 7.

第八章　假设检验（数学一）

大纲考试要求

考试要求	考试内容
了解	假设检验可能产生的两类错误
理解	显著性检验的基本思想
掌握	假设检验的基本步骤； 单正态总体及双正态总体的均值和方差的假设检验

知识导图

- 假设检验(数学一)
  - 假设检验的概念
    - 原假设与备择假设
    - 拒绝域和临界点
    - 假设检验中的两类错误
      - 第一类错误：弃真
      - 第二类错误：存伪
  - 显著性检验
    - 显著性水平的定义
    - 显著性检验的四个步骤
    - 正态总体的假设检验
      - 单正态总体的显著性检验
        - 双侧检验
        - 单侧检验
      - 双正态总体的显著性检验
        - 双侧检验
        - 单侧检验
    - 置信区间与假设检验的关系

8.1 假设检验的概念

8.1.1 假设检验的定义

假设检验是数理统计中根据一定假设条件,由样本推断总体的一种方法.具体做法:

(1) 根据问题的需要对所研究的总体作某种假设,记作 H_0;

(2) 选取合适的统计量,这个统计量的选取要使得在 H_0 成立时,其分布为已知;

(3) 根据选取的统计量和显著性水平,确定检验的拒绝域(以及接受域);

(4) 由实测的样本,计算出统计量的观测值,作出拒绝 H_0(观测值满足拒绝域) 或接受 H_0(观测值不满足拒绝域) 的判断.

8.1.2 假设检验中的常用概念

8.1.2.1 原假设与备择假设

通常称对所关注问题的假设为原假设,记作 H_0,称与原假设相对立的假设为备择假设,记作 H_1.

以对 μ 的检验为例,原假设和备选假设一般有三种情况:

原假设	备择假设	特点
$\mu \leqslant \mu_0$	$\mu > \mu_0$	右侧检验
$\mu \geqslant \mu_0$	$\mu < \mu_0$	左侧检验
$\mu = \mu_0$	$\mu \neq \mu_0$	双侧检验

8.1.2.2 检验统计量

用于假设检验问题的统计量称为检验统计量.

这里选用的统计量实际上和区间估计中选用的统计量完全一致.

以单正态总体为例,主要分两类:

$$
\begin{cases}
\text{① 对 } \mu \text{ 检验} \begin{cases} \dfrac{\overline{X}-\mu}{\sigma/\sqrt{n}} \sim N(0,1), & \sigma \text{ 已知;} \\ \dfrac{\overline{X}-\mu}{S/\sqrt{n}} \sim t(n-1), & \sigma \text{ 未知.} \end{cases} \\
\text{② 对 } \sigma^2 \text{ 检验} \begin{cases} \dfrac{(n-1)S^2}{\sigma^2} \sim \chi^2(n-1), & \mu \text{ 未知;} \\ \displaystyle\sum_{i=1}^{n}\left(\frac{X_i-\mu}{\sigma}\right)^2 \sim \chi^2(n), & \mu \text{ 已知.} \end{cases}
\end{cases}
$$

8.1.2.3　拒绝域和临界点

当检验统计量的观测值落在某一个区域时就拒绝 H_0，这一区域称为拒绝域，拒绝域的边界点称为临界点.

此部分是假设检验的难点，一般性结论我们归纳如下（以对 μ 的检验为例）：

原假设	备选假设	特点	拒绝域
$\mu \leqslant \mu_0$	$\mu > \mu_0$	右侧检验	最右侧小概率区间
$\mu \geqslant \mu_0$	$\mu < \mu_0$	左侧检验	最左侧小概率区间
$\mu = \mu_0$	$\mu \neq \mu_0$	双侧检验	两侧小概率区间，两个区间对应的随机事件概率相等

8.1.2.4　假设检验的两类错误

第一类错误（弃真错误）：原假设 H_0 为真，但拒绝了原假设.

第二类错误（存伪错误）：原假设 H_0 为假，但接受了原假设.

【注】假设检验中发生的两类错误是由样本的随机性引起的，例如我们假设某班数学成绩平均分高于 130 分，这时会遇到两种情况：

(1) 此班数学成绩平均分确实超过 130 分，但是抽样时候刚好取到几个远低于 130 分的数学成绩，导致我们否定了此假设，这就是弃真的错误；

(2) 此班数学成绩平均分实际低于 130 分，但是抽样时候刚好取到几个很高的数学成绩，导致我们接受了此假设，这就是存伪的错误.

假设检验具有一定的容错机制，这个取决于显著性水平，我们将在下一节进行讨论.

专题一　假设检验的概念

8-1 在假设检验中，H_0 表示原假设，H_1 表示备择假设，则犯第一类错误的情况为(　　).

(A) H_1 真，接受 H_1

(B) H_1 不真，接受 H_1

(C) H_1 真，拒绝 H_1

(D) H_1 不真，拒绝 H_1

答案 (B)

解析 犯第一类错误的概念是指弃真，即 H_0 成立，但假设检验的结果是拒绝 H_0，故 H_1 不真，但接受 H_1.

8－2 在假设检验问题中，如果原假设 H_0 的拒绝域为 C，那么样本值 $(x_1,\cdots,x_n)$ 只可能有下列四种情况，其中拒绝 H_0 且不犯错误的是（　　）.

(A) H_0 成立，$(x_1,\cdots,x_n)\in C$　　(B) H_0 成立，$(x_1,\cdots,x_n)\notin C$

(C) H_0 不成立，$(x_1,\cdots,x_n)\in C$　　(D) H_0 不成立，$(x_1,\cdots,x_n)\notin C$

答案 (C)

解析 拒绝 H_0 且不犯错误的意思是 H_0 为假，且拒绝 H_0，那就要求 $(x_1,\cdots,x_n)$ 落在拒绝域之内，故选(C).

8.2　显著性检验

8.2.1　显著性检验的定义

(1) 显著性水平：在假设检验中允许犯第一类错误的概率上限记为 $\alpha(0<\alpha<1)$，则 α 称为显著性水平，它体现了对弃真错误的容忍程度.

(2) 显著性检验：只控制第一类错误的概率上限 α（不考虑犯第二种错误的概率）的统计检验，称为显著性检验.

8.2.2　显著性检验的步骤

(1) 根据实际问题提出原假设 H_0 和备择假设 H_1.

H_0 和 H_1 大多数情况下是根据题目的定义确定的，少数情况需要自己进行定义. 需要注意的是 H_1 一般是 H_0 的逆命题（题目直接定义的除外）.

(2) 选择合适的检验统计量 T 并确定显著性水平 α.

(3) 写出拒绝域.

确定拒绝域是假设检验解题最关键的要素，主要由显著性水平确定，我们可以通过图像来理解.

①$H_1:\mu>\mu_0$.（右侧检验）

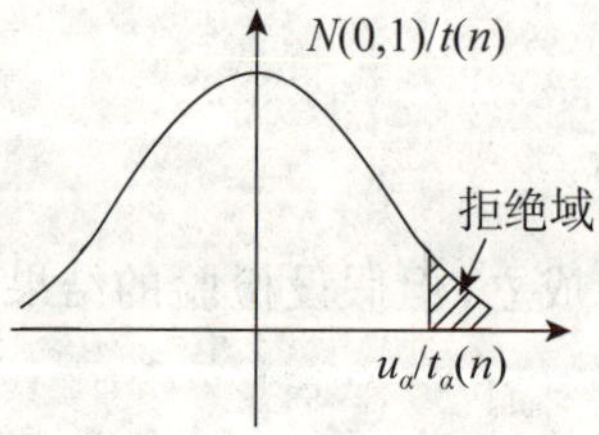

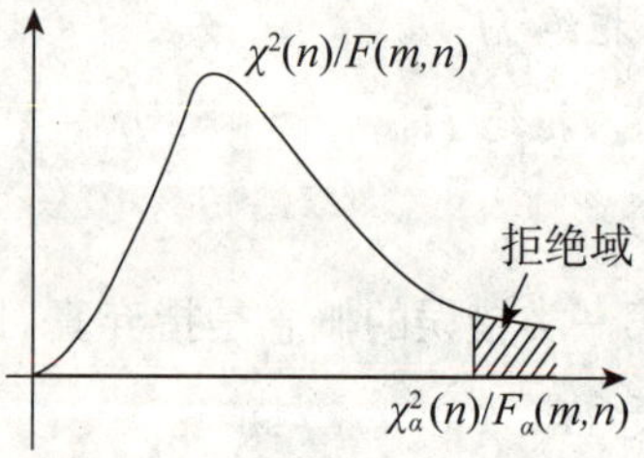

②$H_1:\mu<\mu_0$.(左侧检验)

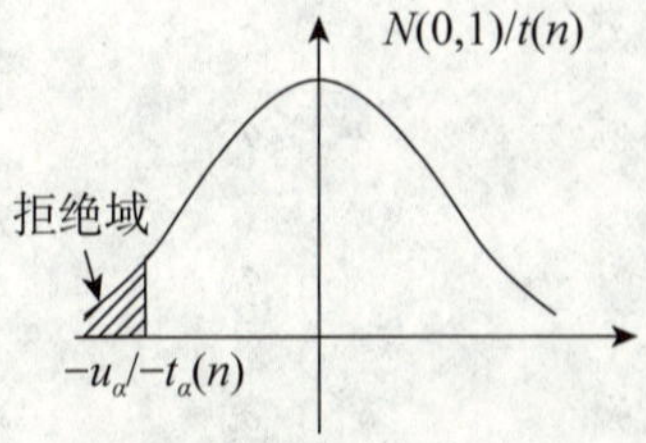

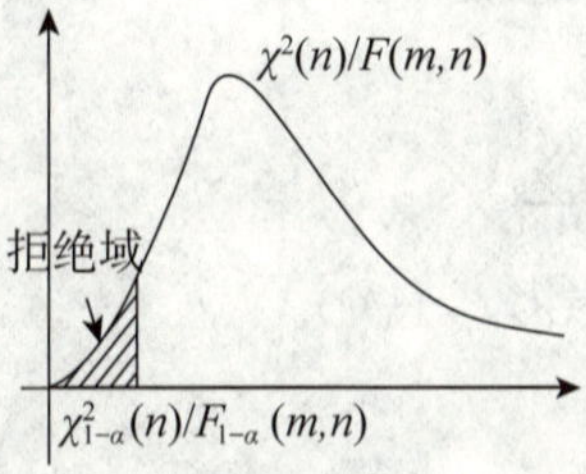

③$H_1:\mu\neq\mu_0$.(双侧检验)

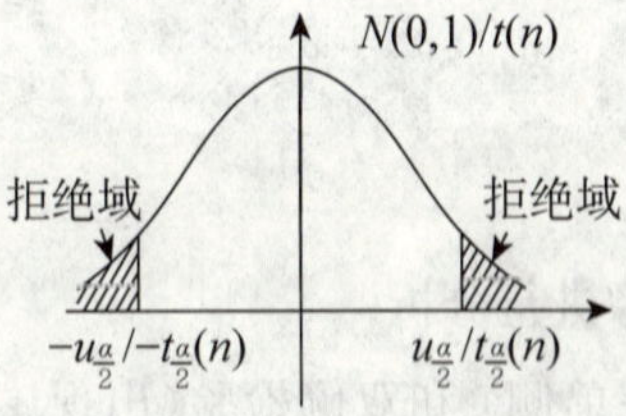

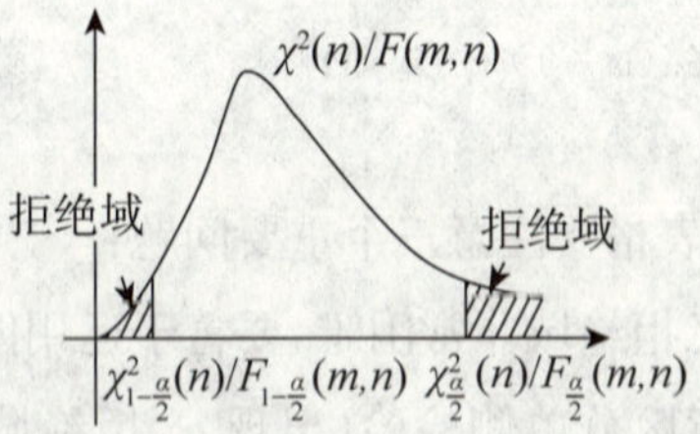

【注】这里需要注意①,②是单侧检验,所以拒绝域只在单侧,且以α的函数出现. ③是双侧检验,拒绝域在两侧,且以$\frac{\alpha}{2}$的函数出现.

(4)根据样本值计算检验统计量T的观测值,当观测值落在拒绝域内时拒绝原假设H_0,当观测值落在拒绝域之外(接受域)时接受原假设H_0.

8.2.3　显著性水平为 α 的单正态总体的假设检验

检验对象	检验统计量	原假设 H_0	备择假设 H_1	拒绝域
μ	$Z=\dfrac{\overline{X}-\mu_0}{\sigma/\sqrt{n}}\sim N(0,1)$ (σ^2 已知)	$\mu\leqslant\mu_0$	$\mu>\mu_0$	$Z\geqslant z_\alpha$
		$\mu\geqslant\mu_0$	$\mu<\mu_0$	$Z\leqslant -z_\alpha$
		$\mu=\mu_0$	$\mu\neq\mu_0$	$\|Z\|\geqslant z_{\alpha/2}$
	$T=\dfrac{\overline{X}-\mu_0}{S/\sqrt{n}}\sim t(n-1)$ (σ^2 未知)	$\mu\leqslant\mu_0$	$\mu>\mu_0$	$T\geqslant t_\alpha(n-1)$
		$\mu\geqslant\mu_0$	$\mu<\mu_0$	$T\leqslant -t_\alpha(n-1)$
		$\mu=\mu_0$	$\mu\neq\mu_0$	$\|T\|\geqslant t_{\alpha/2}(n-1)$

续表

检验对象	检验统计量	原假设 H_0	备择假设 H_1	拒绝域
σ^2	$\chi^2=\frac{1}{\sigma_0^2}\sum_{i=1}^{n}(X_i-\mu_0)^2\sim\chi^2(n)$（$\mu$ 已知）	$\sigma^2\leqslant\sigma_0^2$	$\sigma^2>\sigma_0^2$	$\chi^2\geqslant\chi_\alpha^2(n)$
		$\sigma^2\geqslant\sigma_0^2$	$\sigma^2<\sigma_0^2$	$\chi^2\leqslant\chi_{1-\alpha}^2(n)$
		$\sigma^2=\sigma_0^2$	$\sigma^2\neq\sigma_0^2$	$\chi^2\geqslant\chi_{\alpha/2}^2(n)$ 或 $\chi^2\leqslant\chi_{1-\alpha/2}^2(n)$
	$\chi^2=\frac{(n-1)S^2}{\sigma_0^2}\sim\chi^2(n-1)$（$\mu$ 未知）	$\sigma^2\leqslant\sigma_0^2$	$\sigma^2>\sigma_0^2$	$\chi^2\geqslant\chi_\alpha^2(n-1)$
		$\sigma^2\geqslant\sigma_0^2$	$\sigma^2<\sigma_0^2$	$\chi^2\leqslant\chi_{1-\alpha}^2(n-1)$
		$\sigma^2=\sigma_0^2$	$\sigma^2\neq\sigma_0^2$	$\chi^2\geqslant\chi_{\alpha/2}^2(n-1)$ 或 $\chi^2\leqslant\chi_{1-\alpha/2}^2(n-1)$

关于上述表格要注意三个重要问题：

(1) 纯记忆拒绝域非常困难，要善于运用图像进行分析；

(2) 要注意区分单侧检验（出现 α，拒绝域在单侧）和双侧检验（出现 $\alpha/2$，拒绝域在两侧）；

(3) 拒绝域主要取决于 H_1，而 H_1 一般会在题目中明确指出，本表格给出的 H_0，H_1 对应关系仅作为参考.

8.2.4 显著性水平为 α 的双正态总体的假设检验

检验对象	检验统计量	原假设 H_0	备择假设 H_1	拒绝域
$\mu_1-\mu_2$	$Z=\frac{\overline{X}-\overline{Y}-\delta}{\sqrt{\frac{\sigma_1^2}{n_1}+\frac{\sigma_2^2}{n_2}}}\sim N(0,1)$（$\sigma_1^2,\sigma_2^2$ 已知）	$\mu_1-\mu_2\leqslant\delta$	$\mu_1-\mu_2>\delta$	$Z\geqslant z_\alpha$
		$\mu_1-\mu_2\geqslant\delta$	$\mu_1-\mu_2<\delta$	$Z\leqslant-z_\alpha$
		$\mu_1-\mu_2=\delta$	$\mu_1-\mu_2\neq\delta$	$\lvert Z\rvert\geqslant z_{\alpha/2}$
	$T=\frac{\overline{X}-\overline{Y}-\delta}{S_W\sqrt{\frac{1}{n_1}+\frac{1}{n_2}}}\sim t(n_1+n_2-2)$ 其中 $S_W^2=\frac{(n_1-1)S_1^2+(n_2-1)S_2^2}{n_1+n_2-2}$（$\sigma_1^2=\sigma_2^2=\sigma^2$ 未知）	$\mu_1-\mu_2\leqslant\delta$	$\mu_1-\mu_2>\delta$	$T\geqslant t_\alpha(n_1+n_2-2)$
		$\mu_1-\mu_2\geqslant\delta$	$\mu_1-\mu_2<\delta$	$T\leqslant-t_\alpha(n_1+n_2-2)$
		$\mu_1-\mu_2=\delta$	$\mu_1-\mu_2\neq\delta$	$\lvert T\rvert\geqslant t_{\alpha/2}(n_1+n_2-2)$

续表

检验对象	检验统计量	原假设 H_0	备择假设 H_1	拒绝域
σ_1^2/σ_2^2	$F=\dfrac{S_1^2/\sigma_1^2}{S_2^2/\sigma_2^2}\sim F(n_1-1,n_2-1)$ (μ_1,μ_2未知)	$\sigma_1^2\leqslant\sigma_2^2$	$\sigma_1^2>\sigma_2^2$	$\dfrac{S_1^2}{S_2^2}\geqslant F_\alpha(n_1-1,n_2-1)$
		$\sigma_1^2\geqslant\sigma_2^2$	$\sigma_1^2<\sigma_2^2$	$\dfrac{S_1^2}{S_2^2}\leqslant F_{1-\alpha}(n_1-1,n_2-1)$
		$\sigma_1^2=\sigma_2^2$	$\sigma_1^2\neq\sigma_2^2$	$\dfrac{S_1^2}{S_2^2}\geqslant F_{\alpha/2}(n_1-1,n_2-1)$ 或 $\dfrac{S_1^2}{S_2^2}\leqslant F_{1-\alpha/2}(n_1-1,n_2-1)$
σ_1^2/σ_2^2	$F=\dfrac{\frac{1}{n_1\sigma_1^2}\sum_{i=1}^{n_1}(X_i-\mu_1)^2}{\frac{1}{n_2\sigma_2^2}\sum_{i=1}^{n_2}(Y_i-\mu_2)^2}\sim F(n_1,n_2)$ (μ_1,μ_2已知)	$\sigma_1^2\leqslant\sigma_2^2$	$\sigma_1^2>\sigma_2^2$	$\dfrac{\frac{1}{n_1}\sum_{i=1}^{n_1}(X_i-\mu_1)^2}{\frac{1}{n_2}\sum_{i=1}^{n_2}(Y_i-\mu_2)^2}\geqslant F_\alpha(n_1,n_2)$
		$\sigma_1^2\geqslant\sigma_2^2$	$\sigma_1^2<\sigma_2^2$	$\dfrac{\frac{1}{n_1}\sum_{i=1}^{n_1}(X_i-\mu_1)^2}{\frac{1}{n_2}\sum_{i=1}^{n_2}(Y_i-\mu_2)^2}\leqslant F_{1-\alpha}(n_1,n_2)$
		$\sigma_1^2=\sigma_2^2$	$\sigma_1^2\neq\sigma_2^2$	$\dfrac{\frac{1}{n_1}\sum_{i=1}^{n_1}(X_i-\mu_1)^2}{\frac{1}{n_2}\sum_{i=1}^{n_2}(Y_i-\mu_2)^2}\geqslant F_{\alpha/2}(n_1,n_2)$ 或 $\dfrac{\frac{1}{n_1}\sum_{i=1}^{n_1}(X_i-\mu_1)^2}{\frac{1}{n_2}\sum_{i=1}^{n_2}(Y_i-\mu_2)^2}\leqslant F_{1-\alpha/2}(n_1,n_2)$

8.2.5 置信区间与假设检验之间的关系

由于本书中的置信区间主要是双侧区间,故只讨论双侧检验.

从统计量的概率密度图像可知,对于同一个变量而言(μ 或σ^2),置信度为$1-\alpha$ 的置信区间实际等同于同一条件下显著性水平为 α 的假设检验问题的接受域(拒绝域的补集).

专题二 显著性检验

8-3 设$\overline{X}$和S^2为来自正态总体$N(\mu,\sigma^2)$的样本均值和样本方差,n为样本容量,且σ^2未知,则$\overline{X}-\mu_0>t_{0.05}(n-1)\dfrac{S}{\sqrt{n}}$为(　　).

(A)$H_0:\mu=\mu_0, H_1:\mu\neq\mu_0$ 的拒绝域，$\alpha=0.05$

(B)$H_0:\mu=\mu_0, H_1:\mu\neq\mu_0$ 的拒绝域，$\alpha=0.10$

(C)$H_0:\mu=\mu_0, H_1:\mu>\mu_0$ 的拒绝域，$\alpha=0.05$

(D)$H_0:\mu=\mu_0, H_1:\mu>\mu_0$ 的拒绝域，$\alpha=0.10$

答案 (C)

解析 根据拒绝域 $\overline{X}-\mu_0\geqslant t_{0.05}(n-1)\dfrac{S}{\sqrt{n}}$ 的形式可知本题为单侧检验(右侧)，则显著性水平 $\alpha=0.05$，排除(B)(D).

拒绝域在右侧(大于等于号)，故备择假设为 $H_1:\mu>\mu_0$，由排除法可知本题选(C).

另一方面，对于(C)选项，$H_0:\mu=\mu_0, H_1:\mu>\mu_0$(右侧检验)，由于 σ^2 未知，故选择统计量 $T=\dfrac{\overline{X}-\mu}{S/\sqrt{n}}\sim t(n-1)$.

由于显著性水平 $\alpha=0.05$ 以及右侧检验的条件，拒绝域为 $T=\dfrac{\overline{X}-\mu}{S/\sqrt{n}}>t_{0.05}(n-1)$，亦可验证(C)为正确答案.

8-4 对于正态总体 $N(\mu,\sigma^2)$(σ^2 未知)的假设检验问题 $H_0:\mu\leqslant1, H_1:\mu>1$. $X_1, X_2,\cdots,X_n$ 为样本，$\overline{X}$ 为样本均值，S^2 为样本方差，若取显著性水平 $\alpha=0.05$，则其拒绝域为(　　).

(A) $|\overline{X}-1|\geqslant u_{0.05}$

(B) $\overline{X}>1+t_{0.05}(n-1)\dfrac{S}{\sqrt{n}}$

(C) $|\overline{X}-1|>t_{0.05}(n-1)\dfrac{S}{\sqrt{n}}$

(D) $\overline{X}<1-t_{0.05}(n-1)\dfrac{S}{\sqrt{n}}$

解析 根据 $H_0:\mu\leqslant1, H_1:\mu>1$ 可知本题是右侧检验.

(A)，(C)对应双侧检验，排除. (D)对应左侧检验，也排除. 故选(B).

另一方面，本题中 σ^2 未知，故选取统计量 $T=\dfrac{\overline{X}-\mu}{S/\sqrt{n}}\sim t(n-1)$.

根据显著性水平 $\alpha=0.05$，以及右侧检验的限制，故拒绝域为 $T=\dfrac{\overline{X}-1}{S/\sqrt{n}}>t_{0.05}(n-1)$，(B)正确.

8-5 设 $X_1,X_2,\cdots,X_n$ 是来自正态总体 $N(\mu,\sigma^2)$ 的样本，其中 μ,σ^2 为未知，$\overline{X}$ 和 S^2 为来自正态总体 $N(\mu,\sigma^2)$ 的样本均值和样本方差，若参数 $\mu=1$ 在置信水平 $1-\alpha$ 下的置信区间为(0.9,1.1)，则 $H_0:\mu=1, H_1:\mu\neq1$ 在显著性水平 α 下的拒绝域为________.

答案 $(-\infty,0.9]\cup[1.1,+\infty)$

解析 本题为双侧检验,则置信水平 $1-\alpha$ 下的双侧置信区间与显著性水平 α 下的假设检验接受域完全相同.因本题中接受域为(0.9,1.1),则拒绝域为 $(-\infty,0.9]\cup[1.1,+\infty)$.

8-6 设某次考试的考生成绩服从正态分布,从中随机地抽取 36 位考生的成绩,算得平均成绩为 66.5 分,标准差为 15 分.问在显著性水平 0.05 下,是否可以认为这次考试全体考生的平均成绩为 70 分?并给出检验过程.

附表:t 分布表.

n	0.05	0.025
35	1.689 6	2.030 1
36	1.688 3	2.028 2

解析 ① 根据题意建立原假设和备择假设,$H_0:\mu=\mu_0=70$;$H_1:\mu\neq 70$(双侧检验).

② 由于 σ^2 未知,故选取检验统计量 $T=\dfrac{\overline{X}-\mu_0}{S/\sqrt{n}}\sim t(n-1)$.

③ 根据显著性水平为 0.05 以及双侧检验的条件,可知拒绝域为

$$|T|\geqslant t_{0.025}(n-1)=t_{0.025}(35).$$

④ 将 $n=36,\overline{X}=66.5,\mu_0=70,S=15$ 代入统计量中可得 T 的值为

$$|\overline{T}|=\frac{|66.5-70|}{15/\sqrt{36}}=1.4<2.030\ 1=t_{0.025}(35).$$

由于 $|\overline{T}|$ 不满足拒绝域,因此接受假设 H_0,即在显著性水平 0.05 下,可以认为这次考试全体考生的平均成绩为 70 分.

【注】可能很多读者会觉得困惑,为何测得平均成绩为 66.5 分却可以认为这次考试全体考生的平均成绩为 70 分,这是由假设检验的容错机制保证的,也就是说假设检验中只要满足错误率在显著性水平(本题中是 0.05)以下,则认为结果成立.

8-7 设某次考试的考生成绩服从正态分布,从中随机地抽取 36 位考生的成绩,算得平均成绩为 65 分,标准差为 15 分.问在显著性水平 0.05 下,是否可以认为这次考试全体考生的平均成绩高于 70 分?并给出检验过程.

附表:t 分布表.

n	0.05	0.025
35	1.689 6	2.030 1
36	1.688 3	2.028 2

解析 ① 根据题意建立原假设和备择假设,$H_0:\mu>\mu_0=70$;$H_1:\mu\leqslant 70$(左侧检验).

② 由于σ^2未知，故选取检验统计量$T=\dfrac{\overline{X}-\mu_0}{S/\sqrt{n}}\sim t(n-1)$.

③ 根据显著性水平为0.05以及左侧检验的条件，可知拒绝域为

$$T\leqslant -t_{0.05}(n-1)=-t_{0.05}(35).$$

④ 将$n=36,\overline{X}=65,\mu_0=70,S=15$代入统计量中可得$T$的值为

$$T=\frac{65-70}{15/\sqrt{36}}=-2<-1.6896=-t_{0.05}(35).$$

由于$|T|$满足拒绝域，因此拒绝假设H_0，即在显著性水平0.05下，不能认为这次考试全体考生的平均成绩超过70分.

【注】本题和上一题主要区别在于$H_1:\mu\leqslant 70$决定了左侧检验，此时用到的临界值是$-t_{0.05}(35)$. 上一题是双侧检验，故用到的临界值是$|t_{0.025}(35)|$.

8-8 已知某炼铁厂铁水含碳量服从正态分布$N(4.55,0.108^2)$，现在测定了9炉铁水，其平均含碳量为4.484，显著性水平为$\alpha=0.05$，可否认为现在生产的铁水含碳量仍为4.55? ($u_{0.025}=1.96,u_{0.05}=1.645$).

解析 ① 假设. $H_0:\mu=\mu_0=4.55;H_1:\mu\neq 4.55$.

② 当H_0为真时，选择检验统计量

$$Z=\frac{\overline{X}-\mu_0}{\frac{\sigma}{\sqrt{n}}}\sim N(0,1).$$

③ 对于给定的显著性水平$\alpha=0.05$，有

$$P\{|Z|\geqslant k\}=0.05,$$

查表得到临界值$k=u_{\frac{\alpha}{2}}=1.96$，从而确定拒绝域$|Z|>1.96$.

④ 又$\overline{X}=4.484$，所以

$$|Z|=\left|\frac{4.484-4.45}{\frac{0.108}{\sqrt{9}}}\right|\approx 0.9444<1.96,$$

可知统计量Z的观测值不在拒绝域内，于是接受H_0，即认为现在生产的铁水含碳量仍为4.55.

8-9 假设$X_1,X_2,\cdots,X_{36}$是取自正态总体$N(\mu,0.36)$的简单随机样本，其中μ为未知参数，记样本均值$\overline{X}=\dfrac{1}{36}\sum\limits_{i=1}^{36}X_i$. 定义$H_0:\mu\leqslant 0.5,H_1:\mu>0.5$.

(1) 若检验拒绝域$W=\{(x_1,\cdots x_n)\mid \overline{X}>c\}$，检验的显著性水平$\alpha=0.025$，求$c$;

(2) 求在显著性水平 $\alpha=0.025$，$\mu=0.8$ 时，犯第二类错误的概率 β. ($\Phi(1.96)=0.975$，$\Phi(1.04)=0.851$)

解析 (1) 根据题意 σ^2 已知，则选定检验统计量 $Z=\dfrac{\overline{X}-\mu}{\dfrac{\sigma}{\sqrt{n}}}$，又 $\alpha=0.025$，当 $\mu=0.5$ 时，拒绝域为：

$$Z=\frac{\overline{X}-0.5}{\dfrac{0.6}{\sqrt{36}}}>1.96.$$

可知拒绝域为 $W=\{(x_1,\cdots,x_n)\mid\overline{X}>0.696\}$，即 $c=0.696$.

(2) 第二类错误为“存伪”，即 $\beta=P\{接受\ H_0\mid H_1\ 为真\}$，即

$$\begin{aligned}\beta&=P\{\overline{X}\notin W\mid\mu=0.8\}=P\{\overline{X}\leqslant 0.696\mid\mu=0.8\}\\&=P\left\{\frac{\overline{X}-0.8}{\dfrac{0.6}{\sqrt{36}}}\leqslant\frac{0.696-0.8}{\dfrac{0.6}{\sqrt{36}}}\right\}=P\left\{\frac{\overline{X}-0.8}{\dfrac{0.6}{\sqrt{36}}}\leqslant -1.04\right\}\\&=\Phi(-1.04)=1-\Phi(1.04)\\&=0.149.\end{aligned}$$

课后作业

1 关于假设检验，下列命题中必然成立的是(　　).

(A) 若备择假设是对的，作出的决策是拒绝备择假设，则犯了弃真错误

(B) 若备择假设是错的，作出的决策是接受备择假设，则犯了取伪错误

(C) 若原假设是对的，作出的决策是接受备择假设，则犯了弃真错误

(D) 若原假设是错的，作出的决策是接受备择假设，则犯了取伪错误

答案 (C)

解析 选项(A)：若备择假设是对的，即原假设为错的，作出的决策是拒绝备择假设，即接受原假设，这是犯了取伪错误，所以选项(A)是错的.

选项(B)：若备择假设是错的，即原假设为对的，作出的决策是接受备择假设，即拒绝原假设，这是犯了弃真错误，所以选项(B)是错的.

选项(C)：若原假设是对的，作出的决策是接受备择假设，即拒绝原假设，确实犯了弃真错误，所以选项(C)是正确的.

选项(D)：若原假设是错的，作出的决策是接受备择假设，即拒绝原假设，并没有犯取伪错误，所以选项(D)也是错的.

2 设 $X_1, X_2, \cdots, X_n$ 是来自正态总体 $N(\mu, \sigma^2)$ 的简单随机样本，其中参数 μ 和 σ^2 未知，记 $\overline{X} = \frac{1}{n}\sum_{i=1}^{n} X_i, Q^2 = \sum_{i=1}^{n}(X_i - \overline{X})^2$，则假设 $H_0: \mu = 0$ 的 T 检验使用统计量 $T =$ ________.

答案 $\frac{\overline{X}}{Q}\sqrt{n(n-1)}$

解析 由于 μ, σ^2 未知，定义 $T = \frac{\overline{X} - \mu}{\frac{S}{\sqrt{n}}}$，其中 $\mu = 0, S^2 = \frac{1}{n-1}\sum_{i=1}^{n}(X_i - \overline{X})^2 = \frac{1}{n-1}Q^2$，

代入 T 统计量得 $T = \frac{\overline{X} - \mu}{\frac{S}{\sqrt{n}}} = \frac{\overline{X}}{Q}\sqrt{n(n-1)} \sim t(n-1)$.

3 规定有强烈作用的某种药片的平均重量应为 0.5 mg. 抽取 36 片检查，测得药片的平均重量为 $\overline{x} = 0.503$. 根据以往经验，认为药片重量近似服从标准差为 $\sigma = 0.01$ 的正态分布. 在显著性水平 $\alpha = 0.1$ 下，问这批药片是否合格?

解析 ① 提出假设 $H_0: \mu = \mu_0 = 0.5$; $H_1: \mu \neq 0.5$.

② 选取统计量 $Z = \frac{\overline{X} - \mu_0}{\sigma / \sqrt{n}} \sim N(0,1)$.

③ 在显著性水平 $\alpha = 0.1$ 下，查表得拒绝域 $|z| = \frac{|\overline{x} - 0.5|}{\sigma / \sqrt{n}} \geqslant z_{0.05} = 1.645$.

④ 已知样本容量 $n = 36$，样本均值 $\overline{x} = 0.503$，于是统计量的观测值 $\frac{|\overline{x} - 0.5|}{\sigma / \sqrt{n}} = 1.8$.

因为 $|z| = \frac{|\overline{x} - 0.5|}{\sigma / \sqrt{n}} = 1.8 > z_{0.05} = 1.645$，所以在显著性水平 $\alpha = 0.1$ 下，拒绝原假设，不能认为药片的平均重量是 0.5 mg.

4 设从正态总体 $N(\mu, 6^2)$ 中抽取容量为 n 的样本，测得样本均值 $\overline{x} = 33.5$. 问：当 n 不超过多少时，才能按照显著性水平 $\alpha = 0.05$，接受假设 $H_0: \mu = 35$?

解析 本题考查的是方差已知，均值的双边检验的逆问题.

已知假设 $H_0: \mu = 35$; $H_1: \mu \neq 35$.

检验统计量 $Z = \frac{\overline{X} - \mu_0}{\sigma / \sqrt{n}} \sim N(0,1)$.

在显著性水平 $\alpha = 0.05$ 下，查表得拒绝域 $|z| = \frac{|\overline{x} - \mu_0|}{\sigma / \sqrt{n}} \geqslant z_{\alpha/2} = 1.96$.

已知样本均值 $\overline{x} = 33.5$，要求 $\frac{|\overline{x} - \mu_0|}{\sigma / \sqrt{n}} < z_{\alpha/2}$. 即 $\frac{1.5}{6}\sqrt{n} < 1.96$.

于是，$n < 61.5$. 即当 n 不超过 61 时，按照显著性水平 $\alpha = 0.05$，接受原假设.

5 一种混杂的小麦品种，株高的标准差为 $\sigma_0=14$ cm，经提纯后随机抽取 10 株，它们的株高(以 cm 计)为

90　105　101　95　100　100　101　105　93　97

考察提纯后的群体是否比原群体整齐？取显著性水平 $\alpha=0.01$，并设小麦株高服从 $N(\mu,\sigma^2)$.

解析 需检验假设

$$H_0:\sigma\geqslant\sigma_0,H_1:\sigma<\sigma_0(\sigma_0=14).$$

采用 χ^2 检验，拒绝域为

$$\chi^2=\frac{(n-1)s^2}{\sigma_0^2}\leqslant\chi_{1-\alpha}^2.$$

代入 $n=10,\chi_{1-0.01}^2(9)=2.088,s^2=24.233$，则

$$\frac{(n-1)s^2}{\sigma_0^2}=\frac{218.97}{14^2}=1.113<2.088,$$

故拒绝 H_0，认为提纯后的群体比原群体整齐.

6 设某种元件的电气性能指标服从正态分布 $N(\mu,3.6^2)$，从总体抽取容量为 36 的样本对未知参数 μ 做下列检验，$H_0:\mu=68;H_1:\mu\neq68$ 且 $\mu=70$，如果接受域为 $\overline{X}\in(67,69)$，求两类错误的概率.

解析 因为 $Z=\dfrac{\overline{X}-\mu}{\sigma/\sqrt{n}}=\dfrac{\overline{X}-\mu}{3.6/\sqrt{36}}=\dfrac{\overline{X}-\mu}{0.6}\sim N(0,1)$，接受域为 $\overline{X}\in(67,69)$，所以

① 在 $H_0:\mu=68$ 成立时，犯第一类错误的概率为

$$\begin{aligned}\alpha&=P\{\overline{X}\notin(67,69)\}\\&=1-P\left\{\frac{67-68}{0.6}<\frac{\overline{X}-68}{0.6}<\frac{69-68}{0.6}\right\}\\&=1-P\left\{-\frac{5}{3}<\frac{\overline{X}-68}{0.6}<\frac{5}{3}\right\}\\&=1-\left[2\Phi\left(\frac{5}{3}\right)-1\right]\\&=2-2\Phi\left(\frac{5}{3}\right).\end{aligned}$$

② 在 $H_1:\mu\neq68$ 且 $\mu=70$ 成立时，犯第二类错误的概率为

$$
\begin{aligned}
\beta &= P\{67 < \overline{X} < 69 \mid \mu = 70\} \\
&= P\left\{\frac{67-70}{0.6} < \frac{\overline{X}-70}{0.6} < \frac{69-70}{0.6}\right\} \\
&= P\left\{-5 < \frac{\overline{X}-70}{0.6} < -\frac{5}{3}\right\} \\
&= \left[1-\Phi\left(\frac{5}{3}\right)\right] - [1-\Phi(5)] \\
&= \Phi(5) - \Phi\left(\frac{5}{3}\right).
\end{aligned}
$$

方浩考研数学 高山看海系列

PROBABILITY AND MATHEMATICAL STATISTICS

概率论与数理统计就这点事

强化篇

方浩 / 主编　王冲 / 副主编

国家开放大学出版社·北京

图书在版编目（CIP）数据

概率论与数理统计就这点事 / 方浩主编. -- 北京：国家开放大学出版社，2025.4 —ISBN 978-7-304-13072-5

Ⅰ. O21

中国国家版本馆CIP数据核字第2025JP5428号

概率论与数理统计就这点事

GAILÜLUN YU SHULI TONGJI JIU ZHEDIAN SHI

方浩　主编　王冲　副主编

出版·发行：国家开放大学出版社

电话：营销中心 010-68180820　　总编室 010-68182524

网址：http://www.crtvup.com.cn

地址：北京市海淀区西四环中路45号　　**邮编：**100039

经销：新华书店北京发行所

策划编辑：康国英　　**责任校对：**辛　颖

责任编辑：许　岚　　**责任印制：**陈　晨　王　雅

印刷：河北赛文印刷有限公司

版本：2025年4月第1版　　2025年4月第1次印刷

开本：787mm×1092mm　1/16　　**印张：**26.5　**字数：**466千字

书号：ISBN 978-7-304-13072-5

定价：79.80元（全二册）

（如有缺页或倒装，本社负责退换）

意见及建议：OUCP_OMO@ouchn.edu.cn

前言

preface

从 17 世纪帕斯卡与费马关于期望值和概率模型的奠基性探讨，到如今大数据与人工智能时代的数据分析预测的支撑，“概率论与数理统计”已发展为连接数学理论与现实应用的重要桥梁。本书是作者基于自身在概率论与数理统计领域十余年的科研探索与教学实践经验编写而成。本书立足于学科本质，紧扣考点要求，致力于为本科生、考研学子及自学者提供一部体系完整、讲解透彻、实战性强的学习指南。本书特点如下：

1. 体系架构上：双轨并进，知行合一

本书采用“基础构建—强化提升”的双模块设计。基础篇：系统构建理论框架，以“定义→性质→例题”的三维结构，完整覆盖随机事件、分布函数、数字特征、参数估计等核心知识，帮助读者建立扎实的逻辑体系。强化篇：突破解题瓶颈，聚焦随机变量函数分布、独立性与不相关性、抽样分布与应用、参数估计与检验模型分析等重难点，通过提供“方法归纳＋典例剖析＋化繁为简”的立体化训练，显著提升学习者的解题能力与应试技巧。

2. 编写体例上：多维联动，讲练融合

本书按照“五阶学习法”（概念→性质→方法→例题→练习）的理念，实现从知识理解到应用输出的完整闭环，让读者真正做到“明其理，会其用”。每章设置了体系化的知识导图，采用“模块化”编排与“阶梯式”难度设计，构建清晰的知识网络。每个知识点配有性质总结和方法分析，努力构建从理论到解题的桥梁，力求化繁为简。每章内容不仅包含大量的高质量例题及其精解，更有对规律性方法和易错点的总结，以及供学习者练习的习题。

本书的核心理念在于在不确定的概率模型中寻找确定的解题方法。本书不仅可作为理论学习的系统教程，也可作为考研备战的实用助手，更是培养概率思维的“训练营”。

愿您以本书为舟，在随机性的海洋中把握确定性规律；以概率为眼，洞察模型背后的本质联系。期待您不仅能收获优异的成绩，更能建立持续受益的概率思维方式。

祝广大学习者以坚定之刃，解随机之谜，高山看海，圆硕士之梦。

方　浩

2025 年春 于北京

目 录

contents

强化篇

强化篇

第一章 随机事件与概率

题型一 事件的关系与运算

解题思路归纳

(1) 若 $A \subseteq B$，则 $A \cup B = B, A \cap B = A$；

(2) $A \cup (B \cap C) = (A \cup B) \cap (A \cup C), A \cap (B \cup C) = (A \cap B) \cup (A \cap C)$；

(3) $\overline{A \cup B} = \overline{A} \cap \overline{B}, \overline{A \cap B} = \overline{A} \cup \overline{B}$；

(4) 涉及复杂随机事件运算时，可考虑使用韦恩图，降低运算难度.

例题1 设事件 A 与事件 B 满足条件 $AB = \overline{A}\overline{B}$，则(　　).

(A) $A \cup B = \varnothing$　　　　(B) $A \cup B = \Omega$

(C) $A \cup B - A$　　　　(D) $A \cup B - B$

答案 (B)

解析 本题考查对偶律以及韦恩图的应用.

由 $A \cap B = \overline{A} \cap \overline{B}$，得 $\overline{A \cap B} = \overline{\overline{A} \cap \overline{B}} = A \cup B$，则 $(A \cap B) \cup (A \cup B) = \Omega$.

又 $A \cap B \subseteq A \cup B$，如下韦恩图所示，

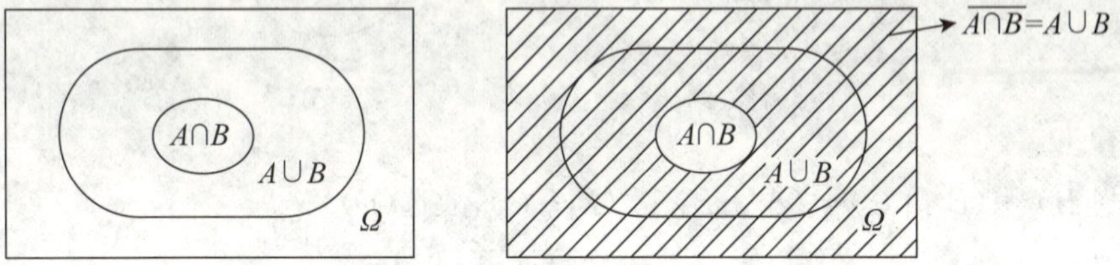

得 $A \cup B = \Omega$. 故选(B).

例题2 A, B, C 为任意三个事件，则与事件 $(A - B) \cup (B - C)$ 相等的事件为(　　).

(A) $A \cap B \cap C$　　　　(B) $A \cup (B - C)$

(C) $(A \cup B) - C$　　　　(D) $(A \cup B) - BC$

答案 (D)

解析 本题考查韦恩图的应用.

$(A - B) \cup (B - C)$ 如下韦恩图 ① 所示，

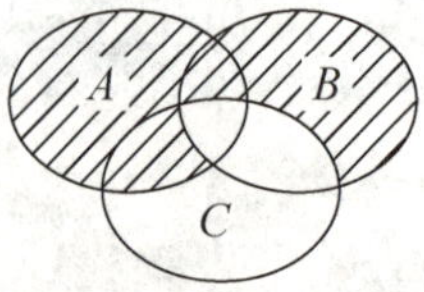

①

(A) 项,显然 $A\cap B\cap C$ 与 $(A-B)\cup(B-C)$ 不相等.

(B) 项,$A\cup(B-C)$ 如下图 ② 所示,

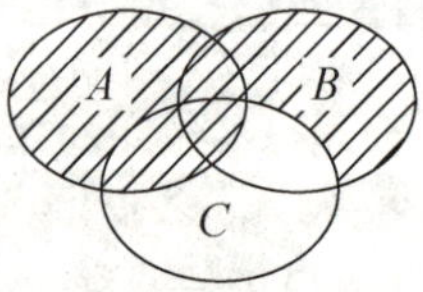

②

$A\cup(B-C)$ 与 $(A-B)\cup(B-C)$ 不相等.

(C) 项,$(A\cup B)-C$ 如下图 ③ 所示,

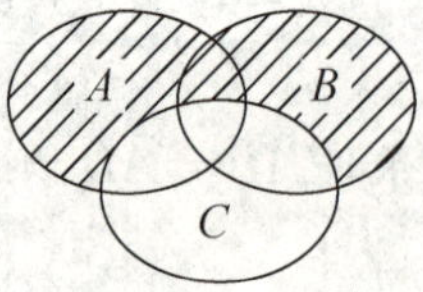

③

$(A\cup B)-C$ 与 $(A-B)\cup(B-C)$ 不相等.

(D) 项,$(A\cup B)$ 和 $(B\cap C)$ 分别如下图 ④,⑤ 所示,

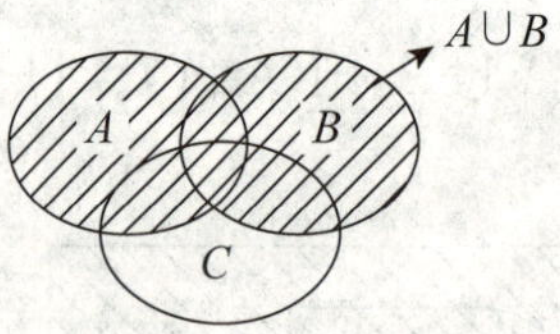

④

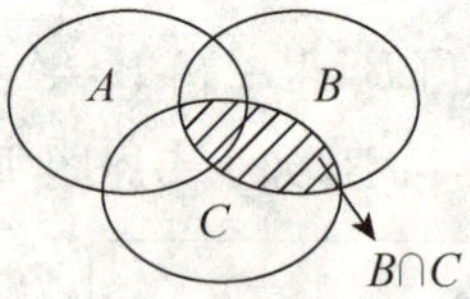

⑤

于是 $(A\cup B)-(B\cap C)=(A-B)\cup(B-C)$,故选(D).

例题3 设 A,B,C 是随机事件,则 $\overline{\overline{A}\cap(B\cup\overline{C})}=($ $)$.

(A) $A\cap(\overline{B}\cap C)$ (B) $A\cap(B\cap C)$

(C) $(A\cup\overline{B})\cap(A\cup C)$ (D) $(A\cup B)\cap(A\cup C)$

答案 (C)

解析 本题考查随机事件对偶律与分配律的应用.

由于
$$\overline{\overline{A}\cap(B\cup\overline{C})}=A\cup\overline{(B\cup\overline{C})}=A\cup(\overline{B}\cap C)$$
$$=(A\cup\overline{B})\cap(A\cup C).$$

故选择(C).

题型二　概率的性质与应用

解题思路归纳

(1)$P(A\cup B)=P(A)+P(B)-P(AB)$；

$P(A\cup B\cup C)$

$=P(A)+P(B)+P(C)-P(AB)-P(AC)-P(BC)+P(ABC)$；

(2)$P(A-B)=P(A)-P(AB)$；

(3) 若 $B\subseteq A$，则 $P(AB)=P(B)$，$P(A\cup B)=P(A)$，$P(A-B)=P(A)-P(B)$，$P(B-A)=0$；

(4)$P(\overline{A})=1-P(A)$；

(5) 涉及复杂随机事件的概率运算时，可考虑使用韦恩图，降低运算难度.

例题4 事件 A 与 B 有一个发生时，事件 C 必不发生，则下列结论正确的是(　　).

(A)$P(C)\leqslant P(AB)$

(B)$P(C)\geqslant P(A)P(B)$

(C)$P(C)\leqslant 1+P(AB)-P(A)-P(B)$

(D)$P(C)\geqslant 1+P(AB)-P(A)-P(B)$

答案 (C)

解析 本题考查子事件与和事件的概率运算公式.

当事件 A，B 有一个发生时，事件 C 必不发生，也即 $(A\cup B)\subseteq\overline{C}$，从而

$$P(A\cup B)\leqslant P(\overline{C}),$$

于是
$$P(A)+P(B)-P(AB)\leqslant 1-P(C),$$

即 $P(C)\leqslant 1+P(AB)-P(A)-P(B)$，故选(C).

例题5 设随机事件 A 与 B 互不相容，则下列结论正确的个数为________.

(1)$P(\overline{A}\overline{B})=0$　　(2)$P(\overline{A}\overline{B})\neq 0$　　(3)$\overline{A}$ 和 $\overline{B}$ 互不相容

(4)$\overline{A}$ 和 $\overline{B}$ 相容　　(5)$P(AB)=P(A)P(B)$　　(6) $P(\overline{A}\cup\overline{B})=1$

(7)$P(A-B)=P(A)$　　(8) $P(A\cup\overline{B})=P(A)$　　(9)$P(A\cup\overline{B})=P(\overline{B})$

(10)$P(A)+P(B)=1$

答案 3

解析 本题考查与互不相容相关的概率运算问题.

当 A，B 互不相容时，$A\cap B=\varnothing$，则 $P(AB)=0$.

(1),(3) 如下图所示,

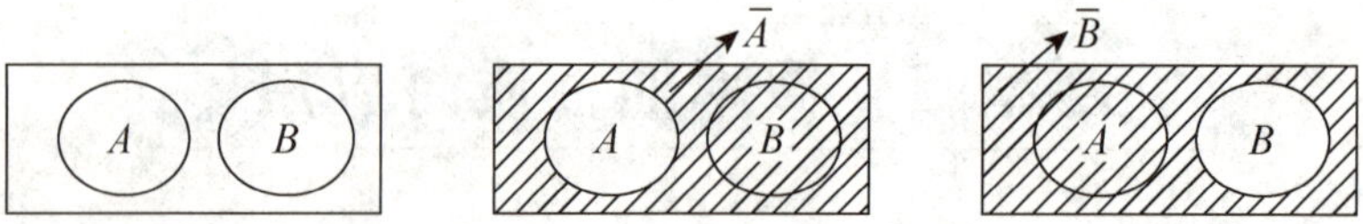

$\overline{A},\overline{B}$ 可以相容,也即 $P(\overline{A}\overline{B})$ 可以非零,故(1),(3) 错误.

(2),(4) 如下图所示,

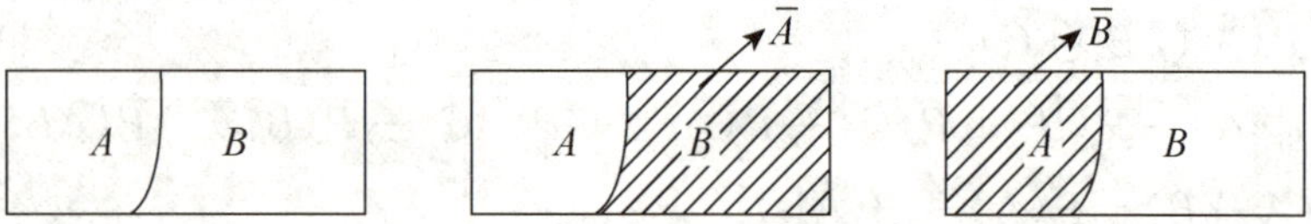

若 A,B 互逆,则 $\overline{A}$ 与 $\overline{B}$ 互斥.故(2),(4) 错误.

对于(5),$P(A)P(B)$ 不一定为零,例如,设 A 为"抛硬币一次出现正面",B 为"抛硬币一次出现反面",则 $P(A)P(B)=\frac{1}{2}\times\frac{1}{2}=\frac{1}{4}\neq 0$,此时 $P(AB)=0\neq P(A)P(B)$.故(5) 错误.

对于(6),$P(\overline{A}\cup\overline{B})=P(\overline{A\cap B})=1-P(A\cap B)=1-0=1$,故(6) 正确.

对于(7),$P(A-B)=P(A)-P(AB)=P(A)-0=P(A)$,故(7) 正确.

对于(8),(9),$P(A\cup\overline{B})=P(A)+P(\overline{B})-P(A\overline{B})=P(A)+1-P(B)-[P(A)-P(AB)]=1-P(B)=P(\overline{B})$.

故(8) 错误,(9) 正确.

对于(10),$P(A)+P(B)$ 不一定为 1,例如,设 A 为"抛一次骰子出现 6 点位",B 为"抛一次骰子出现 3 点位",则 $P(A)+P(B)=\frac{1}{6}+\frac{1}{6}=\frac{1}{3}$.

综上,正确结论个数为 3.

例题6 已知 A 与 B 是任意两个互不相容的事件,下列结论正确的是(　　).

(A) 如果 $P(A)=0$,则 $P(B)=0$　　(B) 如果 $P(A)=0$,则 $P(B)=1$

(C) 如果 $P(A)=1$,则 $P(B)=0$　　(D) 如果 $P(A)=1$,则 $P(B)=1$

答案 (C)

解析 本题考查与互不相容相关的概率运算问题.

A,B 互不相容,则 $A\cap B=\varnothing$,$P(AB)=0$.

选项(A),(B),当 $P(A)=0$ 时,$P(B)$ 可以是 0 到 1 之间的任何值,(A),(B) 均错误.

选项(C),(D),当 $P(A)=1$ 时,由 $AB=\varnothing$,得 $A\subseteq\overline{B}$,从而 $1=P(A)\leqslant P(\overline{B})=1-P(B)$,则 $P(B)\leqslant 0$,得 $P(B)=0$,(C) 正确,故选(C).

例题7 设 A,B 是任意两个事件,则(　　).

(A)$P(A\cup B)P(AB)\geqslant P(A)P(B)$

(B)$P(A\cup B)P(AB)\leqslant P(A)P(B)$

(C)$P(A-B)P(B-A)\leqslant P(A)P(B)-P(AB)$

(D)$P(A-B)P(B-A)\geqslant \frac{1}{4}$

答案 (B)

解析 本题考查和事件、子事件与差事件的概率运算问题.

选项(A),(B),

$$\begin{aligned}&P(A\cup B)P(AB)-P(A)P(B)\\&=[P(A)+P(B)-P(AB)]P(AB)-P(A)P(B)\\&=[P(A)-P(AB)]P(AB)+P(B)P(AB)-P(A)P(B)\\&=[P(A)-P(AB)]P(AB)+P(B)[P(AB)-P(A)]\\&=[P(A)-P(AB)][P(AB)-P(B)].\end{aligned}$$

又 $AB\subseteq A, AB\subseteq B$,从而 $P(AB)\leqslant P(A), P(AB)\leqslant P(B)$.

于是$[P(A)-P(AB)][P(AB)-P(B)]\leqslant 0$,即 $P(A\cup B)P(AB)\leqslant P(A)P(B)$.

故(B)正确,(A)错误.

选项(C),(D),令 $A=B$ 且 $P(A)=\frac{1}{2}$,则

$$A-B=B-A=\varnothing, P(A-B)P(B-A)=0.$$

$$P(A)P(B)-P(AB)=\frac{1}{2}\times\frac{1}{2}-P(A)=\frac{1}{4}-\frac{1}{2}<0,$$

(C),(D)不成立.综上,选(B).

例题8 设 A,B,C 为三个随机事件,A 与 B 互不相容,且 $P(A)=P(B)=P(C)=\frac{1}{4}$,$P(AC)=P(BC)=\frac{1}{12}$,则 A,B,C 中恰有一个事件发生的概率为(　　).

(A) $\frac{3}{4}$　　(B) $\frac{2}{3}$　　(C) $\frac{1}{2}$　　(D) $\frac{5}{12}$

答案 (D)

解析 本题考查和事件的概率运算与韦恩图的应用.由 $P(AB)=0$,

依题意,如下图所示,

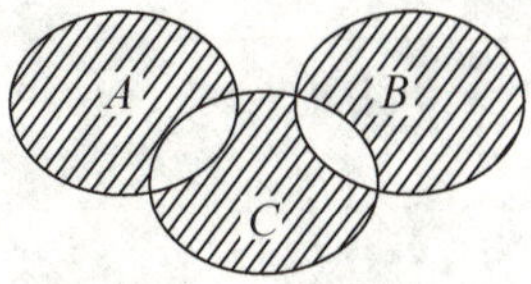

可得 A,B,C 恰有一个事件发生的概率为

$$P(A)-P(AC)+P(B)-P(BC)+P(C)-P(AC)-P(BC)$$
$$=\frac{1}{4}-\frac{1}{12}+\frac{1}{4}-\frac{1}{12}+\frac{1}{4}-\frac{1}{12}-\frac{1}{12}=\frac{5}{12}.$$

故选(D).

例题9 设随机事件 A,B,C 的概率均为 p，且 A 与 B,C 分别独立，B 与 C 不相容. 若 A,B,C 中至少一个发生的概率为 $\frac{7}{9}$，则 A,B,C 中至少发生两个的概率为 ________.

答案 $\frac{2}{9}$

解析 本题考查和事件的概率运算以及韦恩图的应用.

依题意，得 $P(A)=P(B)=P(C)=p$，$P(BC)=0$，

$$P(AB)=P(A)P(B),P(AC)=P(A)P(C),P(A\cup B\cup C)=\frac{7}{9},$$

A,B,C 如下图所示，

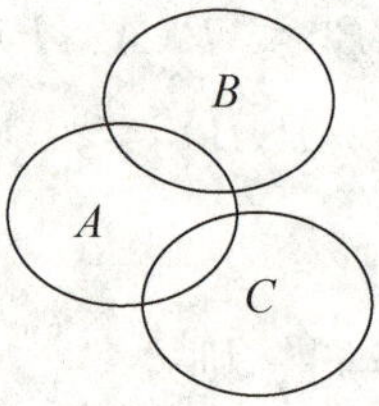

由 $$\frac{7}{9}=P(A\cup B\cup C)=P(A)+P(B)-P(AB)+P(C)-P(AC)$$
$$=P(A)+P(B)-P(A)P(B)+P(C)-P(A)P(C)=3p-2p^2,$$

即 $2p^2-3p+\frac{7}{9}=0$，$\left(2p-\frac{7}{3}\right)\left(p-\frac{1}{3}\right)=0$，得 $p=\frac{1}{3}\left(p=\frac{7}{6}\text{ 舍去}\right)$.

由于 B,C 互不相容，所以 A,B,C 至少发生两个(不可能同时发生三个)，即恰好发生两个，也即 A,B,C 恰好发生两个，由以上图可得 A,B,C 恰好发生两个的概率为

$$P(AB)+P(AC)=P(A)P(B)+P(A)P(C)=p^2+p^2=2p^2=\frac{2}{9}.$$

从而 A,B,C 至少发生两个的概率为 $\frac{2}{9}$.

题型三　条件概率的运算

解题思路归纳

若下列条件概率均有意义：

(1)$P(B \mid A)=\dfrac{P(AB)}{P(A)}$；

(2)$P[(B_1 \cup B_2) \mid A]=P(B_1 \mid A)+P(B_2 \mid A)-P[(B_1 \cap B_2) \mid A]$；

(3)$P[(A-B) \mid C]=P(A \mid C)-P(AB \mid C)$；

(4)$1-P(B \mid A)=P(\bar{B} \mid A)$；

(5)$0 \leqslant P(A \mid B) \leqslant 1$；

(6)$P(\Omega \mid B)=1, P(\varnothing \mid B)=0$；

(7) 若 $A \subseteq B$，则 $P(A \mid B)=\dfrac{P(AB)}{P(B)}=\dfrac{P(A)}{P(B)}$；$P(B \mid A)=\dfrac{P(AB)}{P(A)}=\dfrac{P(A)}{P(A)}=1$.

例题10 已知 $P(A)>0$，假设事件 A 和 B 满足 $P(B \mid A)=1$，则(　　).

(A)A 是必然事件　　(B)$P(\bar{B} \mid A)=0$

(C)$A \supseteq B$　　(D)$A \subseteq B$

答案 (B)

解析 本题考查条件概率与事件的关系.

由 $P(B \mid A)=1$ 得 $\dfrac{P(AB)}{P(A)}=1, P(AB)=P(A)$.

于是 $P(\bar{B} \mid A)=\dfrac{P(A\bar{B})}{P(A)}=\dfrac{P(A)-P(AB)}{P(A)}=\dfrac{0}{P(A)}=0$，选项(B) 正确.

选项(A)，A 未必是必然事件，例如，A 为“掷骰子出现 3 点位”，B 为掷骰子出现奇数点位，则 $P(B \mid A)=\dfrac{P(AB)}{P(A)}=\dfrac{\frac{1}{6}}{\frac{1}{6}}=1$，但 $A \neq \Omega$.

选项(C) 错误，反例同选项(A).

选项(D)，当 $P(AB)=P(A)$ 时，未必有 $AB=A$，也即未必有 $A \subseteq B$. 综上选(B).

【注】 由于条件概率也为概率，故 $P(\bar{B} \mid A)=1-P(B \mid A)=1-1=0$，此方法更易算. 另一方面概率无法推出事件的性质，(C)，(D) 直接排除.

例题11 设 A,B 为随机事件，$P(B)>0$，则(　　).

(A)$P(A\cup B)\geqslant P(A)+P(B)$　　(B)$P(A-B)\geqslant P(A)-P(B)$

(C)$P(AB)\geqslant P(A)P(B)$　　(D)$P(A\mid B)\geqslant \dfrac{P(A)}{P(B)}$

答案 (B)

解析 本题考查和事件、差事件、子事件的概率与条件概率的运算.

选项(A)，$P(A\cup B)=P(A)+P(B)-P(AB)\leqslant P(A)+P(B)$.

(A) 错误.

选项(B)，$P(A-B)=P(A)-P(AB)$，又 $P(AB)\leqslant P(B)$，所以

$$P(A-B)\geqslant P(A)-P(B).$$

(B) 正确.

选项(C)，当 A,B 为互斥事件，且 $0<P(A)<1,0<P(B)<1$ 时，$0<P(A)P(B)$，$P(AB)=0$. 此时 $P(AB)<P(A)P(B)$.

当 $A=B$，且 $P(A)=\dfrac{1}{2}$ 时，$P(AB)=P(A)=\dfrac{1}{2}>P(A)P(B)=\dfrac{1}{2}\times\dfrac{1}{2}=\dfrac{1}{4}$.

而当 A,B 相互独立时，$P(AB)=P(A)P(B)$.

(C) 错误.

选项(D)，$P(A\mid B)=\dfrac{P(AB)}{P(B)}\leqslant\dfrac{P(A)}{P(B)}$.

(D) 错误.

综上选(B).

【注】 由选项(C) 可知，$P(AB)$ 与 $P(A)P(B)$ 之间“$>$”“$<$”“$=$”三种关系均可能成立.

例题12 已知 $0<P(B)<1$，且 $P[(A_1\cup A_2)\mid B]=P(A_1\mid B)+P(A_2\mid B)$，则下列选项成立的是(　　).

(A)$P[(A_1\cup A_2)\mid \bar{B}]=P(A_1\mid \bar{B})+P(A_2\mid \bar{B})$

(B)$P(A_1B\cup A_2B)=P(A_1B)+P(A_2B)$

(C)$P(A_1\cup A_2)=P(A_1\mid B)+P(A_2\mid B)$

(D)$P(B)=P(A_1)P(B\mid A_1)+P(A_2)P(B\mid A_2)$

答案 (B)

解析 本题考查条件概率与和事件概率的运算.

由 $P[(A_1\cup A_2)\mid B]=P(A_1\mid B)+P(A_2\mid B)-P(A_1A_2\mid B)$，以及

$$P[(A_1\cup A_2)\mid B]=P(A_1\mid B)+P(A_2\mid B),$$

得 $P(A_1A_2 \mid B)=0$，即 $\dfrac{P(A_1A_2B)}{P(B)}=0$，得 $P(A_1A_2B)=0$.

选项(A)，由于 $P[(A_1\cup A_2)\mid \bar{B}]=P(A_1\mid \bar{B})+P(A_2\mid \bar{B})-P(A_1A_2\mid \bar{B})$，此时关键在于 $P(A_1A_2\mid \bar{B})$ 是否为零. 事实上，当 $P(A_1A_2B)=0$ 时，

$$P(A_1A_2\mid \bar{B})=\frac{P(A_1A_2\bar{B})}{P(\bar{B})}=\frac{P(A_1A_2)-P(A_1A_2B)}{1-P(B)}=\frac{P(A_1A_2)}{1-P(B)},$$

上式不一定为零，(A) 错误.

选项(B)，由

$$\begin{aligned}P(A_1B\cup A_2B)&=P(A_1B)+P(A_2B)-P(A_1B\cap A_2B)\\&=P(A_1B)+P(A_2B)-P(A_1A_2B).\end{aligned}$$

又 $P(A_1A_2B)=0$，所以 $P(A_1B\cup A_2B)=P(A_1B)+P(A_2B)$，(B) 正确.

选项(C)，由 $P[(A_1\cup A_2)\mid B]=P(A_1\mid B)+P(A_2\mid B)$ 知，选项(C) 是否成立，关键在于 $P[(A_1\cup A_2)\mid B]$ 是否等于 $P(A_1\cup A_2)$. 此条件成立前提是 B 与$(A_1\cup A_2)$ 独立，无法判定，(C) 错误.

选项(D) 成立条件是 A_1, A_2 为完备事件组，故(D) 错误.

【注】 条件概率的和事件运算公式

$$P[(A\cup B)\mid C]=P(A\mid C)+P(B\mid C)-P(AB\mid C).$$

例题13 已知事件 A,B,C 满足条件 $P(AB)=P(ABC)$，$0<P(C)<1$，则(　　).

(A) $P[(A\cup B)\mid C]=P(A\cup B)$

(B) $P[(A\cup B)\mid \bar{C}]=P(A\cup B)$

(C) $P[(A\cup B)\mid C]=P(A\mid C)+P(B\mid C)$

(D) $P[(A\cup B)\mid \bar{C}]=P(A\mid \bar{C})+P(B\mid \bar{C})$

答案 (D)

解析 本题考查条件概率与和事件概率的运算.

当 $0<P(C)<1$ 时，选项(A)，(B) 需要有 $A\cup B$ 与 C 或 $\bar{C}$ 独立的假设，显然(A)，(B) 不能成立.

选项(C)，

$$P[(A\cup B)\mid C]=P(A\mid C)+P(B\mid C)-P(AB\mid C),$$

而 $P(AB\mid C)=\dfrac{P(ABC)}{P(C)}=\dfrac{P(AB)}{P(C)}$ 不一定为零，故 $P[(A\cup B)\mid C]$ 与 $P(A\mid C)+P(B\mid C)$ 不一定相等. (C) 错误.

选项(D)，由

$$P[(A \cup B) \mid \bar{C}] = P(A \mid \bar{C}) + P(B \mid \bar{C}) - P(AB \mid \bar{C}),$$

又 $$P(AB \mid \bar{C}) = \frac{P(AB\bar{C})}{P(\bar{C})} = \frac{P(AB) - P(ABC)}{P(\bar{C})} = 0,$$

所以 $P[(A \cup B) \mid \bar{C}] = P(A \mid \bar{C}) + P(B \mid \bar{C})$. (D) 正确.

综上选(D).

例题14 设 A,B,C 为三个随机事件，且 A 与 B 相互独立，B 与 C 相互独立，A 与 C 互不相容. 已知 $P(A) = P(C) = \frac{1}{4}$，$P(B) = \frac{1}{2}$，则在事件 A,B,C 至少有一个发生的条件下，A,B,C 中恰有一个发生的概率为________.

答案 $\frac{2}{3}$

解析 本题考查条件概率、和事件概率以及韦恩图的应用.

依题意，得 $P(AB) = P(A)P(B)$，$P(BC) = P(B)P(C)$. $P(AC) = 0$，A,B,C 如下图所示，

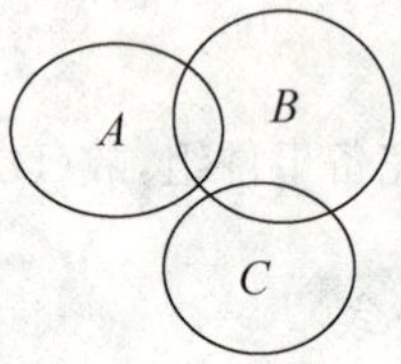

得 A,B,C 至少有一个发生的概率为

$$\begin{aligned} P(A \cup B \cup C) &= P(A) + P(B) + P(C) - P(AB) - P(BC) \\ &= P(A) + P(B) + P(C) - P(A)P(B) - P(B)P(C) \\ &= \frac{1}{4} + \frac{1}{2} + \frac{1}{4} - \frac{1}{4} \times \frac{1}{2} - \frac{1}{2} \times \frac{1}{4} = \frac{3}{4}. \end{aligned}$$

又可得 A,B,C 恰有一个发生的概率为

$$\begin{aligned} P[A\bar{B}\bar{C} \cup B\bar{A}\bar{C} \cup C\bar{A}\bar{B}] &= P(A) - P(AB) + P(B) - P(AB) - P(BC) + P(C) - \\ &\quad P(BC) \\ &= P(A) + P(B) + P(C) - 2P(A)P(B) - 2P(B)P(C) \\ &= \frac{1}{4} + \frac{1}{2} + \frac{1}{4} - 2 \times \frac{1}{4} \times \frac{1}{2} - 2 \times \frac{1}{2} \times \frac{1}{4} = \frac{1}{2}. \end{aligned}$$

$A\bar{B}\bar{C} \cup B\bar{A}\bar{C} \cup C\bar{A}\bar{B} \subseteq (A \cup B \cup C)$. 于是在 A,B,C 至少有一个发生的条件下 A,B,C 恰有一个发生的概率为

$$\begin{aligned} P[(A\bar{B}\bar{C} \cup \bar{A}B\bar{C} \cup \bar{A}\bar{B}C) \mid (A \cup B \cup C)] &= \frac{P[A\bar{B}\bar{C} \cup \bar{A}B\bar{C} \cup \bar{A}\bar{B}C) \cap (A \cup B \cup C)]}{P(A \cup B \cup C)} \\ &= \frac{P(A\bar{B}\bar{C} \cup \bar{A}B\bar{C} \cup \bar{A}\bar{B}C)}{P(A \cup B \cup C)} = \frac{\frac{1}{2}}{\frac{3}{4}} = \frac{2}{3}. \end{aligned}$$

例题15 设 A,B 为两个不同的随机事件，且相互独立，已知 $P(A)=2P(B)$，$P(A\cup B)=\frac{5}{8}$，则 A,B 中至少有一个发生的条件下，A,B 中恰好有一个发生的概率为________.

答案 $\frac{4}{5}$

解析 本题考查条件概率、和事件概率、独立性以及韦恩图的应用.

由 A,B 相互独立，得 A,B 恰有一个发生的概率为

$$\begin{aligned}P(A\bar{B}\cup\bar{A}B)&=P(A\bar{B})+P(\bar{A}B)=P(A)P(\bar{B})+P(\bar{A})P(B)\\&=P(A)[1-P(B)]+[1-P(A)]P(B)\\&=P(A)+P(B)-2P(A)P(B).\end{aligned}$$

又 $P(A)=2P(B)$，$P(A\cup B)=\frac{5}{8}$，可得

$$\begin{aligned}\frac{5}{8}&=P(A\cup B)=P(A)+P(B)-P(AB)\\&=2P(B)+P(B)-P(A)P(B)\\&=3P(B)-2P(B)P(B).\end{aligned}$$

从而 $2P^2(B)-3P(B)+\frac{5}{8}=0$，得

$$\left[P(B)-\frac{5}{4}\right]\left[2P(B)-\frac{1}{2}\right]=0,$$

解得 $P(B)=\frac{1}{4}$ 或 $P(B)=\frac{5}{4}$（舍），进而得 $P(A)=\frac{1}{2}$.

所以

$$P(A\bar{B}\cup\bar{A}B)=P(A)+P(B)-2P(A)P(B)=\frac{1}{2}+\frac{1}{4}-2\times\frac{1}{2}\times\frac{1}{4}=\frac{1}{2}.$$

另一方面 $A\bar{B}\cup\bar{A}B\subseteq A\cup B$. 于是

A,B 中至少有 1 个发生的条件下，A,B 中恰好有一个发生的概率为

$$\begin{aligned}P[(A\bar{B}\cup\bar{A}B)\mid(A\cup B)]&=\frac{P[(A\bar{B}\cup\bar{A}B)\cap(A\cup B)]}{P(A\cup B)}\\&=\frac{P(A\bar{B}\cup\bar{A}B)}{P(A\cup B)}=\frac{\frac{1}{2}}{\frac{5}{8}}=\frac{4}{5}.\end{aligned}$$

例题16 设随机事件 A 与 B 相互独立，A 与 C 相互独立，$BC=\varnothing$，若 $P(A)=P(B)=\frac{1}{2}$，$P[AC\mid(AB\cup C)]=\frac{1}{4}$，则 $P(C)=$________.

答案 $\frac{1}{4}$

解析 本题考查条件概率、子事件概率以及韦恩图的应用.

由于 A,B 相互独立，A,C 相互独立，可得

$$P(AB)=P(A)P(B),P(AC)=P(A)P(C),$$

于是
$$P[AC\mid(AB\cup C)]=\frac{P[AC\cap(AB\cup C)]}{P(AB\cup C)}.$$

由下图

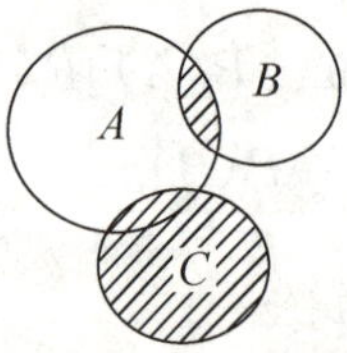

$AB\cup C$

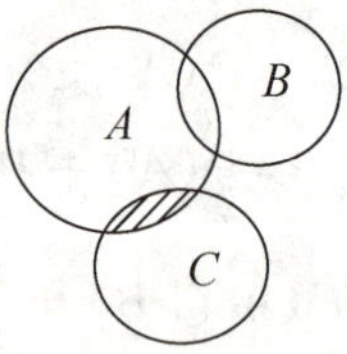

AC

可得 $AC\subset AB\cup C$，于是，

$$P(AB\cup C)=P(C)+P(AB)=P(C)+P(A)P(B)=P(C)+\frac{1}{2}\times\frac{1}{2}.$$

$$P[AC\mid(AB\cup C)]=\frac{P(AC)}{P(AB\cup C)}=\frac{P(A)P(C)}{P(C)+\frac{1}{4}}=\frac{\frac{1}{2}\times P(C)}{P(C)+\frac{1}{4}}=\frac{1}{4},$$

解得 $P(C)=\frac{1}{4}$.

例题17 设 A,B,C 为三个随机事件，A 与 B 互不相容，A 与 C 互不相容，B 与 C 相互独立，且 $P(A)=P(B)=P(C)=\frac{1}{3}$，则 $P[(B\cup C)\mid(A\cup B\cup C)]=$ ________.

答案 $\frac{5}{8}$

解析 本题考查条件概率、和事件概率以及韦恩图的应用.

由于 $B\cup C\subseteq A\cup B\cup C$，所以

$$P[(B\cup C)\mid(A\cup B\cup C)]=\frac{P[(B\cup C)\cap(A\cup B\cup C)]}{P(A\cup B\cup C)}=\frac{P(B\cup C)}{P(A\cup B\cup C)}.$$

又 A 与 B 互不相容，A 与 C 互不相容，根据下图，

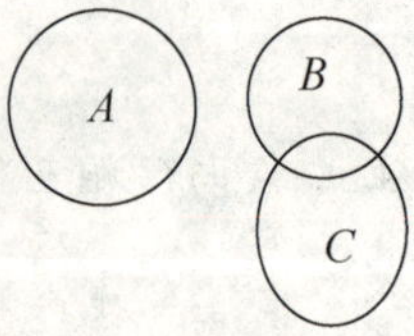

以及 B,C 相互独立，可得

$$P(A\cup B\cup C)=P(A)+P(B)+P(C)-P(BC)$$
$$=1-P(B)P(C)=1-\frac{1}{9}=\frac{8}{9},$$

$$P(B\cup C)=P(B)+P(C)-P(BC)=\frac{1}{3}+\frac{1}{3}-\frac{1}{3}\times\frac{1}{3}=\frac{5}{9},$$

于是 $P[(B\cup C)\mid(A\cup B\cup C)]=\dfrac{\frac{5}{9}}{\frac{8}{9}}=\dfrac{5}{8}.$

例题18 A,B 为随机事件，若 $0<P(A)<1,0<P(B)<1$，则 $P(A\mid B)>P(A\mid\overline{B})$ 的充分必要条件是（　　）.

(A) $P(B\mid A)>P(B\mid\overline{A})$　　(B) $P(B\mid A)<P(B\mid\overline{A})$

(C) $P(\overline{B}\mid A)>P(B\mid\overline{A})$　　(D) $P(\overline{B}\mid A)<P(B\mid\overline{A})$

答案 (A)

解析 本题考查条件概率的运算.

由 $P(A\mid B)>P(A\mid\overline{B})$，可得

$$\frac{P(AB)}{P(B)}>\frac{P(A\overline{B})}{P(\overline{B})}=\frac{P(A)-P(AB)}{1-P(B)},$$

也即

$$P(AB)-P(B)P(AB)>P(A)P(B)-P(B)P(AB),$$

从而有 $P(AB)>P(A)P(B)$.

选项(A)，(B)，

$$P(B\mid A)-P(B\mid\overline{A})=\frac{P(AB)}{P(A)}-\frac{P(B\overline{A})}{P(\overline{A})}=\frac{P(AB)}{P(A)}-\frac{P(B)-P(AB)}{1-P(A)}$$
$$=\frac{P(AB)-P(A)P(AB)-P(A)P(B)+P(A)P(AB)}{P(A)[1-P(A)]}$$
$$=\frac{P(AB)-P(A)P(B)}{P(A)[1-P(A)]}>0.$$

(A) 正确，(B) 错误.

选项(C)，(D)，

$$P(\overline{B}\mid A)-P(B\mid\overline{A})=\frac{P(A\overline{B})}{P(A)}-\frac{P(B\overline{A})}{P(\overline{A})}=\frac{P(A)-P(AB)}{P(A)}-\frac{P(B)-P(AB)}{1-P(A)}$$
$$=\frac{P(A)-P^2(A)-P(AB)+P(A)P(AB)-P(A)P(B)+P(A)P(AB)}{P(A)[1-P(A)]}$$

$$=\frac{P(A)-P^2(A)-P(AB)+2P(A)P(AB)-P(A)P(B)}{P(A)[1-P(A)]}.$$

不能确定上式的正负，(C)，(D) 错误. 综上选(A).

题型四　三大概型

解题思路归纳

(1) 古典概型的特点：样本空间Ω只包含有限个样本点，即包含有限个基本事件；每个样本点发生的可能性相同.

(2) 几何概型的特点：试验E的样本空间Ω为某区域(此区域维数不限)，其几何度量可以为长度、面积、体积等，且Ω中任一样本点落在度量相同的子区域内的可能性相同.

(3) 伯努利概型的特点：每次试验只有对立的两个结果A和$\overline{A}$，将试验独立重复进行n次，每次A发生的概率相同.

例题19 从1,2,3,4,5中任取一个数，且取后放回，用b_i表示第i次取出的数($i=1,2,3$)，三维列向量$\boldsymbol{b}=(b_1,b_2,b_3)^{\mathrm{T}}$，三阶方阵$\boldsymbol{A}=\begin{bmatrix}1&1&2\\1&2&4\\1&3&6\end{bmatrix}$，求线性方程组$\boldsymbol{Ax}=\boldsymbol{b}$有解的概率.

答案 $\dfrac{13}{125}$

解析 本题考查古典概型与非齐次线性方程组有解的判定.

方程组$\boldsymbol{Ax}=\boldsymbol{b}$有解也即$R(\boldsymbol{A})=R(\boldsymbol{A},\boldsymbol{b})$，由

$$(\boldsymbol{A},\boldsymbol{b})=\left[\begin{array}{ccc:c}1&1&2&b_1\\1&2&4&b_2\\1&3&6&b_3\end{array}\right]\to\left[\begin{array}{ccc:c}1&1&2&b_1\\0&1&2&b_2-b_1\\0&2&4&b_3-b_1\end{array}\right]\to\left[\begin{array}{ccc:c}1&1&2&b_1\\0&1&2&b_2-b_1\\0&0&0&b_3-2b_2+b_1\end{array}\right],$$

于是$b_3-2b_2+b_1=0$，即$2b_2=b_1+b_3$.

当$b_2=1$时，有$b_1=1,b_3=1$.

当$b_2=2$时，有$b_1=1,b_3=3$；$b_1=2,b_3=2$；$b_1=3,b_3=1$.

当$b_2=3$时，有$b_1=1,b_3=5$；$b_1=2,b_3=4$；$b_1=3,b_3=3$；$b_1=4,b_3=2$；$b_1=5,b_3=1$.

当$b_2=4$时，$b_1=3,b_3=5$；$b_1=5,b_3=3$；$b_1=4,b_3=4$.

当$b_2=5$时，$b_1=5,b_3=5$.

共13种情况，根据古典概型，方程组$\boldsymbol{Ax}=\boldsymbol{b}$有解，而样本空间中样本点有$5^3$个，即$b_3-$

$2b_2+b_1=0$ 的概率为$\frac{13}{5^3}=\frac{13}{125}$.

例题20 袋中有红、白、黑球各 1 个，从中有放回地取球，每次取 1 个，直到三种颜色的球都取到时停止，则取球次数恰好为 4 的概率为________.

答案 $\frac{2}{9}$

解析 本题考查古典概型与排列组合的应用.

根据古典概型，从三个球中每次有放回地抽取一个，取球次数为 4，所包含的基本事件总数为 3^4，又取到第 4 次，三种颜色都取到就停止，说明前三次有两次为同一颜色，可按照以下步骤完成.

第一步：从三个不同颜色的球中取一个作为两次相同颜色的球的可能性有 C_3^1 种.

第二步：将两个相同颜色球放到三个位置，如下图所示.

可能性为 C_3^1.

第三步：从剩余 2 个颜色球中取一个放到上图的空位置上为 C_2^1.

第四步：将最后一个不同颜色的球放到第 4 个位置.

于是取到第 4 次，三种颜色球都取到就停止的基本事件数为 $C_3^1\cdot C_3^1\cdot C_2^1$.

所以，所求概率为$\frac{3\times3\times2}{3^4}=\frac{2}{9}$.

例题21 已知甲袋有 3 个白球，6 个黑球，乙袋有 5 个白球，4 个黑球. 先从甲袋中任取一球放入乙袋，然后再从乙袋中任取一球放回甲袋，则甲袋中白球数不变的概率为________.

答案 $\frac{8}{15}$

解析 本题考查对古典概型与全概率公式的理解.

定义 A_1 为从甲放入乙的是白球；A_2 为从甲放入乙的是黑球；

B_1 为从乙放入甲的是白球；A_2 为从乙放入甲的是黑球；

则本题需要的状态图如图所示.

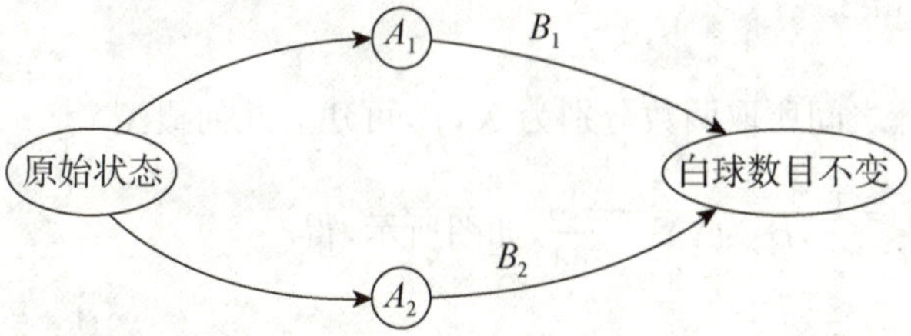

$P(A_1)=\frac{1}{3}$，$P(B_1|A_1)=\frac{6}{10}$（乙中 6 白球，4 黑球，取出一球为白球），

$P(A_2)=\frac{2}{3}$，$P(B_2|A_2)=\frac{5}{10}$（乙中5白球，5黑球，取出一球为黑球），

甲袋中白球数不变的概率为

$$P(A_1)P(B_1|A_1)+P(A_2)P(B_2|A_2)=\frac{16}{30}=\frac{8}{15}.$$

例题22 袋中有5个球，其中白球2个，黑球3个. 甲、乙两人依次从袋中各取一球，记$A=$“甲取到白球”，$B=$“乙取到白球”. ① 若取后放回，此时记$p_1=P(A)$，$p_2=P(B)$；② 若取后不放回，此时记$p_3=P(A)$，$p_4=P(B)$，则(　　).

(A) $p_1\neq p_2\neq p_3\neq p_4$　　(B) $p_1=p_2\neq p_3\neq p_4$

(C) $p_1=p_2=p_3\neq p_4$　　(D) $p_1=p_2=p_3=p_4$

答案 (D)

解析 本题考查古典概型的应用.

甲、乙依次先后各取一球.

① 当取后放回时，甲取到白球的概率为$p_1=p(A)=\frac{2}{5}$，乙取到白球的概率为$p_2=p(B)=\frac{2}{5}$；

② 当取后不放回时，甲取到白球的概率为$p_3=p(A)=\frac{2}{5}$，乙取到白球分两种情况，即甲取白球，甲取黑球，于是

$$p_4=p(B)=P(A)P(B\mid A)+P(\overline{A})P(B\mid\overline{A})\ \frac{2}{5}\cdot\frac{1}{4}+\frac{3}{5}\cdot\frac{2}{4}=\frac{2}{5}.$$

因此$p_1=p_2=p_3=p_4$. 故选(D).

例题23 从$[0,1]$之间任取两个数，则两数之和小于$\frac{1}{2}$的条件下，两数之乘积小于$\frac{3}{64}$的概率为________.

答案 $\frac{1}{2}+\frac{3}{8}\ln 3$

解析 设$[0,1]$之间所取两数分别为X,Y，可建立几何概型.

记A为$X+Y<\frac{1}{2}$，B为$XY<\frac{3}{64}$，如图所示，得

$$P(A)=\frac{S_A}{S_\Omega}=\frac{\frac{1}{2}\times\frac{1}{2}\times\frac{1}{2}}{1}=\frac{1}{8},$$

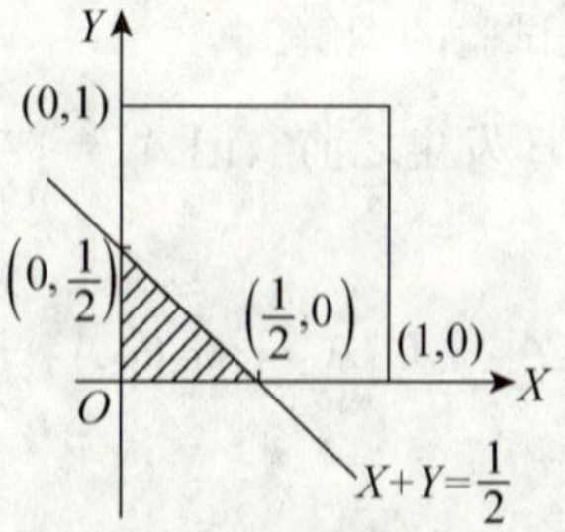

$$P(AB)=P\left\{X+Y<\frac{1}{2},XY<\frac{3}{64}\right\},$$

联立$\begin{cases}X+Y=\frac{1}{2},\\XY=\frac{3}{64},\end{cases}$解得$\begin{cases}X=\frac{1}{8},\\Y=\frac{3}{8}\end{cases}$或$\begin{cases}X=\frac{3}{8},\\Y=\frac{1}{8},\end{cases}$如图所示，得

$$\begin{aligned}S_{AB}&=\frac{1}{8}-\int_{\frac{1}{8}}^{\frac{3}{8}}\left[\frac{1}{2}-x-\frac{3}{64}\frac{1}{x}\right]\mathrm{d}x\\&=\frac{1}{8}+\int_{\frac{1}{8}}^{\frac{3}{8}}\left(x-\frac{1}{2}\right)\mathrm{d}x+\int_{\frac{1}{8}}^{\frac{3}{8}}\frac{3}{64}\frac{1}{x}\mathrm{d}x\\&=\frac{1}{8}+\left.\frac{\left(x-\frac{1}{2}\right)^2}{2}\right|_{\frac{1}{8}}^{\frac{3}{8}}+\left.\frac{3}{64}\ln x\right|_{\frac{1}{8}}^{\frac{3}{8}}\\&=\frac{1}{8}-\frac{1}{16}+\frac{3}{64}\ln 3=\frac{1}{16}+\frac{3}{64}\ln 3,\end{aligned}$$

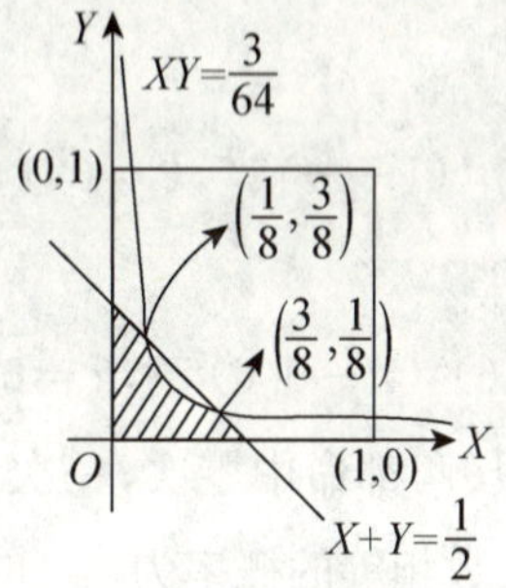

故
$$P(B\mid A)=\frac{P(AB)}{P(A)}=\frac{\frac{1}{16}+\frac{3}{64}\ln 3}{\frac{1}{8}}=\frac{1}{2}+\frac{3}{8}\ln 3.$$

例题24 设每次试验只有三个结果：A,B,C．各个结果在每次试验中发生的概率都不变且分别为$P(A)=p,P(B)=q,P(C)=r,p+q+r=1$．现独立重复进行一系列试验，则事件$A$发生在事件$B$发生之前的概率为________．

答案 $\frac{p}{p+q}$

解析 本题考查对独立重复试验的理解.

记 D="事件 A 发生在事件 B 发生之前"，记 A_i="A 首次发生是在第 i 次试验"，C_i="第 i 次试验时 C 发生"，则

$$D=A_1+C_1A_2+C_1C_2A_3+\cdots,$$

根据互斥可加性，得

$$\begin{aligned}P(D)&=P(A_1)+P(C_1A_2)+P(C_1C_2A_3)+\cdots\\&=p+rp+r^2p+\cdots\\&=p\sum_{n=0}^{\infty}r^n\\&=p\frac{1}{1-r}\\&=\frac{p}{p+q}.\end{aligned}$$

例题25 甲、乙两人各自独立地向同一目标重复射击两次，已知每次射击甲命中目标的概率为 $p(0<p<1)$，乙命中目标的概率为0.6，则当 $p=$________ 时，甲、乙两人命中目标次数相等的概率达到最大，其最大值为________.

答案 $\frac{8}{11}$；$\frac{108}{275}$

解析 本题考查对伯努利概型的理解. 独立重复射击两次，根据伯努利概型，甲命中目标 k 次的概率为

$$C_2^k p^k(1-p)^{2-k},k=0,1,2,$$

乙命中目标 k 次的概率为

$$C_2^k(0.6)^k(1-0.6)^{2-k},k=0,1,2,$$

又甲、乙命中目标次数相等，分为甲、乙都命中零次，一次，两次共三种情况，又甲、乙两人各自独立射击，于是甲、乙命中目标次数相等的概率为

$$\begin{aligned}&C_2^0p^0(1-p)^2\cdot C_2^0(0.6)^0(1-0.6)^2+C_2^1p^1(1-p)^1\cdot C_2^1(0.6)^1(1-0.6)^1+\\&\quad C_2^2p^2(1-p)^0\cdot C_2^2(0.6)^2(1-0.6)^0\\&=(1-0.6)^2(1-p)^2+4\times0.6\times0.4p(1-p)+(0.6)^2p^2\\&=0.16(1-p)^2+0.96p(1-p)+0.36p^2=-0.44p^2+0.64p+0.16.\end{aligned}$$

于是当 $p=-\frac{0.64}{2\times(-0.44)}=\frac{8}{11}$ 时，以上概率达到最大值，为

$$\frac{4\times(-0.44)\times0.16-(0.64)^2}{4\times(-0.44)}=\frac{108}{275}.$$

题型五　随机事件的独立性

解题思路归纳

(1) A,B 相互独立的定义为 $P(AB)=P(A)P(B)$；

(2) A,B,C 两两独立的定义为 $\begin{cases}P(AB)=P(A)P(B),\\P(BC)=P(B)P(C),\\P(AC)=P(A)P(C);\end{cases}$

(3) A,B,C 相互独立的定义为 $\begin{cases}P(AB)=P(A)P(B),\\P(BC)=P(B)P(C),\\P(AC)=P(A)P(C),\\P(ABC)=P(A)P(B)P(C);\end{cases}$

(4) 事件 A,B 相互独立 $\Leftrightarrow A$ 与 $\overline{B}$ 独立 $\Leftrightarrow \overline{A}$ 与 B 独立 $\Leftrightarrow \overline{A}$ 与 $\overline{B}$ 独立；

(5) 若 $P(B)\neq 0$，则事件 A,B 相互独立的充要条件是 $P(A\mid B)=P(A)$；

(6) 若 $P(B)\neq 0$，则事件 A,B 相互独立的充要条件是 $P(A\mid B)=P(A\mid \overline{B})$；

(7) 如果 $P(A)=1$，则对任意事件 B 都有 $P(AB)=P(A)P(B)$，即 A 与 B 独立；

(8) 如果 $P(A)=0$，则对任意事件 B 都有 $P(AB)=P(A)P(B)$，即 A 与 B 独立；

(9) 若 $A\subseteq B$，则 A,B 独立的充要条件是 $P(A)=0$ 或 $P(B)=1$；

(10) 若 A,B 互斥，则 A,B 独立的条件是 $P(A)=0$ 或 $P(B)=0$.

例题26 A,B 是两个事件，发生概率分别为 $P(A)=0.6$，$P(B)=0.4$，且 $P(B\mid A)=P(B\mid \overline{A})$，则 $P(B\mid A)=($　　$)$.

(A) 0.6　　(B) 0.4　　(C) 0.75　　(D) 0.5

答案 (B)

解析 本题考查条件概率与独立性的理解.

由于 $P(B\mid A)=P(B\mid \overline{A})$，得 $\dfrac{P(AB)}{P(A)}=\dfrac{P(B\overline{A})}{P(\overline{A})}=\dfrac{P(B)-P(AB)}{1-P(A)}$.

从而有

$$P(AB)-P(A)P(AB)=P(A)P(B)-P(A)P(AB),$$

得 $P(AB)=P(A)P(B)$，即 A,B 相互独立，于是 $P(B\mid A)=P(B)=0.4$.

故选(B).

【注】事实上，由 $P(B\mid A)=P(B\mid \bar{A})$ 知，A 是否发生条件下 B 的概率不变，即可理解为 A,B 相互独立.

例题27 $0<P(A)<1,0<P(B)<1$，且 $P(A\mid B)+P(\bar{A}\mid \bar{B})=1$，则(　　).

(A)A 与 B 互不相容　　(B)A 与 B 相互对立

(C)A 与 B 互不独立　　(D)A 与 B 相互独立

答案 (D)

解析 本题考查对条件概率与独立性的理解.

方法一:由于

$$P(A\mid B)+P(\bar{A}\mid \bar{B})=\frac{P(AB)}{P(B)}+\frac{P(\bar{A}\bar{B})}{P(\bar{B})}=\frac{P(AB)}{P(B)}+\frac{P(\overline{A\cup B})}{1-P(B)}$$

$$=\frac{P(AB)}{P(B)}+\frac{1-P(A\cup B)}{1-P(B)}=\frac{P(AB)}{P(B)}+\frac{1-P(A)-P(B)+P(AB)}{1-P(B)}$$

$$=\frac{P(AB)-P(B)P(AB)+P(B)-P(A)P(B)-[P(B)]^2+P(B)P(AB)}{P(B)[1-P(B)]}$$

$$=\frac{P(AB)-P(A)P(B)+P(B)-[P(B)]^2}{P(B)[1-P(B)]}.$$

又 $P(A\mid B)+P(\bar{A}\mid \bar{B})=1$. 所以

$$P(AB)-P(A)P(B)+P(B)-[P(B)]^2=P(B)[1-P(B)].$$

整理得 $P(AB)=P(A)P(B)$，即 A,B 相互独立，故选(D).

方法二:由 $P(A\mid B)+P(\bar{A}\mid \bar{B})=1$，可得 $P(A\mid B)+1-P(A\mid \bar{B})=1$，即 $P(A\mid B)=P(A\mid \bar{B})$，于是 A,B 相互独立，故选(D).

例题28 A,B 是两个随机事件，$P(A)=0.5$，$P(B\mid A)+P(\bar{B}\mid \bar{A})=1$，$P(A\cup B)=0.8$. 则 $P(\bar{A}\cup \bar{B})=$______.

答案 0.7

解析 本题考查对独立性、和事件的概率以及对偶律的理解.

由 $P(B\mid A)+P(\bar{B}\mid \bar{A})=1$，得 $P(B\mid A)+1-P(B\mid \bar{A})=1$，即 $P(B\mid A)=P(B\mid \bar{A})$，从而 A,B 相互独立，又

$$\begin{aligned}0.8=P(A\cup B)&=P(A)+P(B)-P(AB)=0.5+P(B)-P(A)P(B)\\&=0.5+P(B)-0.5P(B),\end{aligned}$$

得 $P(B)=0.6$，于是

$$P(\bar{A}\cup \bar{B})=P(\overline{A\cap B})=1-P(AB)=1-P(A)P(B)=1-0.5\times 0.6=0.7.$$

例题29 设事件 A 与 B 相互独立，$0<P(A)<1,0<P(B)<1$，则下述结论不正确的

是(　　).

(A)A 与 $A\cup B$ 一定不独立　　(B)A 与 $A-B$ 一定不独立

(C)A 与 $B-A$ 一定不独立　　(D)A 与 AB 一定不独立

答案 (A)

解析 本题考查对事件独立性的理解.

若 $X\subseteq Y$,则 X 与 Y 独立的充要条件是 $P(X)=0$ 或 $P(Y)=1$.

$A\subseteq(A\cup B)$,且 $P(A\cup B)=1$ 是可能的(如 $A\cup B=\Omega$),即 A 与 $A\cup B$ 可能独立,(A) 错误.

$A-B\subseteq A$,但 $P(A-B)=P(A\bar{B})=P(A)P(\bar{B})=P(A)[1-P(B)]\neq 0$,且 $P(A)\neq 1$,故 $A-B$ 与 A 不可能独立,(B) 正确.

$AB\subseteq A$,但 $P(AB)=P(A)P(B)\neq 0$,$P(A)\neq 1$,故 AB 与 A 不可能独立,(D) 正确.

若 X,Y 互斥,X 与 Y 独立的充要条件是 $P(X)=0$ 或 $P(Y)=0$. A 与 $B-A$ 互斥,但 $P(A)\neq 0$,$P(B-A)=P(B\bar{A})=P(B)P(\bar{A})=P(B)[1-P(A)]\neq 0$,故 A 与 $B-A$ 不独立,(C) 正确.

例题30 设 A,B,C 为随机事件,A 与 B 相互独立,$P(C)=1$,则可作不相互独立事件组的是(　　).

(A)$A,B,A\cup C$　　(B)$A,B,A-C$

(C)A,B,AC　　(D)$A,B,\overline{AC}$

答案 (C)

解析 本题考查对三个事件之间独立性的理解.

若 $P(X)=1$,则 $P(X\cap A)=P(A)$,$P(X\cup A)=1$,且 X 与任何事件都相互独立.

由 $P(C)=1$ 可知 $P(A\cup C)=1$,设 $A\cup C=X$,则

$$P(ABX)=P(AB)=P(A)P(B)=P(A)P(B)P(X),$$

即 A,B,X 相互独立. (A) 正确.

若 $P(Y)=0$,则 $P(AY)=0$,$P(A\cup Y)=P(A)$,且 Y 与任何事件都相互独立.

由 $P(C)=1$ 可知 $P(\bar{C})=0$,则 $P(A-C)=P(A\bar{C})=0$.

设 $A-C=Y$,则 $P(Y)=0$,$P(ABY)=0=P(A)P(B)P(Y)$,A,B,Y 相互独立. (B) 正确.

同理 $P(\overline{AC})=0$,设 $Y=\overline{AC}$,同理 A,B,Y 相互独立. (D) 正确.

(C) 选项,$P(A\cap B\cap AC)=P(ABC)=P(AB)$.

由 A,B 独立知

$$P(A\cap B\cap AC)=P(AB)=P(A)P(B), \tag{①}$$

而

$$P(A)P(B)P(AC)=P(A)P(B)P(A), \qquad ②$$

① 与 ② 不一定相等,(C) 不一定成立,选(C).

例题31 设 A,B 为随机事件,且 $0<P(B)<1$,下列命题为假命题的是(　　).

(A) 若 $P(A\mid B)=P(A)$,则 $P(A\mid\overline{B})=P(A)$

(B) 若 $P(A\mid B)>P(A)$,则 $P(\overline{A}\mid\overline{B})>P(\overline{A})$

(C) 若 $P(A\mid B)>P(A\mid\overline{B})$,则 $P(A\mid B)>P(A)$

(D) 若 $P[A\mid(A\cup B)]>P[\overline{A}\mid(A\cup B)]$,则 $P(A)>P(B)$

答案 (D)

解析 本题考查独立性与条件概率的运算.

(A) 选项,由 $P(A\mid B)=P(A)$ 知,A 与 B 独立,可得 A 与 $\overline{B}$ 独立,所以 $P(A\mid\overline{B})=P(A)$ 成立,(A) 正确.

(B) 选项,由 $P(A\mid B)>P(A)$ 知,$P(AB)>P(A)P(B)$,又 $P(\overline{A}\mid\overline{B})=\dfrac{P(\overline{A}\overline{B})}{P(\overline{B})}$,

且 $$P(\overline{A}\overline{B})=P(\overline{A\cup B})=1-P(A\cup B)=1-[P(A)+P(B)-P(AB)],$$

则 $$P(\overline{A}\mid\overline{B})=\frac{1-P(A)-P(B)+P(AB)}{1-P(B)}>\frac{1-P(A)-P(B)+P(A)P(B)}{1-P(B)}$$

$$=\frac{[1-P(A)][1-P(B)]}{1-P(B)}=1-P(A)=P(\overline{A}),$$

(B) 正确.

(C) 选项,由 $P(A\mid B)>P(A\mid\overline{B})$ 知,$\dfrac{P(AB)}{P(B)}>\dfrac{P(A\overline{B})}{P(\overline{B})}=\dfrac{P(A)-P(AB)}{1-P(B)}$,所以

$$P(AB)[1-P(B)]>P(B)[P(A)-P(AB)],$$

即 $P(AB)>P(A)P(B)$,故 $P(A\mid B)=\dfrac{P(AB)}{P(B)}>\dfrac{P(A)P(B)}{P(B)}=P(A)$ 成立,(C) 正确.

(D) 选项,由于 $A\subseteq(A\cup B)$,

$$P[A\mid(A\cup B)]=\frac{P[A\cap(A\cup B)]}{P(A\cup B)}=\frac{P(A)}{P(A\cup B)},$$

$$P[\overline{A}\mid(A\cup B)]=1-P[A\mid(A\cup B)].$$

若 $$P[A\mid(A\cup B)]>P[\overline{A}\mid(A\cup B)]=1-P[A\mid(A\cup B)],$$

则 $P[A\mid(A\cup B)]>\dfrac{1}{2}$,即 $\dfrac{P(A)}{P(A)+P(B)-P(AB)}>\dfrac{1}{2}$,解得 $P(A)>P(B)-P(AB)$,此选项无法确定 $P(A)$ 与 $P(B)$ 的大小关系,故选(D).

例题32 设 A,B,C 为三个随机事件,且 A 与 C 相互独立,B 与 C 相互独立,则 $A\cup B$ 与 C 相互独立的充分必要条件是(　　).

(A)A 与 B 相互独立　　　　(B)A 与 B 互不相容

(C)AB 与 C 相互独立　　　　(D)AB 与 C 互不相容

答案 (C)

解析 本题考查随机事件的概率运算与独立性的判定.

由条件概率公式:

$$P[(A\cup B)\mid C]=P(A\mid C)+P(B\mid C)-P(AB\mid C),$$

而 A,C 相互独立,B,C 相互独立,于是

$$P[(A\cup B)\mid C]=P(A)+P(B)-P(AB\mid C). \quad ①$$

当 $A\cup B$ 与 C 相互独立时,有

$$P[(A\cup B)\mid C]=P(A\cup B)=P(A)+P(B)-P(AB), \quad ②$$

比较①,②得,$P(AB\mid C)=P(AB)$,即 C 与 AB 相互独立,故选(C).

例题33 将一枚硬币独立地掷两次,记事件 $A_1=\{$掷第一次出现正面$\}$,$A_2=\{$掷第二次出现正面$\}$,$A_3=\{$正、反面各出现一次$\}$,$A_4=\{$正面出现两次$\}$,则事件(　　).

(A)A_1,A_2,A_3 相互独立　　　　(B)A_2,A_3,A_4 相互独立

(C)A_1,A_2,A_3 两两独立　　　　(D)A_2,A_3,A_4 两两独立

答案 (C)

解析 本题考查三个随机事件两两独立与相互独立的判定.

若 A_1,A_2,A_3 相互独立,则 A_1,A_2,A_3 一定两两独立,即若选(A),则(C)也对,故不选(A),同理,即若选(B),则(D)也对,故不选(B),又 A_3,A_4 为互斥事件,所以 $P(A_3A_4)=0\neq P(A_3)P(A_4)$,即 A_3,A_4 不相互独立,排除(D),故选(C).

例题34 将一枚硬币独立投掷两次,记事件 $A=$"第一次掷出正面",$B=$"第二次掷出反面",$C=$"正面最多掷出一次",则事件(　　).

(A)A,B,C 两两独立　(B)A 与 BC 独立　(C)B 与 AC 独立　(D)C 与 AB 独立

答案 (B)

解析 本题考查三个随机事件两两独立与两个事件相互独立的判定.

由题意,列出事件的样本点如下:

$$A=\{(正,正),(正,反)\},B=\{(正,反),(反,反)\},$$

$$C=\{(正,反),(反,正),(反,反)\}.$$

由独立重复事件的概念可知 A 与 B 独立.

由于 $B\subseteq C$,且 $P(B)=\frac{1}{2}\neq 0,P(C)=\frac{3}{4}\neq 1$,则 B 与 C 不独立,(A)错误.

由于 $B\subseteq C$,则 $BC=B$,故 A 与 BC 独立,(B)正确.

$AC=\{(\text{正},\text{反})\}$，则 $AC\subseteq B$，由于 $P(AC)=\frac{1}{4}\neq 0$，$P(B)=\frac{1}{2}\neq 1$，故 AC 与 B 不独立，(C) 错误.

由于 $B\subseteq C$，则 $AB\subseteq C$，$P(AB)=\frac{1}{4}\neq 0$，$P(C)=\frac{3}{4}\neq 1$，则 AB 与 C 不独立，(D)错误.

选(B).

第二章　随机变量及其分布

题型一　分布函数的概念与性质

解题思路归纳

(1) 分布函数的定义：$F(x)=P\{X\leqslant x\}$，$-\infty<x<+\infty$.

(2) 分布函数的性质：单调非减函数；$0\leqslant F(x)\leqslant 1$；$\lim\limits_{x\to-\infty}F(x)=0$，$\lim\limits_{x\to+\infty}F(x)=1$. 右连续性，满足此四条的函数，即可判定为分布函数.

(3) $P\{X\leqslant a\}=F(a)$，$P\{X<a\}=F(a^{-})$，$P\{X=a\}=F(a)-F(a^{-})$.

例题1 假设连续函数 $F(x)$ 是分布函数且 $F(0)=0$，则下列函数也为分布函数的是（　　）.

(A) $G_1(x)=\begin{cases}1-F\left(\dfrac{1}{x}\right), & x>1,\\ 0, & x\leqslant 1\end{cases}$

(B) $G_2(x)=\begin{cases}1+F\left(\dfrac{1}{x}\right), & x>1,\\ 0, & x\leqslant 1\end{cases}$

(C) $G_3(x)=\begin{cases}F(x)-F\left(\dfrac{1}{x}\right), & x>1,\\ 0, & x\leqslant 1\end{cases}$

(D) $G_4(x)=\begin{cases}F(x)+F\left(\dfrac{1}{x}\right), & x>1,\\ 0, & x\leqslant 1\end{cases}$

答案 (C)

解析 本题考查利用分布函数的基本性质判定函数是否为分布函数.

由于 $\lim\limits_{x\to1^{+}}G_1(x)=1-F(1)$ 不一定等于 $G_1(1)=0$；$\lim\limits_{x\to1^{+}}G_2(x)=1+F(1)$ 不等于 $G_2(1)=0$；$\lim\limits_{x\to1^{+}}G_4(x)=F(1)+F(1)=2F(1)$ 不一定等于 $G_4(1)=0$. 所以选项(A)，(B)，(D) 不能作为分布函数. 对于选项(C)，做如下分析.

① 由 $0\leqslant F(x)\leqslant 1$，$0\leqslant F\left(\dfrac{1}{x}\right)\leqslant 1$，又 $F(x)$ 单调不减，而 $x>1$ 时，$x>\dfrac{1}{x}$，因此

$F(x) > F\left(\frac{1}{x}\right)$.

于是 $0 \leqslant F(x) - F\left(\frac{1}{x}\right) \leqslant 1$,得 $0 \leqslant G_3(x) \leqslant 1$.

② 由 $x > 1$ 时,$\frac{1}{x}$ 单调减少,$F(x)$ 单调不减,得 $F\left(\frac{1}{x}\right)$ 单调不增,从而 $-F\left(\frac{1}{x}\right)$ 单调不减,所以 $F(x) - F\left(\frac{1}{x}\right)$ 单调不减,且得 $G_3(x)$ 单调不减.

③ $\lim\limits_{x \to -\infty} G_3(x) = \lim\limits_{x \to -\infty} 0 = 0$,

$\lim\limits_{x \to +\infty} G_3(x) = \lim\limits_{x \to +\infty} \left[F(x) - F\left(\frac{1}{x}\right)\right] = \lim\limits_{x \to +\infty} F(x) - F(0) = 1 - 0 = 1$.

④ 由 $F(x)$ 连续,得 $x > 1$ 时,$F(x)$,$F\left(\frac{1}{x}\right)$ 均连续,从而 $F(x) - F\left(\frac{1}{x}\right)$ 连续;当 $x < 1$ 时,$G_3(x) = 0$,显然连续,又

$$\lim_{x \to 1^+} G_3(x) = \lim_{x \to 1^+} \left[F(x) - F\left(\frac{1}{x}\right)\right] = F(1) - F(1) = 0 = G_3(1),$$

$\lim\limits_{x \to 1^-} G_3(x) = \lim\limits_{x \to 1^-} 0 = 0 = G_3(1)$. 从而 $G_3(x)$ 在 $x = 1$ 处连续,于是 $G_3(x)$ 在 $(-\infty, +\infty)$ 上连续,所以 $G_3(x)$ 为分布函数.

故选择(C).

例题2 设 X 的分布函数为 $F(x)$,则在下列函数中,仍为分布函数的是(　　).

(A) $F(2x - 1)$　　　　(B) $F(1 - x)$

(C) $F(x^2)$　　　　(D) $1 - F(-x)$

答案 (A)

解析 本题考查利用分布函数的基本性质判定分布函数.

选项(A),由 $0 \leqslant F(x) \leqslant 1$,得 $0 \leqslant F(2x - 1) \leqslant 1$;又 $F(x)$ 单调不减,得 $F(2x - 1)$ 单调不减;而 $\lim\limits_{x \to -\infty} F(2x - 1) = 0$,$\lim\limits_{x \to +\infty} F(2x - 1) = 1$;$\lim\limits_{x \to x_0^+} F(2x - 1) = F(2x_0 - 1)$,所以 $F(2x - 1)$ 处处右连续,(A) 正确.

选项(B),由 $\lim\limits_{x \to +\infty} F(1 - x) = 0$,得 $F(1 - x)$ 不为分布函数,(B) 错误.

选项(C),由 $\lim\limits_{x \to -\infty} F(x^2) = 1$,得 $F(x^2)$ 不为分布函数,(C) 错误.

选项(D),考虑极限 $\lim\limits_{x \to x_0^+} [1 - F(-x)]$,当 $x \to x_0^+$ 时,$-x \to -x_0^-$,而 $F(x)$ 若仅右连续,则 $\lim\limits_{x \to x_0^+} [1 - F(-x)]$ 并一定等于 $1 - F(-x_0)$,即 $1 - F(-x)$ 不一定具有右连续的性质,得 $[1 - F(-x)]$ 不一定为分布函数,(D) 错误.

综上选择(A).

例题3 已知随机变量X的分布函数为$F(x)=\begin{cases}0, & x<0,\\ \frac{1}{2}, & 0\leqslant x<1,\\ 1-e^{-x}, & x\geqslant 1,\end{cases}$则下列选项中正确的是(　　).

(A)$P\{0\leqslant X\leqslant 1\}=1-e^{-1}$　　(B)$P\{0<X<1\}=\frac{1}{2}$

(C)$P\{0<X\leqslant 1\}=1-e^{-1}$　　(D)$P\{X=1\}=1-e^{-1}$

答案 (A)

解析 本题考查利用分布函数的定义计算概率.

选项(A),$P\{0\leqslant X\leqslant 1\}=F(1)-\lim\limits_{x\to 0^-}F(0)=1-e^{-1}-0=1-e^{-1}$;

选项(B),$P\{0<X<1\}=\lim\limits_{x\to 1^-}F(x)-F(0)=\frac{1}{2}-\frac{1}{2}=0$;

选项(C),$P\{0<X\leqslant 1\}=F(1)-F(0)=1-e^{-1}-\frac{1}{2}=\frac{1}{2}-e^{-1}$;

选项(D),$P\{X=1\}=F(1)-\lim\limits_{x\to 1^-}F(x)=1-e^{-1}-\frac{1}{2}=\frac{1}{2}-e^{-1}$.

故选择(A).

例题4 假设随机变量X的绝对值不大于1,$P\{X=-1\}=\frac{1}{8}$,$P\{X=1\}=\frac{1}{4}$;在事件$\{-1<X<1\}$出现的条件下,X在$(-1,1)$内的任一子区间上取值的条件概率与该子区间长度成正比.试求X的分布函数$F(x)$.

解析 本题考查利用分布函数的定义与全概率公式的应用.

由$|X|\leqslant 1$,$P\{X=-1\}=\frac{1}{8}$,$P\{X=1\}=\frac{1}{4}$得

$$P\{-1<X<1\}=1-P\{X=-1\}-P\{X=1\}=1-\frac{1}{8}-\frac{1}{4}=\frac{5}{8}.$$

根据分布函数的定义$F(x)=P\{X\leqslant x\}$,于是,

当$x<-1$时,$\{X\leqslant x\}=\varnothing$,得$F(x)=0$;

当$x\geqslant 1$时,$\{X\leqslant x\}=\Omega$,得$F(x)=1$;

当$-1\leqslant x<1$时,

$$\begin{aligned}F(x)&=P\{X\leqslant x\}=P\{X=-1\}+P\{-1<X\leqslant x\}\\&=\frac{1}{8}+\frac{5}{8}P\{X\leqslant x\mid -1<x<1\},\end{aligned}$$

从而在 $-1<x<1$ 条件下，$X\sim U(-1,1)$，故 $P\{X\leqslant x\mid -1<x<1\}=\dfrac{x-(-1)}{1-(-1)}$.

于是，$-1\leqslant x<1$ 时，$F(x)=\dfrac{1}{8}+\dfrac{5}{8}\cdot\dfrac{x+1}{2}=\dfrac{5x+7}{16}$.

所以 $F(x)=\begin{cases}0, & x<-1,\\ \dfrac{5x+7}{16}, & -1\leqslant x<1,\\ 1, & x\geqslant 1.\end{cases}$

例题5 已知随机变量 X_1 与 X_2 的分布函数分别为 $F_1(x)$ 与 $F_2(x)$. 我们假设：X_i 服从参数为 p_i 的 0－1 分布，$0<p_i<1$，$i=1,2$，如果 X_i 为连续型随机变量，其概率密度函数为 $f_i(x)$ $(i=1,2)$，已知 $F_1(x)\leqslant F_2(x)$，则（　　）.

(A) $p_1\leqslant p_2$　　(B) $p_1\geqslant p_2$

(C) $f_1(x)\leqslant f_2(x)$　　(D) $f_1(x)\geqslant f_2(x)$

答案 (B)

解析 本题考查分布函数与分布律、概率密度函数的关系.

当 X_i 服从参数为 p_i 的 0－1 分布时，可得 X_i 的分布律为

X_1	0	1
P	$1-p_1$	p_1

X_2	0	1
P	$1-p_2$	p_2

从而有 X_i 的分布函数为

$$F_1(x)=\begin{cases}0, & x<0,\\ 1-p_1, & 0\leqslant x<1,\\ 1, & x\geqslant 1,\end{cases}\quad F_2(x)=\begin{cases}0, & x<0,\\ 1-p_2, & 0\leqslant x<1,\\ 1, & x\geqslant 1.\end{cases}$$

于是，当 $F_1(x)\leqslant F_2(x)$ 时，有 $1-p_1\leqslant 1-p_2$，即 $p_2\leqslant p_1$.

但是，当 $F_1(x)\leqslant F_2(x)$ 时，无法确定对任意的 x，$f_1(x)$ 与 $f_2(x)$ 的大小关系.

例如：

$$f_1(x)=\begin{cases}\lambda e^{-\lambda x}, & x>0,\\ 0, & x\leqslant 0\end{cases}(\lambda>0),F_1(x)=\begin{cases}1-e^{-\lambda x}, & x>0,\\ 0, & x\leqslant 0,\end{cases}$$

$$f_2(x)=\begin{cases}0, & x>0,\\ e^x, & x\leqslant 0,\end{cases}F_2(x)=\begin{cases}1, & x>0,\\ e^x, & x\leqslant 0.\end{cases}$$

不难看出 $F_1(x)\leqslant F_2(x)$，但是 $f_1(x)-f_2(x)=\begin{cases}\lambda e^{-\lambda x}, & x>0,\\ -e^x, & x\leqslant 0\end{cases}$ 可能大于零，也可能小于零，即 $f_1(x)$ 可能大于 $f_2(x)$，可能小于 $f_2(x)$，综上选(B).

例题6 设 X 与 Y 是随机变量，其分布函数分别为 $F_X(x)$，$F_Y(y)$，如果它们的期望和方差都存在，现在有四个结论：

①$X=Y$；②$P\{X=Y\}=1$；③$F_X(x)=F_Y(x)$；④$E(X)=E(Y)$，$D(X)=D(Y)$.

如果用“$P\Rightarrow Q$”表示由结论 P 可以推出结论 Q，则(　　).

(A)②⇒①⇒③　　(B)②⇒③⇒④　　(C)③⇒①⇒②　　(D)③⇒②⇒④

答案 (B)

解析 本题考查随机变量的分布函数以及期望与方差.

当 $X=Y$ 时，事件 $X=Y$ 为必然事件，所以 $P\{X=Y\}=1$，而 $X=Y$，显然 X 与 Y 有相同的分布函数，相同的期望，相同的方差，即 $F_X(x)=F_Y(x)$，$E(X)=E(Y)$，$D(X)=D(Y)$，可得 ①⇒②，①⇒③，①⇒④.

当 $P\{X=Y\}=1$ 时，即随机事件 $X=Y$ 的概率为 1，则 $X=Y$ 未必为必然事件，所以 ②⇒① 错误；又由概率为 1 的随机事件与任何事件均独立，可得

$$P\{X\leqslant x,X=Y\}=P\{X\leqslant x\}P\{X=Y\}=P\{X\leqslant x\}\cdot 1=P\{X\leqslant x\},$$

$$P\{Y\leqslant x,X=Y\}=P\{Y\leqslant x\}P\{X=Y\}=P\{Y\leqslant x\}\cdot 1=P\{Y\leqslant x\},$$

于是 $F_X(x)=P\{X\leqslant x\}=P\{X\leqslant x,X=Y\}=P\{Y\leqslant x,X=Y\}=P\{Y\leqslant x\}=F_Y(x)$，从而 ②⇒③ 正确，而当 X 与 Y 有相同的分布函数时，显然 X 与 Y 有相同的期望，相同的方差，即 $E(X)=E(Y)$，$D(X)=D(Y)$，所以 ③⇒④ 正确. 选项(B) 正确.

当 X，Y 有相同的分布函数时，$F_X(x)=F_Y(x)$，但 $X=Y$，$P\{X=Y\}=1$ 未必成立.

例如，(X,Y) 的分布律为

X \ Y	0	1
0	$\frac{1}{4}$	$\frac{1}{4}$
1	$\frac{1}{4}$	$\frac{1}{4}$

，则

$$P\{X=Y\}=P\{X=0,Y=0\}+P\{X=1,Y=1\}=\frac{1}{4}+\frac{1}{4}=\frac{1}{2}\neq 1.$$

显然，$X=0$，$Y=1$ 时，$X=Y$ 并不为必然事件. 故 ③⇒①，③⇒② 均错误.

当 X，Y 有相同的期望和相同的方差时，X，Y 的分布函数未必相同.

例如，X 服从指数分布 $E(1)$，则 $E(X)=D(X)=1$，Y 服从正态分布 $N(1,1)$，则 $E(Y)=D(Y)=1$，从而 $E(X)=E(Y)$，$D(X)=D(Y)$，但 X，Y 不同分布，显然 $X=Y$，$P(X=Y)=1$，此时也不成立，于是 ④⇒①，④⇒②，④⇒③ 错误，综上选择(B).

例题7 假设 $F(x)$ 是随机变量 X 的分布函数，则下列结论不正确的是(　　).

(A) 如果 $F(a)=0$，则对任意 $x\leqslant a$ 有 $F(x)=0$

(B) 如果 $F(a)=1$，则对任意 $x\geqslant a$ 有 $F(x)=1$

(C) 如果 $F(a)=\frac{1}{2}$，则 $P\{X\leqslant a\}=\frac{1}{2}$

(D) 如果 $F(a)=\frac{1}{2}$，则 $P\{X\geqslant a\}=\frac{1}{2}$

答案 (D)

解析 本题考查分布函数的性质以及利用分布函数的定义确定概率.

由于 $F(x)$ 单调不减，所以，当 $x\leqslant a$ 时，$F(x)\leqslant F(a)=0$，得 $F(x)=0$，选项(A) 正确.

当 $x\geqslant a$ 时，$F(x)\geqslant F(a)=1$，得 $F(x)=1$，选项(B) 正确.

由分布函数的定义可得 $P\{X\leqslant a\}=F(a)=\frac{1}{2}$，选项(C) 正确.

由于 $F(x)$ 不一定左连续，所以

$$P\{X\geqslant a\}=1-P\{x<a\}=1-\lim_{x\to a^-}F(x)\neq 1-F(a)=1-\frac{1}{2}=\frac{1}{2},$$

选项(D) 错误，故选(D).

例题8 设随机变量 X 的分布函数为

$$F(x)=\begin{cases}0, & x<-1,\\ \frac{1}{8}, & x=-1,\\ ax+b, & -1<x<1,\\ 1, & x\geqslant 1,\end{cases}$$

已知 $P\{-1<X<1\}=\frac{5}{8}$，则 $a=$________，$b=$________.

答案 $\frac{5}{16}$；$\frac{7}{16}$

解析 本题考查分布函数的基本性质以及利用分布函数计算概率.

由 $F(x)$ 在 $x=-1$ 处右连续，可得 $\lim\limits_{x\to -1^+}F(x)=F(-1)$，即 $-a+b=\frac{1}{8}$.

又 $P\{-1<x<1\}=\frac{5}{8}=\lim\limits_{x\to 1^-}F(x)-F(-1)=a+b-\frac{1}{8}$，得 $a+b=\frac{3}{4}$.

解得 $a=\frac{5}{16}$，$b=\frac{7}{16}$.

题型二　一维离散型随机变量及其分布

解题思路归纳

(1) 分布律 $P\{X=x_i\}=p_i, i=1,2,\cdots; p_i\geqslant 0(i=1,2,\cdots); \sum\limits_{i=1}^{\infty}p_i=1$.

(2) 二项分布 $X\sim B(n,p)$，分布律 $P\{X=k\}=C_n^k p^k(1-p)^{n-k}, k=0,1,2,\cdots,n$.

(3) 泊松分布 $X\sim P(\lambda)$，分布律 $P\{X=k\}=\dfrac{\lambda^k}{k!}e^{-\lambda}, k=0,1,2,\cdots$.

(4) 当试验次数 n 很大、成功概率 p 很小，且 $\lambda=np$ 为有限值时，二项分布可以用泊松分布近似：$P\{X=k\}\approx\dfrac{\lambda^k e^{-\lambda}}{k!}$.

(5) 几何分布 $X\sim G(p)$，分布律 $P\{X=k\}=(1-p)^{k-1}p, k=1,2,\cdots$.

(6) 几何分布具有无记忆性，即 $P\{X>m+n \mid X>m\}=P\{X>n\}$.

例题9 设 X 是离散型随机变量，$p_n=P\{X=n\}$（n 为自然数，$n\geqslant 2$），则下列 p_n 能成为 X 的概率分布的是(　　).

(A) $p_n=\dfrac{1}{n}$　　(B) $p_n=\dfrac{1}{n(n-1)}$

(C) $p_n=\dfrac{1}{n^2}$　　(D) $p_n=\dfrac{1}{n(n+1)}$

答案 (B)

解析 本题考查分布律的性质.

p_n 能成为 X 的分布律，要满足 $p_n\geqslant 0$，且 $\sum\limits_{n=2}^{\infty}p_n=1$，

显然(A)，(B)，(C)，(D) 均满足 $p_n\geqslant 0$.

(A) 选项，$\sum\limits_{n=2}^{\infty}p_n=\sum\limits_{n=2}^{\infty}\dfrac{1}{n}$ 为发散级数，所以 $p_n=\dfrac{1}{n}$ 不能为 X 的分布律.

(B) 选项，

$$\sum_{n=2}^{\infty}p_n=\sum_{n=2}^{\infty}\frac{1}{n(n-1)}=\sum_{n=2}^{\infty}\left(\frac{1}{n-1}-\frac{1}{n}\right)$$
$$=1-\frac{1}{2}+\frac{1}{2}-\frac{1}{3}+\cdots+\frac{1}{n-1}-\frac{1}{n}+\cdots=1,$$

所以 $p_n=\dfrac{1}{n(n-1)}$ 能为 X 的分布律.

(C) 选项,由于$\sum\limits_{n=2}^{\infty}\dfrac{1}{n^2}<\sum\limits_{n=2}^{\infty}\dfrac{1}{n(n-1)}=1$,所以 $p_n=\dfrac{1}{n^2}$ 不能为 X 的分布律.

(D) 选项,

$$\sum_{n=2}^{\infty}p_n=\sum_{n=2}^{\infty}\frac{1}{n(n+1)}=\sum_{n=2}^{\infty}\left(\frac{1}{n}-\frac{1}{n+1}\right)$$
$$=\frac{1}{2}-\frac{1}{3}+\frac{1}{3}-\frac{1}{4}+\cdots+\frac{1}{n}-\frac{1}{n+1}+\cdots=\frac{1}{2},$$

所以 $p_n=\dfrac{1}{n(n+1)}$ 不能为 X 的分布律,综上选择(B).

例题10 设随机试验每次成功的概率为 $p(0<p<1)$,现进行 3 次独立重复试验,在至少成功 1 次的条件下,3 次试验全部成功的概率为$\dfrac{4}{13}$,则 $p=$________.

答案 $\dfrac{2}{3}$

解析 本题考查二项分布的分布律以及条件概率的计算.

设试验成功的总次数为 X,则 $X\sim B(3,p)$,于是在至少成功 1 次的条件下,3 次试验全部成功的概率为

$$P\{X=3\mid X\geqslant 1\}=\frac{P\{X=3,X\geqslant 1\}}{P\{X\geqslant 1\}}=\frac{P\{X=3\}}{1-P\{X<1\}}=\frac{P\{X=3\}}{1-P\{X=0\}}$$
$$=\frac{p^3}{1-(1-p)^3}=\frac{4}{13}.$$

从而$\dfrac{p^3}{1-(1-3p+3p^2-p^3)}=\dfrac{4}{13}$,所以 $13p^3=12p-12p^2+4p^3$,即

$$9p^3+12p^2-12p=0,\text{即 } 3p(3p-2)(p+2)=0,$$

由于 $0<p<1$,解得 $p=\dfrac{2}{3}$.

例题11 设 $X_1,X_2,\cdots,X_{20}$ 是来自总体 $B(1,0.1)$ 的简单随机样本,令 $T=\sum\limits_{i=1}^{20}X_i$,利用泊松分布近似表示二项分布的方法可得 $P\{T\leqslant 1\}\approx($ $)$.

(A) $\dfrac{1}{e^2}$　　(B) $\dfrac{2}{e^2}$　　(C) $\dfrac{3}{e^2}$　　(D) $\dfrac{4}{e^2}$

答案 (C)

解析 本题考查利用泊松定理近似计算概率.

泊松定理:设 $\lambda>0$ 为常数,n 为任意正整数,$np_n=\lambda$,则对于任意取定的非负整数 k,有

$$\lim_{n\to\infty}C_n^k p_n^k(1-p_n)^{n-k}=\frac{\lambda^k e^{-\lambda}}{k!}.$$

根据泊松定理，当 n 很大而 p 很小时，有近似计算公式：

$$C_n^k p^k(1-p)^{n-k}\approx\frac{\lambda^k e^{-\lambda}}{k!},$$

其中 $\lambda=np$.

由题可知 $T\sim B(20,0.1)$，$\lambda=np=2$，T 近似服从参数为 2 的泊松分布，所以

$$P\{T\leqslant 1\}=P\{T=0\}+P\{T=1\}=e^{-2}+\frac{2e^{-2}}{1!}=\frac{3}{e^2}.$$

故选(C).

例题12 设 X 服从几何分布，期望 $E(X)=3$，则 $P\{X<5\mid X>2\}=$(　　).

(A) $\frac{5}{8}$　　(B) $\frac{1}{2}$　　(C) $\frac{16}{27}$　　(D) $\frac{5}{9}$

答案 (D)

解析 本题考查几何分布的分布律与条件概率的计算.

由 $X\sim G(p)$，$E(X)=3$ 得 $\frac{1}{p}=3$，$p=\frac{1}{3}$，即 $X\sim G\left(\frac{1}{3}\right)$.

根据几何分布的无记忆性，

$$P\{X<5\mid X>2\}=P\{X<3\mid X>0\}=P\{X<3\}$$
$$=P\{X=1\}+P\{X=2\}=\frac{1}{3}+\frac{2}{3}\times\frac{1}{3}=\frac{5}{9}.$$

故选择(D).

例题13 设 $X\sim P(\lambda)$，p_1,p_2 分别为随机变量 X 取偶数和奇数的概率，则(　　).

(A) $p_1=p_2$　　(B) $p_1<p_2$

(C) $p_1>p_2$　　(D) p_1,p_2 大小关系不定

答案 (C)

解析 本题考查泊松分布的分布律以及级数的求和.

由 $X\sim P(\lambda)$ 得　　$P\{X=k\}=\frac{\lambda^k e^{-\lambda}}{k!},k=0,1,2,\cdots,$

于是 X 取偶数的概率为

$$p_1=\sum_{k=0}^{\infty}P\{X=2k\}=\sum_{k=0}^{\infty}\frac{\lambda^{2k}e^{-\lambda}}{(2k)!}=e^{-\lambda}\sum_{k=0}^{\infty}\frac{\lambda^{2k}}{(2k)!},$$

又由 $e^{\lambda}=\sum_{k=0}^{\infty}\frac{\lambda^k}{k!}$，$e^{-\lambda}=\sum_{k=0}^{\infty}\frac{(-\lambda)^k}{k!}=\sum_{k=0}^{\infty}(-1)^k\frac{\lambda^k}{k!}$ 得

$$e^{\lambda}+e^{-\lambda}=\sum_{k=0}^{\infty}\frac{\lambda^{2k}+\lambda^{2k}}{(2k)!}=2\sum_{k=0}^{\infty}\frac{\lambda^{2k}}{(2k)!},$$

所以 $p_1=e^{-\lambda}\cdot\frac{e^{\lambda}+e^{-\lambda}}{2}=\frac{1+e^{-2\lambda}}{2}$.

从而 X 取奇数的概率为 $p_2=1-\frac{1+e^{-2\lambda}}{2}=\frac{1-e^{-2\lambda}}{2}$.

不难看出 $p_1>p_2$,故选择(C).

例题14 假设随机变量 X_1,X_2,X_3,X_4 相互独立且都服从0－1分布,$P\{X_i=1\}=p$,$P\{X_i=0\}=1-p(i=1,2,3,4,0<p<1)$,已知二阶行列式 $\begin{vmatrix} X_1 & X_2 \\ X_3 & X_4 \end{vmatrix}$ 的值大于零的概率等于 $\frac{1}{4}$,则 $p=$________.

答案 $\frac{\sqrt{2}}{2}$

解析 本题考查0－1分布的分布律.

依题意可得 $\frac{1}{4}=P\left\{\begin{vmatrix} X_1 & X_2 \\ X_3 & X_4 \end{vmatrix}>0\right\}$,又 $\begin{vmatrix} X_1 & X_2 \\ X_3 & X_4 \end{vmatrix}=X_1X_4-X_2X_3$,所以

$$P\{X_1X_4-X_2X_3>0\}=P\{X_1X_4>X_2X_3\}=\frac{1}{4}.$$

由于 X_i 仅能取1或0,且相互独立,故随机事件 $\{X_1X_4>X_2X_3\}=\{X_1X_4=1,X_2X_3=0\}$. 于是

$$\frac{1}{4}=P\{X_1X_4=1\}P\{X_2X_3=0\},$$

$$P\{X_1X_4=1\}=P\{X_1=1,X_4=1\}=P\{X_1=1\}P\{X_4=1\}=p^2,$$

$$P\{X_2X_3=0\}=1-P\{X_2X_3=1\}=1-P\{X_2=1,X_3=1\}=1-p^2,$$

故 $p^2(1-p^2)=\frac{1}{4}$,即 $p^4-p^2+\frac{1}{4}=\left(p^2-\frac{1}{2}\right)^2=0$.

由 $0<p<1$ 解得 $p=\frac{\sqrt{2}}{2}$.

例题15 设随机变量 X 的概率分布 $P\{X=k\}=\frac{a}{k(k+1)},k=1,2,\cdots$,其中 a 是常数,X 的分布函数为 $F(x)$,已知 $F(b)=\frac{3}{4}$,则 b 的取值范围应是________.

答案 $[3,4)$

解析 本题考查分布律的性质与离散型随机变量的分布函数.

由 $P\{X=k\}=\frac{a}{k(k+1)}$,得

$$1=\sum_{k=1}^{\infty}P\{X=k\}=\sum_{k=1}^{\infty}\frac{a}{k(k+1)}=a\sum_{k=1}^{\infty}\left(\frac{1}{1\times 2}+\frac{1}{2\times 3}+\frac{1}{3\times 4}+\cdots+\frac{1}{k(k+1)}+\cdots\right)$$

$$=a\left(1-\frac{1}{2}+\frac{1}{2}-\frac{1}{3}+\cdots+\frac{1}{k}-\frac{1}{k+1}+\cdots\right)=a,\text{即 } a=1.$$

而 $\frac{3}{4}=F(b)=P\{X\leqslant b\}$,根据离散型随机变量的分布函数计算方法如下图所示,

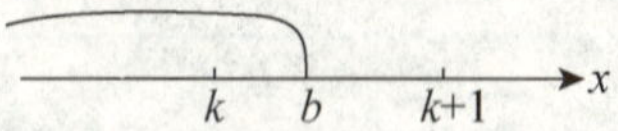

当 $k \leqslant b < k+1$ 时，

$$P\{X \leqslant b\} = \sum_{i=1}^{k} P\{X = i\} = \frac{1}{1\times 2} + \frac{1}{2\times 3} + \frac{1}{3\times 4} + \cdots + \frac{1}{k(k+1)} = 1 - \frac{1}{k+1} = \frac{3}{4},$$

得 $k=3$，于是 $3 \leqslant b < 4$.

【注】离散型随机变量的分布函数为阶梯结构.

题型三　一维连续型随机变量及其分布

解题思路归纳

(1) 分布函数的基本概念.

① 定义：$F(x) = \int_{-\infty}^{x} f(t)\,\mathrm{d}t$.

② 概率密度函数：$f(x) \geqslant 0$；$\int_{-\infty}^{+\infty} f(x)\,\mathrm{d}x = 1$.

③ 概率的计算：$P\{x_1 < X \leqslant x_2\} = F(x_2) - F(x_1) = \int_{x_1}^{x_2} f(x)\,\mathrm{d}x$，也等于对应区间上 $f(x)$ 与 x 轴，形成的面积.

(2) 均匀分布：$X \sim U(a,b)$，概率密度为 $f(x) = \begin{cases} \dfrac{1}{b-a}, & a < x < b, \\ 0, & \text{其他}, \end{cases}$ 分布函数为

$$F(x) = \begin{cases} 0, & x < a, \\ \dfrac{x-a}{b-a}, & a \leqslant x < b, \\ 1, & x \geqslant b. \end{cases}$$

(3) 指数分布：$X \sim E(\lambda)$，概率密度为 $f(x) = \begin{cases} \lambda \mathrm{e}^{-\lambda x}, & x > 0, \\ 0, & \text{其他}, \end{cases}$ 分布函数为

$$F(x) = \begin{cases} 0, & x < 0, \\ 1 - \mathrm{e}^{-\lambda x}, & x \geqslant 0. \end{cases}$$

指数分布具有无记忆性：对任意正数 a,b，有 $P\{X > a+b \mid X > b\} = P\{X > a\}$.

(4) 正态分布：

① 概率密度：$X \sim N(\mu, \sigma^2) \Leftrightarrow f(x) = \dfrac{1}{\sqrt{2\pi}\,\sigma} \mathrm{e}^{-\frac{(x-\mu)^2}{2\sigma^2}}$，$-\infty < x < +\infty$，

其中 $f(x)$ 关于 $x=\mu$ 对称.

② 标准正态分布：$X\sim N(0,1)$，密度函数为 $\varphi(x)=\dfrac{1}{\sqrt{2\pi}}e^{-\frac{x^2}{2}}$，$-\infty<x<+\infty$，其中概率密度 $\varphi(x)$ 关于 y 轴对称.

分布函数为 $\Phi(x)=\dfrac{1}{\sqrt{2\pi}}\int_{-\infty}^{x}e^{-\frac{t^2}{2}}dt$，$-\infty<x<+\infty$，其中 $\Phi(x)$ 单调递增，且视作已知量. $\Phi(-a)=1-\Phi(a)$，$\Phi(0)=\dfrac{1}{2}$.

③ 标准化：$X\sim N(\mu,\sigma^2)\Rightarrow\dfrac{X-\mu}{\sigma}\sim N(0,1)$，$F(x)=\Phi\left(\dfrac{x-\mu}{\sigma}\right)$.

④ 线性运算：$X\sim N(\mu,\sigma^2)\Rightarrow Y=aX+b\sim N(a\mu+\sigma,a^2\sigma^2)$.

例题16 假设随机变量 X 的密度函数为 $f(x)=\begin{cases}\dfrac{1}{4}, & -2\leqslant x\leqslant -1,\\ \dfrac{1}{4}, & 0\leqslant x\leqslant 1,\\ \dfrac{1}{2}, & 2\leqslant x\leqslant 3,\\ 0, & \text{其他}.\end{cases}$

如果常数 k 使 $P\{X>k\}=P\{X<k\}$，则 k 的取值范围是（　　）.

(A) $(-\infty,-2]$　　(B) $[-1,0]$　　(C) $[1,2]$　　(D) $[3,+\infty)$

答案 (C)

解析 本题考查利用概率密度函数计算概率.

由于 $P\{X>k\}=P\{X<k\}$，又 X 为连续型随机变量，所以 $P\{X=k\}=0$. 而 $P\{X>k\}+P\{X<k\}+P\{X=k\}=1$，于是 $P\{X<k\}=\dfrac{1}{2}$，也即 $\int_{-\infty}^{k}f(x)dx=\dfrac{1}{2}$. 由连续型随机变量的概率的几何意义，根据如下概率密度函数的图像，

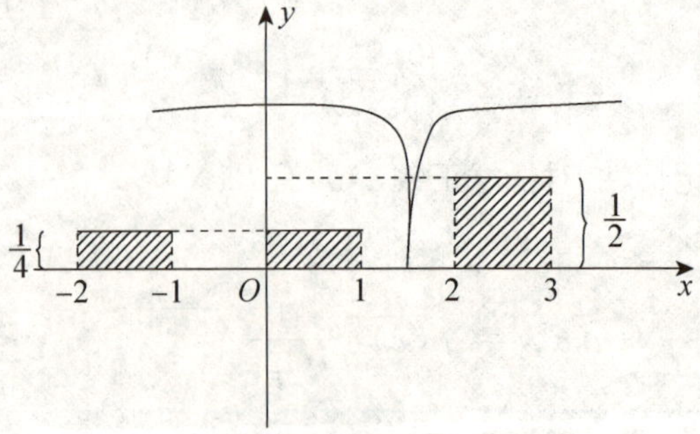

可知 $k\in[1,2]$，$\int_{-\infty}^{k} f(x)\mathrm{d}x=\frac{1}{4}+\frac{1}{4}=\frac{1}{2}$，选(C).

例题17 设随机变量 X 的概率密度为 $f(x)$，则下列可以作为概率密度的是(　　).

(A) $f(2x)$　　(B) $f(2-x)$　　(C) $f^2(x)$　　(D) $f(x^2)$

答案 (B)

解析 本题考查概率密度的性质.

成为概率密度函数必须满足非负性，且从 $-\infty$ 到 $+\infty$ 的积分为1.

选项(A)，$\int_{-\infty}^{+\infty} f(2x)\mathrm{d}x=\frac{1}{2}\int_{-\infty}^{+\infty} f(2x)\mathrm{d}(2x)=\frac{1}{2}\int_{-\infty}^{+\infty} f(t)\mathrm{d}t=\frac{1}{2}$，

从而 $f(2x)$ 不能为概率密度函数.

选项(B)，$\int_{-\infty}^{+\infty} f(2-x)\mathrm{d}x=-\int_{-\infty}^{+\infty} f(2-x)\mathrm{d}(2-x)$，令 $2-x=t$，则

$$\int_{-\infty}^{+\infty} f(2-x)\mathrm{d}x=-\int_{+\infty}^{-\infty} f(t)\mathrm{d}t=\int_{-\infty}^{+\infty} f(t)\mathrm{d}t=1,$$

从而 $f(2-x)$ 能为概率密度函数.

选项(C)，当 $\int_{-\infty}^{+\infty} f(x)\mathrm{d}x=1$ 时，$\int_{-\infty}^{+\infty} f^2(x)\mathrm{d}x$ 不一定为1. 例如，

$$f(x)=\begin{cases}\frac{1}{2}, & 1<x<3,\\ 0, & \text{其他},\end{cases}$$

则
$$\int_{-\infty}^{+\infty} f^2(x)\mathrm{d}x=\int_{1}^{3}\left(\frac{1}{2}\right)^2\mathrm{d}x\neq 1,$$

从而 $f^2(x)$ 不能为概率密度函数.

选项(D)，当 $\int_{-\infty}^{+\infty} f(x)\mathrm{d}x=1$ 时，$\int_{-\infty}^{+\infty} f(x^2)\mathrm{d}x$ 不一定为1. 例如，

$$f(x)=\begin{cases}\frac{1}{2}, & 1<x<3,\\ 0, & \text{其他},\end{cases}$$

则
$$f(x^2)=\begin{cases}\frac{1}{2}, & 1<x^2<3,\\ 0, & \text{其他},\end{cases}$$

于是
$$\int_{-\infty}^{+\infty} f(x^2)\mathrm{d}x=\int_{-\sqrt{3}}^{-1}\frac{1}{2}\mathrm{d}x+\int_{1}^{\sqrt{3}}\frac{1}{2}\mathrm{d}x\neq 1.$$

从而 $f(x^2)$ 不能为概率密度函数. 综上选择(B).

例题18 假设随机变量 X_1,X_2 的分布函数分别为 $F_1(x),F_2(x)$，密度函数分别为 $f_1(x),f_2(x)$，如果 a,b,c 为实数，则下列结论中正确的是(　　).

(A)$aF_1(x)+bF_2(x)$ 为某一随机变量分布函数的充要条件是 $a+b=1$

(B)$cF_1(x)F_2(x)$ 为某一随机变量分布函数的充要条件是 $c=1$

(C)$af_1(x)+bf_2(x)$ 为某一随机变量密度函数的充要条件是 $a+b=1$

(D)$cf_1(x)f_2(x)$ 为某一随机变量密度函数的充要条件是 $c=1$

答案 (B)

解析 本题考查分布函数与概率密度的基本概念.

分布函数和概率密度必须保证非负性.

$aF_1(x)+bF_2(x)$ 必须满足 $a\geqslant 0,b\geqslant 0$ 才可能作为分布函数,$af_1(x)+bf_2(x)$ 必须满足 $a\geqslant 0,b\geqslant 0$ 才可能作为密度函数,故(A),(C) 错误.

(D) 选项,$c=1$ 无法保证 $\int_{-\infty}^{+\infty}cf_1(x)f_2(x)\mathrm{d}x=1$,(D) 错误.

(B) 选项,若 $c=1$,$F_1(x)$,$F_2(x)$ 满足:

①$F_1(x)$,$F_2(x)$ 单调不减;

②
$$\lim_{x\to-\infty}F_1(x)F_2(x)=\lim_{x\to-\infty}F_1(x)\cdot\lim_{x\to-\infty}F_2(x)=0,$$
$$\lim_{x\to+\infty}F_1(x)F_2(x)=\lim_{x\to+\infty}F_1(x)\cdot\lim_{x\to+\infty}F_2(x)=1;$$

③$F_1(x)$,$F_2(x)$ 均右连续,则 $F_1(x)$,$F_2(x)$ 右连续.

综上 $F_1(x)$,$F_2(x)$ 为分布函数,故选(B).

例题19 设随机变量 X 的密度函数为 $f(x)$,$f(-x)=f(x)$,$F(x)$ 是 X 的分布函数,则对于任意实数 a,有(　　).

(A)$F(-a)=1-\int_0^a f(x)\mathrm{d}x$　　(B)$F(-a)=\frac{1}{2}-\int_0^a f(x)\mathrm{d}x$

(C)$F(-a)=F(a)$　　(D)$F(-a)=2F(a)-1$

答案 (B)

解析 本题考查分布函数与概率密度的关系.

由 $f(x)=f(-x)$,以及下图

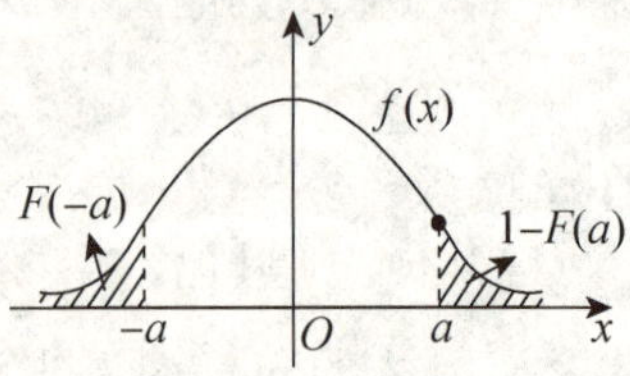

可得 $F(-a)=1-F(a)$,故选项(C),(D) 均错误;又由下图

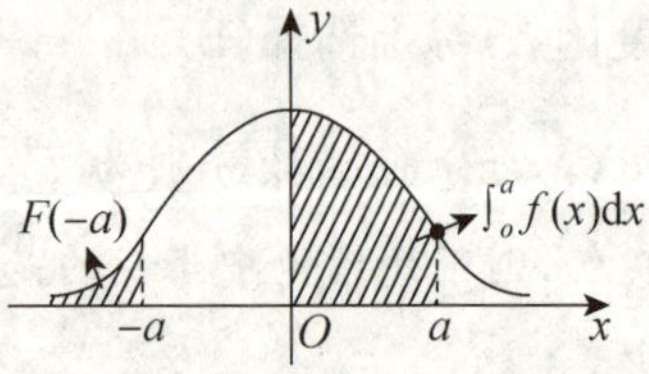

可得 $F(-a)=P\{X\geqslant a\}=P\{X\geqslant 0\}-P\{0\leqslant X<a\}$，即 $F(-a)=\frac{1}{2}-\int_0^a f(x)\mathrm{d}x$，选项(B) 正确，故选(B).

例题20 假设随机变量 X 的密度函数 $f(x)$ 是偶函数，其分布函数为 $F(x)$，则(　　).

(A) $F(x)$ 是偶函数　　(B) $F(x)$ 是奇函数

(C) $F(x)+F(-x)=1$　　(D) $2F(x)-F(-x)=1$

答案 (C)

解析 由 $F(x)$ 单调不减，且 $F(x)\geqslant 0$，故(A)，(B) 错误.

由 $f(x)=f(-x)$，以及下图

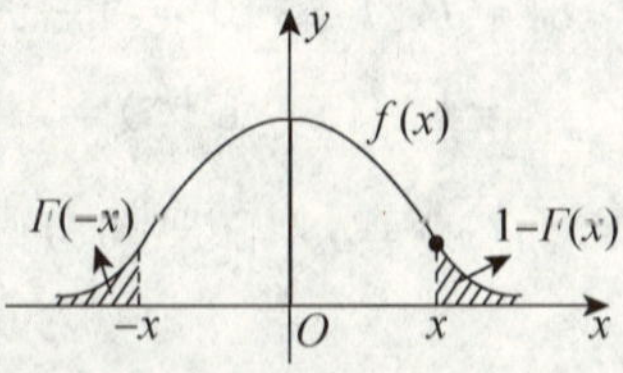

可得 $F(-x)+F(x)=1$，故选(C).

例题21 假设随机变量 X 服从参数为 λ 的指数分布，且 X 落入区间(1,2) 内的概率达到最大，则 $\lambda=$________.

答案 $\ln 2$

解析 本题考查指数分布的概率计算.

由 $X\sim E(\lambda)$，得 $f(x)=\begin{cases}\lambda e^{-\lambda x}, & x>0,\\ 0, & 其他,\end{cases}$ 于是

$$P_\lambda=P\{1<X<2\}=\int_1^2 f(x)\mathrm{d}x=\int_1^2\lambda e^{-\lambda x}\mathrm{d}x=e^{-\lambda}-e^{-2\lambda}.$$

令 $(P_\lambda)'=-e^{-\lambda}+2e^{-2\lambda}=0$，得 $e^{-\lambda}=\frac{1}{2}$，解得 $\lambda=\ln 2$.

又
$$(P_\lambda)''\Big|_{\lambda=\ln 2}=(e^{-\lambda}-4e^{-2\lambda})\Big|_{\lambda=\ln 2}=-\frac{1}{2}<0,$$

从而当 $\lambda=\ln 2$ 时，$P\{1<X<2\}$ 达到最大.

例题22 假设一大型设备在任何长为 t 的时间内发生故障的次数 $N(t)$ 服从参数为 λt 的泊松分布.

(1) 求相继两次故障之间时间间隔 T 的概率分布；

(2) 求在设备已经无故障工作 8 小时的情况下，继续无故障运行 10 小时的概率.

解析 本题考查泊松分布的分布律与指数分布的无记忆性.

依题意得 $P\{N(t)=k\}=\frac{(\lambda t)^k e^{-\lambda t}}{k!}$，$k=0,1,2,\cdots$.

(1) 根据分布函数的定义，两次故障之间间隔 T 的分布函数为 $F_T(t)=P\{T\leqslant t\}$.

当 $t<0$ 时，$T\leqslant t$ 为不可能事件，故 $F_T(t)=0$；

当 $t\geqslant 0$ 时，$F_T(t)=1-P\{T>t\}$，而 $T>t$ 即为 t 时间内无故障出现，于是 $F_T(t)=1-P\{N(t)=0\}=1-e^{-\lambda t}$.

得 $F_T(t)=\begin{cases}1-e^{-\lambda t}, & t\geqslant 0,\\ 0, & t<0,\end{cases}$ 即 T 服从指数分布 $E(\lambda)$.

(2) 已经无故障工作 8 小时的情况下，继续无故障运行 10 小时的概率为条件概率

$$P\{T>10+8\mid T>8\},$$

根据 $T\sim E(\lambda)$，指数分布的无记忆性，可得

$$\begin{aligned}P\{T>10+8\mid T>8\}&=P\{T>10\}=1-P\{T\leqslant 10\}=1-F_T(10)\\&=1-(1-e^{-10\lambda})=e^{-10\lambda}.\end{aligned}$$

例题23 已知 $f(x)=ae^{-x^2+2x}$，$g(x)=be^{-2x^2+2x}$ 均为概率密度函数，则关于 a,b 取值正确的是（　　）.

(A) $a=\dfrac{1}{e\sqrt{\pi}}$，$b=\sqrt{\dfrac{2}{e}}$　　(B) $a=\dfrac{1}{e\sqrt{\pi}}$，$b=\dfrac{1}{\sqrt{e}}\sqrt{\dfrac{2}{\pi}}$

(C) $a=\dfrac{1}{\sqrt{\pi}}$，$b=\sqrt{\dfrac{2}{e}}$　　(D) $a=\dfrac{1}{\sqrt{\pi}}$，$b=\dfrac{1}{\sqrt{e\pi}}$

答案 (B)

解析 本题考查对正态分布定义的理解.

出现 $f(x)=ke^{ax^2+bx+c}(a<0)$，立即联想到正态分布，概率密度函数为

$$f(x)=\frac{1}{\sqrt{2\pi}\sigma}e^{-\frac{(x-\mu)^2}{2\sigma^2}},-\infty<x<+\infty,$$

则
$$f(x)=ae^{-x^2+2x}=ae\sqrt{\pi}\,\frac{1}{\sqrt{2\pi}\,\frac{1}{\sqrt{2}}}e^{-\frac{(x^2-2x+1)}{2\left(\frac{1}{\sqrt{2}}\right)^2}},$$

由规范性知 $ae\sqrt{\pi}=1$，则 $a=\dfrac{1}{e\sqrt{\pi}}$.

$$\begin{aligned}g(x)&=be^{-2x^2+2x}=b\sqrt{e}\,e^{-2\left(x^2-x+\frac{1}{4}\right)}\\&=b\sqrt{e}\sqrt{2\pi}\,\frac{1}{2}\,\frac{1}{\sqrt{2\pi}\,\frac{1}{2}}e^{-\frac{\left(x-\frac{1}{2}\right)^2}{2\left(\frac{1}{2}\right)^2}},\end{aligned}$$

由规范性可知 $b\sqrt{e}\sqrt{2\pi}\cdot\dfrac{1}{2}=1$，则 $b=\dfrac{1}{\sqrt{e}}\sqrt{\dfrac{2}{\pi}}$. 综上选(B).

综上选(B).

例题24 设随机变量 $X \sim N(\mu,\sigma^2)$ $(\sigma>0)$，记 $p=P\{X\leqslant \mu+\sigma^2\}$，则(　　).

(A)p 随着 μ 的增加而增加　　(B)p 随着 σ 的增加而增加

(C)p 随着 μ 的增加而减少　　(D)p 随着 σ 的增加而减少

答案 (B)

解析 本题考查利用正态分布的标准化确定概率.

由 $X \sim N(\mu,\sigma^2)$ 得 $\dfrac{X-\mu}{\sigma} \sim N(0,1)$，于是

$$p=P\{X\leqslant \mu+\sigma^2\}=P\left\{\frac{X-\mu}{\sigma}\leqslant \frac{\mu+\sigma^2-\mu}{\sigma}\right\}=P\left\{\frac{X-\mu}{\sigma}\leqslant \sigma\right\}=\Phi(\sigma),$$

$\Phi(x)$ 为标准正态分布的分布函数，单调增加，于是 p 随 σ 的增加而增加，故选择(B).

例题25 设随机变量 X 服从正态分布 $N(1,\sigma^2)$，其分布函数为 $F(x)$，则对任意实数 x，有(　　).

(A)$F(x)+F(-x)=1$　　(B)$F(1+x)+F(1-x)=1$

(C)$F(x+1)+F(x-1)=1$　　(D)$F(1-x)+F(x-1)=1$

答案 (B)

解析 本题考查正态分布的分布函数.

由分布函数的定义 $F(x)=P\{X\leqslant x\}=\int_{-\infty}^{x} f(t)\mathrm{d}t$，由下图可得

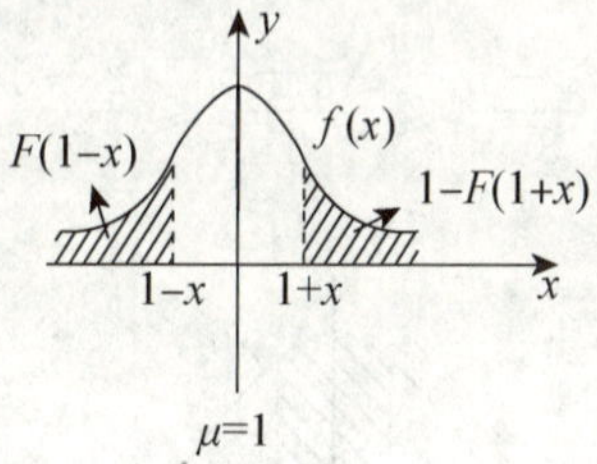

由对称性可知 $F(1-x)=1-F(1+x)$，选(B).

例题26 已知随机变量 $X \sim N(a,a^2)$，$Y=aX+b \sim N(0,1)$，则 a,b 取值分别为(　　).

(A)$a=1,b=-1$　　(B)$a=-1,b=1$

(C)$a=\pm1,b=1$　　(D)$a=\pm1,b=-1$

答案 (D)

解析 本题考查正态分布的标准化以及正态分布的期望与方差.

方法一：由 $X \sim N(a,a^2)$ 得 $\dfrac{X-a}{a}=\dfrac{X}{a}-1 \sim N(0,1)$，又由 $Y=aX+b \sim N(0,1)$，

令$\frac{1}{a}=a,b=-1$，即$a=\pm1,b=-1$，故选(D).

方法二：由$X\sim N(a,a^2)$，得$E(X)=a,D(X)=a^2$，又由$Y=aX+b\sim N(0,1)$，得

$$E(Y)=E(aX+b)=aE(X)+b=a^2+b=0,$$

$$D(Y)=D(aX+b)=a^2D(x)=a^2\cdot a^2=1,$$

从而$a=\pm1,b=-1$，故选(D).

例题27 设X_1,X_2,X_3是随机变量，且$X_1\sim N(0,1)$，$X_2\sim N(0,2^2)$，$X_3\sim N(5,3^2)$，$p_i=P\{-2\leqslant X_i\leqslant 2\}\ (i=1,2,3)$，则(　　).

(A)$p_1>p_2>p_3$　　(B)$p_2>p_1>p_3$

(C)$p_3>p_1>p_2$　　(D)$p_1>p_3>p_2$

答案 (A)

解析 本题考查利用正态分布的标准化比较概率.

由于$X_1\sim N(0,1)$，而$p_1=P\{-2<X_1<2\}$.

又$X_2\sim N(0,4)$，得$\frac{X_2-0}{2}\sim N(0,1)$，从而

$$p_2=P\{-2\leqslant X_2\leqslant 2\}=P\left\{\frac{-2-0}{2}\leqslant\frac{X_2-0}{2}\leqslant\frac{2-0}{2}\right\}=P\left\{-1\leqslant\frac{X_2-0}{2}\leqslant 1\right\}.$$

再由$X_3\sim N(5,9)$，得$\frac{X_3-5}{3}\sim N(0,1)$，于是

$$p_3=P\{-2\leqslant X_3\leqslant 2\}=P\left\{\frac{-2-5}{3}\leqslant\frac{X_3-5}{3}\leqslant\frac{2-5}{3}\right\}=P\left\{-\frac{7}{3}\leqslant\frac{X_3-5}{3}\leqslant -1\right\}.$$

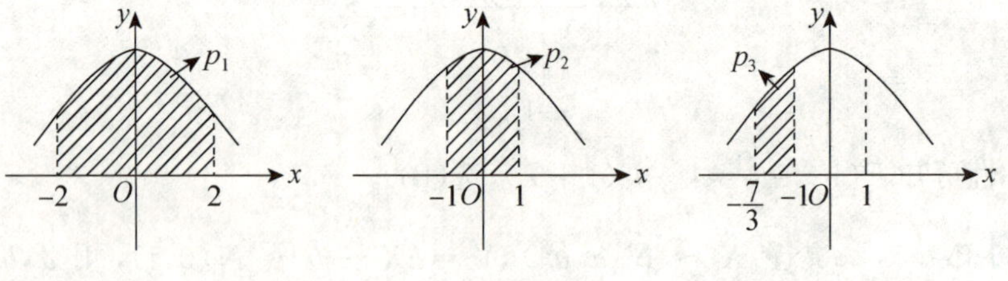

由图像可知$p_1>p_2$.

另一方面，$$p_2=\int_{-1}^{1}\varphi(t)\mathrm{d}t\xlongequal{\text{积分中值定理}}2\varphi(\xi_2),\xi_2\in(-1,1),$$

$$p_3=\int_{-\frac{7}{3}}^{-1}\varphi(t)\mathrm{d}t\xlongequal{\text{积分中值定理}}\frac{4}{3}\varphi(\xi_3),\xi_3\in\left(-\frac{7}{3},-1\right),$$

由图知$\varphi(\xi_2)>\varphi(\xi_3)$，故$p_2=2\varphi(\xi_2)>p_3=\frac{4}{3}\varphi(\xi_3)$.

综上$p_1>p_2>p_3$，选(A).

例题28 若随机变量 $X\sim N(1,4)$，$Y\sim N\left(3,\frac{1}{4}\right)$，则下列不等式正确的是(　　).

(A) $P\{X<2\}<P\{X>-2\}<P\{Y<4\}$

(B) $P\{X>-2\}<P\{X<2\}<P\{Y<4\}$

(C) $P\{X<2\}<P\{Y<4\}<P\{X>-2\}$

(D) $P\{Y<4\}<P\{X>-2\}<P\{X<2\}$

答案 (A)

解析 本题考查利用正态分布的标准化比较概率.

由 $X\sim N(1,4)$，$Y\sim N\left(3,\frac{1}{4}\right)$ 得 $\frac{X-1}{2}\sim N(0,1)$，$\frac{Y-3}{\frac{1}{2}}\sim N(0,1)$，于是

$$P\{X<2\}=P\left\{\frac{X-1}{2}<\frac{2-1}{2}\right\}=P\left\{\frac{X-1}{2}<\frac{1}{2}\right\}=\Phi\left(\frac{1}{2}\right),$$

$$\begin{aligned}P\{X>-2\}&=P\left\{\frac{X-1}{2}>\frac{-2-1}{2}\right\}=P\left\{\frac{X-1}{2}>-\frac{3}{2}\right\}=1-P\left\{\frac{X-1}{2}\leqslant-\frac{3}{2}\right\}\\&=1-\Phi\left(-\frac{3}{2}\right)=\Phi\left(\frac{3}{2}\right),\end{aligned}$$

$$P\{Y<4\}=P\left\{\frac{Y-3}{\frac{1}{2}}<\frac{4-3}{\frac{1}{2}}\right\}=P\left\{\frac{Y-3}{\frac{1}{2}}<2\right\}=\Phi(2).$$

而 $\Phi(x)$ 为单调增加的函数，于是 $\Phi(2)>\Phi\left(\frac{3}{2}\right)>\Phi\left(\frac{1}{2}\right)$，即

$$P\{X<2\}<P\{X>-2\}<P\{Y<4\},$$

故选择(A).

题型四　一维随机变量函数的分布

解题思路归纳

设随机变量 Y 由函数 $y=g(x)$ 确定，X 的概率密度为 $f_X(x)$，$-\infty<x<+\infty$.

(1) 定义法：首先由定义求得 Y 的分布函数

$$F_Y(y)=P\{Y\leqslant y\}=P\{g(X)\leqslant y\}=\int_{g(x)\leqslant y}f_X(x)\,\mathrm{d}x.$$

定义法具有普遍性，适合于考研数学中的绝大多数题型. 求解中的技巧在于：

① 画出 $y=g(x)$ 的图像，找出 y 的关键点(分段点)；

② 根据 y 的关键点对区间进行划分；

③ 根据图像求解 $g(X) \leqslant y$ 的解，进而求 $\int_{g(x) \leqslant y} f_X(x)\,dx$.

(2) 公式法：若 $y = g(x)$ 处处可导且严格单调（恒有 $g'(x) > 0$ 或恒有 $g'(x) < 0$），$h(y)$ 是其反函数，则 $Y = g(X)$ 是连续型随机变量，其概率密度为

$$f_Y(y) = \begin{cases} f_X[h(y)]\,|h'(y)|, & \alpha < y < \beta, \\ 0, & 其他, \end{cases}$$

其中 (α, β) 为函数 $y = g(x)$ 的值域.

公式法虽然计算简便，但是 $y = g(x)$ 处处可导且严格单调这个要求非常严格，只有在极少数情况下才能使用.

例题29 设随机变量 X 的概率密度为 $f(x) = \begin{cases} \frac{1}{9}x^2, & 0 < x < 3, \\ 0, & 其他, \end{cases}$ 令随机变量

$$Y = \begin{cases} 3, & X \leqslant 1, \\ 2X, & 1 < X < 2, \\ 1, & X \geqslant 2. \end{cases}$$

(1) 求 Y 的分布函数；

(2) 求概率 $P\{X \leqslant Y\}$.

解析 本题考查对一维连续型随机变量函数的分布的理解.

(1) 本题中 $y = g(x)$ 不满足单调与连续，只能用定义法.

首先，画出 $y = g(x)$ 的图像，由 $f(x) \neq 0$ 的区域是 $(0,3)$. 因而本题仅考虑 $0 < x < 3$. 由图中观察可知，Y 的关键点是：1,2,3,4.

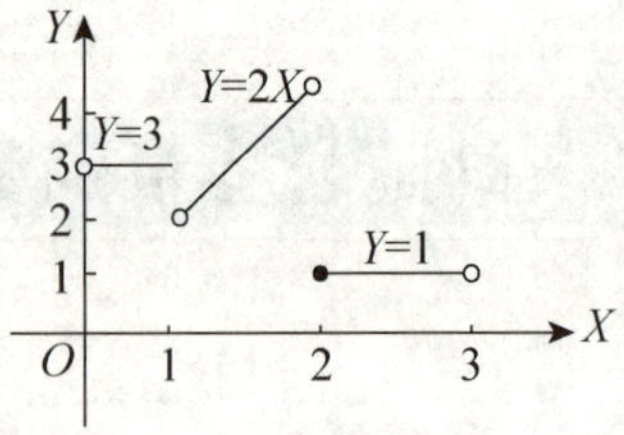

下面分段计算分布函数.

① 若 $y < 1$，$F_Y(y) = P\{g(X) \leqslant y\} = P(\varnothing) = 0$；

② 若 $1 \leqslant y < 2$，如图所示，

$$F_Y(y) = P\{g(X) \leqslant y\} = P\{2 \leqslant X < 3\}$$
$$= \int_2^3 \frac{x^2}{9}\,dx = \frac{x^3}{27}\Big|_2^3 = \frac{19}{27};$$

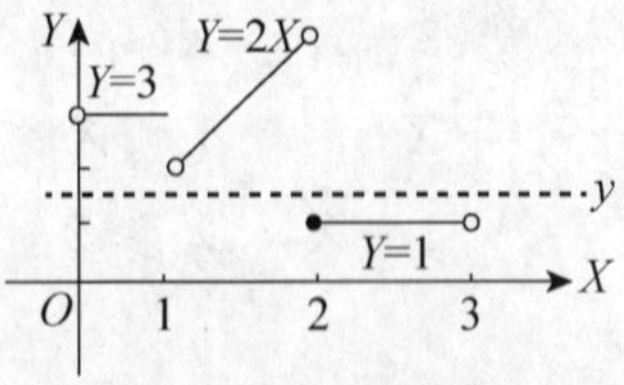

③ 若 $2 \leqslant y < 3$,如图所示,

$$F_Y(y) = P\{g(X) \leqslant y\} = P\left\{1 < X \leqslant \frac{y}{2}\right\} + P\{2 \leqslant X < 3\}$$

$$= \int_1^{\frac{y}{2}} \frac{x^2}{9} \mathrm{d}x + \frac{19}{27} = \frac{x^3}{27}\Big|_1^{\frac{y}{2}} + \frac{19}{27} = \frac{y^3}{216} + \frac{2}{3};$$

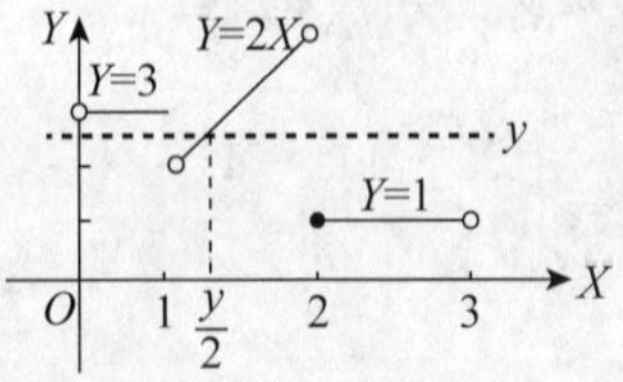

④ 若 $3 \leqslant y < 4$,如图所示,

$$F_Y(y) = P\{g(X) \leqslant y\}$$

$$= P\{0 < X \leqslant 1\} + P\left\{1 < X \leqslant \frac{y}{2}\right\} + P\{2 \leqslant X < 3\}$$

$$= \int_0^1 \frac{x^2}{9} \mathrm{d}x + \frac{y^3}{216} + \frac{2}{3} = \frac{1}{27} + \frac{y^3}{216} + \frac{2}{3}$$

$$= \frac{y^3}{216} + \frac{19}{27};$$

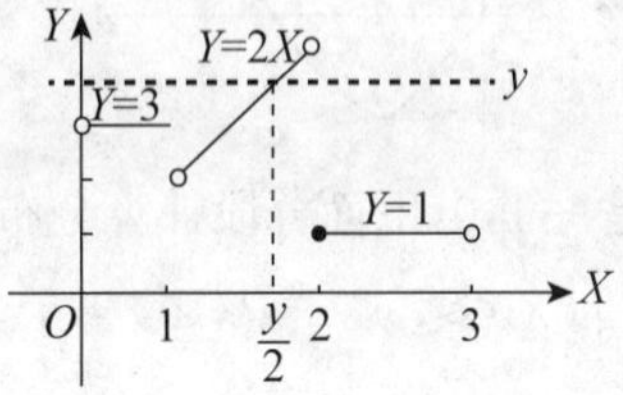

⑤ 若 $y \geqslant 4$,$F_Y(y) = P\{g(x) \leqslant y\} = P\{\Omega\} = 1$.

综上所述,
$$F_Y(y) = \begin{cases} 0, & y < 1, \\ \dfrac{19}{27}, & 1 \leqslant y < 2, \\ \dfrac{y^3}{216} + \dfrac{2}{3}, & 2 \leqslant y < 3, \\ \dfrac{y^3}{216} + \dfrac{19}{27}, & 3 \leqslant y < 4, \\ 1, & y \geqslant 4. \end{cases}$$

(2)$P\{X \leqslant Y\} = P\{Y - X \geqslant 0\}$.

由题中条件
$$Y-X=\begin{cases}3-X, & X\leqslant 1,\\ X, & 1<X<2,\\ 1-X, & X\geqslant 2,\end{cases}$$

得
$$\begin{aligned}&P\{Y-X\geqslant 0\}\\ &=P\{X\leqslant 1,3-X\geqslant 0\}+P\{1<X<2,X\geqslant 0\}+P\{X\geqslant 2,1-X\geqslant 0\}\\ &=P\{X\leqslant 1\}+P\{1<X<2\}+0\\ &=P\{X<2\}=\int_0^2\frac{x^2}{9}\mathrm{d}x=\frac{x^3}{27}\Big|_0^2=\frac{8}{27}.\end{aligned}$$

例题30 设随机变量 X 的概率密度为 $f_X(x)=\begin{cases}3\mathrm{e}^{-3x}, & x\geqslant 0,\\ 0, & x<0,\end{cases}$ 定义随机变量

$$Y=\begin{cases}(X-1)^2-1, & X\geqslant 1,\\ -X, & X<1.\end{cases}$$

(1) 求 Y 的分布函数 $F_Y(y)$；

(2) 求概率 $P\{Y>-X+2\}$.

解析 本题考查对一维连续型随机变量函数的分布的理解.

本题中 $y=g(x)$ 不满足单调与连续，只能用定义法.

(1) 首先画出 $Y=g(X)$ 图像，由于 $f(x)\neq 0$ 区间是 $x>0$，本题中只考虑 $x>0$ 的部分，如图所示，

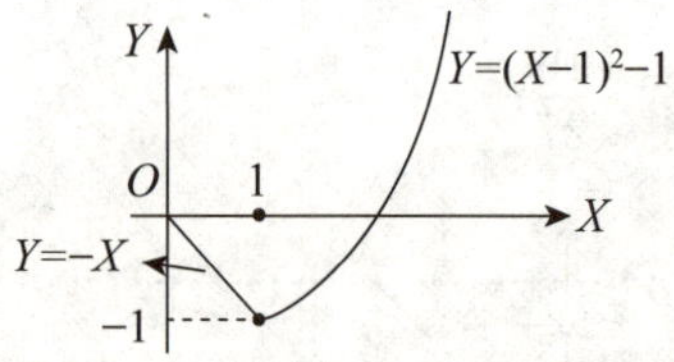

由图像观察知 Y 的关键点是 $-1,0$，下面分段计算分布函数.

① 若 $y<-1$，$F_Y(y)=P\{g(X)\leqslant y\}=P(\varnothing)=0$.

② 若 $-1\leqslant y<0$，如图所示，

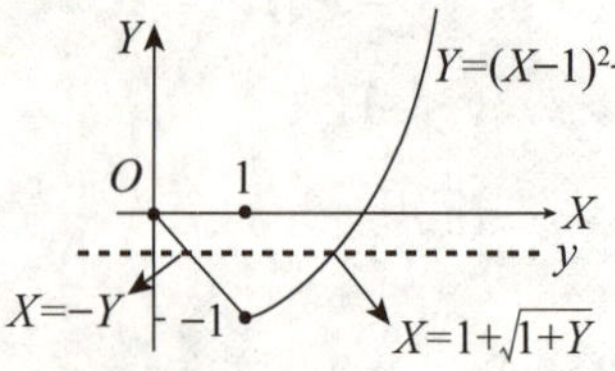

$$F_Y(y)=P\{g(X)\leqslant y\}=P\{-y\leqslant X\leqslant 1+\sqrt{1+y}\},$$

由 $X\sim E(3)$，$F_X(x)=\begin{cases}1-\mathrm{e}^{-3x}, & x\geqslant 0,\\ 0, & x<0,\end{cases}$ 得

$$F_Y(y)=[1-\mathrm{e}^{-3(1+\sqrt{1+y})}]-(1-\mathrm{e}^{3y})=\mathrm{e}^{3y}-\mathrm{e}^{-3(1+\sqrt{1+y})}.$$

③ 若 $y \geqslant 0$，如图所示，

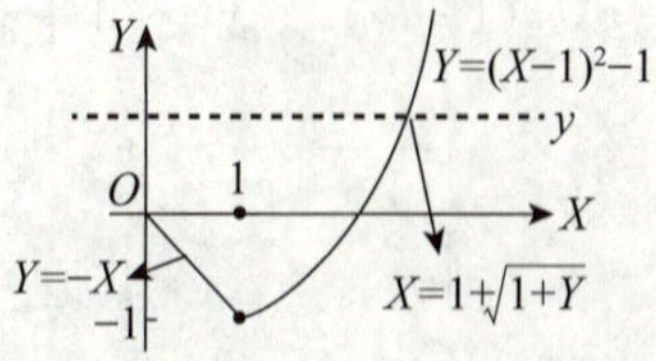

$$F_Y(y)=P\{g(X)\leqslant y\}=P\{X\leqslant 1+\sqrt{1+y}\}=1-e^{-3(1+\sqrt{1+y})}.$$

综上所述，
$$F_Y(y)=\begin{cases}0, & y<-1,\\ e^{3y}-e^{-3(1+\sqrt{1+y})}, & -1\leqslant y<0,\\ 1-e^{-3(1+\sqrt{1+y})}, & y\geqslant 0.\end{cases}$$

(2)
$$P\{Y>-X+2\}=P\{Y+X>2\}.$$

由条件 $X+Y=\begin{cases}(X-1)^2-1+X=X^2-X, & X\geqslant 1,\\ 0, & X<1,\end{cases}$ 得

$$\begin{aligned}P\{X+Y\geqslant 2\}&=P\{X\geqslant 1,X^2-X\geqslant 2\}+P\{X<1,0\geqslant 2\}\\&=P\{X\geqslant 1,X\geqslant 2\}+0\\&=P\{X\geqslant 2\}\\&=\int_2^{+\infty}3e^{-3x}dx=(1-e^{-3x})\Big|_2^{+\infty}=e^{-6}.\end{aligned}$$

例题31 设随机变量 X 的概率密度为 $f(x)=\dfrac{e^x}{(1+e^x)^2}$，$-\infty<x<+\infty$，令 $Y=e^X$.

(1) 求 X 的分布函数；

(2) 求 Y 的概率密度函数；

解析 本题考查对一维连续型随机变量函数的分布的理解，以及对公式法的运用.

(1) 由分布函数的定义

$$\begin{aligned}F_X(x)&=\int_{-\infty}^{x}f(t)dt=\int_{-\infty}^{x}\frac{e^t}{(1+e^t)^2}dt\\&=\int_{-\infty}^{x}\frac{d(1+e^t)}{(1+e^t)^2}=-\frac{1}{1+e^t}\Big|_{-\infty}^{x}\\&=-\frac{1}{1+e^x}+1,-\infty<x<+\infty.\end{aligned}$$

(2) $Y=g(X)=e^X$ 满足在 $(-\infty,+\infty)$ 处处可导，且严格单调，本题用公式法即可.

当 $y>0$ 时，$x=\ln y$，

$$\begin{aligned}f_Y(y)&=f_X(\ln y)(\ln y)'\\&=\frac{e^{\ln y}}{(1+e^{\ln y})^2}\cdot\frac{1}{y}\end{aligned}$$

$$=\frac{y}{(1+y)^2}\cdot\frac{1}{y}=\frac{1}{(1+y)^2}.$$

综上，
$$f_Y(y)=\begin{cases}\dfrac{1}{(1+y)^2}, & y>0,\\ 0, & \text{其他}.\end{cases}$$

【注】本题与上面两个题目的区别，公式法使用的条件是 $Y=g(X)$ 处处可导且严格单调.

例题32 设随机变量 $X\sim N(1,1)$，设 $Y=2X+1$.

(1) 求 Y 的概率密度函数；

(2) 设 Y 的分布函数为 $F(y)$，求 $F(Y)$ 的分布函数.

解析 本题考查对一维连续型随机变量函数的分布的理解，以及对正态分布性质的理解.

(1) 由正态分布的性质可知，$Y=2X+1$ 服从正态分布.

$$E(Y)=E(2X+1)=E(2X)+1=2E(X)+1=3,$$
$$D(Y)=D(2X+1)=D(2X)=4D(X)=4,$$

即 $Y\sim N(3,4)$，则 Y 的概率密度函数为

$$f(y)=\frac{1}{\sqrt{2\pi}\cdot 2}\mathrm{e}^{-\frac{(y-3)^2}{8}},-\infty<y<+\infty.$$

(2) 由 $F(y)=\int_{-\infty}^{y}f(t)\mathrm{d}t$，$f(t)>0$，可知 $F(y)$ 严格单增，且 $0\leqslant F(y)\leqslant 1$.

设 $F(Y)$ 的分布函数为 $G(u)$，即 $G(u)=P\{F(Y)\leqslant u\}$，可知 $G(u)$ 的关键点 0,1.

① 若 $u<0$，$G(u)=P\{F(Y)\leqslant u\}=P(\varnothing)=0$；

② 若 $0\leqslant u<1$，$G(u)=P\{F(Y)\leqslant u\}=P\{Y\leqslant F^{-1}(u)\}=F(F^{-1}(u))=u$；

③ 若 $u\geqslant 1$，$G(u)=P\{F(Y)\leqslant u\}=P(\Omega)=1$.

综上，
$$G(u)=\begin{cases}0, & u<0,\\ u, & 0\leqslant u<1,\\ 1, & u\geqslant 1.\end{cases}$$

【注】本题注意两个问题：

① 正态分布随机变量函数的分布一般优先采用期望、方差来计算.

② 一维连续型随机变量分布函数的分布函数是 $[0,1]$ 上的均匀分布，此考点在考试中多次出现.

例题33 投保人的损失事件发生时，保险公司的赔付额 Y 与投保人的损失额 X 的关系为：

$$Y=\begin{cases}0, & X\leqslant 100,\\ X-100, & X>100.\end{cases}$$

设损失事件发生时，投保人的损失额 X 的概率密度为

$$f(x)=\begin{cases}\dfrac{2\times 100^2}{(100+x)^3}, & x>0,\\ 0, & x\leqslant 0.\end{cases}$$

(1) 求 $P\{Y>0\}$ 及 $E(Y)$；

(2) 这种损失事件在一年内发生的次数记为 N，保险公司在一年内就这种损失事件产生的理赔次数记为 M，假设 N 服从参数为 8 的泊松分布，在 $N=n(n\geqslant 1)$ 的条件下，M 服从二项分布 $B(n,p)$，其中 $p=P\{Y>0\}$，求 M 的概率分布.

解析 本题考查对一维随机变量函数的分布以及对二项分布的理解.

(1) $P\{Y>0\}=P\{Y>0,X\leqslant 100\}+P\{Y>0,X>100\}=\int_{100}^{+\infty}\dfrac{2\times 100^2}{(x+100)^3}\mathrm{d}x=\dfrac{1}{4}$.

$$E(Y)=\int_{-\infty}^{+\infty}g(x)f(x)\,\mathrm{d}x=\int_{100}^{+\infty}(x-100)\frac{2\times 100^2}{(x+100)^3}\mathrm{d}x=50.$$

(2) 由题知，$N\sim P(8)$，$P\{M=m\mid N=n\}=C_n^m p^m(1-p)^{n-m}(m=0,1,2,\cdots,n)$，

$P\{M=m,N=n\}=P\{N=n\}P\{M=m\mid N=n\}$

$$=\frac{8^n\mathrm{e}^{-8}}{n!}C_n^m p^m(1-p)^{n-m}(m=0,1,2,\cdots,n,n=0,1,2,\cdots,m\leqslant n).$$

所以 M 的概率分布为

$$P\{M=m\}=\sum_{n=m}^{\infty}P\{M=m,N=n\}=\sum_{n=m}^{\infty}\frac{8^n\mathrm{e}^{-8}}{n!}C_n^m p^m(1-p)^{n-m}.$$

考虑到 $C_n^m=\dfrac{n!}{m!\,(n-m)!}$，代入得

$$\frac{8^n\mathrm{e}^{-8}}{n!}C_n^m p^m(1-p)^{n-m}=\frac{8^n\mathrm{e}^{-8}}{m!\,(n-m)!}p^m(1-p)^{n-m}.$$

令 $n-m=k$，上式化简为 $\dfrac{8^{m+k}\mathrm{e}^{-8}}{m!\,k!}p^m(1-p)^k=\dfrac{(8p)^m\mathrm{e}^{-8}}{m!\,k!}[8(1-p)]^k$，$k\geqslant 0$.

$$P\{M=m\}=\frac{\mathrm{e}^{-8}(8p)^m}{m!}\sum_{k=0}^{\infty}\frac{[8-8p]^k}{k!}=\frac{\mathrm{e}^{-8}(8p)^m}{m!}\mathrm{e}^{8-8p}=\frac{(8p)^m}{m!}\mathrm{e}^{-8p}(m=0,1,2,\cdots),$$

代入 $p=\dfrac{1}{4}$，解得 $P\{M=m\}=\dfrac{2^m}{m!}\mathrm{e}^{-2}(m=0,1,2,\cdots)$.

【注】 将二项式系数 C_n^k 进行展开化简是一维离散型随机变量，特别是二项分布，泊松分布中常用的解法.

第三章　多维随机变量及其分布

题型一　二维随机变量的分布函数

解题思路归纳

(1) 紧扣定义：$F(x,y)=P\{X\leqslant x,Y\leqslant y\}$，需要注意端点的分段.

(2) 严格运用性质：

(ⅰ)
$$0\leqslant F(x,y)\leqslant 1,$$
$$F(x,-\infty)=F(-\infty,y)=F(-\infty,-\infty)=0,$$
$$F(+\infty,+\infty)=1;$$

(ⅱ) $F(x,y)$ 分别关于 x 和 y 单调不减；

(ⅲ) $F(x,y)$ 分别关于 x 和 y 右连续；

(ⅳ) 二维随机变量 (X,Y) 落在矩形区域 $D=\{(X,Y)\mid x_1<X\leqslant x_2,y_1<Y\leqslant y_2\}$ 上的概率为

$$P\{x_1<X\leqslant x_2,y_1<Y\leqslant y_2\}=F(x_2,y_2)-F(x_2,y_1)-F(x_1,y_2)+F(x_1,y_1).$$

例题1 以下四个二元函数，不能作为二维随机变量 (X,Y) 的分布函数的是(　　).

(A) $F_1(x,y)=\begin{cases}(1-e^{-x})(1-e^{-y}), & 0<x<+\infty,0<y<+\infty,\\ 0, & \text{其他}\end{cases}$

(B) $F_2(x,y)=\dfrac{1}{\pi^2}\left(\dfrac{\pi}{2}+\arctan\dfrac{x}{2}\right)\left(\dfrac{\pi}{2}+\arctan\dfrac{y}{3}\right)$

(C) $F_3(x,y)=\begin{cases}1, & x+2y\geqslant 1,\\ 0, & x+2y<1\end{cases}$

(D) $F_4(x,y)=\begin{cases}1-2^{-x}-2^{-y}+2^{-x-y}, & 0<x<+\infty,0<y<+\infty,\\ 0, & \text{其他}\end{cases}$

答案 (C)

解析 本题考查对二维分布函数定义的理解.

对(C)，取 $x_1=\dfrac{1}{3},x_2=2,y_1=\dfrac{1}{4},y_2=1$，则

$F(x_2,y_2)-F(x_2,y_1)-F(x_1,y_2)+F(x_1,y_1)=F(2,1)-F\left(2,\frac{1}{4}\right)-F\left(\frac{1}{3},1\right)+F\left(\frac{1}{3},\frac{1}{4}\right)=$

$1-1-1+0=-1<0$,不满足非负性,故不符合条件.

对(A),(B),(D),易验证满足下面4个条件:

(ⅰ)规范性:$F(+\infty,+\infty)=1,F(-\infty,y)=F(x,-\infty)=0$;

(ⅱ)单调不减性:$F(x,y)$分别对x,y单调不减;

(ⅲ)右连续性:$F(x,y)$分别对x,y右连续;

(ⅳ)二维随机变量(X,Y)落在矩形区域$D=\{(X,Y)\mid x_1<X\leqslant x_2,y_1<Y\leqslant y_2\}$上的概率为

$$P\{x_1<X\leqslant x_2,y_1<Y\leqslant y_2\}=F(x_2,y_2)-F(x_2,y_1)-F(x_1,y_2)+F(x_1,y_1).$$

例题2 设随机变量X服从参数$\lambda=1$的指数分布,若$Y=X^2$,则二维随机变量(X,Y)的分布函数$F(x,y)=$________.

答案 $F(x,y)=\begin{cases}1-e^{-x}, & 0\leqslant x\leqslant\sqrt{y},\\ 1-e^{-\sqrt{y}}, & x>\sqrt{y},\\ 0, & x<0\text{或}y<0\end{cases}$

解析 本题考查二维连续型随机变量函数的分布.

由(X,Y)的分布函数的定义,$F(x,y)=P\{X\leqslant x,Y\leqslant y\}=P\{X\leqslant x,X^2\leqslant y\}$.

① 当$x<0$或$y<0$时,$F(x,y)=P\{\varnothing\}=0$.

② 设$x\geqslant 0,y\geqslant 0$,则

$$F(x,y)=P\{X\leqslant x,X^2\leqslant y\}=P\{X\leqslant x,-\sqrt{y}\leqslant X\leqslant\sqrt{y}\}=P\{X\leqslant x,X\leqslant\sqrt{y}\}.$$

当$x\leqslant\sqrt{y}$时,$F(x,y)=P\{X\leqslant x\}=1-e^{-x}$;

当$x\geqslant\sqrt{y}$时,$F(x,y)=P\{X\leqslant\sqrt{y}\}=1-e^{-\sqrt{y}}$.

综上,$F(x,y)=\begin{cases}1-e^{-x}, & 0\leqslant x\leqslant\sqrt{y},\\ 1-e^{-\sqrt{y}}, & x>\sqrt{y},\\ 0, & x<0\text{或}y<0.\end{cases}$

例题3 设二维随机变量(X,Y)的分布函数为

$$F(x,y)=\begin{cases}0, & \min\{x,y\}<0,\\ \min\{x,y\}, & 0\leqslant\min\{x,y\}<1,\\ 1, & \min\{x,y\}\geqslant 1,\end{cases}$$

则有(　　).

(A)X和Y独立,且同分布　　(B)X和Y不独立,但同分布

(C)X和Y独立,但不同分布　　(D)X和Y不独立,且不同分布

答案 (B)

解析 本题考查对二维随机变量边缘分布以及独立性的理解.

根据边缘分布的定义可知：

$$F_X(x)=F(x,+\infty)=\begin{cases}0, & x<0,\\ x, & 0\leqslant x<1,\\ 1, & x\geqslant 1,\end{cases}$$

$$F_Y(y)=F(+\infty,y)=\begin{cases}0, & y<0,\\ y, & 0\leqslant y<1,\\ 1, & y\geqslant 1.\end{cases}$$

由上述结论可知 X 与 Y 同分布.

同时 $F(x,y)\neq F_X(x)F_Y(y)$，即 X,Y 不独立. 选(B).

【注】二维随机变量边缘分布的求解很重要，也是解题中容易遗漏的环节.

例题4 设二维随机变量 (X,Y) 的分布函数为 $F(x,y)$，则 $P\{-X<a,Y\leqslant y\}=$ (　　).

(A) $1-F(-a,y)$　　　(B) $1-F(-a,y-0)$

(C) $F(+\infty,y)-F(-a,y-0)$　　　(D) $F(+\infty,y)-F(-a,y)$

答案 (D)

解析 本题考查对二维分布函数性质的理解.

方法一：定义法.

$$\begin{aligned}P\{-X<a,Y\leqslant y\}&=P\{X>-a,Y\leqslant y\}\\&=P\{Y\leqslant y\}-P\{X\leqslant -a,Y\leqslant y\}\\&=F(+\infty,y)-F(-a,y),\end{aligned}$$

选(D).

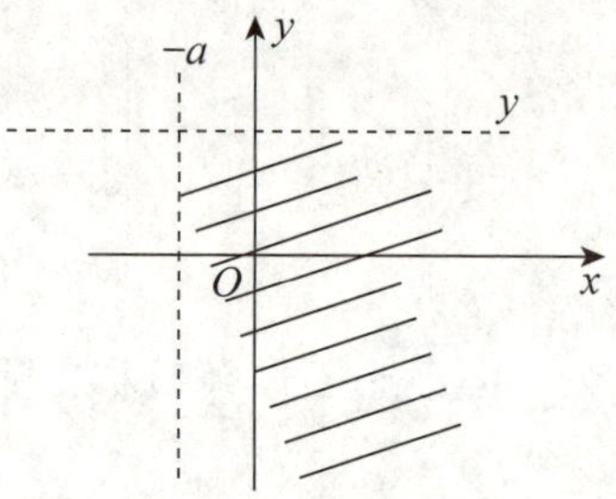

方法二：图像法.

本题所求概率为 $P\{X>-a,Y\leqslant y\}$，如图所示.

故 $P\{X>-a,Y\leqslant y\}=F(+\infty,y)-F(-a,y)$.

选(D).

【注】需要注意的是分布函数描述都是 $X\leqslant a$ 这种方式，故本题需将 $X>-a$ 转化为 $X\leqslant -a$，从而运用分布函数的定义.

例题5 设随机变量 X 与 Y 相互独立，且均服从参数 $\lambda=1$ 的指数分布，函数 $U=X+Y$，$V=2X$.

(1) 求二维随机变量 (U,V) 的分布函数；

(2) 判断 U 与 V 是否相互独立.

解析 (1) 根据联合分布函数的定义，

$$F(u,v)=P\{U\leqslant u,V\leqslant v\}=P\{X+Y\leqslant u,2X\leqslant v\}.$$

当 $u<0$，或者 $v<0$ 时，$F(u,v)=0$.

设 $u\geqslant 0,v\geqslant 0$，分段计算分布函数.

若 $v\leqslant 2u$[见图(a)]，则

$$F(u,v)=\int_0^{v/2}\mathrm{d}x\int_0^{u-x}\mathrm{e}^{-(x+y)}\mathrm{d}y=1-\mathrm{e}^{-v/2}-\frac{v}{2}\mathrm{e}^{-u}.$$

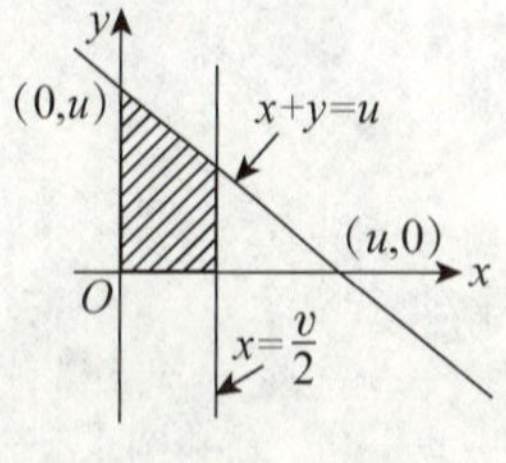

(a)

若 $v\geqslant 2u$[见图(b)]，则

$$F(u,v)=\int_0^{u}\mathrm{d}x\int_0^{u-x}\mathrm{e}^{-(x+y)}\mathrm{d}y=1-\mathrm{e}^{-u}-u\mathrm{e}^{-u}.$$

综上所述，$F(u,v)=\begin{cases}1-\mathrm{e}^{-v/2}-\dfrac{v}{2}\mathrm{e}^{-u}, & 0\leqslant v<2u,\\ 1-\mathrm{e}^{-u}-u\mathrm{e}^{-u}, & 0\leqslant 2u\leqslant v,\\ 0, & u<0\text{ 或 }v<0.\end{cases}$

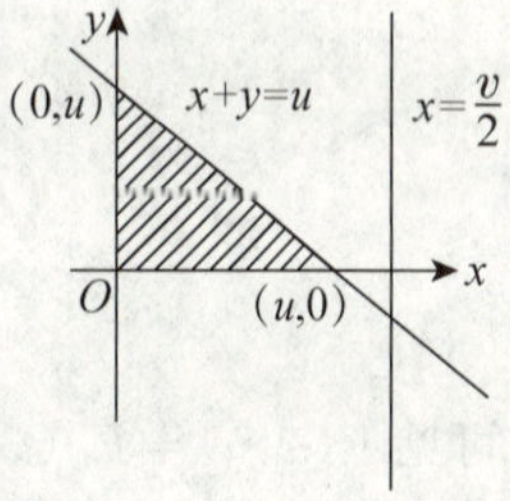

(b)

(2) 根据边缘分布的定义可得

$$F_U(u)=F(u,+\infty)=\begin{cases}1-\mathrm{e}^{-u}-u\mathrm{e}^{-u}, & u\geqslant 0,\\ 0, & u<0,\end{cases}$$

$$F_V(v)=F(+\infty,v)=\begin{cases}1-\mathrm{e}^{-v/2}, & v\geqslant 0,\\ 0, & v<0,\end{cases}$$

故 $F(u,v)\neq F_U(u)F_V(v)$，所以 U 与 V 不相互独立.

【注】 在本例中，随机变量 X 与 Y 相互独立，但是它们的函数 $U=X+Y$，$V=2X$ 不相互独立.

例题6 设二维随机变量 (X,Y) 的概率密度为 $f(x,y)=\begin{cases}\dfrac{2}{(1+x+y)^3}, & x>0,y>0,\\ 0, & \text{其他},\end{cases}$ 函数 $U=X+Y,V=\dfrac{Y}{X}$.

(1) 求二维随机变量 (U,V) 的分布函数；

(2) 判断 U 与 V 是否相互独立.

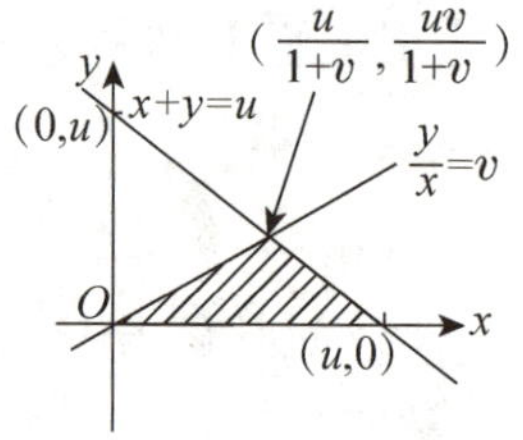

解析 (1) 概率密度仅在第一象限上不等于 0，因此当 $u<0$，或者 $v<0$ 时，$F(u,v)=0$.

设 $u\geqslant 0,v\geqslant 0$,如图所示,有

$$F(u,v)=P\left\{X+Y\leqslant u,\frac{Y}{X}\leqslant v\right\}$$

$$=P\left\{0<y<\frac{uv}{1+v},\frac{y}{v}<x<u-y\right\},$$

即
$$F(u,v)=\int_0^{uv/(1+v)}\mathrm{d}y\int_{y/v}^{u-y}\frac{2}{(1+x+y)^3}\mathrm{d}x,$$

解得
$$F(u,v)=\begin{cases}\dfrac{u^2v}{(1+u)^2(1+v)}, & u\geqslant 0,v\geqslant 0,\\ 0, & u<0\text{ 或 }v<0.\end{cases}$$

(2) 由边缘分布的定义：

$$F_U(u)=F(u,+\infty)=\begin{cases}\dfrac{u^2}{(1+u)^2}, & u\geqslant 0,\\ 0, & u<0,\end{cases}$$

$$F_V(v)=F(+\infty,v)=\begin{cases}\dfrac{v}{1+v}, & v\geqslant 0,\\ 0, & v<0,\end{cases}$$

可见 $F(u,v)=F_U(u)F_V(v)$,所以 U 与 V 相互独立.

【注】在本例中，随机变量 X 与 Y 不相互独立，但是它们的函数 $U=X+Y$ 与 $V=\dfrac{Y}{X}$ 相互独立.

题型二 二维离散型随机变量

解题思路归纳

(1) 分析二维离散型随机变量的关键在于建立联合分布表,主要步骤在于:

(ⅰ) 确定联合分布表的维数. 若 X 有 m 个值,Y 有 n 个取值,则表的结构是 $m\times n$.

(ⅱ) 利用 X,Y 的约束关系对表格进行适当的化简.

(ⅲ) 求解各个概率 $p_{ij}=P\{X=x_i,Y=y_j\}$. 这一步要充分运用边缘分布的性质,边缘分布是一维随机变量的分布,求解更容易,并且可以辅助二维分布律的求解.

（ⅳ）验算 $\sum\limits_{(i,j)} p_{ij}=1$.

（2）判断和运用独立性：

（ⅰ）判断独立性一般运用排除法，若联合分布表中某项 $p_{ij}=0$ 但有 $P\{X=x_i\}>0$ 和 $P\{Y=y_j\}>0$，则 X,Y 一定不独立.

（ⅱ）若 X,Y 相互独立，则边缘分布可直接推出联合分布，即

$$p_{ij}=P\{X=x_i,Y=y_j\}=P\{X=x_i\}P\{Y=y_j\}.$$

例题7 袋中有一个红球，两个黑球，三个白球. 现无放回地从袋中取两次，每次取一个，以 X,Y,Z 分别表示两次取球所取得的红、黑与白球的个数.

（1）求 $P\{X=1\mid Z=0\}$；

（2）求二维随机变量 (X,Y) 的概率分布.

解析 本题考查对二维离散型随机变量的理解.

（1）$P\{X=1\mid Z=0\}=\dfrac{P\{X=1,Z=0\}}{P\{Z=0\}}$，其中

$$P\{Z=0\}\xlongequal{\text{没有取到白球}}\frac{C_3^2}{C_6^2}=\frac{1}{5},$$

$$P\{X=1,Z=0\}\xlongequal{\text{取到一个红球，一个黑球}}\frac{C_1^1C_2^1}{C_6^2}=\frac{2}{15},$$

故 $P\{X=1\mid Z=0\}=\dfrac{\frac{2}{15}}{\frac{1}{5}}=\dfrac{2}{3}$.

（2）由条件，X 可取的值有 0，1；Y 可取的值有 0，1，2，故联合分布表为 2×3 结构.

由 $X+Y\leqslant2$ 知 $P\{X=1,Y=2\}=0$.

由古典概型的定义知，

$$p_{11}=P\{X=0,Y=0\}\xlongequal{\text{两白球}}\frac{C_3^2}{C_6^2}=\frac{1}{5},$$

$$p_{12}=P\{X=0,Y=1\}\xlongequal{\text{一黑一白}}\frac{C_2^1C_3^1}{C_6^2}=\frac{2}{5},$$

$$p_{13}=P\{X=0,Y=2\}\xlongequal{\text{两黑球}}\frac{C_2^2}{C_6^2}=\frac{1}{15},$$

$$p_{21}=P\{X=1,Y=0\}\xlongequal{\text{一红一白}}\frac{C_1^1C_3^1}{C_6^2}=\frac{1}{5},$$

$$p_{22}=P\{X=1,Y=1\}\xlongequal{\text{一红一黑}}\frac{C_1^1C_2^1}{C_6^2}=\frac{2}{15},$$

$$p_{23}=P\{X=1,Y=2\}=0.$$

验算$\sum_{i=1}^{2}\sum_{j=1}^{3}p_{ij}=1$可知本题计算正确.

(X,Y)的联合分布律为

X \ Y	0	1	2
0	$\frac{1}{5}$	$\frac{2}{5}$	$\frac{1}{15}$
1	$\frac{1}{5}$	$\frac{2}{15}$	0

例题8 设(X,Y)服从$D=\{(x,y)\mid y\geqslant 0,x^2+y^2\leqslant 1\}$上的均匀分布，定义

$$U=\begin{cases}0, & X\geqslant\sqrt{3}Y,\\ 1, & X<\sqrt{3}Y,\end{cases}\quad V=\begin{cases}-1, & X<0,\\ 0, & 0\leqslant X<Y,\\ 1, & Y\leqslant X.\end{cases}$$

(1) 求(U,V)的联合分布律；

(2) 求在$U=1$的条件下V的分布律；

(3) 说明U,V是否独立.

解析 (1) 如图所示，$S_D=\frac{\pi}{2}$.

根据均匀分布的定义可知，

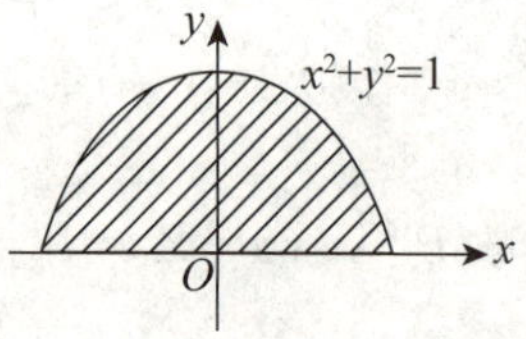

$$f(x,y)=\begin{cases}\frac{2}{\pi}, & (x,y)\in D,\\ 0, & 其他.\end{cases}$$

先求边缘分布.

$$P\{V=-1\}=P\{X<0\}=\frac{\pi/4}{\pi/2}=\frac{1}{2};$$

$$P\{V=0\}=P\{0\leqslant X<Y\}=\frac{\pi/8}{\pi/2}=\frac{1}{4};$$

$$P\{V=1\}=1-P\{V=-1\}-P\{V=0\}=\frac{1}{4}.$$

下一步，继续计算联合分布.

$$P\{V=-1,U=0\}=P\{X\geqslant\sqrt{3}Y,X<0\}=P(\varnothing)=0,$$

则

$$P\{V=-1,U=1\}=P\{V=-1\}-P\{V=-1,U=0\}=\frac{1}{2};$$

$$P\{V=0,U=0\}=P\{X\geqslant\sqrt{3}Y,0\leqslant X<Y\}=P(\varnothing)=0,$$

则

$$P\{V=0,U=1\}=P\{V=0\}-P\{V=0,U=0\}=\frac{1}{4};$$

$$P\{V=1,U=0\}=P\{X\geqslant\sqrt{3}Y,Y\leqslant X\}=P\left\{Y\leqslant\frac{X}{\sqrt{3}}\right\}=\frac{\pi/12}{\pi/2}=\frac{1}{6},$$

则

$$P\{V=1,U=1\}=P\{V=1\}-P\{V=1,U=0\}=\frac{1}{4}-\frac{1}{6}=\frac{1}{12}.$$

故(U,V)的联合分布律为

U \ V	-1	0	1
0	0	0	$\frac{1}{6}$
1	$\frac{1}{2}$	$\frac{1}{4}$	$\frac{1}{12}$

(2) 因为$P\{U=1\}=\frac{1}{2}+\frac{1}{4}+\frac{1}{12}=\frac{5}{6}$,故$U=1$条件下$V$的分布律为:

$$P\{V=-1\mid U=1\}=\frac{P\{V=-1,U=1\}}{P\{U=1\}}=\frac{\frac{1}{2}}{\frac{5}{6}}=\frac{3}{5},$$

$$P\{V=0\mid U=1\}=\frac{P\{V=0,U=1\}}{P\{U=1\}}=\frac{\frac{1}{4}}{\frac{5}{6}}=\frac{3}{10},$$

$$P\{V=1\mid U=1\}=\frac{P\{V=1,U=1\}}{P\{U=1\}}=\frac{\frac{1}{12}}{\frac{5}{6}}=\frac{1}{10}.$$

所以在$U=1$的条件下V的分布律为

V	-1	0	1
$P\{V\mid U=1\}$	$\frac{3}{5}$	$\frac{3}{10}$	$\frac{1}{10}$

(3) 由于$P\{U=0,V=-1\}=0\neq P\{U=0\}P\{V=-1\}$,故$U,V$不相互独立.

例题9 设二维随机变量(X,Y)在区域$D=\{(x,y)\mid 0<y<\sqrt{1-x^2}\}$上服从均匀分布,令

$$Z_1=\begin{cases}1, & X-Y>0,\\0, & X-Y\leqslant 0,\end{cases}\quad Z_2=\begin{cases}1, & X+Y>0,\\0, & X+Y\leqslant 0.\end{cases}$$

(1) 求二维随机变量(Z_1,Z_2)的概率分布；

(2) 说明随机变量Z_1Z_2与Z_1+Z_2是否相互独立.

解析 (1)(X,Y)服从$D=\{(x,y)\mid 0<y<\sqrt{1-x^2}\}$上的均匀分布(见图)，则

$$f(x,y)=\begin{cases}\dfrac{2}{\pi}, & 0<y<\sqrt{1-x^2},\\ 0, & 其他.\end{cases}$$

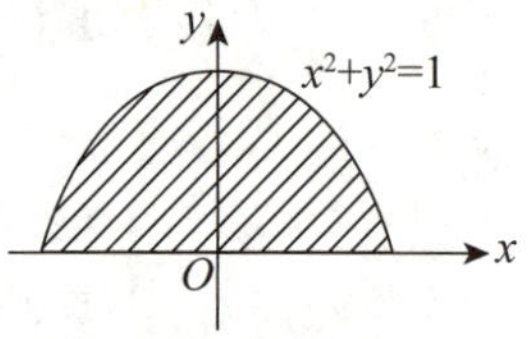

(Z_1,Z_2)可能取值为$(0,0),(0,1),(1,0),(1,1)$，则

$$P\{Z_1=0,Z_2=0\}=P\{X\leqslant Y,X\leqslant -Y\}=P\{Y\leqslant -X\}=\frac{1}{4},$$

$$P\{Z_1=0,Z_2=1\}=P\{X\leqslant Y,Y>-X\}=P\{-Y<X\leqslant Y\}=\frac{1}{2},$$

$$P\{Z_1=1,Z_2=0\}=P\{X>Y,X\leqslant -Y\}=P\{Y<X,Y\leqslant -X\}=0,$$

$$P\{Z_1=1,Z_2=1\}=P\{X>Y,X>-Y\}=P\{Y<X\}=\frac{1}{4}.$$

故Z_1,Z_2联合分布律为

Z_1 \ Z_2	0	1
0	$\frac{1}{4}$	$\frac{1}{2}$
1	0	$\frac{1}{4}$

(2)Z_1Z_2与Z_1+Z_2不独立.

一方面，$P\{Z_1Z_2=0,Z_1+Z_2=0\}=P\{Z_1=Z_2=0\}=\frac{1}{4}$.

另一方面，$P\{Z_1Z_2=0\}=1-P\{Z_1=1,Z_2=1\}=\frac{3}{4}$，$P\{Z_1+Z_2=0\}=P\{Z_1=Z_2=0\}=\frac{1}{4}$.

故$P\{Z_1Z_2=0,Z_1+Z_2=0\}\neq P\{Z_1Z_2=0\}P\{Z_1+Z_2=0\}$，则$Z_1Z_2$与$Z_1+Z_2$不相互独立.

例题10 如果(X,Y)的联合分布律如下列表格所示，

(X,Y)	$(1,1)$	$(1,2)$	$(1,3)$	$(2,1)$	$(2,2)$	$(2,3)$
P	$\frac{1}{6}$	$\frac{1}{9}$	$\frac{1}{18}$	$\frac{1}{3}$	α	β

且X与Y相互独立，则$\alpha=$________，$\beta=$________.

答案 $\frac{2}{9}$；$\frac{1}{9}$

解析 本题考查对二维离散型随机变量独立性的理解.

(X,Y) 的联合分布律如图所示.

$X \backslash Y$	1	2	3	
1	$\frac{1}{6}$	$\frac{1}{9}$	$\frac{1}{18}$	$\frac{1}{3}$
2	$\frac{1}{3}$	α	β	$\frac{2}{3}$

由边缘分布定义可知,

$$P\{X=1\}=\frac{1}{6}+\frac{1}{9}+\frac{1}{18}=\frac{1}{3},$$

$$P\{X=2\}=1-P\{X=1\}=\frac{2}{3}.$$

由独立性定义知,

$$P\{X=1,Y=2\}=P\{X=1\}P\{Y=2\},$$

即 $P\{Y=2\}=\frac{1}{3}$.

另一方面,$P\{Y=2\}=\frac{1}{9}+\alpha=\frac{1}{3}$,解得 $\alpha=\frac{2}{9}$.

同理,$P\{X=1,Y=3\}=P\{X=1\}P\{Y=3\}$,解得 $P\{Y=3\}=\frac{1}{6}$.

另一方面,$P\{Y=3\}=\frac{1}{18}+\beta=\frac{1}{6}$,解得 $\beta=\frac{1}{9}$.

【注】独立性问题中边缘分布往往是解题的突破口.

题型三　二维连续型随机变量

解题思路归纳

(1) 分析二维连续型随机变量的关键在于运用边缘概率密度,条件概率密度.

(ⅰ) 边缘概率密度:

$$f_X(x)=\int_{-\infty}^{+\infty} f(x,y)\,\mathrm{d}y,\ f_Y(y)=\int_{-\infty}^{+\infty} f(x,y)\,\mathrm{d}x,$$

需要注意这两个概率密度是一维概率密度.

（ⅱ）条件概率密度：

$Y=y$ 条件下，X 的条件概率密度 $f_{X|Y}(x\mid y)=\dfrac{f(x,y)}{f_Y(y)}(f_Y(y)\neq 0)$.

$X=x$ 条件下，Y 的条件概率密度 $f_{Y|X}(y\mid x)=\dfrac{f(x,y)}{f_X(x)}(f_X(x)\neq 0)$.

需要注意这两个概率密度本质上也是一维概率密度.

(2) 运用联合概率密度计算概率

$$P\{(X,Y)\in D\}=\iint\limits_D f(x,y)\,\mathrm{d}x\,\mathrm{d}y.$$

(3) 判断和运用独立性：

（ⅰ）判断独立性一般运用排除法，仅当 $f(x,y)\neq 0$ 的区域是矩形区域，且 $f(x,y)$ 可以拆分为 x,y 的一元函数的乘积时才能实现 X,Y 相互独立.

（ⅱ）若 X,Y 相互独立，则边缘分布可直接推出联合分布，即 $f(x,y)=f_X(x)f_Y(y)$.

例题11 二维随机变量(X,Y)的联合概率密度为

$$f(x,y)=\begin{cases}6x^2, & 0<y<1,|x|<y,\\ 0, & 其他.\end{cases}$$

(1) 求边缘概率密度 $f_Y(y)$；

(2) 求条件概率密度 $f_{X|Y}(x\mid y)$；

(3) 求概率 $P\left\{-1<X<\dfrac{1}{3}\,\middle|\,Y=\dfrac{1}{2}\right\}$；

(4) 求概率 $P\left\{-1<X<\dfrac{1}{3}\,\middle|\,Y\leqslant\dfrac{1}{2}\right\}$.

解析 (1) (X,Y) 联合概率密度所分布的区域如图(a)所示.

由边缘概率密度定义可知，

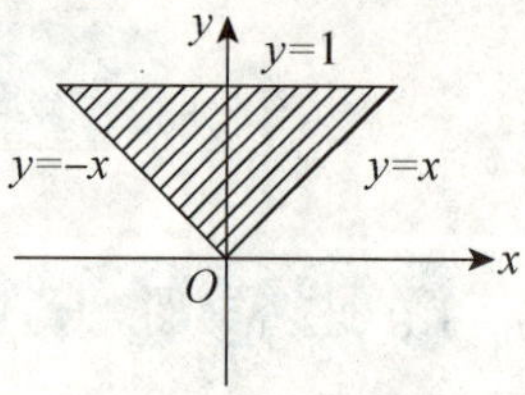

(a)

$$f_Y(y)=\int_{-\infty}^{+\infty}f(x,y)\,\mathrm{d}x=\begin{cases}\int_{-y}^{y}6x^2\,\mathrm{d}x, & 0<y<1,\\ 0, & 其他\end{cases}$$

$$=\begin{cases}4y^3, & 0<y<1,\\ 0, & 其他.\end{cases}$$

(2) 当 $0<y<1$ 时，$f_Y(y)=4y^3\neq 0$.

$$f_{X|Y}(x\mid y)=\frac{f(x,y)}{f_Y(y)}=\begin{cases}\dfrac{3x^2}{2y^3}, & -y<x<y,\\ 0, & 其他.\end{cases}$$

(3) 当 $Y=\frac{1}{2}$ 时，$f_{X|Y}\left(x\,\middle|\,y=\frac{1}{2}\right)=\begin{cases}12x^2, & -\frac{1}{2}<x<\frac{1}{2},\\ 0, & \text{其他}.\end{cases}$

$$P\left\{-1<X<\frac{1}{3}\,\middle|\,Y=\frac{1}{2}\right\}=\int_{-1}^{\frac{1}{3}}f_{X|Y}\left(x\,\middle|\,y=\frac{1}{2}\right)\mathrm{d}x=\int_{-\frac{1}{2}}^{\frac{1}{3}}12x^2\mathrm{d}x=\frac{35}{54}.$$

(4)
$$P\left\{Y\leqslant\frac{1}{2}\right\}=\int_{-\infty}^{\frac{1}{2}}f_Y(y)\,\mathrm{d}y=\int_0^{\frac{1}{2}}4y^3\mathrm{d}y=\frac{1}{16}.$$

如图(b)所示，有

$$\begin{aligned}P\left\{-1<X<\frac{1}{3},Y\leqslant\frac{1}{2}\right\}&=\int_{-\frac{1}{2}}^{0}\mathrm{d}x\int_{-x}^{\frac{1}{2}}6x^2\mathrm{d}y+\int_0^{\frac{1}{3}}\mathrm{d}x\int_x^{\frac{1}{2}}6x^2\mathrm{d}y\\&=\int_{-\frac{1}{2}}^{0}(3x^2+6x^3)\,\mathrm{d}x+\int_0^{\frac{1}{3}}(3x^2-6x^3)\,\mathrm{d}x\\&=\frac{43}{864}.\end{aligned}$$

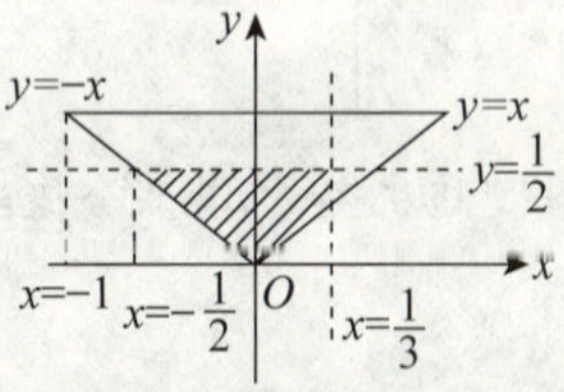

(b)

综上，$P\left\{-1<X<\frac{1}{3}\,\middle|\,Y\leqslant\frac{1}{2}\right\}=\dfrac{P\left\{-1<X<\frac{1}{3},Y\leqslant\frac{1}{2}\right\}}{P\left\{Y\leqslant\frac{1}{2}\right\}}=\frac{43}{54}.$

【注】第(3)问和第(4)问的区别在于第(3)问中只有 X 这一个变量(Y 已确定)，故只能用条件概率密度(一维概率密度)来计算，第(4)问有 X,Y 两个变量，所以需要用二维概率密度来计算.

例题12 设随机变量 Y 的概率密度是 $f_Y(y)=\begin{cases}y\mathrm{e}^{-y}, & y>0,\\ 0, & \text{其他},\end{cases}$ 在 $Y=y\,(y>0)$ 的条件下，随机变量 X 在区间 $(0,y)$ 上服从均匀分布.

(1) 求随机变量 X 和 Y 的联合概率密度；

(2) 求 X 的概率密度；

(3) 求概率 $P\left\{\frac{X}{Y}\leqslant\frac{1}{2}\right\}$.

解析 (1) 根据题中条件 $f(x,y)=f_Y(y)f_{X|Y}(x|y)=\begin{cases}e^{-y}, & 0<x<y,\\0, & \text{其他}.\end{cases}$

(2) 根据边缘概率密度的定义,

$$f_X(x)=\int_{-\infty}^{+\infty}f(x,y)\,dy=\begin{cases}\int_x^{+\infty}e^{-y}dy=-e^{-y}\Big|_x^{+\infty}=e^{-x}, & x>0,\\0, & \text{其他}.\end{cases}$$

(3) 如图所示,有

$$P\left\{\frac{X}{Y}\leqslant\frac{1}{2}\right\}=\iint\limits_{\frac{x}{y}\leqslant\frac{1}{2}}f(x,y)\,dx\,dy=\int_0^{+\infty}dx\int_{2x}^{+\infty}e^{-y}dy=\int_0^{+\infty}e^{-2x}dx=-\frac{1}{2}e^{-2x}\Big|_0^{+\infty}=\frac{1}{2}.$$

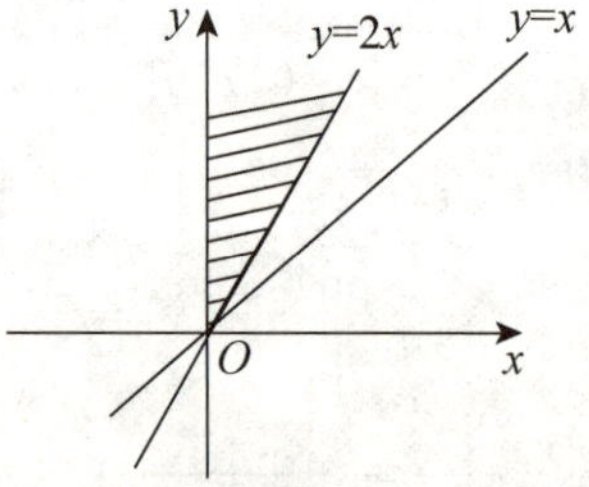

例题13 设 (X,Y) 为二维连续型随机变量,其联合概率密度为 $f(x,y)$,则下列选项中,随机变量 X,Y 相互独立的是(　　).

(A) $f(x,y)=\begin{cases}8xy, & 0\leqslant y\leqslant x\leqslant 1,\\0, & \text{其他}\end{cases}$

(B) $f(x,y)=\begin{cases}x+y, & 0\leqslant x\leqslant 1,0\leqslant y\leqslant 1,\\0, & \text{其他}\end{cases}$

(C) $f(x,y)=\begin{cases}4xy, & 0\leqslant x\leqslant 1,0\leqslant y\leqslant 1,\\0, & \text{其他}\end{cases}$

(D) $f(x,y)=\begin{cases}\dfrac{1}{\pi}, & x^2+y^2\leqslant 1,\\0, & \text{其他}\end{cases}$

答案 (C)

解析 本题考查对二维连续型随机变量独立性的理解.

X,Y 独立的充要条件是 $f(x,y)=f_X(x)f_Y(y)$.

由于 $f_X(x),f_Y(y)$ 均为一元函数,故 $f(x,y)\neq 0$ 区域应该为矩形区域(包含无界区域),同时 $f(x,y)$ 应该可分解为 $g(x)h(y)$ 结构.

本题中只有(B),(C) 中 $f(x,y)\neq 0$ 的区域为矩形区域,其中只有(C) 选项中 $4xy$ 可表示为 $g(x)h(y)$ 形式,故只有(C) 满足.

例题14 设二维连续型随机变量的概率密度为 $f(x,y)=\begin{cases}\dfrac{1}{\lambda^2}e^{-\frac{x+y}{\lambda}}, & x>0,y>0,\\ 0, & 其他,\end{cases}$ 其中 $\lambda>0$ 为常数，则 $P\{X\leqslant\lambda,Y\leqslant 2\lambda\}=$________.

答案 $(1-e^{-1})(1-e^{-2})$

解析 本题考查对二维连续型随机变量独立性的应用.

由条件可知，$f(x,y)\neq 0$ 区域是矩形区域，$\dfrac{1}{\lambda^2}e^{-\frac{x}{\lambda}}e^{-\frac{y}{\lambda}}$ 可拆分为 $g(x)h(y)$ 结构. 观察可知 $f(x,y)=f_X(x)f_Y(y)$，其中

$$f_X(x)=\begin{cases}\dfrac{1}{\lambda}e^{-\frac{x}{\lambda}}, & x>0,\\ 0, & 其他,\end{cases}\qquad f_Y(y)=\begin{cases}\dfrac{1}{\lambda}e^{-\frac{y}{\lambda}}, & y>0,\\ 0, & 其他.\end{cases}$$

故 X,Y 相互独立，且 X,Y 均服从参数为 $\dfrac{1}{\lambda}$ 的指数分布，由独立性可知

$$\begin{aligned}P\{X\leqslant\lambda,Y\leqslant 2\lambda\}&=P\{X\leqslant\lambda\}P\{Y\leqslant 2\lambda\}=(1-e^{-\frac{1}{\lambda}\lambda})(1-e^{-\frac{1}{\lambda}\cdot 2\lambda})\\&=(1-e^{-1})(1-e^{-2}).\end{aligned}$$

例题15 设随机变量 X 与 Y 相互独立，且分别服从参数为 1 与参数为 4 的指数分布，则 $P\{X<2Y\}=(\quad)$.

(A) $\dfrac{1}{5}$　　(B) $\dfrac{1}{3}$　　(C) $\dfrac{2}{3}$　　(D) $\dfrac{4}{5}$

答案 (B)

解析 本题考查对二维连续型随机变量独立性的应用.

由 X,Y 相互独立，则

$$f(x,y)=f_X(x)f_Y(y)=\begin{cases}e^{-x}(4e^{-4y}), & x>0,y>0,\\ 0, & 其他.\end{cases}$$

如图所示，有

$$\begin{aligned}P\{X<2Y\}&=\int_0^{+\infty}dx\int_{\frac{x}{2}}^{+\infty}f(x,y)dy=\int_0^{+\infty}dx\int_{\frac{x}{2}}^{+\infty}e^{-x}(4e^{-4y})dy\\&=\int_0^{+\infty}e^{-x}(-e^{-4y})\Big|_{\frac{x}{2}}^{+\infty}dx=\int_0^{+\infty}e^{-x}e^{-2x}dx=\frac{e^{-3x}}{-3}\Big|_0^{+\infty}=\frac{1}{3}.\end{aligned}$$

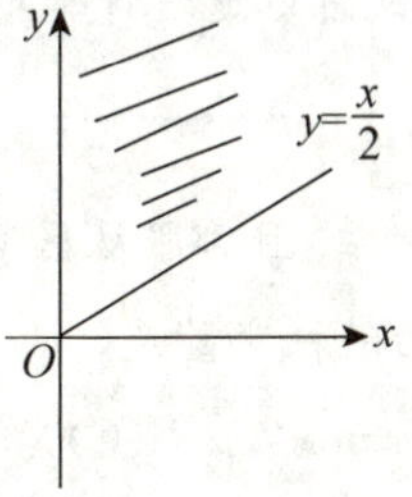

【注】上述两道题目中均有 X,Y 相互独立这个结论，但应用的场景有所不同.

①$P\{X\in I_1,Y\in I_2\}=P\{X\in I_1\}P\{Y\in I_2\}$；

②$P\{(X,Y)\in I_3\}=\iint\limits_{(x,y)\in I_3}f(x,y)\mathrm{d}x\mathrm{d}y$.

其中① 是直接运用独立性来计算；② 是间接运用独立性来计算.

题型四　二维均匀分布，二维正态分布

解题思路归纳

(1) 二维均匀分布主要注意以下两个结论.

(ⅰ) 概率与面积成正比：即若(X,Y) 服从区域G(面积为A) 上的均匀分布，G_1 为区域G 的子区域，即$G_1\subset G$，且G_1 的面积为A_1，则

$$P\{(X,Y)\in G_1\}=\iint\limits_{G_1}f(x,y)\,\mathrm{d}x\mathrm{d}y=\iint\limits_{G_1}\frac{1}{A}\mathrm{d}x\mathrm{d}y=\frac{A_1}{A}.$$

(ⅱ)(X,Y) 服从矩形区域$G=\{(x,y)\mid a<x<b,c<y<d\}$ 上的均匀分布的充要条件是 $X\sim U(a,b)$，$Y\sim U(c,d)$，且 X 与 Y 相互独立.

(2) 二维正态分布主要运用以下结论.

设$(X,Y)\sim N(\mu_1,\mu_2;\sigma_1^2,\sigma_2^2;\rho)$，则

(ⅰ) X 与Y 相互独立的充分必要条件是$\rho=0$；若 X 与 Y 独立，则二维分布函数退化为一维分布函数的乘积，使得计算大幅度简化.

(ⅱ) 边缘分布为一维正态分布，即 $X\sim N(\mu_1,\sigma_1^2)$，$Y\sim N(\mu_2,\sigma_2^2)$.

此结论非常重要，不仅要熟记结论，还需要会通过对联合概率密度积分求得.

(ⅲ) X 与Y 的非零线性组合$(aX+bY,cX+dY)$ 服从二维正态分布 $(ad\neq bc)$.

(ⅳ) $aX+bY\sim N(a\mu_1+b\mu_2,a^2\sigma_1^2+b^2\sigma_2^2+2ab\rho\sigma_1\sigma_2)$.

【注】由于$(aX+bY,cX+dY)$ 服从二维正态分布，故其边缘分布 $aX+bY$ 必服从一维正态分布，具体分布形式可以通过计算期望和方差而得.

例题16 设随机变量 X,Y 相互独立，且都服从区间$(0,1)$ 上的均匀分布，则下列随机变量中服从区间或区域上的均匀分布的随机变量是(　　).

(A)(X,Y)　　(B)$X+Y$　　(C)X^2　　(D)$X-Y$

答案 (A)

解析 本题考查对均匀分布的理解.

(A) 中 $f(x,y)=f_X(x)f_Y(y)=\begin{cases}1, & 0<x<1,0<y<1,\\0, & 其他,\end{cases}$ 故(X,Y)服从二维均匀分布.

(B) 中 $0<X+Y<2$,如图(a)所示,有

$$P\left\{0<X+Y<\frac{1}{2}\right\}=\frac{\frac{1}{2}\times\frac{1}{2}\times\frac{1}{2}}{1}=\frac{1}{8},$$

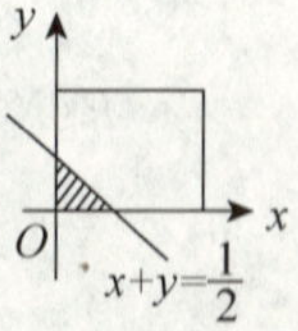

(a)

则 $P\left\{0<X+Y<\frac{1}{2}\right\}\neq\frac{P\{0<X+Y<2\}}{4}=\frac{1}{4}$,故 $X+Y$ 不服从均匀分布.

(C) 中 $0<X^2<1$,但

$$P\left\{0<X^2<\frac{1}{2}\right\}=P\left\{0<X<\frac{1}{\sqrt{2}}\right\}=\frac{1}{\sqrt{2}}\neq\frac{P\{0<X^2<1\}}{2}=\frac{1}{2},$$

故 X^2 不服从均匀分布.

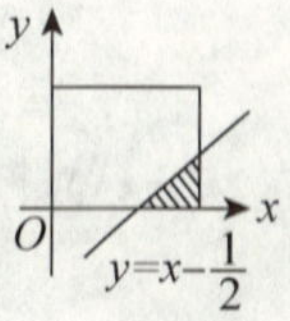

(b)

(D) 中 $-1<X-Y<1$,如图(b)所示,有

$$P\left\{\frac{1}{2}<X-Y<1\right\}=\frac{\frac{1}{2}\times\frac{1}{2}\times\frac{1}{2}}{1}=\frac{1}{8}\neq\frac{P\{-1<X-Y<1\}}{4},$$

故 $X-Y$ 不服从均匀分布,选(A).

【注】均匀分布的典型特点在于概率与区间长度或面积成正比,因而在选择题中可运用特殊值法进行判断.

例题17 设随机变量 X 和 Y 的联合概率分布是圆 $D=\{(x,y)\mid x^2+y^2\leqslant r^2\}$ $(r>1)$ 上的均匀分布,则(　　).

(A) X 服从均匀分布　　(B) $X+Y$ 服从均匀分布

(C) Y 服从均匀分布　　(D) Y 关于 $X=1$ 的条件分布是均匀分布

答案 (D)

解析 本题考查对二维均匀分布的理解.

由 $f_X(x)=\int_{-\infty}^{+\infty}f(x,y)\mathrm{d}y=\begin{cases}\int_{-\sqrt{r^2-x^2}}^{\sqrt{r^2-x^2}}\frac{1}{\pi r^2}\mathrm{d}y=\frac{2\sqrt{r^2-x^2}}{\pi r^2}, & -r<x<r,\\0, & 其他,\end{cases}$

可知 X 不服从均匀分布.

由对称性可知，Y 也不服从均匀分布.

令 $X=\rho\cos\theta, Y=\rho\sin\theta, 0\leqslant\rho\leqslant r$，可知

$$-\sqrt{2}r\leqslant X+Y=\rho(\cos\theta+\sin\theta)=\rho\sqrt{2}\sin\left(\theta+\frac{\pi}{4}\right)\leqslant\sqrt{2}r.$$

如图所示，有

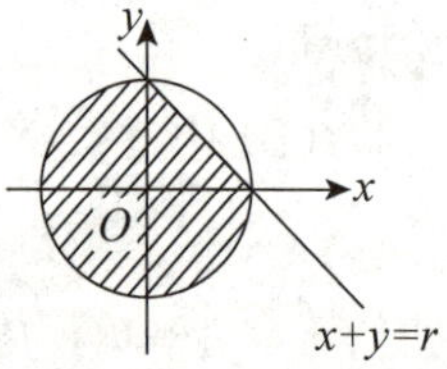

$$P\{X+Y\leqslant r\}=\frac{\frac{3}{4}\pi r^2+\frac{1}{2}r^2}{\pi r^2}=\frac{3}{4}+\frac{1}{2\pi}$$

$$\neq\frac{\sqrt{2}+1}{2\sqrt{2}}P\{-\sqrt{2}r\leqslant X+Y\leqslant\sqrt{2}r\}=\frac{1}{2}+\frac{\sqrt{2}}{4}.$$

则 $X+Y$ 不服从均匀分布. 故(A)，(B)，(C) 均不成立.

(D) 中 $X=1$ 时 $-\sqrt{r^2-1}<y<\sqrt{r^2-1}$，

$$f_{Y|X}(y\mid 1)=\left.\frac{f(x,y)}{f_X(x)}\right|_{x=1}=\begin{cases}\dfrac{\frac{1}{\pi r^2}}{\frac{2\sqrt{r^2-1}}{\pi r^2}}=\dfrac{1}{2\sqrt{r^2-1}}, & -\sqrt{r^2-1}<y<\sqrt{r^2-1},\\ 0, & \text{其他}.\end{cases}$$

故(D) 符合均匀分布，选(D).

例题18 设二维随机变量(X,Y)的概率密度为

$$f(x,y)=A\mathrm{e}^{-2x^2+2xy-y^2}\ (-\infty<x<+\infty,-\infty<y<+\infty).$$

(1) 求常数 A；

(2) 求条件概率密度 $f_{Y|X}(y\mid x)$.

解析 根据 $f(x,y)$ 的特征判断其服从二维正态分布，采用配方、除方差、添系数的方法，得

$$f(x,y)=A(\sqrt{\pi})^2\left(\frac{1}{\sqrt{2\pi}\sqrt{\frac{1}{2}}}\mathrm{e}^{\frac{-x^2}{2\cdot\frac{1}{2}}}\right)\left[\frac{1}{\sqrt{2\pi}\sqrt{\frac{1}{2}}}\mathrm{e}^{\frac{-(y-x)^2}{2\cdot\frac{1}{2}}}\right].$$

(1) 根据概率密度的规范性：

$$\int_{-\infty}^{+\infty}\mathrm{d}x\int_{-\infty}^{+\infty}f(x,y)\,\mathrm{d}y=A\pi\int_{-\infty}^{+\infty}\left(\frac{1}{\sqrt{2\pi}\sqrt{\frac{1}{2}}}\mathrm{e}^{\frac{-x^2}{2\cdot\frac{1}{2}}}\right)\mathrm{d}x\int_{-\infty}^{+\infty}\left[\frac{1}{\sqrt{2\pi}\sqrt{\frac{1}{2}}}\mathrm{e}^{\frac{-(y-x)^2}{2\cdot\frac{1}{2}}}\right]\mathrm{d}y=A\pi=1,$$

解得 $A=\dfrac{1}{\pi}$.

(2) 根据边缘概率密度定义:

$$f_X(x)=\int_{-\infty}^{+\infty}f(x,y)\,\mathrm{d}y=\frac{1}{\sqrt{2\pi}\sqrt{\frac{1}{2}}}\mathrm{e}^{-\frac{x^2}{2\cdot\frac{1}{2}}}\int_{-\infty}^{+\infty}\left[\frac{1}{\sqrt{2\pi}\sqrt{\frac{1}{2}}}\mathrm{e}^{-\frac{(y-x)^2}{2\cdot\frac{1}{2}}}\right]\mathrm{d}y$$

$$=\frac{1}{\sqrt{\pi}}\mathrm{e}^{-x^2},-\infty<x<+\infty.$$

综上解得,

$$f_{Y|X}(y\mid x)=\frac{f(x,y)}{f_X(x)}=\frac{\frac{1}{\pi}\mathrm{e}^{-2x^2+2xy-y^2}}{\frac{1}{\sqrt{\pi}}\mathrm{e}^{-x^2}}=\frac{1}{\sqrt{\pi}}\mathrm{e}^{-(y-x)^2}.$$

例题19 已知随机变量 X 服从标准正态分布,在 $X=x$ 条件下,随机变量 Y 服从正态分布 $N(x,1)$.

(1) 求 (X,Y) 的联合密度函数 $f(x,y)$;

(2) 求 Y 所服从的分布.

▶解析 (1) 由题设知 X 的密度函数 $f_X(x)=\frac{1}{\sqrt{2\pi}}\mathrm{e}^{-\frac{1}{2}x^2}$,$Y$ 在 $X=x$ 条件下的条件密度函数为 $f_{Y|X}(y\mid x)=\frac{1}{\sqrt{2\pi}}\mathrm{e}^{-\frac{1}{2}(y-x)^2}$,所以$(X,Y)$的联合密度函数为

$$f(x,y)=f_X(x)f_{Y|X}(y\mid x)=\frac{1}{2\pi}\mathrm{e}^{-\frac{x^2}{2}}\cdot\mathrm{e}^{-\frac{1}{2}(y-x)^2}=\frac{1}{2\pi}\mathrm{e}^{-\left(x^2-xy+\frac{y^2}{2}\right)}.$$

(2) 根据 $f(x,y)$ 的特征判断其服从二维正态分布,采用配方、除方差、添系数的方法,得

$$f(x,y)=\mathrm{e}^{-\frac{y^2}{4}}\frac{1}{2\pi}\sqrt{\pi}\frac{1}{\sqrt{2\pi}\sqrt{\frac{1}{2}}}\mathrm{e}^{-\frac{\left(x-\frac{y}{2}\right)^2}{2\left(\frac{1}{\sqrt{2}}\right)^2}},$$

$$f_Y(y)=\int_{-\infty}^{+\infty}f(x,y)\,\mathrm{d}x=\mathrm{e}^{-\frac{y^2}{4}}\frac{1}{2\pi}\sqrt{\pi}\int_{-\infty}^{+\infty}\left[\frac{1}{\sqrt{2\pi}\sqrt{\frac{1}{2}}}\mathrm{e}^{-\frac{\left(x-\frac{y}{2}\right)^2}{2\left(\frac{1}{\sqrt{2}}\right)^2}}\right]\mathrm{d}x$$

$$=\frac{1}{\sqrt{2\pi}\sqrt{2}}\mathrm{e}^{-\frac{y^2}{2(\sqrt{2})^2}}.$$

从而知 $Y\sim N(0,2)$.

例题20 已知随机变量 X 与 Y 相互独立且都服从正态分布 $N(\mu,1)$，如果 $P\{X+2Y\leqslant 1\}=1-\Phi(\sqrt{5})$，则 $\mu=($ $)$.

(A) -1 (B) 0 (C) 2 (D) 1

答案 (C)

解析 本题考查对二维正态分布性质的理解.

由于 X,Y 均服从正态分布，且相互独立，则 $X+2Y$ 服从一维正态分布. 且

$$E(X+2Y)=E(X)+E(2Y)=E(X)+2E(Y)=3\mu,$$
$$D(X+2Y)=D(X)+D(2Y)=D(X)+4D(Y)=5,$$

即 $X+2Y\sim N(3\mu,5)$.

$$P\{X+2Y\leqslant 1\}=P\left\{\frac{X+2Y-3\mu}{\sqrt{5}}\leqslant\frac{1-3\mu}{\sqrt{5}}\right\}=\Phi\left(\frac{1-3\mu}{\sqrt{5}}\right).$$

由于 $1-\Phi(\sqrt{5})=\Phi(-\sqrt{5})$，即 $\frac{1-3\mu}{\sqrt{5}}=-\sqrt{5}$，也即 $1-3\mu=-5$，解得 $\mu=2$.

【注】涉及正态分布的题目，解题关键在于：

① 确定 μ,σ^2，可用数字特征的计算或观察概率密度形式（配、除、添）求得.

② 运用标准化的概念将一般正态分布转化为标准正态分布中对应的概率，进而运用 $\Phi(x)$ 的常见值计算.

例题21 下列命题中说法错误的个数是（ ）.

(1) 若随机变量 X,Y 分别服从正态分布，则 $X+Y$ 一定服从正态分布；

(2) 若随机变量 X,Y 分别服从正态分布，且相互独立，则 $X+Y$ 一定服从正态分布；

(3) 若随机变量 (X,Y) 服从二维正态分布，则 $X+Y$ 一定服从正态分布；

(4) 若随机变量 (X,Y) 服从二维正态分布，仅当 X,Y 相互独立时 $X+Y$ 服从正态分布.

(A) 0 (B) 1 (C) 2 (D) 3

答案 (C)

解析 本题考查对二维正态分布的性质的理解.

对于(1)，X,Y 分别服从一维正态分布，无法得到 (X,Y) 的联合分布，则 $X+Y$ 的分布无法计算，(1) 错误.

对于(2)，由于 X,Y 相互独立，设 $X\sim N(\mu_1,\sigma_1^2)$，$Y\sim N(\mu_2,\sigma_2^2)$，则

$$f(x,y)=f_X(x)f_Y(y)$$
$$=\frac{1}{\sqrt{2\pi}\sigma_1}e^{-\frac{(x-\mu_1)^2}{2\sigma_1^2}}\frac{1}{\sqrt{2\pi}\sigma_2}e^{-\frac{(y-\mu_2)^2}{2\sigma_2^2}},\ -\infty<x<+\infty,-\infty<y<+\infty,$$

即 (X,Y) 服从二维正态分布，必有 $aX+bY(a^2+b^2\neq 0)$ 服从一维正态分布，故 (2)，(3) 均正确.

对 (4) 而言，只要 (X,Y) 服从二维正态分布，一定有 $(aX+bY,cX+dY)$ 服从二维正态分布 $(ad\neq bc)$，此时 $aX+bY$ 一定服从一维正态分布.

【注】一维正态分布与二维正态分布的关系总结如下：

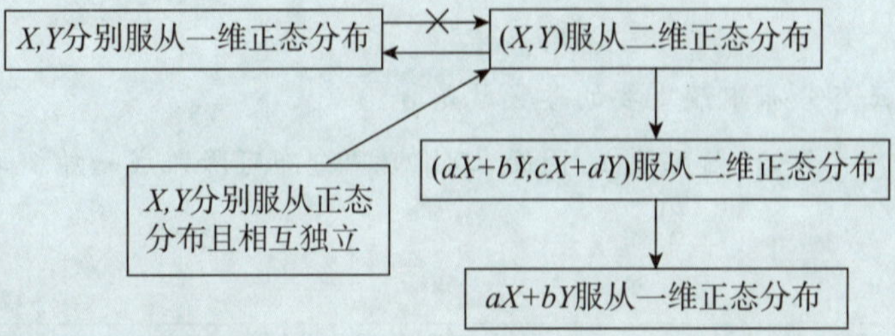

例题22 设 X,Y,Z 相互独立，$X\sim N(1,2)$，$Y\sim N(2,2)$，$Z\sim N(3,7)$，记 $a=P\{X<Y\}$，$b=P\{Y<Z\}$，则（　　）.

(A) $a>b$　　　　(B) $a<b$

(C) $a=b$　　　　(D) a,b 大小关系不确定

答案 (A)

解析 本题考查正态分布的性质与应用.

由上题知 $X-Y$，$Y-Z$ 均服从正态分布，且

$$E(X-Y)=E(X)-E(Y)=-1,D(X-Y)=D(X)+D(Y)=4,$$

$$E(Y-Z)=E(Y)-E(Z)=-1,D(Y-Z)=D(Y)+D(Z)=9.$$

即

$$X-Y\sim N(-1,4),a=P\{X-Y<0\}=P\left\{\frac{X-Y-(-1)}{\sqrt{4}}<\frac{1}{2}\right\}=\Phi\left(\frac{1}{2}\right),$$

$$Y-Z\sim N(-1,9),b=P\{Y-Z<0\}=P\left\{\frac{Y-Z-(-1)}{\sqrt{9}}<\frac{1}{3}\right\}=\Phi\left(\frac{1}{3}\right),$$

由 $\Phi(x)$ 单增可知 $a>b$，选 (A).

例题23 设二维随机变量 (X,Y) 服从正态分布 $N(1,0;1,1;0)$，则 $P\{XY-Y<0\}=$ ________.

答案 0.5

解析 本题考查二维正态分布的性质.

由 $\rho=0$ 可知 X,Y 相互独立，由联合分布可知 $X\sim N(1,1)$，$Y\sim N(0,1)$.

$P\{XY-Y<0\}=P\{(X-1)Y<0\}=P\{X-1>0,Y<0\}+P\{X-1<0,Y>0\}$

$$=P\{X-1>0\}P\{Y<0\}+P\{X-1<0\}P\{Y>0\}.$$

由对称性知，
$$P\{X>1\}=P\{X<1\}=\frac{1}{2},$$
$$P\{Y<0\}=P\{Y>0\}=\frac{1}{2}.$$

故原式 $=\left(\frac{1}{2}\right)^2+\left(\frac{1}{2}\right)^2=\frac{1}{2}.$

【注】二维正态分布中最重要的参数就是 ρ.

本题中 $\rho=0\Rightarrow X,Y$ 相互独立. 因而，二维概率分布可降维成一维概率分布来计算.

题型五 二维离散型随机变量函数的分布

解题思路归纳

此部分解题的主要思路是对二维连续型随机变量函数对应的结果进行列举.

设 $P\{X=x_i,Y=y_j\}=p_{ij}$，$Z=g(X,Y)$，则 Z 的分布律为
$$P\{Z=z_k\}=P\{g(X,Y)=z_k\}=\sum_{g(x_i,y_j)=z_k}P\{X=x_i,Y=y_j\}.$$

需要注意的是在考试题中，此部分常与数字特征相结合.

例题24 假设随机变量 X_1,X_2,X_3 相互独立，且有相同的概率分布：
$$P\{X_k=0\}=q,P\{X_k=1\}=p,$$
其中 $q+p=1$. 又随机变量
$$U=\begin{cases}1, & \text{若 } X_1+X_2 \text{ 为奇数},\\ 0, & \text{若 } X_1+X_2 \text{ 为偶数},\end{cases}\quad V=\begin{cases}1, & \text{若 } X_2+X_3 \text{ 为奇数},\\ 0, & \text{若 } X_2+X_3 \text{ 为偶数}.\end{cases}$$

试求 U 和 V 的联合概率分布.

解析 本题考查对二维离散型随机变量函数的分布的理解.

先求边缘分布，

$$P\{U=1\}=P\{X_1+X_2=\text{奇数}\}=P\{X_1=0,X_2=1\}+P\{X_1=1,X_2=0\}$$
$$=P\{X_1=0\}P\{X_2=1\}+P\{X_1=1\}P\{X_2=0\}=2pq.$$

由上述结论知，$P\{U=0\}=1-P\{U=1\}=1-2pq$.

由于 X_1,X_2,X_3 同分布，故 U 与 V 同分布，即 $P\{V=1\}=2pq$，$P\{V=0\}=1-2pq$.

则 (U,V) 联合分布律如表所示：

$U \backslash V$	0	1	
0			$1-2pq$
1			$2pq$
	$1-2pq$	$2pq$	

另一方面，

$$\begin{aligned}P\{U=1,V=1\} &= P\{X_1+X_2=\text{奇数},X_2+X_3=\text{奇数}\}\\ &= P\{X_2=0,X_1=1,X_3=1\}+P\{X_2=1,X_1=0,X_3=0\}\\ &= P\{X_2=0\}P\{X_1=1\}P\{X_3=1\}+P\{X_2=1\}P\{X_1=0\}P\{X_3=0\}\\ &= qp^2+pq^2\\ &= pq(p+q)=pq.\end{aligned}$$

由此可知，$P\{U=0,V=1\}=P\{V=1\}-P\{U=1,V=1\}=pq.$

同理，$P\{U=1,V=0\}=P\{U=0,V=1\}=pq.$

由规范性知，$P\{U=0,V=0\}=1-(pq+pq+pq)=1-3pq.$

综上，(U,V) 联合分布律为

$U \backslash V$	0	1	
0	$1-3pq$	pq	$1-2pq$
1	pq	pq	$2pq$
	$1-2pq$	$2pq$	

例题25 设随机变量 $X_i \sim \begin{pmatrix} -1 & 0 & 1 \\ \frac{1}{4} & \frac{1}{2} & \frac{1}{4} \end{pmatrix}$ $(i=1,2)$ 且满足条件 $P\{X_1+X_2=0\}=1$，则 $P\{X_1=X_2\}=($　　$)$.

(A)0　　(B) $\frac{1}{4}$　　(C) $\frac{1}{2}$　　(D)1

答案 (C)

解析 由题设知 $P\{X_1+X_2\neq 0\}=0$，而

$$\begin{aligned}P\{X_1+X_2\neq 0\} = {}& P\{X_1=-1,X_2=-1\}+P\{X_1=-1,X_2=0\}+P\{X_1=0,X_2=-1\}+\\ & P\{X_1=0,X_2=1\}+P\{X_1=1,X_2=0\}+P\{X_1=1,X_2=1\},\end{aligned}$$

由概率非负性知各加项概率都等于零，据此可求得(X_1,X_2)的联合分布表如表所示，并算得

$$P\{X_1=X_2\}=P\{X_1=-1,X_2=-1\}+P\{X_1=0,X_2=0\}+P\{X_1=1,X_2=1\}=\frac{1}{2},$$

故选(C).

X_2 \ X_1	-1	0	1	
-1	0	0	$\frac{1}{4}$	$\frac{1}{4}$
0	0	$\frac{1}{2}$	0	$\frac{1}{2}$
1	$\frac{1}{4}$	0	0	$\frac{1}{4}$
	$\frac{1}{4}$	$\frac{1}{2}$	$\frac{1}{4}$	

题型六　二维连续型随机变量函数的分布

解题思路归纳

设(X,Y)的概率密度为$f(x,y)$.

(1) 若$Z=g(X,Y)$可以视作X或Y的一次函数，一般优先用卷积公式来求解.

若由$Z=g(X,Y)$可求得$Y=h(X,Z)$(或$X=p(Y,Z)$，具体看哪种形式计算简便)，则

$$f_Z(z)=\int_{-\infty}^{+\infty}f(x,h(x,z))\left|\frac{\partial h(x,z)}{\partial z}\right|\mathrm{d}x.$$

卷积公式中要善于寻找关键点，对区间进行分段. 需要注意的是卷积公式并不需要X,Y相互独立这个条件.

(2) 若$Z=g(X^2+Y^2)$，此时卷积公式比较复杂，更适合用定义法求解.

$$F_Z(z)=P\{Z\leqslant z\}=P\{g(X^2+Y^2)\leqslant z\},-\infty<z<+\infty,$$

则$f_Z(z)=F'_Z(z)$.

定义法中常运用极坐标求解二重积分的方法来求解分布函数. 需要注意的是定义法求解的是分布函数，而非概率密度，与卷积公式有明显区别.

(3) 若$Z=g(X,Y)$，且(X,Y)服从二维正态分布，此时一般只需要计算Z的期望和方差，即可获得Z的分布.

例题26 已知二维连续型随机变量(X,Y)联合概率密度为

$$f(x,y)=\begin{cases}4x^2, & 0\leqslant y\leqslant x\leqslant 1,\\0, & \text{其他}.\end{cases}$$

(1) 若$Z=X+Y$，求随机变量Z的概率密度$f_Z(z)$；

(2) 若 $Z=XY$,求随机变量 Z 的概率密度 $f_Z(z)$.

解析 本题考查对卷积公式的应用.

(1)$Z=X+Y$,解得 $Y=Z-X$,由卷积公式,

$$f_Z(z)=\int_{-\infty}^{+\infty}f(x,z-x)\left|\frac{\partial(z-x)}{\partial z}\right|\mathrm{d}x=\int_{-\infty}^{+\infty}f(x,z-x)\mathrm{d}x.$$

此时 $\begin{cases}0<x<1,\\0<y=z-x<x\end{cases}\Rightarrow\begin{cases}0<x<1,\\\frac{z}{2}<x<z.\end{cases}$

要使上述条件同时成立,运用端点联立的思想(刚好遇见你).

分别令 $0=\frac{z}{2}$,$0=z$,$1=\frac{z}{2}$,$1=z$,解得 z 的关键点是:0,1,2,因而对 z 分四个区间分析:

① 若 $z<0$,无解,$f_Z(z)=0$;

② 若 $0<z<1$,由图(a)知 $\frac{z}{2}<x<z$,$f_Z(z)=\int_{\frac{z}{2}}^{z}4x^2\mathrm{d}x=\frac{4}{3}x^3\Big|_{\frac{z}{2}}^{z}=\frac{7}{6}z^3$;

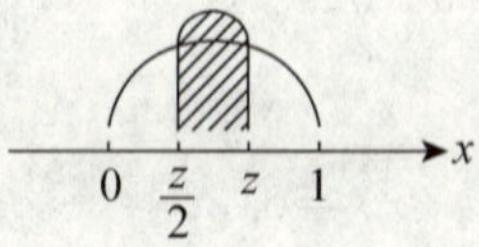

(a)

③ 若 $1<z<2$,由图(b)知 $\frac{z}{2}<x<1$,$f_Z(z)=\int_{\frac{z}{2}}^{1}4x^2\mathrm{d}x=\frac{4}{3}x^3\Big|_{\frac{z}{2}}^{1}=\frac{4}{3}-\frac{z^3}{6}$;

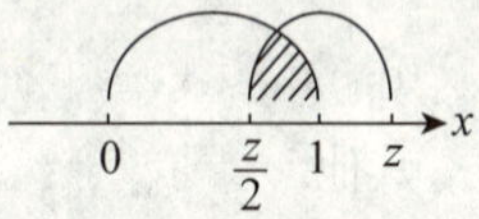

(b)

④ 若 $z>2$,由图(c)知无解,$f_Z(z)=0$.

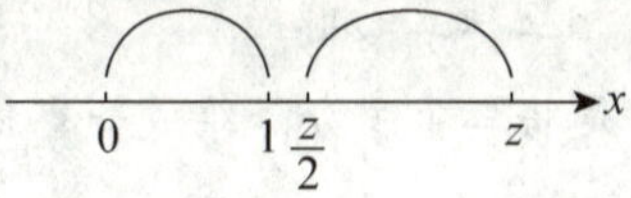

(c)

综上,$f_Z(z)=\begin{cases}\frac{7}{6}z^3, & 0<z<1,\\\frac{4}{3}-\frac{z^3}{6}, & 1<z<2,\\0, & 其他.\end{cases}$

(2)$Z=XY$,解得 $Y=\frac{Z}{X}$,由卷积公式

$$f(z)=\int_{-\infty}^{+\infty}f\left(x,\frac{z}{x}\right)\left|\frac{\partial\left(\frac{z}{x}\right)}{\partial z}\right|\mathrm{d}x=\int_{-\infty}^{+\infty}f\left(x,\frac{z}{x}\right)\cdot\left|\frac{1}{x}\right|\mathrm{d}x.$$

此时$\begin{cases}0<x<1,\\0<y=\dfrac{z}{x}<x\end{cases}\Rightarrow\begin{cases}0<x<1,\\z>0,x>\sqrt{z}.\end{cases}$

联立 $0=\sqrt{z}$，$1=\sqrt{z}$，解得 z 的关键点：0，1.

区间分三段：

① 若 $z<0$，不合条件，$f_Z(z)=0$；

② 若 $0<z<1$，由图(d) 可知$\sqrt{z}<x<1$，

$$f_Z(z)=\int_{\sqrt{z}}^{1}4x^2\cdot\frac{1}{x}\mathrm{d}x=\int_{\sqrt{z}}^{1}4x\,\mathrm{d}x=2x^2\Big|_{\sqrt{z}}^{1}=2(1-z);$$

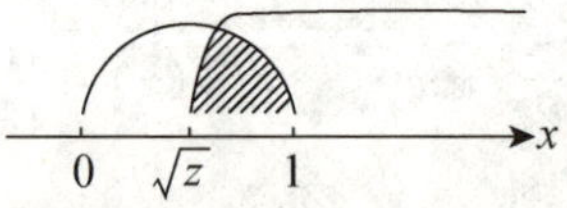

(d)

③ 若 $z>1$，由图(e) 知无解，$f_Z(z)=0$.

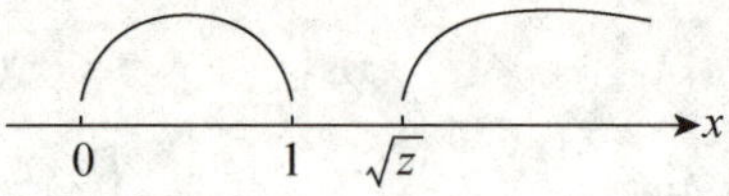

(e)

综上可知，$f_Z(z)=\begin{cases}2(1-z), & 0<z<1,\\0, & \text{其他}.\end{cases}$

【注】 若 Z 可表示为 $Z=aX\pm bY$，或 $Z=aX\cdot bY$，或 $Z=\dfrac{aX}{bY}$ 形式时，运用卷积公式可快速求解，且不需要 X,Y 相互独立的前提.

运用卷积公式解题的优势是将二重积分降维成一重积分，起到高山看海的效果.

卷积公式的技巧在于对关键点的分析，运用端点联立法（刚好遇见你）易于简化计算.

例题27 设随机变量(X,Y)的联合概率密度函数为 $\varphi(x,y)=\begin{cases}\mathrm{e}^{-(x+y)}, & x>0,y>0,\\0, & \text{其他},\end{cases}$ 则 $Z=\dfrac{X+Y}{2}$ 的概率密度函数是(　　).

(A) $f_Z(z)=\begin{cases}\dfrac{1}{2}\mathrm{e}^{-\frac{z}{2}}, & z>0,\\0, & \text{其他}\end{cases}$　　(B) $f_Z(z)=\begin{cases}\mathrm{e}^{-z}, & z>0,\\0, & \text{其他}\end{cases}$

(C) $f_Z(z)=\begin{cases}4z\mathrm{e}^{-2z}, & z>0,\\ 0, & \text{其他}\end{cases}$　　　(D) $f_Z(z)=\begin{cases}\left(\dfrac{1}{2}\right)^{-z}, & z>0,\\ 0, & \text{其他}\end{cases}$

答案 (C)

解析 本题考查对二维连续型随机变量函数的分布的理解.

可用卷积公式求解.

由于 $Z=\dfrac{X+Y}{2}$,解得 $Y=2Z-X$,由卷积公式:

$$f_Z(z)=\int_{-\infty}^{+\infty}\varphi(x,2z-x)\left|\frac{\partial(2z-x)}{\partial z}\right|\mathrm{d}x=\int_{-\infty}^{+\infty}\varphi(x,2z-x)\cdot 2\mathrm{d}x.$$

由条件 $\begin{cases}x>0,\\ y=2z-x>0\end{cases}\Rightarrow\begin{cases}x>0,\\ x<2z.\end{cases}$

联立 $0=2z$,解得 z 的关键点:0.

区间分两段:

① 若 $z<0$,由图(a)知无解,$f_Z(z)=0$;

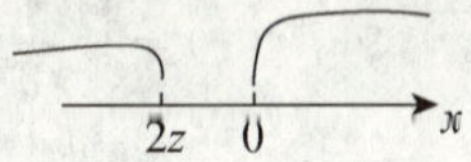

(a)

② 若 $z>0$,由图(b)知 $0<x<2z$,

$$f_Z(z)=\int_0^{2z}\mathrm{e}^{-2z}\cdot 2\mathrm{d}x=4z\mathrm{e}^{-2z}.$$

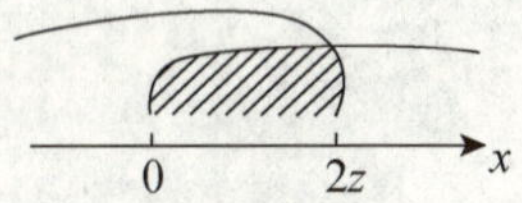

(b)

综上,$f_Z(z)=\begin{cases}4z\mathrm{e}^{-2z}, & z>0,\\ 0, & \text{其他}.\end{cases}$

选(C).

例题28 设随机变量 X 与 Y 相互独立,并均在区间(0,3)上服从均匀分布,求随机变量 $Z=\dfrac{X}{Y}$ 的概率密度.

解析 本题考查卷积公式的应用.

由题意,$f(x,y)=\begin{cases}\dfrac{1}{9}, & 0<x<3,0<y<3,\\ 0, & \text{其他}.\end{cases}$

由 $Z=\dfrac{X}{Y}$,解得 $Y=\dfrac{X}{Z}$,由卷积公式,

$$f_Z(z)=\int_{-\infty}^{+\infty}f\left(x,\frac{x}{z}\right)\left|\frac{\partial\left(\frac{x}{z}\right)}{\partial z}\right|\mathrm{d}x=\int_{-\infty}^{+\infty}f\left(x,\frac{x}{z}\right)\left|\frac{x}{z^2}\right|\mathrm{d}x.$$

由$\begin{cases}0<x<3,\\0<y=\dfrac{x}{z}<3\end{cases}\Rightarrow\begin{cases}0<x<3,\\z>0,x<3z.\end{cases}$

联立 $3z=0,3z=3$,解得 z 的关键点:0,1.

① 若 $z<0$,与条件矛盾,$f_Z(z)=0$;

② 若 $0<z<1$,由图(a)得 $0<x<3z$,$f_Z(z)=\int_0^{3z}\dfrac{1}{9}\dfrac{x}{z^2}\mathrm{d}x=\dfrac{x^2}{18z^2}\Big|_0^{3z}=\dfrac{1}{2}$;

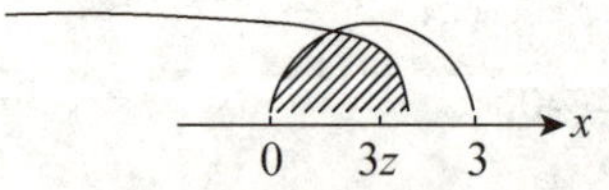

(a)

③ 若 $z>1$,由图(b)得 $0<x<3$,$f_Z(z)=\int_0^3\dfrac{1}{9}\cdot\dfrac{x}{z^2}\mathrm{d}x=\dfrac{1}{2z^2}$.

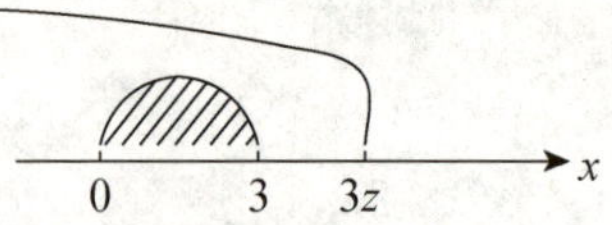

(b)

综上,$f_Z(z)=\begin{cases}\dfrac{1}{2}, & 0<z<1,\\ \dfrac{1}{2z^2}, & z>1,\\ 0, & 其他.\end{cases}$

例题29 设随机变量 X,Y 相互独立,且均服从参数为 λ 的指数分布,令 $Z=|X-Y|$,求随机变量 Z 的概率密度 $f_Z(z)$.

解析 本题考查对绝对值形式运用卷积公式.

由 X,Y 独立,$f(x,y)=f_X(x)f_Y(y)=\begin{cases}\lambda e^{-\lambda x}\lambda e^{-\lambda y}, & x>0,y>0,\\0, & 其他.\end{cases}$

由 $Z=|X-Y|$ 可得,$X-Y=\pm Z$,即 $Y=X\mp Z$.

由互斥可加性,拓展卷积公式得

$$f_Z(z)=\int_{-\infty}^{+\infty}f(x,x+z)\left|\frac{\partial(x+z)}{\partial z}\right|\mathrm{d}x+\int_{-\infty}^{+\infty}f(x,x-z)\left|\frac{\partial(x-z)}{\partial z}\right|\mathrm{d}x$$

$$=\int_{-\infty}^{+\infty} f(x,x+z)\mathrm{d}x+\int_{-\infty}^{+\infty} f(x,x-z)\mathrm{d}x.$$

由于 $z=|x-y|$，可知 $z<0$ 与本题条件矛盾，仅考虑 $z>0$.

对第一个积分，由 $\begin{cases}x>0,\\x+z>0\end{cases}\Rightarrow\begin{cases}x>0,\\x>-z.\end{cases}$ 由图(a) 可知 $x>0$.

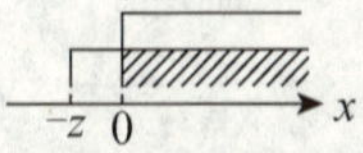

(a)

对第二个积分，由 $\begin{cases}x>0,\\x-z>0\end{cases}\Rightarrow\begin{cases}x>0,\\x>z.\end{cases}$ 由图(b) 可知 $x>z$. 因此

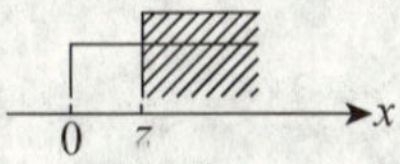

(b)

$$\begin{aligned}f_Z(z)&=\int_0^{+\infty}\lambda\mathrm{e}^{-\lambda x}\cdot\lambda\mathrm{e}^{-\lambda(x+z)}\mathrm{d}x+\int_z^{+\infty}\lambda\mathrm{e}^{-\lambda x}\cdot\lambda\mathrm{e}^{-\lambda(x-z)}\mathrm{d}x\\&=\lambda^2\mathrm{e}^{-\lambda z}\int_0^{+\infty}\mathrm{e}^{-2\lambda x}\mathrm{d}x+\lambda^2\mathrm{e}^{\lambda z}\int_z^{+\infty}\mathrm{e}^{-2\lambda x}\mathrm{d}x\\&=\lambda^2\mathrm{e}^{-\lambda z}\left.\frac{\mathrm{e}^{-2\lambda x}}{-2\lambda}\right|_0^{+\infty}+\lambda^2\mathrm{e}^{\lambda z}\left.\frac{\mathrm{e}^{-2\lambda x}}{-2\lambda}\right|_z^{+\infty}\\&=\frac{\lambda^2\mathrm{e}^{-\lambda z}}{2\lambda}+\frac{\lambda^2\mathrm{e}^{-\lambda z}}{2\lambda}\\&=\lambda\mathrm{e}^{-\lambda z}.\end{aligned}$$

综上，$f_Z(z)=\begin{cases}\lambda\mathrm{e}^{-\lambda z}, & z>0,\\0, & 其他.\end{cases}$

【注】① 本题中虽然 $Z=|X-Y|$ 不符合卷积公式常见形式，但考虑到 $X-Y=\pm Z$ 两种情况，可用概率互斥可加性拓展卷积公式，形成“双卷积”结构.

② $X-Y=Z$ 与 $X-Y=-Z$ 分别对应两个积分，只要各自积分再对结果求和即可避免对含绝对值条件下复杂图像的分析.

例题30 设二维随机变量 (X,Y) 的概率密度为

$$f(x,y)=\begin{cases}\dfrac{3}{\pi R^3}(R-\sqrt{x^2+y^2}), & x^2+y^2\leqslant R^2,\\0, & 其他.\end{cases}$$

求函数 $Z=\sqrt{X^2+Y^2}$ 的概率密度.

解析 本题中 $Z=\sqrt{X^2+Y^2}$，因而不适合运用卷积公式计算，而更适合用定义来计算.

首先，由定义计算 $F_Z(z)=P\{Z\leqslant z\}=P\{\sqrt{X^2+Y^2}\leqslant z\}$.

由题中条件可知 z 的关键点为 $0,R$.

当 $z<0$ 时，$F_Z(z)=P\{\varnothing\}=0$；

当 $z\geqslant R$ 时，$F_Z(z)=P\{\Omega\}=1$.

设 $0\leqslant z<R$，记 D：$x^2+y^2\leqslant z^2$，则

$$\begin{aligned}F_Z(z)&=P\{Z\leqslant z\}=P\{\sqrt{X^2+Y^2}\leqslant z\}=P\{X^2+Y^2\leqslant z^2\}\\&=\iint\limits_D\frac{3}{\pi R^3}(R-\sqrt{x^2+y^2})\mathrm{d}x\,\mathrm{d}y=\frac{3}{\pi R^3}\int_0^{2\pi}\mathrm{d}\theta\int_0^z(R-r)r\,\mathrm{d}r\\&=\frac{6}{R^3}\int_0^z r(R-r)\mathrm{d}r=3\left(\frac{z}{R}\right)^2-2\left(\frac{z}{R}\right)^3.\end{aligned}$$

综上所述，

$$F_Z(z)=\begin{cases}0, & z<0,\\3\left(\dfrac{z}{R}\right)^2-2\left(\dfrac{z}{R}\right)^3, & 0\leqslant z<R,\\1, & z\geqslant R,\end{cases}$$

求导得概率密度

$$f_Z(z)=\begin{cases}\dfrac{6}{R^3}z(R-z), & 0<z<R,\\0, & \text{其他}.\end{cases}$$

【注】定义法求解得到分布函数，再求导得概率密度，而卷积公式直接求解概率密度.

题型七　二维混合型随机变量

解题思路归纳

设 X 的分布律为 $P\{X=x_i\}=p_i(i=1,2,\cdots)$，$Y$ 为连续型随机变量，$Z=g(X,Y)$，则 Z 的分布函数可以用定义进行计算：

$$F(z)=P\{Z\leqslant z\}=P\{g(X,Y)\leqslant z\}=\sum_i P\{X=x_i,g(x_i,Y)\leqslant z\},$$

其中 $P\{g(x_i,Y)\leqslant z\}$ 可由 Y 的概率密度或者分布函数求得.

此部分代入离散型随机变量的数值是必须的，因为可以对二维随机变量实现降维求解. 但是运用全概率公式并不是必要的，因为条件概率不一定是已知的.

例题31 设二维随机变量(X,Y)在区域$D=\{(x,y)\mid 0<x<1,x^2<y<\sqrt{x}\}$上服从均匀分布，令$U=\begin{cases}1, & X\leqslant Y,\\0, & X>Y.\end{cases}$

(1) 写出(X,Y)的概率密度；

(2) 问U与X是否相互独立？并说明理由；

(3) 求$Z=U+X$的分布函数$F_Z(z)$.

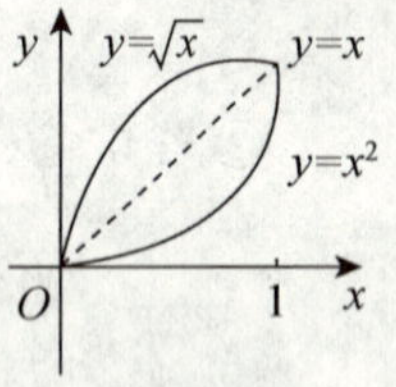

(a)

▶解析 本题考查对二维混合型随机变量的分析.

(1) 如图(a)所示，由对称性可知$S_D=2\int_0^1(x-x^2)\mathrm{d}x=\frac{1}{3}$.

根据二维均匀分布的定义，有

$$f(x,y)=\begin{cases}\frac{1}{S_D}=3, & (x,y)\in D,\\0, & \text{其他}.\end{cases}$$

(2) 考虑到U是离散型，且其概率分布与X有关，可直观想到U与X不独立，可举反例说明. 如图(b)所示，有

$$P\left\{U=0,X<\frac{1}{2}\right\}=P\left\{Y<X,X<\frac{1}{2}\right\}=3\int_0^{\frac{1}{2}}\mathrm{d}x\int_{x^2}^{x}\mathrm{d}y$$

$$=3\int_0^{\frac{1}{2}}(x-x^2)\mathrm{d}x=3\left(\frac{x^2}{2}-\frac{x^3}{3}\right)\Big|_0^{\frac{1}{2}}=\frac{1}{4}.$$

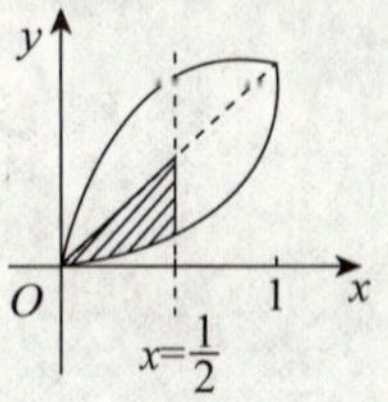

(b)

$$P\{U=0\}=P\{Y<X\}\xlongequal{\text{对称性}}\frac{1}{2}.$$

如图(c)所示，有

$$P\left\{X<\frac{1}{2}\right\}=3\int_0^{\frac{1}{2}}\mathrm{d}x\int_{x^2}^{\sqrt{x}}\mathrm{d}y=3\int_0^{\frac{1}{2}}(x^{\frac{1}{2}}-x^2)\mathrm{d}x$$

$$=3\left(\frac{x^{\frac{3}{2}}}{\frac{3}{2}}-\frac{x^3}{3}\right)\Bigg|_0^{\frac{1}{2}}=\frac{\sqrt{2}}{2}-\frac{1}{8}.$$

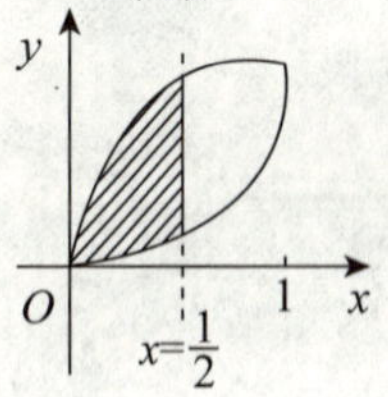

(c)

故$P\left\{U=0,X<\frac{1}{2}\right\}\neq P\{U=0\}P\left\{X<\frac{1}{2}\right\}$，$U$与$X$不独立.

(3)
$$F_Z(z)=P\{U+X\leqslant z\}=P\{U=0,U+X\leqslant z\}+P\{U=1,U+X\leqslant z\}$$
$$=P\{Y<X,X\leqslant z\}+P\{Y\geqslant X,X\leqslant z-1\}.$$

本题关键在于对z关键点的分析.

考虑题中$0<x<1$这个条件，进行端点联立，令$0=z,1=z,0=z-1,1=z-1$，解得z的关键点：0，1，2.

区间可分为四段：

① 若 $z<0$，由图(d)知 $x\in\varnothing$，此时 $F_Z(z)=0$；

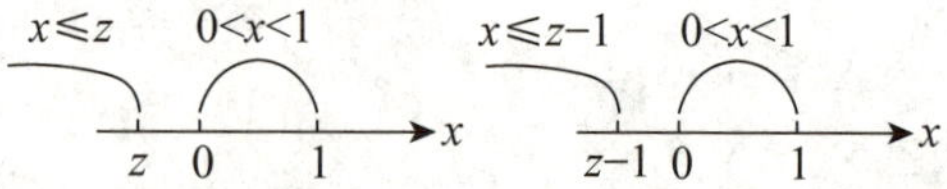

(d)

② 若 $0\leqslant z<1$，由图(e)知对于第一项，$0<x\leqslant z$ 符合题意，对于第二项，$x\in\varnothing$.

$$F_Z(z)=P\{Y<X,X\leqslant z\}=3\int_0^z \mathrm{d}x\int_{x^2}^{x}\mathrm{d}y=3\int_0^z (x-x^2)\mathrm{d}x$$

$$=3\left(\frac{x^2}{2}-\frac{x^3}{3}\right)\Big|_0^z=\frac{3}{2}z^2-z^3;$$

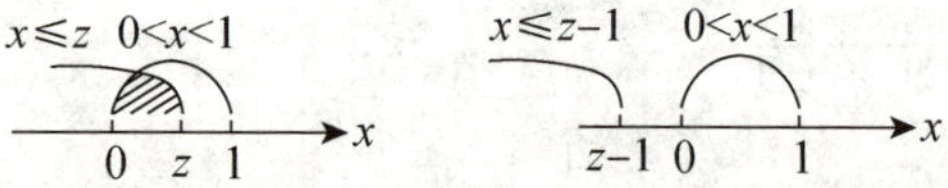

(e)

③ 若 $1\leqslant z<2$，由图(f)知对第一项，$0<x<1$，对第二项，$0<x\leqslant z-1$，则

$$F_Z(z)=P\{Y<X,0<x<1\}+P\{Y\leqslant X,0<x\leqslant z-1\}$$

$$=P\{Y<X\}+P\{Y\geqslant X,0<x\leqslant z-1\}$$

$$=\frac{1}{2}+3\int_0^{z-1}\mathrm{d}x\int_x^{\sqrt{x}}\mathrm{d}y$$

$$=\frac{1}{2}+3\int_0^{z-1}(x^{\frac{1}{2}}-x)\mathrm{d}x$$

$$=\frac{1}{2}+3\left(\frac{x^{\frac{3}{2}}}{\frac{3}{2}}-\frac{x^2}{2}\right)\Bigg|_0^{z-1}=\frac{1}{2}+2(z-1)^{\frac{3}{2}}-\frac{3}{2}(z-1)^2;$$

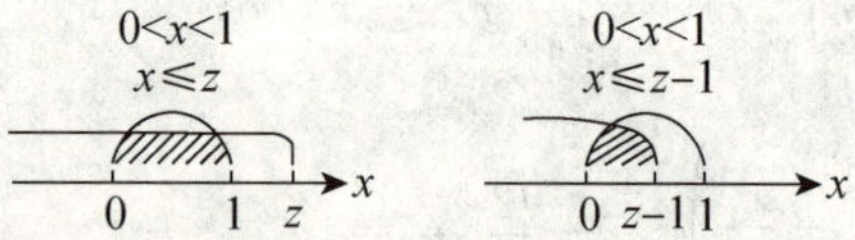

(f)

④ 若 $z\geqslant 2$，$F_Z(z)=P\{U+X\leqslant z\}=P\{\Omega\}=1$.

综上，$$F_Z(z)=\begin{cases}0, & z<0,\\ \frac{3}{2}z^2-z^3, & 0\leqslant z<1,\\ \frac{1}{2}+2(z-1)^{\frac{3}{2}}-\frac{3}{2}(z-1)^2, & 1\leqslant z<2,\\ 1, & z\geqslant 2.\end{cases}$$

【注】① 分析随机变量之间的独立性，常用的方法是：

（ⅰ）严格证明独立性，即 $P\{X \in I_1, Y \in I_2\} = P\{X \in I_1\}P\{Y \in I_2\}$ 在所有情况下均成立；

（ⅱ）举反例否定独立性，如本题所示. 一般而言，（ⅱ）比（ⅰ）更常用，因为两个随机变量之间，严格独立要求较高，一般不易达成.

② 混合型随机变量分布函数的求解中区间划分是重要技巧，要善于运用端点联立的方法（刚好遇见你）.

③ 本题中若使用全概率公式，即

$$F(z) = P\{X + U \leqslant z\} = P\{X = 0\}P\{U \leqslant z \mid X = 0\} + P\{X = 1\}P\{U \leqslant z - 1 \mid X = 1\}$$

是徒劳的. 因为 X 与 U 不独立，$P\{U \leqslant z \mid X = 0\}$ 不能直接求得.

例题32 设随机变量 X_1, X_2, X_3 相互独立，其中 X_1 与 X_2 均服从标准正态分布，X_3 的概率分布为 $P\{X_3 = 0\} = P\{X_3 = 1\} = \frac{1}{2}$，$Y = X_3X_1 + (1 - X_3)X_2$.

(1) 求二维随机变量 (X_1, Y) 的分布函数，结果用标准正态分布函数 $\Phi(x)$ 表示；

(2) 证明随机变量 Y 服从标准正态分布.

解析 (1) 设随机变量 (X_1, Y) 的分布函数为 $F(x, y)$，则由定义知

$$\begin{aligned} F(x,y) &= P\{X_1 \leqslant x, Y \leqslant y\} \\ &= P\{X_3 = 0, X_1 \leqslant x, Y \leqslant y\} + P\{X_3 = 1, X_1 \leqslant x, Y \leqslant y\}. \end{aligned}$$

根据题中条件得 $Y = X_3X_1 + (1 - X_3)X_2 = \begin{cases} X_2, & X_3 = 0, \\ X_1, & X_3 = 1, \end{cases}$ 则

$$\begin{aligned} F(x,y) &= P\{X_3 = 0, X_1 \leqslant x, X_2 \leqslant y\} + P\{X_3 = 1, X_1 \leqslant x, X_1 \leqslant y\} \\ &= \frac{1}{2}P\{X_1 \leqslant x, X_2 \leqslant y\} + \frac{1}{2}P\{X_1 \leqslant x, X_1 \leqslant y\}. \end{aligned}$$

根据 X_1, X_2 相互独立，则

$$\begin{aligned} F(x,y) &= \frac{1}{2}P\{X_1 \leqslant x\} \cdot P\{X_2 \leqslant y\} + \frac{1}{2}P\{X_1 \leqslant \min\{x, y\}\} \\ &= \frac{1}{2}\Phi(x)\Phi(y) + \frac{1}{2}\Phi(\min\{x, y\}). \end{aligned}$$

(2) 由边缘分布的定义可知：

$$F_Y(y) = F(+\infty, y) = \frac{1}{2}\Phi(y) + \frac{1}{2}\Phi(y) = \Phi(y).$$

故 $Y \sim N(0,1)$，即 Y 服从标准正态分布.

例题33 设随机变量 X 的概率分布为 $P\{X=1\}=P\{X=2\}=\frac{1}{2}$，在给定 $X=i$ 的条件下，随机变量 Y 服从均匀分布 $U(0,i)\ (i=1,2)$.

(1) 求随机变量 Y 的分布函数；

(2) 求随机变量 $Z=XY$ 的分布函数.

▶解析 (1) 由分布函数的定义可知，

$$\begin{aligned}F_Y(y)&=P\{Y\leqslant y\}\\&=P\{X=1,Y\leqslant y\}+P\{X=2,Y\leqslant y\}\\&=P\{X=1\}P\{Y\leqslant y\mid X=1\}+P\{X=2\}P\{Y\leqslant y\mid X=2\}\\&=\frac{1}{2}P\{Y\leqslant y\mid X=1\}+\frac{1}{2}P\{Y\leqslant y\mid X=2\}.\end{aligned}$$

由于当 $X=1$ 时，$Y\sim U(0,1)$；当 $X=2$ 时，$Y\sim U(0,2)$，可知 Y 的分布函数关键点为 $0,1,2$.

若 $y<0$，

$$F_Y(y)=\frac{1}{2}P\{Y\leqslant y\mid X=1\}+\frac{1}{2}P\{Y\leqslant y\mid X=2\}=P\{\varnothing\}=0;$$

若 $0\leqslant y<1$，

$$\begin{aligned}F_Y(y)&=\frac{1}{2}P\{Y\leqslant y\mid X=1\}+\frac{1}{2}P\{Y\leqslant y\mid X=2\}\\&=\frac{1}{2}\int_0^y 1\mathrm{d}u+\frac{1}{2}\int_0^y\frac{1}{2}\mathrm{d}u=\frac{3}{4}y;\end{aligned}$$

若 $1\leqslant y<2$，

$$\begin{aligned}F_Y(y)&=\frac{1}{2}P\{Y\leqslant y\mid X=1\}+\frac{1}{2}P\{Y\leqslant y\mid X=2\}\\&=\frac{1}{2}P\{\Omega\}+\frac{1}{2}\int_0^y\frac{1}{2}\mathrm{d}u=\frac{1}{2}+\frac{1}{4}y;\end{aligned}$$

若 $y\geqslant 2$，

$$\begin{aligned}F_Y(y)&=\frac{1}{2}P\{Y\leqslant y\mid X=1\}+\frac{1}{2}P\{Y\leqslant y\mid X=2\}\\&=P\{\Omega\}=1.\end{aligned}$$

综上，$F_Y(y)=\begin{cases}0, & y<0,\\ \dfrac{3y}{4}, & 0\leqslant y<1,\\ \dfrac{y+2}{4}, & 1\leqslant y<2,\\ 1, & y\geqslant 2.\end{cases}$

(2) 由分布函数的定义可知

$$\begin{aligned}F_Z(z)&=P\{XY\leqslant z\}=P\{X=1,Y\leqslant z\}+P\left\{X=2,Y\leqslant \frac{z}{2}\right\}\\&=P\{X=1\}P\{Y\leqslant z\mid X=1\}+P\{X=2\}P\left\{Y\leqslant \frac{z}{2}\middle|X=2\right\}\\&=\frac{1}{2}P\{Y\leqslant z\mid X=1\}+\frac{1}{2}P\left\{Y\leqslant \frac{z}{2}\middle|X=2\right\}.\end{aligned}$$

分别令 $z=0,z=1,\frac{z}{2}=0,\frac{z}{2}=2$ 可得 Z 的分布函数关键点为 $0,1,4$.

若 $z<0$,

$$F_Z(z)=\frac{1}{2}P\{Y\leqslant z\mid X=1\}+\frac{1}{2}P\left\{Y\leqslant \frac{z}{2}\middle|X=2\right\}=P\{\varnothing\}=0;$$

若 $0\leqslant z<1$,

$$\begin{aligned}F_Z(z)&=\frac{1}{2}P\{Y\leqslant z\mid X=1\}+\frac{1}{2}P\left\{Y\leqslant \frac{z}{2}\middle|X=2\right\}\\&=\frac{1}{2}\int_0^z 1\mathrm{d}u+\frac{1}{2}\int_0^{\frac{z}{2}}\frac{1}{2}\mathrm{d}u=\frac{z}{2}+\frac{z}{8}=\frac{5z}{8};\end{aligned}$$

若 $1\leqslant z<4$,

$$\begin{aligned}F_Z(z)&=\frac{1}{2}P\{Y\leqslant z\mid X=1\}+\frac{1}{2}P\left\{Y\leqslant \frac{z}{2}\middle|X=2\right\}\\&=\frac{1}{2}P\{\Omega\}+\frac{1}{2}\int_0^{\frac{z}{2}}\frac{1}{2}\mathrm{d}u=\frac{1}{2}+\frac{z}{8};\end{aligned}$$

若 $z\geqslant 4$,

$$\begin{aligned}F_Z(z)&=\frac{1}{2}P\{Y\leqslant z\mid X=1\}+\frac{1}{2}P\left\{Y\leqslant \frac{z}{2}\middle|X=2\right\}\\&=P\{\Omega\}=1.\end{aligned}$$

综上, $F_Z(z)=\begin{cases}0, & z<0,\\ \dfrac{5z}{8}, & 0\leqslant z<1,\\ \dfrac{z+4}{8}, & 1\leqslant z<4,\\ 1, & z\geqslant 4.\end{cases}$

题型八 max 型和 min 型随机变量的分布函数

解题思路归纳

若(X,Y)的联合分布函数为$F(x,y)$，定义$U=\max\{X,Y\}$，$V=\min\{X,Y\}$.

这里需要区分两种情况：

（ⅰ）若X,Y相互独立，U,V的分布函数直接降维成一维分布函数，

$$F_U(z)=P\{\max\{X,Y\}\leqslant z\}=P\{X\leqslant z,Y\leqslant z\}=F_X(z)F_Y(z);$$

$$\begin{aligned}F_V(z)&=P\{\min\{X,Y\}\leqslant z\}=P\{(X\leqslant z)\cup(Y\leqslant z)\}\\&=1-P\{\min\{X,Y\}>z\}\\&=1-P\{X>z,Y>z\}\\&=1-[1-F_X(z)][1-F_Y(z)].\end{aligned}$$

（ⅱ）若X,Y不相互独立，仍然需要从随机事件的角度进行分析，即

$$F_U(z)=P\{\max\{X,Y\}\leqslant z\}=P\{X\leqslant z,Y\leqslant z\};$$

$$F_V(z)=P\{\min\{X,Y\}\leqslant z\}=P\{(X\leqslant z)\cup(Y\leqslant z)\}.$$

例题34 假设随机变量X,Y具有相同的分布函数$F(x)$，$Z=X+Y$的分布函数为$G(z)$，则对任意的实数x，有（　　）.

(A)$G(2x)=2F(x)$　　　　(B)$G(2x)=[F(x)]^2$

(C)$G(2x)\leqslant 2F(x)$　　　　(D)$G(2x)\geqslant 2F(x)$

答案 (C)

解析 本题考查对 max 型，min 型随机变量的应用.

由定义$G(2x)=P\{X+Y\leqslant 2x\}$.

考虑到若$X+Y\leqslant 2x$，一定有$X\leqslant x$或$Y\leqslant x$，即事件

$$\{X+Y\leqslant 2x\}\subseteq\{X\leqslant x\cup Y\leqslant x\}.$$

$$\begin{aligned}G(2x)&\leqslant P\{X\leqslant x\cup Y\leqslant x\}\\&=P\{X\leqslant x\}+P\{Y\leqslant x\}-P\{X\leqslant x,Y\leqslant x\}\\&\leqslant P\{X\leqslant x\}+P\{Y\leqslant x\}\\&=2F(x),\end{aligned}$$

选(C).

例题35 设随机变量 X 与 Y 相互独立且均服从标准正态分布 $N(0,1)$，则(　　).

(A)$P\{X+Y\geqslant 0\}=\frac{1}{4}$　　(B)$P\{X-Y\geqslant 0\}=\frac{1}{4}$

(C)$P\{\min\{X,Y\}\geqslant 0\}=\frac{1}{4}$　　(D)$P\{\max\{X,Y\}\geqslant 0\}=\frac{1}{4}$

答案 (C)

解析 本题考查在 X,Y 相互独立条件下，对 max 型，min 型随机变量的应用.

由 $X\sim N(0,1),Y\sim N(0,1)$，且 X,Y 相互独立，则 $X\pm Y$ 均服从正态分布，且

$$E(X\pm Y)=E(X)\pm E(Y)=0,$$

$$D(X\pm Y)=D(X)+D(Y)=2,$$

即 $X+Y\sim N(0,2),X-Y\sim N(0,2)$，根据对称性可知

$$P\{X+Y\geqslant 0\}=P\{X-Y\geqslant 0\}=\frac{1}{2},$$

(A),(B) 错误.

对于(C)，

$$P\{\min\{X,Y\}\geqslant 0\}=P\{X\geqslant 0,Y\geqslant 0\}=P\{X\geqslant 0\}\cdot P\{Y\geqslant 0\}=\left(\frac{1}{2}\right)^2.$$

对于(D)，

$$\begin{aligned}P\{\max\{X,Y\}\geqslant 0\}&=1-P\{\max\{X,Y\}<0\}\\&=1-P\{X<0,Y<0\}\\&=1-P\{X<0\}P\{Y<0\}\\&=1-\left(\frac{1}{2}\right)^2=\frac{3}{4}.\end{aligned}$$

【注】对 max 型随机变量，分析 $P\{\max\{X,Y\}\leqslant z\}$ 相对于 $P\{\max\{X,Y\}>z\}$ 更容易；

对 min 型随机变量，分析 $P\{\min\{X,Y\}>z\}$ 相对于 $P\{\min\{X,Y\}<z\}$ 更容易.

例题36 已知随机变量 X 与 Y 都服从正态分布 $N(\mu,\sigma^2)$，如果 $P\{\max\{X,Y\}\geqslant\mu\}=a(0<a<1)$，则 $P\{\min\{X,Y\}\leqslant\mu\}=$________.

答案 a

解析 本题考查在 X,Y 不独立条件下对 max 型，min 型随机变量的理解.

$$P\{\max\{X,Y\}\geqslant\mu\}=1-P\{\max\{X,Y\}<\mu\}=1-P\{X<\mu,Y<\mu\}=a,$$

$$\begin{aligned}P\{\min\{X,Y\}\leqslant\mu\}&=P\{(X\leqslant\mu)\cup(Y\leqslant\mu)\}\\&=P\{X\leqslant\mu\}+P\{Y\leqslant\mu\}-P\{X\leqslant\mu,Y\leqslant\mu\}.\end{aligned}$$

由于 $X\sim N(\mu,\sigma^2)$，$Y\sim N(\mu,\sigma^2)$，则

$$P\{X\leqslant\mu\}+P\{Y\leqslant\mu\}=\frac{1}{2}+\frac{1}{2}=1.$$

故 $P\{\min\{X,Y\}\leqslant\mu\}=1-P\{X\leqslant\mu,Y\leqslant\mu\}=a.$

【注】① 由于 X,Y 是连续型随机变量，故

$$P\{X\leqslant\mu,Y\leqslant\mu\}=P\{X<\mu,Y<\mu\}.$$

② 在 X,Y 独立这个条件缺失的情况下，$\max\{X,Y\}$ 型，$\min\{X,Y\}$ 型随机变量需转化成随机事件的关系来进行分析.

例题37 假设随机变量 X 与 Y 相互独立且都服从参数为 λ 的指数分布，则下列随机变量中服从参数为 2λ 的指数分布的是(　　).

(A) $X+Y$　　(B) $X-Y$　　(C) $\max\{X,Y\}$　　(D) $\min\{X,Y\}$

答案 (D)

解析 本题可用服从指数分布的充要条件或必要条件来判断.

$$X\sim E(\lambda)\Leftrightarrow f(x)=\begin{cases}\lambda e^{-\lambda x}, & x>0,\\ 0, & x\leqslant 0\end{cases}\Leftrightarrow F(x)=\begin{cases}1-e^{-\lambda x}, & x\geqslant 0,\\ 0, & x<0\end{cases}$$

$$\Rightarrow E(X)=\frac{1}{\lambda},D(X)=\frac{1}{\lambda^2}.$$

由于

$$E(X+Y)=E(X)+E(Y)=\frac{2}{\lambda}\neq\frac{1}{2\lambda},E(X-Y)=E(X)-E(Y)=0\neq\frac{1}{2\lambda},$$

因此立即可以判断选项(A)，(B) 都不成立. 而当 X,Y 独立时，$\max\{X,Y\}$ 的分布函数为

$$F^2(x)\neq\begin{cases}1-e^{-2\lambda x}, & x\geqslant 0,\\ 0, & x<0,\end{cases}$$

(C) 也不成立. 所以选(D).

事实上，$\min\{X,Y\}$ 的分布函数可如下计算，

$$\begin{aligned}P\{\min\{X,Y\}\leqslant x\}&=1-P\{\min\{X,Y\}>x\}\\&=1-P\{X>x,Y>x\}=1-P\{X>x\}P\{Y>x\}\\&=1-[1-F(x)]^2=\begin{cases}1-e^{-2\lambda x}, & x\geqslant 0,\\ 0, & x<0,\end{cases}\end{aligned}$$

即 $\min\{X,Y\}\sim E(2\lambda)$.

例题38 设二维随机变量 (X,Y) 的概率密度为 $f(x,y)=\begin{cases}2xe^{-y}, & 0\leqslant x\leqslant 1,y\geqslant 0,\\ 0, & \text{其他}.\end{cases}$

求 $U=\max\{X,Y\}$ 与 $V=\min\{X,Y\}$ 的密度函数.

▶解析 **方法一：**首先由概率密度分区间计算 $F_U(u)$.

当 $u<0$ 时，$F_U(u)=0$；

当 $0\leqslant u<1$ 时，$F_U(u)=\iint\limits_{x\leqslant u,y\leqslant u} f(x,y)\,dx\,dy=\int_0^u dx\int_0^u 2x\,e^{-y}dy=u^2(1-e^{-u})$；

当 $u\geqslant 1$ 时，$F_U(u)=\iint\limits_{x\leqslant u,y\leqslant u} f(x,y)\,dx\,dy=\int_0^1 dx\int_0^u 2x\,e^{-y}dy=1-e^{-u}$.

综上可知，概率密度函数 $f_U(u)=F'_U(u)=\begin{cases}2u(1-e^{-u})+u^2e^{-u}, & 0<u<1,\\ e^{-u}, & u>1,\\ 0, & \text{其他}.\end{cases}$

又 $F_V(v)=P\{V\leqslant v\}=1-P\{V>v\}=1-P\{X>v,Y>v\}$.

当 $v<0$ 时，$F_V(v)=0$；

当 $v\geqslant 1$ 时，$F_V(v)=1$；

当 $0\leqslant v<1$ 时，

$$F_V(v)=1-\iint\limits_{x>v,y>v} f(x,y)\,dx\,dy=1-\int_v^1 dx\int_v^{+\infty} 2x\,e^{-y}dy=1-(1-v^2)e^{-v}.$$

综上可知，概率密度函数 $f_V(v)=F'_V(v)=\begin{cases}(1-v^2+2v)e^{-v}, & 0<v<1,\\ 0, & \text{其他}.\end{cases}$

方法二：观察可知 $f(x,y)\neq 0$ 的区域是矩形区域，且 $2x\,e^{-y}$ 可拆分为 $g(x)\cdot h(y)$ 形式，故 X,Y 相互独立且：

$$f_X(x)=\begin{cases}2x, & 0<x<1,\\ 0, & \text{其他},\end{cases}\qquad f_Y(y)=\begin{cases}e^{-y}, & y>0,\\ 0, & \text{其他}.\end{cases}$$

则
$$F_X(x)=\int_{-\infty}^x f_X(t)\,dt=\begin{cases}0, & x<0,\\ x^2, & 0\leqslant x<1,\\ 1, & x\geqslant 1.\end{cases}$$

$$F_Y(y)=\begin{cases}0, & y<0,\\ 1-e^{-y}, & y\geqslant 0.\end{cases}$$

由 X,Y 独立：

$$F_U(u)=F_X(u)F_Y(u)=\begin{cases}0, & u<0,\\ u^2(1-e^{-u}), & 0\leqslant u<1,\\ 1-e^{-u}, & u\geqslant 1.\end{cases}$$

$$F_V(v)=1-[1-F_X(v)][1-F_Y(v)]=\begin{cases}0, & v<0,\\ 1-(1-v^2)e^{-v}, & 0\leqslant v<1,\\ 1, & v\geqslant 1.\end{cases}$$

概率密度函数 $f_U(u)=F'_U(u)=\begin{cases}2u(1-e^{-u})+u^2e^{-u}, & 0<u<1,\\ e^{-u}, & u>1,\\ 0, & \text{其他}.\end{cases}$

$$f_V(v)=F'_V(v)=\begin{cases}(1-v^2+2v)e^{-v}, & 0<v<1,\\ 0, & \text{其他}.\end{cases}$$

第四章 随机变量的数字特征

题型一 期望与方差的一般计算

解题思路归纳

(1) 用期望和方差的性质进行化简.

随机变量	数学期望	方差
$X=c$	$E(c)=c$	$D(c)=0$
cX	$E(cX)=cE(X)$	$D(cX)=c^2D(X)$
$X+c$	$E(X+c)=E(X)+c$	$D(X+c)=D(X)$
$X\pm Y$	$E(X\pm Y)=E(X)\pm E(Y)$	$D(X\pm Y)=D(X)+D(Y)$ $\pm 2\mathrm{Cov}(X,Y)$
X,Y 相互独立	$E(XY)=E(X)E(Y)$	$D(X+Y)=D(X)+D(Y)$

(2) 用"调整法"将数字特征进行简化.

将大规模的数字特征问题转化为若干小规模的数字特征问题,将不常见的模型转化为常见的模型.这种思想类似于"曹冲称象"的思维,即先将大象的重量等同于石头的重量,再将大石头拆成若干小石块进行测量.

(3) 熟练使用常见分布的数字特征.

分布名称	符号	数学期望	方差
0-1分布	$B(1,p)$	p	$p(1-p)$
二项分布	$B(n,p)$	np	$np(1-p)$
泊松分布	$P(\lambda)$	λ	λ
几何分布	$G(p)$	$\frac{1}{p}$	$\frac{1-p}{p^2}$
超几何分布	$H(n,N,M)$	$\frac{nM}{N}$	$\frac{nM}{N}\left(1-\frac{M}{N}\right)\left(\frac{N-n}{N-1}\right)$
均匀分布	$U(a,b)$	$\frac{a+b}{2}$	$\frac{(b-a)^2}{12}$
指数分布	$E(\lambda)$	$\frac{1}{\lambda}$	$\frac{1}{\lambda^2}$
正态分布	$N(\mu,\sigma^2)$	μ	σ^2

例题1 设盒子中装有 m 个颜色各异的球，有放回地抽取 n 次，每次抽1个球．设 X 表示 n 次中抽到的球的颜色的种数，则 $E(X)=$________．

答案 $m\left[1-\left(1-\frac{1}{m}\right)^n\right]$

解析 本题考查对数学期望性质的理解．

若直接分析 X 的概率分布，过程非常烦琐，故采用拆分的思想来计算．

令

$$X_i=\begin{cases}1, & n\text{ 次中抽到过第 } i \text{ 种颜色的球},\\ 0, & \text{其他},\end{cases} \quad i=1,2,\cdots,m,$$

则

$$X=X_1+X_2+\cdots+X_m.$$

事件“$X_i=0$”表示 n 次中没有抽到第 i 种颜色的球，由于是有放回的抽取，n 次中各次抽取结果互不影响，因此有

$$P\{X_i=0\}=\left(1-\frac{1}{m}\right)^n, P\{X_i=1\}=1-\left(1-\frac{1}{m}\right)^n,$$

故 $E(X_i)=1-\left(1-\frac{1}{m}\right)^n$，于是

$$E(X)=E\left(\sum_{i=1}^{m}X_i\right)=\sum_{i=1}^{m}E(X_i)=m\left[1-\left(1-\frac{1}{m}\right)^n\right].$$

例题2 现有10张奖券，其中8张为2元，2张为5元，今某人从中随机地无放回地抽取5张，则此人抽得奖券的总额的数学期望为(　　)．

(A)6　　(B)12　　(C)13　　(D)9

答案 (C)

解析 本题考查对数学期望性质的理解．

同上题，若直接列举抽得奖券的总额 X 的分布律，计算相对烦琐，宜采用拆分的方法计算．

定义 X_i 为第 $i(i=1,2,\cdots,5)$ 次抽奖所得的金额，根据第一章所讲的抽签原理可知 $X_i(i=1,2,\cdots,5)$ 具有同分布的性质，则

$$P\{X_i=2\}=0.8, P\{X_i=5\}=0.2,$$

$$E(X_i)=2\times0.8+5\times0.2=2.6.$$

由于 $X=X_1+X_2+\cdots+X_5$，因此

$$E(X)=E(X_1)+E(X_2)+\cdots+E(X_5)=2.6\times5=13,$$

故选(C)．

例题3 已知编号为1，2，3，4的4个袋中各有3个白球，2个黑球．现从1，2，3袋中各取一

球放入第4号袋中，则4号袋中白球数X的期望$E(X)=$________；方差$D(X)=$________.

答案 $\frac{24}{5}$；$\frac{18}{25}$

解析 本题考查运用调整法计算离散型随机变量的数字特征.

若直接列举X的分布律，则计算过程比较复杂.

定义Y为放入第4袋中的白球数，由于各袋球数相同，每取一球相当于一次试验，各次试验中取到白球的概率$p=\frac{3}{5}$，则$Y\sim B\left(3,\frac{3}{5}\right)$. 根据常见分布的数字特征，若$Y\sim B(n,p)$，则$E(Y)=np$，$D(Y)=np(1-p)$.

考虑到$X=3+Y$，则

$$E(X)=3+E(Y)=3+3\times\frac{3}{5}=\frac{24}{5},D(X)=D(Y)=3\times\frac{3}{5}\times\frac{2}{5}=\frac{18}{25}.$$

例题4 设随机变量X只取非负整数值，且其分布律为$P\{X=k\}=\frac{a^k}{(1+a)^{k+1}}$，$a>0$，则$E(X)$和$D(X)$分别为（　　）.

(A)$a,a(1+a)$　　(B)a,a^2

(C)$1+a,a(1+a)$　　(D)a^2,a

答案 (A)

解析 本题考查运用调整法计算离散型随机变量的期望和方差.

若本题直接用级数求和的方法计算$E(X)$，$D(X)$，则求解过程较为烦琐.

观察$P\{X=k\}=\left(\frac{a}{1+a}\right)^k\left(\frac{1}{1+a}\right)$，$k=0,1,2,\cdots$，该分布律形似于几何分布的分布律，运用调整法，令$Y=X+1$，则

$$P\{Y=k\}=P\{X=k-1\}=\left(\frac{a}{1+a}\right)^{k-1}\left(\frac{1}{1+a}\right),k=1,2,\cdots,$$

即Y服从参数为$\frac{1}{1+a}$的几何分布，此时

$$E(X)=E(Y-1)=E(Y)-1=\frac{1}{\frac{1}{1+a}}-1=a,$$

$$D(X)=D(Y-1)=D(Y)=\frac{1-\frac{1}{1+a}}{\left(\frac{1}{1+a}\right)^2}=a(1+a).$$

例题5 设随机变量 X 的概率密度为 $f(x)=\begin{cases}2^{-x}\ln 2, & x>0,\\ 0, & x\leqslant 0.\end{cases}$ 对 X 进行独立重复的观测，直到出现 2 个大于 3 的观测值停止. 记 Y 为观测次数.

(1) 求 Y 的概率分布；

(2) 求 $E(Y)$.

解析 本题考查运用调整法计算离散型随机变量的数字特征.

(1) $P\{X>3\}=\int_3^{+\infty}2^{-x}\ln 2\mathrm{d}x=-2^{-x}\Big|_3^{+\infty}=\frac{1}{8}$.

根据题中定义知 $Y\geqslant 2$，令 $p=\frac{1}{8}$，则

$$\begin{aligned}P\{Y=k\}&=C_{k-1}^1p(1-p)^{k-1-1}\cdot p\\&=(k-1)p^2(1-p)^{k-2}(k=2,3,\cdots).\end{aligned}$$

(2) 根据数学期望的定义，有

$$\begin{aligned}E(Y)&=\sum_{k=2}^{\infty}k\cdot P\{Y=k\}\\&=\sum_{k=2}^{\infty}k(k-1)p^2(1-p)^{k-2}.\end{aligned}$$

下面用两种方法来计算.

方法一：直接法.

由于

$$\begin{aligned}\sum_{k=2}^{\infty}k(k-1)x^{k-2}&\xlongequal{|x|<1}\left(\sum_{k=2}^{\infty}x^k\right)''=\left(\frac{x^2}{1-x}\right)''\\&=\left(-x-1+\frac{1}{1-x}\right)''=\frac{2}{(1-x)^3},\end{aligned}$$

则

$$\begin{aligned}E(Y)&=p^2\sum_{k=2}^{\infty}k(k-1)x^{k-2}\Big|_{x=1-p}\\&=p^2\cdot\frac{2}{[1-(1-p)]^3}=\frac{2}{p}=16.\end{aligned}$$

方法二：调整法.

$$E(Y)=\sum_{k=2}^{\infty}k(k-1)p^2(1-p)^{k-2}.$$

令 $k-1=t$，则

$$E(Y)=\left[\sum_{t=1}^{\infty}(t+1)tp(1-p)^{t-1}\right]p,t=1,2,\cdots,$$

其中 $p(1-p)^{t-1}(t=1,2,\cdots)$ 可视作参数为 p 的几何分布的分布律，则

$$E(Y)=p\cdot\sum_{t=1}^{\infty}(t^2+t)p(1-p)^{t-1}=pE(t^2+t)$$

$$=p\{[E(t)]^2+D(t)+E(t)\}=p\left[\left(\frac{1}{p}\right)^2+\frac{1-p}{p^2}+\frac{1}{p}\right]$$

$$=p\cdot\frac{2}{p^2}=\frac{2}{p}=16.$$

例题6 设随机变量 X 的分布函数为 $F(x)=0.2\Phi(x)+0.8\Phi\left(\frac{x-4}{2}\right)$，其中 $\Phi(x)$ 为标准正态分布的分布函数，则 $D(X)=(\quad)$.

(A)5.49　　(B)5.96　　(C)5.31　　(D)1

答案 (B)

解析 本题考查运用调整法计算正态分布的数字特征.

本题中 X 不服从正态分布，只能用定义来计算.

$$\Phi(x)=\int_{-\infty}^{x}\varphi(t)\mathrm{d}t，其中\ \varphi(t)=\frac{1}{\sqrt{2\pi}}\mathrm{e}^{-\frac{t^2}{2}}，-\infty<t<+\infty.$$

$$f(x)=F'(x)=0.2\varphi(x)+0.8\varphi\left(\frac{x-4}{2}\right)\cdot\frac{1}{2},$$

$$E(X)=\int_{-\infty}^{+\infty}xf(x)\mathrm{d}x=0.2\int_{-\infty}^{+\infty}x\varphi(x)\mathrm{d}x+0.4\int_{-\infty}^{+\infty}x\varphi\left(\frac{x-4}{2}\right)\mathrm{d}x, \qquad ①$$

其中 $\int_{-\infty}^{+\infty}x\varphi(x)\mathrm{d}x$ 可视作 $X\sim N(0,1)$ 条件下的数学期望，数值为 0.

$$\int_{-\infty}^{+\infty}x\varphi\left(\frac{x-4}{2}\right)\mathrm{d}x\xlongequal{\frac{x-4}{2}=t}\int_{-\infty}^{+\infty}(2t+4)\varphi(t)\mathrm{d}(2t+4)$$

$$=\int_{-\infty}^{+\infty}(4t+8)\varphi(t)\mathrm{d}t.$$

考虑 $\varphi(t)$ 是 $N(0,1)$ 的概率密度，上式可视作 $t\sim N(0,1)$ 条件下 $4t+8$ 的数学期望，即

$$\int_{-\infty}^{+\infty}(4t+8)\varphi(t)\mathrm{d}t=E(4t+8)=4E(t)+8=8,$$

代入 ① 式可知

$$E(X)=0.4\times 8=3.2.$$

$$E(X^2)=\int_{-\infty}^{+\infty}x^2f(x)\mathrm{d}x$$

$$=0.2\int_{-\infty}^{+\infty}x^2\varphi(x)\mathrm{d}x+0.4\int_{-\infty}^{+\infty}x^2\varphi\left(\frac{x-4}{2}\right)\mathrm{d}x, \qquad ②$$

其中$\int_{-\infty}^{+\infty} x^2\varphi(x)\mathrm{d}x$ 可视作$X\sim N(0,1)$条件下X^2的数学期望，则

$$\int_{-\infty}^{+\infty} x^2\varphi(x)\mathrm{d}x = 0^2+1=1.$$

$$\int_{-\infty}^{+\infty} x^2\varphi\left(\frac{x-4}{2}\right)\mathrm{d}x \xlongequal{\frac{x-4}{2}=t} \int_{-\infty}^{+\infty}(2t+4)^2\varphi(t)\mathrm{d}(2t+4)$$

$$=\int_{-\infty}^{+\infty} 2(2t+4)^2\varphi(t)\mathrm{d}t.$$

考虑$\varphi(t)$是$N(0,1)$的概率密度，上式可视作$t\sim N(0,1)$条件下$2(2t+4)^2$的数学期望，即

$$\begin{aligned}\int_{-\infty}^{+\infty} 2(2t+4)^2\varphi(t)\mathrm{d}t &= 2E(2t+4)^2\\ &=2\left\{[E(2t+4)]^2+D(2t+4)\right\}\\ &=2\left\{[2E(t)+4]^2+4D(t)\right\}\\ &=2(4^2+4)=40,\end{aligned}$$

代入②式，得$E(X^2)=0.2+0.4\times 40=16.2$.

综上，$D(X)=E(X^2)-[E(X)]^2=16.2-(3.2)^2=5.96$.

【注】本题中由于直接计算$E(X)$,$E(X^2)$比较困难，因而采用调整法，将$E(X)$，$E(X^2)$折成几个计算规模较小的积分，进而运用调整法将不常见的数字特征转化为常见分布的期望与方差，起到"曹冲称象"的效果.

例题7 设随机变量X服从标准正态分布$N(0,1)$，定义$Y=X\mathrm{e}^{2X}$，则$E(Y)=$________；$D(Y)=$________.

答案 $2\mathrm{e}^2$；$17\mathrm{e}^8-4\mathrm{e}^4$

解析 本题考查运用调整法计算期望和方差.

由定义可知

$$\begin{aligned}E(Y)&=\int_{-\infty}^{+\infty} x\mathrm{e}^{2x}\cdot\frac{1}{\sqrt{2\pi}}\mathrm{e}^{-\frac{x^2}{2}}\mathrm{d}x\\ &=\mathrm{e}^2\int_{-\infty}^{+\infty} x\cdot\frac{1}{\sqrt{2\pi}}\mathrm{e}^{-\frac{x^2-4x+4}{2}}\mathrm{d}x\\ &=\mathrm{e}^2\int_{-\infty}^{+\infty} x\cdot\underbrace{\frac{1}{\sqrt{2\pi}}\mathrm{e}^{-\frac{(x-2)^2}{2}}}_{N(2,1)}\mathrm{d}x,\end{aligned}$$

其中$\frac{1}{\sqrt{2\pi}}e^{-\frac{(x-2)^2}{2}}$可视作 $X \sim N(2,1)$ 条件下的概率密度，则

$$\int_{-\infty}^{+\infty} x \cdot \frac{1}{\sqrt{2\pi}} e^{-\frac{(x-2)^2}{2}} dx \xlongequal{X \sim N(2,1)\text{ 条件下的期望}} 2,$$

故 $E(Y)=2e^2$.

$$E(Y^2)=\int_{-\infty}^{+\infty} x^2 e^{4x} \frac{1}{\sqrt{2\pi}} e^{-\frac{x^2}{2}} dx$$

$$=e^8\int_{-\infty}^{+\infty} x^2 \cdot \frac{1}{\sqrt{2\pi}} e^{-\frac{x^2-8x+16}{2}} dx$$

$$=e^8\int_{-\infty}^{+\infty} x^2 \cdot \underbrace{\frac{1}{\sqrt{2\pi}} e^{-\frac{(x-4)^2}{2}}}_{N(4,1)} dx,$$

故 $$\int_{-\infty}^{+\infty} x^2 \frac{1}{\sqrt{2\pi}} e^{-\frac{(x-4)^2}{2}} dx \xlongequal{X \sim N(4,1)\text{ 条件下 } X^2\text{ 的期望}} 4^2+1=17,$$

故 $E(Y^2)=17e^8, D(Y)=E(Y^2)-[E(Y)]^2=17e^8-4e^4$.

例题8 已知随机变量 X_1,X_2,X_3 方差存在且不为零，则下列结论不正确的是(　　).

(A) 若 X_1 与 X_2 不相关，则 $D(X_1+X_2)=D(X_1)+D(X_2)$

(B) 若 $D(X_1+X_2)=D(X_1)+D(X_2)$，则 X_1 与 X_2 不相关

(C) 若 X_1,X_2,X_3 两两不相关，则 $D(X_1+X_2+X_3)=D(X_1)+D(X_2)+D(X_3)$

(D) 若 $D(X_1+X_2+X_3)=D(X_1)+D(X_2)+D(X_3)$，则 X_1,X_2,X_3 两两不相关

答案 (D)

解析 本题考查对方差性质的理解.

由于 $D(X_1+X_2)=D(X_1)+D(X_2)+2\mathrm{Cov}(X_1,X_2)$，故

$$D(X_1+X_2)=D(X_1)+D(X_2) \Leftrightarrow \mathrm{Cov}(X_1,X_2)=0 \Leftrightarrow X_1 \text{ 与 } X_2 \text{ 不相关},$$

选项(A),(B) 正确.

根据方差的性质，可知

$$D(X_1+X_2+X_3)=D(X_1)+D(X_2)+D(X_3)+2\mathrm{Cov}(X_1,X_2)+2\mathrm{Cov}(X_1,X_3)+2\mathrm{Cov}(X_2,X_3),$$

故

$$\mathrm{Cov}(X_1,X_2)=\mathrm{Cov}(X_1,X_3)=\mathrm{Cov}(X_2,X_3)=0 \Rightarrow D(X_1+X_2+X_3)=D(X_1)+D(X_2)+D(X_3),$$

所以选项(C) 正确.

而选项(D) 未必成立. 事实上，若取 $X_1=X_2=X \sim N(0,1)$，$X_3=-\frac{1}{2}X$，则

$$\mathrm{Cov}(X_1,X_2)+\mathrm{Cov}(X_1,X_3)+\mathrm{Cov}(X_2,X_3)=D(X)-\frac{1}{2}D(X)-\frac{1}{2}D(X)=0,$$

但 $\mathrm{Cov}(X_1,X_2)=\mathrm{Cov}(X,X)=D(X)\neq 0$，$X_1,X_2,X_3$ 两两不相关不成立.

例题9 已知随机变量 X_1,X_2,X_3 相互独立且都服从正态分布 $N(0,\sigma^2)$，如果随机变量 $Y=X_1X_2X_3$ 的方差 $D(Y)=\frac{1}{64}$，则 $\sigma=$________.

答案 $\frac{1}{2}$

解析 本题考查对方差的概念和性质的理解.

根据方差的定义，有

$$\begin{aligned}D(Y)=D(X_1X_2X_3)&=E[(X_1X_2X_3)^2]-[E(X_1X_2X_3)]^2\\&=E(X_1^2X_2^2X_3^2)-[E(X_1)E(X_2)E(X_3)]^2.\end{aligned}$$

由于 X_1,X_2,X_3 相互独立，所以 X_1^2,X_2^2,X_3^2 相互独立. 又 $E(X_i)=0$，且

$$E(X_i^2)=[E(X_i)]^2+D(X_i)=\sigma^2,$$

故 $D(Y)=E(X_1^2)E(X_2^2)E(X_3^2)=(\sigma^2)^3=\frac{1}{64}$，解得 $\sigma^2=\frac{1}{4}$，即 $\sigma=\frac{1}{2}$（σ 为标准差，大于 0）.

【注】 设 X 与 Y 独立，则 $E(XY)=E(X)E(Y)$，而 $D(XY)\neq D(X)D(Y)$，需要通过 $D(XY)=E[(XY)^2]-[E(XY)]^2=E(X^2Y^2)-[E(X)E(Y)]^2=E(X^2)E(Y^2)-[E(X)]^2[E(Y)]^2$ 来计算.

例题10 设随机变量 X 与 Y 相互独立，且 $X\sim N(1,\sigma^2)$，$Y\sim N(1,4)$，已知 $D(XY)=14$，则 $P\{X+Y<3\}=$（　　）.

(A) $\Phi\left(\frac{1}{2}\right)$　　(B) $\Phi\left(\frac{1}{\sqrt{2}}\right)$　　(C) $\Phi\left(\frac{1}{\sqrt{6}}\right)$　　(D) $\Phi\left(\frac{1}{3}\right)$

答案 (C)

解析 本题考查对方差概念的理解，考查对正态分布性质的运用.

由方差的定义，有

$$D(XY)=E[(XY)^2]-[E(XY)]^2, \qquad ①$$

由于 X,Y 相互独立，有 $E(XY)=E(X)E(Y)=1$.

$$\begin{aligned}E[(XY)^2]=E(X^2Y^2)&=[E(X^2)][E(Y^2)]\\&=\{[E(X)]^2+D(X)\}\{[E(Y)]^2+D(Y)\} \qquad ②\\&=(1+\sigma^2)\times 5.\end{aligned}$$

② 代入 ① 得 $D(XY)=5(1+\sigma^2)-1=14$，解得 $\sigma^2=2$.

故 $X\sim N(1,2)$，$Y\sim N(1,4)$，且 X,Y 相互独立，则 $X+Y$ 服从正态分布.

由 $E(X+Y)=E(X)+E(Y)=2, D(X+Y)=D(X)+D(Y)=6$，即 $X+Y\sim N(2,6)$. 故

$$P\{X+Y<3\}=P\left\{\frac{X+Y-2}{\sqrt{6}}<\frac{1}{\sqrt{6}}\right\}=\Phi\left(\frac{1}{\sqrt{6}}\right).$$

选(C).

【注】考试中遇到非常规结构的期望及方差的计算，应优先运用定义来化简.

例题11 设随机变量 $X\sim U(0,3)$，随机变量 Y 服从参数为 2 的泊松分布，且 $\mathrm{Cov}(X,Y)=-1$，则 $D(2X-Y+1)=$(　　).

(A)1　　(B)5　　(C)9　　(D)10

答案 (C)

解析 本题考查对方差概念和性质的理解.

根据方差的性质，有

$$\begin{aligned}D(2X-Y+1)&=D(2X-Y)\\&=D(2X)+D(Y)-2\mathrm{Cov}(2X,Y)\\&=4D(X)+D(Y)-4\mathrm{Cov}(X,Y)\\&=4\times\frac{3^2}{12}+2-4\times(-1)\\&=9.\end{aligned}$$

选(C).

【注】$E(X+Y)=E(X)+E(Y)$ 恒成立，但由于

$$D(X+Y)=D(X)+D(Y)+2\mathrm{Cov}(X,Y),$$

因而 $D(X+Y)=D(X)+D(Y)$ 仅在 $\mathrm{Cov}(X,Y)=0$ 时成立.

例题12 设随机变量 X 的数学期望为 μ，方差为 $\sigma^2(\sigma>0)$，则对任意常数 C，必有(　　).

(A) $E[(X+C)^2]=E(X^2)+C^2$　　(B) $E[(X+C)^2]>E[(X-\mu)^2]$

(C) $E[(X+C)^2]<E[(X-\mu)^2]$　　(D) $E[(X+C)^2]\geqslant E[(X-\mu)^2]$

答案 (D)

解析 本题考查对期望和方差性质的理解.

根据数学期望的性质，有

$$\begin{aligned}E[(X+C)^2]&=[E(X+C)]^2+D(X+C)\\&=[E(X)+C]^2+D(X)\\&=(\mu+C)^2+\sigma^2.\end{aligned}$$

对于(A)，$E(X^2)+C^2=[E(X)]^2+D(X)+C^2=\mu^2+\sigma^2+C^2\neq E[(X+C)^2]$，排除(A).

由于 $E[(X-\mu)^2]=E[X-E(X)]^2=D(X)=\sigma^2$，故 $E[(X+C)^2]=(\mu+C)^2+\sigma^2\geqslant\sigma^2$，(B)，(C) 都不成立，选(D).

题型二　绝对值型期望与方差的计算

解题思路归纳

(1) 根据绝对值的概念去除绝对值符号，转化为常规数字特征的计算.

(2) 充分运用奇偶性，化简含绝对值型的积分.

例题13 设 X 服从参数为 1 的泊松分布，则 $E\mid X-E(X)\mid=$(　　).

(A) $\frac{1}{\mathrm{e}}$　　(B) $\frac{1}{2}$　　(C) $\frac{2}{\mathrm{e}}$　　(D)1

答案 (C)

解析 本题考查绝对值型随机变量期望的计算.

由于 $X\sim P(\lambda)$，则 $E(X)=\lambda$，且 $P\{X=k\}=\frac{\lambda^k}{k!}\mathrm{e}^{-\lambda}(k=0,1,2,\cdots)$.

本题中 $E(X)=1$，则

$$\begin{aligned}E\mid X-E(X)\mid=E\mid X-1\mid&=\sum_{k=0}^{\infty}\mid k-1\mid\cdot\frac{\lambda^k}{k!}\mathrm{e}^{-\lambda}\\&=\mid-1\mid\frac{\lambda^0}{0!}\mathrm{e}^{-\lambda}+\sum_{k=1}^{\infty}(k-1)\frac{\lambda^k}{k!}\mathrm{e}^{-\lambda}\\&=\mathrm{e}^{-\lambda}+\sum_{k=1}^{\infty}(k-1)\frac{\lambda^k}{k!}\mathrm{e}^{-\lambda}.\end{aligned}\qquad ①$$

若用级数直接求解 $\sum_{k=1}^{\infty}(k-1)\frac{\lambda^k}{k!}\mathrm{e}^{-\lambda}$ 较烦琐，故用调整法计算，如下.

$$\begin{aligned}\sum_{k=1}^{\infty}(k-1)\frac{\lambda^k}{k!}\mathrm{e}^{-\lambda}&=\sum_{k=0}^{\infty}(k-1)\frac{\lambda^k}{k!}\mathrm{e}^{-\lambda}-(-1)\frac{\lambda^0}{0!}\mathrm{e}^{-\lambda}\\&=\mathrm{e}^{-\lambda}+\sum_{k=0}^{\infty}(k-1)\underbrace{\frac{\lambda^k}{k!}\mathrm{e}^{-\lambda}}_{P(\lambda)},\end{aligned}$$

其中 $\frac{\lambda^k}{k!}\mathrm{e}^{-\lambda}(k=0,1,2,\cdots)$ 刚好是 $X\sim P(\lambda)$ 的分布律，故 $\sum_{k=0}^{\infty}(k-1)\frac{\lambda^k}{k!}\mathrm{e}^{-\lambda}$ 可视作 $X\sim$

$P(\lambda)$ 条件下，$X-1$ 的数学期望，此时

$$E(X-1)=E(X)-1=\lambda-1,$$

故

$$\sum_{k=1}^{\infty}(k-1)\frac{\lambda^k}{k!}e^{-\lambda}=\lambda-1+e^{-\lambda}, \quad ②$$

② 式代入 ① 式，得 $E|X-E(X)|=\lambda-1+2e^{-\lambda}\xlongequal{\lambda=1}2e^{-1}$.

选(C).

例题14 设 X_1,X_2 为取自总体 $N(\mu,\sigma^2)$ 的简单随机样本，$\sigma>0$ 未知，若 $\hat{\sigma}=\{a\mid x_1-x_2\mid\}$，且 $E(\hat{\sigma})=\sigma$，则 $a=($　　$)$.

(A) $\frac{\sqrt{\pi}}{2}$　　(B) $\frac{\sqrt{2\pi}}{2}$　　(C) $\sqrt{\pi}$　　(D) $\sqrt{2\pi}$

答案 (A)

解析 本题考查绝对值型随机变量期望的计算.

本题若直接用定义计算 $E(\hat{\sigma})=\int_{-\infty}^{+\infty}dx_1\int_{-\infty}^{+\infty}a\mid x_1-x_2\mid f(x_1,x_2)dx_2$，过程比较烦琐.

由于 X_1,X_2 相互独立，故 X_1-X_2 服从正态分布，且

$$E(X_1-X_2)=E(X_1)-E(X_2)=\mu-\mu=0,$$

$$D(X_1-X_2)=D(X_1)+D(X_2)=2\sigma^2,$$

则 $X_1-X_2\sim N(0,2\sigma^2)$，$\frac{X_1-X_2-0}{\sqrt{2\sigma^2}}=t\sim N(0,1)$，故

$$\begin{aligned}E(\hat{\sigma})&=E\{a\mid x_1-x_2\mid\}=E(a\sqrt{2\sigma^2}\mid t\mid)\\&=a\sqrt{2\sigma^2}\int_{-\infty}^{+\infty}\mid t\mid\cdot\frac{1}{\sqrt{2\pi}}e^{-\frac{t^2}{2}}dt\text{（被积函数为偶函数）}\\&=a\frac{\sqrt{2\sigma^2}}{\sqrt{2\pi}}\cdot 2\int_0^{+\infty}te^{-\frac{t^2}{2}}dt\\&=a\frac{\sigma}{\sqrt{\pi}}\cdot 2\left(-e^{-\frac{t^2}{2}}\right)\Big|_0^{+\infty}=\frac{2\sigma}{\sqrt{\pi}}\cdot a.\end{aligned}$$

由 $E(\hat{\sigma})=\frac{2\sigma}{\sqrt{\pi}}a=\sigma$，解得 $a=\frac{\sqrt{\pi}}{2}$.

例题15 设随机变量 X 在 $[-a,a]$ 上服从均匀分布，且 $a>1$.

(1) 求 $E(\min\{|X|,1\})$；

(2) 求 $E(\max\{|X|,1\})$.

解析 本题考查绝对值型随机变量期望的计算.

由题意得，$X\sim U(-a,a)$，$f(x)=\begin{cases}\dfrac{1}{2a}, & x\in[-a,a],\\ 0, & \text{其他}.\end{cases}$

(1)
$$\min\{|X|,1\}=\begin{cases}|x|, & |x|<1,\\ 1, & |x|\geqslant 1.\end{cases}$$

$$E(\min\{|X|,1\})=\int_{-\infty}^{+\infty}\min\{|x|,1\}f(x)\mathrm{d}x=\int_{-a}^{a}\min\{|x|,1\}f(x)\mathrm{d}x$$
$$=2\int_{0}^{a}\min\{|x|,1\}f(x)\mathrm{d}x=2\left(\int_{0}^{1}\frac{x}{2a}\mathrm{d}x+\int_{1}^{a}\frac{1}{2a}\mathrm{d}x\right)=1-\frac{1}{2a}.$$

(2)
$$\max\{|X|,1\}=\begin{cases}1, & |x|<1,\\ |x|, & |x|\geqslant 1.\end{cases}$$

$$E(\max\{|X|,1\})=\int_{-\infty}^{+\infty}\max\{|x|,1\}f(x)\mathrm{d}x=\int_{-a}^{a}\max\{|x|,1\}f(x)\mathrm{d}x$$
$$=2\int_{0}^{a}\max\{|x|,1\}f(x)\mathrm{d}x=2\left(\int_{0}^{1}\frac{1}{2a}\mathrm{d}x+\int_{1}^{a}\frac{x}{2a}\mathrm{d}x\right)=\frac{1}{2a}+\frac{a}{2}.$$

【注】本题中 $f(x)$，$\min\{|x|,1\}$，$\max\{|x|,1\}$ 均为偶函数，故充分运用奇偶性简化计算.

题型三　运用降维法计算期望与方差

解题思路归纳

求解 $Z=g(X,Y)$ 型期望与方差，若用定义直接计算 $E(Z)=\iint\limits_D f(x,y)g(x,y)\mathrm{d}\sigma$ 以及 $E(Z^2)=\iint\limits_D f(x,y)g^2(x,y)\mathrm{d}\sigma$，往往需要计算复杂的二重积分.

此时更简便的解法是先求 $Z=g(X,Y)$ 的分布函数，再求解 Z 的概率密度，最后计算 Z 的期望与方差，此时只需计算简单的一重积分.

例题16 设随机变量 X 和 Y 的联合分布在以点 $(2,0)$，$(0,1)$，$(2,1)$ 为顶点的三角形区域上服从均匀分布，求随机变量 $Z=X+Y$ 的方差.

▶解析 本题考查运用降维法计算随机变量的期望和方差.

若直接计算
$$D(Z)=D(X+Y)=D(X)+D(Y)+2\mathrm{Cov}(X,Y),$$

计算过程较烦琐.本题直接用卷积分公式求 $Z=X+Y$ 的概率密度.

三角形区域如图所示,由题意得,其面积 $S=\frac{1}{2}\times 1\times 2=1$,则

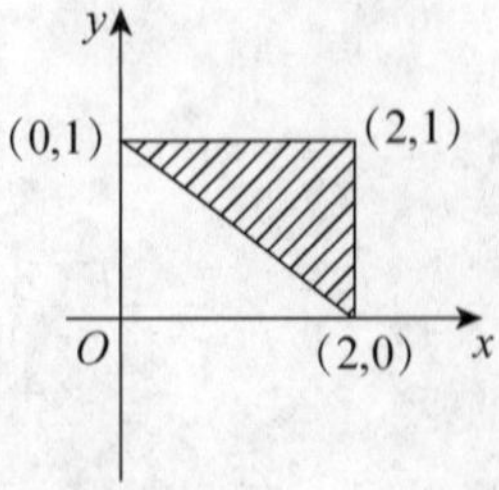

$$f(x,y)=\begin{cases}\frac{1}{S}=1, & 0<x<2,1-\frac{x}{2}<y<1,\\ 0, & \text{其他}.\end{cases}$$

由 $Z=X+Y$,解得 $Y=Z-X$,则

$$\begin{aligned}f_Z(z)&=\int_{-\infty}^{+\infty}f(x,z-x)\left|\frac{\partial(z-x)}{\partial z}\right|\mathrm{d}x\\&=\int_{-\infty}^{+\infty}f(x,z-x)\mathrm{d}x.\end{aligned}$$

由 $\begin{cases}0<x<2,\\ 1-\frac{x}{2}<y=z-x<1,\end{cases}$ 得 $\begin{cases}0<x<2,\\ z-1<x<2(z-1).\end{cases}$

分别由 $z-1=0,2(z-1)=0,z-1=2,2(z-1)=2$,解得 z 的关键点为 1,2,3.

① 若 $z<1$,$z-1<x<2(z-1)$ 无解,$f_Z(z)=0$;

② 若 $1<z<2$,

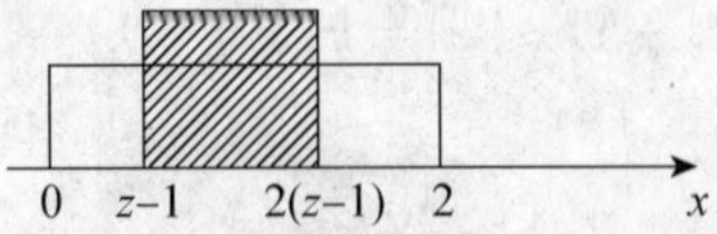

由图知 $z-1<x<2(z-1)$,$f_Z(z)=\int_{z-1}^{2(z-1)}\mathrm{d}x=z-1$;

③ 若 $2<z<3$,

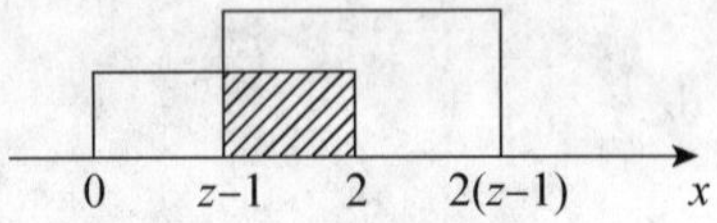

由图知 $z-1<x<2$,$f_Z(z)=\int_{z-1}^{2}\mathrm{d}x=3-z$;

④ 若 $z>3$,

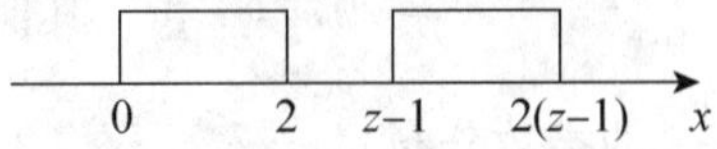

由图知,x 无解,$f_Z(z)=0$.

综上,$f_Z(z)=\begin{cases}z-1, & 1<z<2,\\ 3-z, & 2<z<3,\\ 0, & \text{其他},\end{cases}$ 故

$$E(Z)=\int_{-\infty}^{+\infty}zf(z)\mathrm{d}z=\int_1^2 z(z-1)\mathrm{d}z+\int_2^3 z(3-z)\mathrm{d}z$$
$$=\left(\frac{z^3}{3}-\frac{z^2}{2}\right)\Big|_1^2+\left(\frac{3}{2}z^2-\frac{z^3}{3}\right)\Big|_2^3=2.$$
$$E(Z^2)=\int_{-\infty}^{+\infty}z^2f(z)\mathrm{d}z=\int_1^2 z^2(z-1)\mathrm{d}z+\int_2^3 z^2(3-z)\mathrm{d}z$$
$$=\left(\frac{z^4}{4}-\frac{z^3}{3}\right)\Big|_1^2+\left(z^3-\frac{z^4}{4}\right)\Big|_2^3=\frac{25}{6}.$$

则 $D(Z)=E(Z^2)-[E(Z)]^2=\frac{25}{6}-4=\frac{1}{6}.$

例题17 设二维随机变量 (X,Y) 的联合概率密度为 $f(x,y)=\frac{1}{2\pi\sigma^2}\mathrm{e}^{-\frac{x^2+y^2}{2\sigma^2}}$ $(-\infty<x,y<+\infty)$,记 $Z=X^2+Y^2$.

(1) 求 Z 的概率密度;

(2) 求 $E(Z),D(Z)$.

解析 本题考查运用降维法计算复杂随机变量的期望和方差.

(1) 根据 $Z=X^2+Y^2$ 可知 Z 的关键点是 0,下面分区间计算分布函数.

当 $z<0$ 时,$F(z)=P\{X^2+Y^2\leqslant z\}=P\{\varnothing\}=0.$

当 $z\geqslant 0$ 时,

$$F(z)=P\{Z\leqslant z\}=P\{X^2+Y^2\leqslant z\}$$
$$=\iint\limits_{x^2+y^2\leqslant z}\frac{1}{2\pi\sigma^2}\mathrm{e}^{-\frac{x^2+y^2}{2\sigma^2}}\mathrm{d}x\,\mathrm{d}y\xlongequal[y=r\sin\theta]{x=r\cos\theta}\int_0^{2\pi}\mathrm{d}\theta\int_0^{\sqrt{z}}\frac{1}{2\pi\sigma^2}\mathrm{e}^{-\frac{r^2}{2\sigma^2}}r\,\mathrm{d}r$$
$$=\int_0^{\sqrt{z}}\frac{r}{\sigma^2}\mathrm{e}^{-\frac{r^2}{2\sigma^2}}\mathrm{d}r.$$

于是

$$f_Z(z)=F'(z)=\begin{cases}\frac{1}{2\sigma^2}\mathrm{e}^{-\frac{z}{2\sigma^2}}, & z>0,\\ 0, & \text{其他},\end{cases}$$

由此可以看出,Z 服从参数为 $\frac{1}{2\sigma^2}$ 的指数分布.

(2) 由指数分布的性质可知,$E(Z)=2\sigma^2,D(Z)=4\sigma^4.$

【注】本题若直接用定义计算 $E(Z),D(Z)$,则计算量庞大,效率较低.采用先求解 Z 的概率密度的方法可以有效降低计算量.

例题18 设总体 X 的概率密度为

$$f(x;\theta)=\begin{cases}\dfrac{3x^2}{\theta^3}, & 0<x<\theta,\\ 0, & \text{其他}.\end{cases}$$

其中 $\theta\in(0,+\infty)$ 为未知参数，X_1,X_2,X_3 为来自总体 X 的简单随机样本，令

$$T=\max\{X_1,X_2,X_3\}.$$

(1) 求 T 的概率密度；

(2) 求 $E(T),D(T)$.

解析 本题考查运用降维法计算 max 型随机变量的期望与方差.

(1) $$F_X(x)=\int_{-\infty}^{x}f(x;\theta)\mathrm{d}x=\begin{cases}0, & x<0,\\ \displaystyle\int_0^x\frac{3\tau^2}{\theta^3}\mathrm{d}\tau=\left(\frac{x}{\theta}\right)^3, & 0\leqslant x<\theta,\\ 1, & x\geqslant\theta.\end{cases}$$

$$F_T(t)=P\{\max\{X_1,X_2,X_3\}\leqslant t\}=P\{X_1\leqslant t,X_2\leqslant t,X_3\leqslant t\}$$

$$\xlongequal{X_1,X_2,X_3\text{ 独立同分布}}[F_X(t)]^3=\begin{cases}0, & t<0,\\ \dfrac{t^9}{\theta^9}, & 0\leqslant t<\theta,\\ 1, & t\geqslant\theta.\end{cases}$$

于是

$$f_T(t)=F'_T(t)=\begin{cases}\dfrac{9t^8}{\theta^9}, & 0<t<\theta,\\ 0, & \text{其他}.\end{cases}$$

(2) $$E(T)=\int_0^{\theta}t\cdot\frac{9t^8}{\theta^9}\mathrm{d}t=\frac{9}{\theta^9}\cdot\frac{t^{10}}{10}\Big|_0^{\theta}=\frac{9}{10}\theta,$$

$$E(T^2)=\int_0^{\theta}t^2\cdot\frac{9t^8}{\theta^9}\mathrm{d}t=\frac{9}{\theta^9}\cdot\frac{t^{11}}{11}\Big|_0^{\theta}=\frac{9}{11}\theta^2.$$

$$D(T)=E(T^2)-[E(T)]^2=\frac{9}{11}\theta^2-\frac{81}{100}\theta^2=\frac{9}{1\,100}\theta^2.$$

【注】本题中若直接计算 $E(T)=\int\mathrm{d}x_1\int\mathrm{d}x_2\int f(x_1,x_2,x_3)\max\{x_1,x_2,x_3\}\mathrm{d}x_3$，计算量非常大，区间划分比较烦琐，因而运用降维法先求出 T 的概率密度 $f_T(t)$，此时 $E(T),D(T)$ 的计算与 X_1,X_2,X_3 无关，只与 $f_T(t)$ 有关.

题型四　协方差与相关系数的计算

解题思路归纳

(1) 协方差一般先化简再计算,即将复杂协方差拆成简单协方差来计算,主要公式如下:

①$\mathrm{Cov}(X,Y)=E(XY)-E(X)E(Y)$;

②$\mathrm{Cov}(X,Y)=\rho_{XY}\sqrt{D(X)}\sqrt{D(Y)}$;

③$\mathrm{Cov}(X_1+X_2,Y_1+Y_2)=\mathrm{Cov}(X_1,Y_1)+\mathrm{Cov}(X_1,Y_2)+\mathrm{Cov}(X_2,Y_1)+\mathrm{Cov}(X_2,Y_2)$;

④$\mathrm{Cov}(aX,bY)=ab\mathrm{Cov}(X,Y)$;

⑤ 若 X,Y 相互独立,则 $\rho_{XY}=\mathrm{Cov}(X,Y)=0$.

(2) 运用常用结论对相关系数进行分析.

①$\rho_{XY}=\dfrac{\mathrm{Cov}(X,Y)}{\sqrt{D(X)}\sqrt{D(Y)}}$.

②$|\rho_{XY}|=1$ 的充分必要条件是:存在常数 $a,b(a\neq 0)$,使 $P\{Y=aX+b\}=1$,且当$a>0$(正相关)时,$\rho_{XY}=1$;当 $a<0$(负相关)时,$\rho_{XY}=-1$.

例题19 已知随机变量 $X_1,X_2,\cdots,X_n$ 相互独立,且有相同的方差 $\sigma^2(\sigma^2\neq 0)$,记 $\overline{X}=\dfrac{1}{n}\sum\limits_{i=1}^{n}X_i$,则 $D(X_1-\overline{X})=$________;X_1 与 $\overline{X}$ 的相关系数 $\rho=$________.

答案 $\dfrac{n-1}{n}\sigma^2$;$\dfrac{1}{\sqrt{n}}$

解析 本题考查应用数字特征性质与定义直接计算.

由于 $X_1,X_2,\cdots,X_n$ 相互独立,且 $D(X_i)=\sigma^2$,故

$$D(X_1-\overline{X})=D(X_1)+D(\overline{X})-2\mathrm{Cov}(X_1,\overline{X}),$$

其中

$$D(X_1)=\sigma^2,$$

$$D(\overline{X})=D\left(\frac{X_1+X_2+\cdots+X_n}{n}\right)=\frac{D(X_1)+D(X_2)+\cdots+D(X_n)}{n^2}=\frac{\sigma^2}{n}.$$

$$\begin{aligned}\mathrm{Cov}(X_1,\overline{X})&=\mathrm{Cov}\left(X_1,\frac{X_1+X_2+\cdots+X_n}{n}\right)\\&=\frac{1}{n}\mathrm{Cov}(X_1,X_1+X_2+\cdots+X_n)\\&=\frac{\mathrm{Cov}(X_1,X_1)+\mathrm{Cov}(X_1,X_2)+\cdots+\mathrm{Cov}(X_1,X_n)}{n}.\end{aligned}$$

由 $X_1,X_2,\cdots,X_n$ 独立同分布，则有

$$\mathrm{Cov}(X_i,X_j)=\begin{cases}D(X_i)=\sigma^2, & i=j,\\0, & i\neq j,\end{cases}\quad i,j=1,2,\cdots,n,$$

则 $\mathrm{Cov}(X_1,\overline{X})=\dfrac{D(X_1)}{n}=\dfrac{\sigma^2}{n}$.

所以

$$D(X_1-\overline{X})=D(X_1)+D(\overline{X})-2\mathrm{Cov}(X_1,\overline{X})=\sigma^2+\frac{\sigma^2}{n}-2\cdot\frac{\sigma^2}{n}=\frac{n-1}{n}\sigma^2,$$

X_1 与 $\overline{X}$ 的相关系数为

$$\rho=\frac{\mathrm{Cov}(X_1,\overline{X})}{\sqrt{D(X_1)}\sqrt{D(\overline{X})}}=\frac{\sigma^2/n}{\sigma\cdot\sigma/\sqrt{n}}=\frac{1}{\sqrt{n}}.$$

例题20 设二维随机变量 (X,Y) 的概率分布为

X \ Y	0	1	2
-1	0.1	0.1	b
1	a	0.1	0.1

若事件 $\{\max\{X,Y\}=2\}$ 与事件 $\{\min\{X,Y\}=1\}$ 相互独立，则 $\mathrm{Cov}(X,Y)=($ $)$.

(A) -0.6　　(B) -0.36　　(C) 0　　(D) -0.48

答案 B

解析 本题考查协方差的概念与计算.

由独立性的定义，有

$$P\{\max\{X,Y\}=2,\min\{X,Y\}=1\}=P\{\max\{X,Y\}=2\}P\{\min\{X,Y\}=1\}.$$

其中

$$P\{\max\{X,Y\}=2,\min\{X,Y\}=1\}=P\{X=2,Y=1\}+P\{X=1,Y=2\}=0.1,$$

$$\begin{aligned}P\{\max\{X,Y\}=2\}&=P\{X=2,Y<2\}+P\{Y=2,X<2\}+P\{X=2,Y=2\}\\&=0+(b+0.1)+0=b+0.1,\end{aligned}$$

$$\begin{aligned}P\{\min\{X,Y\}=1\}&=P\{X=1,Y>1\}+P\{Y=1,X>1\}+P\{X=1,Y=1\}\\&=0.1+0+0.1=0.2.\end{aligned}$$

由 $0.1=0.2(b+0.1)$，解得 $b=0.4$.

由概率规范性 $\sum_i \sum_j P\{X=x_i;Y_j=y_1\}=1$，即 $0.4+a+b=1$，解得 $a=0.2$，此时边缘分布律为

X	-1	1
P	0.6	0.4

Y	0	1	2
P	0.3	0.2	0.5

$$E(X)=(-1)\times 0.6+1\times 0.4=-0.2, E(Y)=0\times 0.3+1\times 0.2+2\times 0.5=1.2;$$

$$E(XY)=\sum_{\substack{(i,j)\\ 1\leqslant i\leqslant 2,1\leqslant j\leqslant 3}} x_i y_j p_{ij}=(-1)\times 0.1+(-2)\times b+1\times 0.1+2\times 0.1=-0.6.$$

综上，$\mathrm{Cov}(X,Y)=E(XY)-E(X)E(Y)=-0.6-(-0.24)=-0.36$.

例题21 设随机变量 $X_1,X_2,\cdots,X_n(n>2)$ 相互独立，且均服从正态分布 $N(0,\sigma^2)$，定义随机变量 $\overline{X}=\frac{1}{n}\sum_{i=1}^{n}X_i$，记 $Y_i=X_i-2\overline{X},i=1,2,\cdots,n$.

(1) 求 Y_i 的方差 $D(Y_i)(i=1,2,\cdots,n)$；

(2) 求 Y_1 与 Y_n 的协方差 $\mathrm{Cov}(Y_1,Y_n)$.

解析 本题考查协方差的性质与计算.

(1) 由题意 $E(X_i)=0,D(X_i)=\sigma^2(i=1,2,\cdots,n)$.

$$\mathrm{Cov}(X_i,X_j)=\begin{cases}D(X_i)=\sigma^2, & i=j,\\ 0, & i\neq j.\end{cases}$$

$$\begin{aligned}D(Y_i)&=D(X_i-2\overline{X})\\&=D(X_i)+D(2\overline{X})-2\mathrm{Cov}(X_i,2\overline{X})\\&=D(X_i)+4D(\overline{X})-4\mathrm{Cov}(X_i,\overline{X}).\end{aligned}$$

同上题，有

$$D(\overline{X})=D\left(\frac{X_1+X_2+\cdots+X_n}{n}\right)=\frac{D(X_1)}{n}=\frac{\sigma^2}{n},$$

$$\mathrm{Cov}(X_i,\overline{X})=\mathrm{Cov}\left(X_i,\frac{X_1+X_2+\cdots+X_n}{n}\right)=\frac{\mathrm{Cov}(X_i,X_i)}{n}=\frac{\sigma^2}{n},$$

故 $D(Y_i)=\sigma^2+\frac{4}{n}\sigma^2-4\frac{\sigma^2}{n}=\sigma^2$.

$$\begin{aligned}(2)\mathrm{Cov}(Y_1,Y_n)&=\mathrm{Cov}(X_1-2\overline{X},X_n-2\overline{X})\\&=\mathrm{Cov}(X_1,X_n)+\mathrm{Cov}(-2\overline{X},X_n)+\mathrm{Cov}(X_1,-2\overline{X})+\mathrm{Cov}(-2\overline{X},-2\overline{X})\\&=0-2\mathrm{Cov}(\overline{X},X_n)-2\mathrm{Cov}(X_1,\overline{X})+4\mathrm{Cov}(\overline{X},\overline{X})\\&=-2\cdot\frac{\sigma^2}{n}-2\cdot\frac{\sigma^2}{n}+4D(\overline{X})\end{aligned}$$

$$=-\frac{4}{n}\sigma^2+\frac{4}{n}\sigma^2=0.$$

【注】本题再一次体现了协方差计算的特点.不要先写出定义,而是运用协方差可拆分的性质,将复杂协方差计算拆成若干个小规模协方差计算,进一步运用独立性、同分布性进行求解.

例题22 设随机变量 X 服从正态分布 $N(-1,1)$,Y 服从正态分布 $N(1,2)$,若 X 与 $X+2Y$ 不相关,则 X 与 $X-Y$ 的相关系数为(　　).

(A) $\frac{1}{3}$　　(B) $\frac{1}{2}$　　(C) $\frac{2}{3}$　　(D) $\frac{3}{4}$

答案 (D)

解析 本题考查用定义计算相关系数.

由 X 与 $X+2Y$ 不相关,可知

$$\mathrm{Cov}(X,X+2Y)=\mathrm{Cov}(X,X)+2\mathrm{Cov}(X,Y)=D(X)+2\mathrm{Cov}(X,Y)=0,$$

由于 $D(X)=1$,可得 $\mathrm{Cov}(X,Y)=-\frac{1}{2}$.所以

$$\mathrm{Cov}(X,X-Y)=\mathrm{Cov}(X,X)-\mathrm{Cov}(X,Y)=D(X)-\mathrm{Cov}(X,Y)=\frac{3}{2},$$

$$D(X-Y)=D(X)+D(Y)-2\mathrm{Cov}(X,Y)=1+2-2\left(-\frac{1}{2}\right)=4.$$

由定义,可知

$$\rho=\frac{\mathrm{Cov}(X,X-Y)}{\sqrt{D(X)}\sqrt{D(X-Y)}}=\frac{3}{4},$$

故选(D).

例题23 随机变量 X 与 Y 的分布律为

X	0	1
p	$\frac{1}{2}$	$\frac{1}{2}$

Y	0	1
p	$\frac{1}{4}$	$\frac{3}{4}$

且 $P\{X=Y\}=\frac{1}{4}$,则 X 与 Y 的相关系数为________.

答案 $-\frac{1}{\sqrt{3}}$

解析 本题考查离散型随机变量相关系数的计算.

$$P\{X=Y\}=P\{X=Y=0\}+P\{X=Y=1\}=\frac{1}{4}.$$

设 $P\{X=Y=0\}=a$，$P\{X=Y=1\}=b$，则有 $a+b=\frac{1}{4}$.

X,Y 联合分布律如表所示，由边缘分布条件可知，

$X \backslash Y$	0	1	$p_{i\cdot}$
0	a		$\frac{1}{2}$
1		b	$\frac{1}{2}$
$p_{\cdot j}$	$\frac{1}{4}$	$\frac{3}{4}$	

$$P\{X=0,Y=1\}=\frac{1}{2}-a=\frac{3}{4}-b,$$

可得 $b-a=\frac{1}{4}$，又 $b+a=\frac{1}{4}$，联立解得 $b=\frac{1}{4}$，$a=0$.

$$\begin{aligned}\mathrm{Cov}(X,Y)&=E(XY)-E(X)E(Y)\\&=\sum_{(i,j)}x_iy_jp_{ij}-\frac{1}{2}\times\frac{3}{4}\\&=1\cdot 1\cdot P\{X=Y=1\}-\frac{3}{8}=\frac{1}{4}-\frac{3}{8}=-\frac{1}{8}.\end{aligned}$$

$$\rho_{XY}=\frac{\mathrm{Cov}(X,Y)}{\sqrt{D(X)}\sqrt{D(Y)}}=\frac{-\frac{1}{8}}{\sqrt{\frac{1}{2}\times\frac{1}{2}}\sqrt{\frac{1}{4}\times\frac{3}{4}}}=\frac{-\frac{1}{8}}{\frac{1}{2}\times\frac{\sqrt{3}}{4}}=-\frac{1}{\sqrt{3}}.$$

【注】本题中 X,Y 服从 $B(1,p_i)$，$i=1,2$，故期望为 p_i，方差为 $p_i(1-p_i)$.

例题24 设随机变量 X 与 Y 的相关系数为 $\frac{1}{6}$，且 $E(X)=0$，$E(Y)=1$，$E(X^2)=4$，$E(Y^2)=10$，则 $E[(X+Y)^2]=$________.

答案 16

解析 本题考查运用相关系数计算协方差，进而进行数学期望的计算.

由 $\rho_{XY}=\frac{1}{6}$，立即写出

$$\begin{aligned}\mathrm{Cov}(X,Y)&=\rho_{XY}\sqrt{D(X)}\sqrt{D(Y)}=\rho_{XY}\sqrt{E(X^2)-[E(X)]^2}\sqrt{E(Y^2)-[E(Y)]^2}\\&=\frac{1}{6}\times\sqrt{4}\times\sqrt{9}=1.\end{aligned}$$

$$E[(X+Y)^2]=[E(X+Y)]^2+D(X+Y),$$

其中

$$E(X+Y)=E(X)+E(Y)=1,$$

$$\begin{aligned}D(X+Y)&=D(X)+D(Y)+2\mathrm{Cov}(X,Y)\\&=\{E(X^2)-[E(X)]^2\}+\{E(Y^2)-[E(Y)]^2\}+2\\&=4+9+2\\&=15.\end{aligned}$$

综上，$E[(X+Y)^2]=[E(X+Y)]^2+D(X+Y)=1+15=16.$

例题25 设二维随机变量(X,Y)服从正态分布$N(0,0;1,1;\rho)$，其中$\rho\in(-1,1)$，若a,b为满足$a^2+b^2=1$的任意实数，则$D(aX+bY)$的最大值为(　　).

(A)1　　(B)2　　(C)$1+|\rho|$　　(D)$1+\rho^2$

答案 (C)

解析 本题考查运用数字特征先计算协方差，进而计算方差.

由题可知$E(X)=E(Y)=0,D(X)=D(Y)=1$，则有

$$\mathrm{Cov}(X,Y)=\rho\sqrt{D(X)}\sqrt{D(Y)}=\rho.$$

根据方差性质，可知

$$\begin{aligned}D(aX+bY)&=D(aX)+D(bY)+2\mathrm{Cov}(aX,bY)\\&=a^2D(X)+b^2D(Y)+2ab\mathrm{Cov}(X,Y)\\&=a^2+b^2+2ab\rho=1+2ab\rho.\end{aligned}$$

根据基本不等式，可知$a^2+b^2=1\geqslant2|ab|$，则$1+2ab\rho\leqslant1+2|ab\rho|\leqslant1+|\rho|$，故选(C).

例题26 设二维随机变量(X,Y)服从二维正态分布$N\left(1,2;1,4;-\frac{1}{8}\right)$.

(1) 求$E(|2X-Y|)$；

(2) 求$D(|2X-Y|)$.

解析 本题考查运用相关系数先求解协方差，进而求解期望和方差.

(1) 由于$(X,Y)\sim N\left(1,2;1,4;-\frac{1}{8}\right)$，根据二维正态分布的性质，有

$$X\sim N(1,1),Y\sim N(2,4),\rho_{XY}=-\frac{1}{8}.$$

根据题意，有

$$\mathrm{Cov}(X,Y)=\rho_{XY}\sqrt{D(X)}\sqrt{D(Y)}=-\frac{1}{8}\times\sqrt{1}\times\sqrt{4}=-\frac{1}{4}.$$

根据期望与方差的性质

$$E(2X-Y)=2E(X)-E(Y)=0,$$

$$D(2X-Y)=D(2X)+D(Y)-2\mathrm{Cov}(2X,Y)$$
$$=4D(X)+D(Y)-4\mathrm{Cov}(X,Y)=9,$$

则 $2X-Y\sim N(0,9)$，标准化可得 $\dfrac{2X-Y}{3}\sim N(0,1)$.

定义 $U=\dfrac{2X-Y}{3}$，则 $E(U)=0,D(U)=1$.

$$E(|2X-Y|)=3E(|U|)=3\int_{-\infty}^{+\infty}|u|\frac{1}{\sqrt{2\pi}}\mathrm{e}^{-\frac{u^2}{2}}\mathrm{d}u=6\int_{0}^{+\infty}u\frac{1}{\sqrt{2\pi}}\mathrm{e}^{-\frac{u^2}{2}}\mathrm{d}u=\frac{6}{\sqrt{2\pi}}.$$

(2) $$D(|2X-Y|)=D(|3U|)=9D(|U|)=9\{E(U^2)-[E|U|]^2\}.$$

由(1)知，$$E|u|=\frac{2}{\sqrt{2\pi}},$$

则 $$D(|2X-Y|)=9\{[E(U)]^2+D(U)-[E|U|]^2\}=9-\frac{18}{\pi}.$$

例题27 设随机变量 X,Y 的概率分布相同，X 的概率分布为 $P\{X=0\}=\dfrac{1}{3}$，$P\{X=1\}=\dfrac{2}{3}$，且 X 与 Y 的相关系数 $\rho_{XY}=\dfrac{1}{2}$.

(1) 求 (X,Y) 的概率分布；

(2) 求 $P\{X+Y\leqslant 1\}$.

解析 本题考查运用相关系数计算离散型随机变量的概率分布.

(1)$X\sim B\left(1,\dfrac{2}{3}\right)$，则 $E(X)=\dfrac{2}{3},D(X)=\dfrac{2}{3}\left(1-\dfrac{2}{3}\right)=\dfrac{2}{9}$.

由于 X,Y 同分布，则 $E(X)=E(Y),D(X)=D(Y)$.

由 $\rho_{XY}=\dfrac{1}{2}$，立即写出 $\mathrm{Cov}(X,Y)=\rho_{XY}\sqrt{D(X)}\sqrt{D(Y)}=\dfrac{1}{9}$.

由 $\mathrm{Cov}(X,Y)=E(XY)-E(X)E(Y)=\dfrac{1}{9}$，得 $E(XY)=\dfrac{5}{9}$.

由数学期望的定义，得 $\sum\limits_{(i,j)}x_iy_jp_{ij}=\dfrac{5}{9}$.

观察联合分布律可知，对于 $(X,Y)=(0,0)$，$(X,Y)=(0,1)(X,Y)=(1,0)$，均有 $x_iy_jp_{ij}=0$，故

$$\sum_{(i,j)}x_iy_jp_{ij}=1\cdot 1\cdot P\{X=Y=1\}=\frac{5}{9}.$$

则

$$P\{X=0,Y=1\}=P\{Y=1\}-P\{X=1,Y=1\}=\frac{2}{3}-\frac{5}{9}=\frac{1}{9},$$

$$P\{X=1,Y=0\}=P\{X=1\}-P\{X=1,Y=1\}=\frac{2}{3}-\frac{5}{9}=\frac{1}{9},$$

$$P\{X=0,Y=0\}=1-(P\{X=1,Y=1\}+P\{X=0,Y=1\}+P\{X=1,Y=0\})=\frac{2}{9}.$$

所以(X,Y)概率分布为

X \ Y	0	1
0	$\frac{2}{9}$	$\frac{1}{9}$
1	$\frac{1}{9}$	$\frac{5}{9}$

(2) 由于(X,Y)仅有$(0,0)$,$(0,1)$,$(1,0)$,$(1,1)$四个取值,因此

$$P\{X+Y\leqslant 1\}=1-P\{X+Y>1\}=1-P\{X=1,Y=1\}=1-\frac{5}{9}=\frac{4}{9}.$$

例题28 设(X,Y)是二维随机变量,且随机变量$X_1=X+Y$,$X_2=X-Y$,已知(X_1,X_2)的概率密度为

$$f(x_1,x_2)=\frac{1}{2\sqrt{3}\pi}\exp\left\{-\frac{1}{2}\left[\left(\frac{x_1-4}{\sqrt{3}}\right)^2+(x_2-2)^2\right]\right\}.$$

(1) 求X与Y的边缘概率密度;(2) 计算X与Y的相关系数ρ_{XY}.

解析 本题考查二维正态分布条件下相关系数的计算.

(1) 由题意

$$f(x_1,x_2)=\frac{1}{\sqrt{2\pi}\sqrt{3}}e^{-\frac{(x_1-4)^2}{2\times(\sqrt{3})^2}}\cdot\frac{1}{\sqrt{2\pi}\cdot 1}e^{-\frac{(x_2-2)^2}{2\times 1^2}},$$

故$X_1\sim N(4,3)$,$X_2\sim N(2,1)$,且X_1与X_2相互独立.

又由$X_1=X+Y$,$X_2=X-Y$,解得$X=\frac{X_1+X_2}{2}$,$Y=\frac{X_1-X_2}{2}$.

显然X,Y均服从正态分布,只需计算期望、方差.

$$E(X)=\frac{E(X_1)+E(X_2)}{2}=\frac{4+2}{2}=3,$$

$$D(X)=D\left(\frac{X_1+X_2}{2}\right)=\frac{D(X_1)+D(X_2)}{4}=\frac{3+1}{4}=1,$$

故$X\sim N(3,1)$,$f_X(x)=\frac{1}{\sqrt{2\pi}}e^{-\frac{(x-3)^2}{2}}$,$-\infty<x<+\infty$.

$$E(Y)=E\left(\frac{X_1-X_2}{2}\right)=\frac{E(X_1)-E(X_2)}{2}=\frac{4-2}{2}=1,$$

$$D(Y)=D\left(\frac{X_1-X_2}{2}\right)=\frac{D(X_1)+D(X_2)}{4}=\frac{3+1}{4}=1,$$

故 $Y\sim N(1,1)$，$f_Y(y)=\frac{1}{\sqrt{2\pi}}e^{-\frac{(y-1)^2}{2}}$，$-\infty<y<+\infty$.

(2) $$\mathrm{Cov}(X、Y)=E(XY)-E(X)E(Y).$$

由于 X,Y 缺乏独立性，若用上式直接计算较为烦琐，故

$$\begin{aligned}\mathrm{Cov}(X,Y)&=\mathrm{Cov}\left(\frac{X_1+X_2}{2},\frac{X_1-X_2}{2}\right)=\frac{\mathrm{Cov}(X_1+X_2,X_1-X_2)}{4}\\&=\frac{1}{4}[\mathrm{Cov}(X_1,X_1)+\mathrm{Cov}(X_2,X_1)+\mathrm{Cov}(X_1,-X_2)+\mathrm{Cov}(X_2,-X_2)]\\&=\frac{D(X_1)-D(X_2)}{4}=\frac{3-1}{4}=\frac{1}{2},\end{aligned}$$

故 $$\rho_{XY}=\frac{\mathrm{Cov}(X,Y)}{\sqrt{D(X)}\sqrt{D(Y)}}=\frac{\frac{1}{2}}{\sqrt{1}\times\sqrt{1}}=\frac{1}{2}.$$

例题29 设随机变量 $X\sim N(0,1)$，在 $X=x$ 条件下，随机变量 $Y\sim N(x,1)$，则 X 与 Y 的相关系数为（　　）.

(A) $\frac{1}{4}$　　(B) $\frac{1}{2}$　　(C) $\frac{\sqrt{3}}{3}$　　(D) $\frac{\sqrt{2}}{2}$

答案 (D)

解析 本题考查二维正态分布条件下相关系数的计算.

先求 X,Y 的协方差 $\mathrm{Cov}(X,Y)=E(XY)-E(X)E(Y)$.

由于 $X\sim N(0,1)$，则 $E(X)=0$，于是 $\mathrm{Cov}(X,Y)=E(XY)$.

由定义，有 $E(XY)=\int_{-\infty}^{+\infty}dx\int_{-\infty}^{+\infty}xyf(x,y)dy$，本题中 $f(x,y)$ 未知，但 $f(x,y)=f_X(x)f_{Y|X}(y\mid x)$，得

$$E(XY)=\int_{-\infty}^{+\infty}dx\int_{-\infty}^{+\infty}xyf_X(x)f_{Y|X}(y\mid x)dy.$$

由于 $\int_{-\infty}^{+\infty}yf_{Y|X}(y\mid x)dy$ 可视作 x 已知，$Y\sim N(x,1)$ 条件下 Y 的数学期望，数值上等于 x，故

$$\int_{-\infty}^{+\infty}yf_{Y|X}(y\mid x)dy=x,$$

于是

$$\begin{aligned}E(XY)&=\int_{-\infty}^{+\infty}x\cdot x\cdot f_X(x)dx\\&=E(X^2)=[E(X)]^2+D(X)=1,\end{aligned}$$

即 $\mathrm{Cov}(X,Y)=1$.

另一方面，

$$f_Y(Y)=\int_{-\infty}^{+\infty} f(x,y)\mathrm{d}x=\int_{-\infty}^{+\infty} f_X(x)f_{Y|X}(y\mid x)\mathrm{d}x$$

$$=\int_{-\infty}^{+\infty}\frac{1}{\sqrt{2\pi}}\mathrm{e}^{-\frac{x^2}{2}}\frac{1}{\sqrt{2\pi}}\mathrm{e}^{-\frac{(y-x)^2}{2}}\mathrm{d}x$$

$$=\int_{-\infty}^{+\infty}\frac{1}{2\pi}\mathrm{e}^{-(x^2-xy+\frac{y^2}{2})}\mathrm{d}x$$

$$=\mathrm{e}^{-\frac{y^2}{4}}\cdot\frac{1}{2\pi}\sqrt{\pi}\int_{-\infty}^{+\infty}\frac{1}{\sqrt{2\pi}\frac{1}{\sqrt{2}}}\mathrm{e}^{-\frac{(x-\frac{y}{2})^2}{2\cdot(\frac{1}{\sqrt{2}})^2}}\mathrm{d}x$$

$$=\frac{1}{\sqrt{2\pi}\sqrt{2}}\mathrm{e}^{-\frac{y^2}{2(\sqrt{2})^2}},$$

即 $Y\sim N(0,2)$，$D(Y)=2$，于是

$$\rho_{XY}=\frac{\mathrm{Cov}(X,Y)}{\sqrt{D(X)}\sqrt{D(Y)}}=\frac{1}{\sqrt{1}\times\sqrt{2}}=\frac{\sqrt{2}}{2}.$$

【注】条件数学期望不在考试大纲之内，不需要专门学习，只需要运用调整法将非常规数字特征计算转化为常规数字特征计算即可.

例题30 假设随机变量 X 与 Y 的方差均大于 0，X 与 Y 相关系数为 ρ，则 $\rho=1$ 的充分必要条件是(　　).

(A) $Y=aX+b(a>0)$

(B) $\mathrm{Cov}(X,Y)=1, D(X)=D(Y)=1$

(C) $\mathrm{Cov}(X,Y)=\frac{1}{4}, \sqrt{D(X)}\sqrt{D(Y)}=\frac{1}{4}$

(D) $D(X+Y)=[\sqrt{D(X)}+\sqrt{D(Y)}]^2$

答案 (D)

解析 本题考查对相关系数性质的理解.

$$\rho=1\Leftrightarrow P\{Y=aX+b\}=1，且\ a>0.$$

本题中(A) 是充分非必要条件，

$$Y=aX+b(a>0)\Rightarrow\rho=1,$$

但另一方面，$\rho=1$ 无法推出 X,Y 之间的运算关系.

(B)，(C) 都不是必要条件. 因为 $\rho=1$ 无法推出 $\mathrm{Cov}(X,Y)$ 的具体取值，故只能选(D).

(D) 选项中，

$$D(X+Y)=D(X)+D(Y)+2\sqrt{D(X)D(Y)},$$

即

$$D(X)+D(Y)+2\mathrm{Cov}(X,Y)=D(X)+D(Y)+2\sqrt{D(X)D(Y)},$$

故

$$\mathrm{Cov}(X,Y)=\sqrt{D(X)}\sqrt{D(Y)}\Leftrightarrow\rho=\frac{\mathrm{Cov}(X,Y)}{\sqrt{D(X)}\sqrt{D(Y)}}=1.$$

【注】本题存在常见的易错点，即 $|\rho|=1$ 只与 X,Y 的概率分布有关，但无法得出 X,Y 之间的运算关系.

例题31 设随机变量 $X\sim U(0,1),Y\sim U(1,4)$，且相关系数 $\rho_{XY}=1$，则(　　).

(A) $P\{Y=-2X+6\}=1$　　(B) $P\{Y=-2X+3\}=1$

(C) $P\{Y=3X+1\}=1$　　(D) $P\{Y=4X+1\}=1$

答案 (C)

解析 本题考查对相关系数性质的理解.

如上题所述，可得

$$\rho=1\Leftrightarrow P\{Y=aX+b\}=1,a>0,$$

故首先排除(A)，(B).

由 $P\{Y=aX+b\}=1$，可知 $\begin{cases}E(Y)=E(aX+b),\\D(Y)=D(aX+b).\end{cases}$

又

$$D(Y)=D(aX+b)=D(aX)=a^2D(X),$$

故

$$a^2=\frac{D(Y)}{D(X)}=\frac{\frac{(4-1)^2}{12}}{\frac{1}{12}}=9\Rightarrow a=3(a>0).$$

由 $E(Y)=E(aX+b)=aE(X)+b$，即 $\frac{1+4}{2}=a\cdot\frac{1}{2}+b$，代入 $a=3$，解得 $b=1$，故选(C).

例题32 将一枚硬币重复掷 n 次，以 X 和 Y 分别表示正面向上和反面向上，定义随机变量 $U=X+3Y,V=6X+Y$，则 U 和 V 的相关系数等于(　　).

(A) -1　　(B) 0　　(C) $\frac{1}{2}$　　(D) 1

答案 (A)

解析 本题考查对相关系数性质的理解.

若用定义计算 $\rho_{UV}=\dfrac{\operatorname{Cov}(U,V)}{\sqrt{D(U)}\sqrt{D(V)}}$ 比较烦琐，于是考虑到 $X+Y=n$，则 $Y=n-X$，则有

$$U=X+3Y=X+3(n-X)=-2X+3n,$$
$$V=6X+Y=6X+n-X=5X+n,$$
$$V=-\frac{5}{2}(-2X+3n)+\frac{17}{2}n=-\frac{5}{2}U+\frac{17}{2}n,$$

即 U,V 负相关，则 $\rho_{UV}=-1$，选(A).

【注】 若直接写出 $V=6U-17Y$，得出 U,V 正相关，则 $\rho_{UV}=1$，这种解法是经典错误解法，因为 $-17Y$ 并非常数，上述结构不满足 $V=aU+b$ 形式.

题型五　随机变量的不相关性

解题思路归纳

(1) $\rho_{XY}=0\Leftrightarrow\operatorname{Cov}(X,Y)=0$

$\Leftrightarrow E(XY)=E(X)E(Y)$

$\Leftrightarrow D(X\pm Y)=D(X)+D(Y)$，

其中最常用的等价公式是 $\operatorname{Cov}(X,Y)=0$.

(2) 若 X,Y 相互独立，则 X,Y 一定不相关.

例题33 假设随机变量 X 与 Y 相互独立，具有非零的方差，$D(X)\neq D(Y)$，则下列命题中正确的个数是(　　).

①$3X+1$ 与 $4Y-2$ 相关；

②$X+Y$ 与 $X-Y$ 不相关；

③$X+Y$ 与 $2Y+1$ 相互独立；

④e^{x} 与 $2Y+1$ 相互独立.

(A)1　　(B)2　　(C)3　　(D)4

答案 (A)

解析 本题考查不相关性的概念.

若 X 与 Y 相互独立，则随机变量 $g(X)$，$h(Y)$ 相互独立，故 e^{X} 与 $2Y+1$ 相互独立，④ 正确.

由 $3X+1$ 与 $4Y-2$ 独立，故 $3X+1$ 与 $4Y-2$ 不相关，① 错误.

$$\begin{aligned}\mathrm{Cov}(X+Y,X-Y)&=\mathrm{Cov}(X,X)+\mathrm{Cov}(Y,X)+\mathrm{Cov}(X,-Y)+\mathrm{Cov}(Y,-Y)\\&=D(X)-D(Y)\neq 0,\end{aligned}$$

故 $X+Y$ 与 $X-Y$ 相关，② 错误.

$$\begin{aligned}\mathrm{Cov}(X+Y,2Y+1)&=\mathrm{Cov}(X+Y,2Y)+\mathrm{Cov}(X+Y,1)\\&=\mathrm{Cov}(X,2Y)+\mathrm{Cov}(Y,2Y)\\&=2\mathrm{Cov}(X,Y)+2D(Y)\\&=2D(Y)\neq 0,\end{aligned}$$

故 $X+Y$ 与 $2Y+1$ 相关 $\Rightarrow X+Y$ 与 $2Y+1$ 不相互独立，③ 错误.

综上，选(A).

【注】 若随机变量相关，则一定不独立.

例题34 对于任意随机变量 X 和 Y，与命题“X 和 Y 不相关”不等价的是(　　).

(A) $E(XY)=E(X)E(Y)$　　(B) $\mathrm{Cov}(X,Y)=0$

(C) $D(XY)=D(X)D(Y)$　　(D) $D(X+Y)=D(X)+D(Y)$

答案 (C)

解析 本题考查对不相关性的理解.

由不相关定义知 $\rho=0\Leftrightarrow \mathrm{Cov}(X,Y)=0$

$$\begin{aligned}&\Leftrightarrow E(XY)=E(X)E(Y)\\&\Leftrightarrow D(X+Y)=D(X)+D(Y),\end{aligned}$$

故(A)，(B)，(D) 均符合不相关的定义，(C) 无法得出.

例题35 假设随机变量 X 在 $(-1,1)$ 上服从均匀分布，a 是区间 $(-1,1)$ 上的一个定点，Y 为点 X 到点 a 的距离，当 $a=$________时，随机变量 X 与 Y 不相关.

答案 0

解析 本题考查对不相关性的理解.

已知 $X\sim f(x)=\begin{cases}\dfrac{1}{2}, & -1\leqslant x\leqslant 1,\\ 0, & \text{其他},\end{cases}$ 根据均匀分布的性质，可知 $E(X)=0$.

X 与 Y 不相关 $\Leftrightarrow \mathrm{Cov}(X,Y)=E(XY)-E(X)E(Y)=0\Leftrightarrow E(XY)=0$.

依题意得，$Y=|X-a|$，则

$$\begin{aligned}E(XY)&=E(X|X-a|)=\int_{-1}^{1}x|x-a|\cdot\frac{1}{2}\mathrm{d}x\\&=\frac{1}{2}\left[\int_{-1}^{a}x(a-x)\mathrm{d}x+\int_{a}^{1}x(x-a)\mathrm{d}x\right]\end{aligned}$$

$$=\frac{1}{2}\left[\left(\frac{ax^2}{2}-\frac{x^3}{3}\right)\Big|_{-1}^{a}+\left(\frac{x^3}{3}-\frac{ax^2}{2}\right)\Big|_{a}^{1}\right]$$

$$=\frac{a}{6}(a^2-3).$$

令 $E(XY)=\frac{a}{6}(a^2-3)=0$，解得 $a=0$（$a=\pm\sqrt{3}$ 舍去）.

例题36 设随机变量 X 与 Y 服从正态分布 $N(-1,2)$ 与 $N(1,2)$，并且 X 与 Y 不相关，$aX+Y$ 与 $X+bY$ 也不相关，则（　　）.

(A)$a-b=1$　　(B)$a-b=0$

(C)$a+b=1$　　(D)$a+b=0$

答案 (D)

解析 本题考查对不相关性的理解.

由 X,Y 不相关，立即写出 $\mathrm{Cov}(X,Y)=0$.

由 $aX+Y,X+bY$ 也不相关，有

$$\begin{aligned}&\mathrm{Cov}(aX+Y,X+bY)\\=&\mathrm{Cov}(aX,X)+\mathrm{Cov}(Y,X)+\mathrm{Cov}(aX,bY)+\mathrm{Cov}(Y,bY)\\=&aD(X)+0+0+bD(Y)=0,\end{aligned}$$

代入 $D(X)=D(Y)=2$，可得 $2a+2b=0$，即 $a+b=0$，选(D).

【注】 不相关性是数字特征范畴下的概念，解题最容易的切入点就是 $\mathrm{Cov}(X,Y)=0$，这是由协方差易拆分的性质决定的.

例题37 设随机变量 X 与 Y 相互独立，且方差 $D(X)>0,D(Y)>0$，则（　　）.

(A)X 与 $X+Y$ 一定相关　　(B)X 与 $X+Y$ 一定不相关

(C)X 与 XY 一定相关　　(D)X 与 XY 一定不相关

答案 (A)

解析 本题考查对不相关性的理解.

已知 X 与 Y 独立，故 $\mathrm{Cov}(X,Y)=0$，

$$\mathrm{Cov}(X,X+Y)=\mathrm{Cov}(X,X)+\mathrm{Cov}(X,Y)=D(X)>0,$$

所以 X 与 $X+Y$ 一定相关，(A) 正确，(B) 错误.

又由于

$$\mathrm{Cov}(X,XY)=E(X^2Y)-E(X)E(XY)=E(X^2)\cdot E(Y)-[E(X)]^2\cdot E(Y)$$

$$=\{E(X^2)-[E(X)]^2\}E(Y)=D(X)\cdot E(Y)\begin{cases}=0, & 若\ E(Y)=0,\\ \neq 0, & 若\ E(Y)\neq 0,\end{cases}$$

故选项(C),(D) 是否成立无法确定.

【注】分析不相关性最直接的思路是列出协方差.

题型六 随机变量的不相关性与独立性的关系

解题思路归纳

(1) 若随机变量 X 和 Y 相互独立,则 X 和 Y 一定不相关.

(2) 若 X 和 Y 不相关,则不能直接推出 X 和 Y 相互独立.

(3) 若 X 和 Y 相关,则一定推出 X 和 Y 不相互独立.

(4) 若随机变量 X 和 Y 的联合分布是二维正态分布,则 X 和 Y 相互独立的充分必要条件是 X 和 Y 不相关,即 $\rho_{XY}=0$.

(5) 在已知 X 和 Y 不相关的情况下判断是否相互独立是重要考点,主要有以下三种解法:

① 严格用定义证明 X 和 Y 相互独立;

② 举反例否定 X 和 Y 相互独立;

③ 在二维正态分布条件下,X 和 Y 相互独立 $\Leftrightarrow$ X 和 Y 不相关.

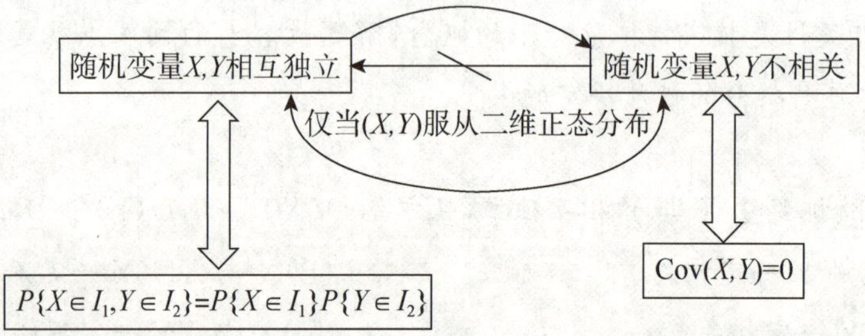

例题38 设随机变量 X 与 Y 相互独立,X 服从标准正态分布,Y 的概率分布为 $P\{Y=1\}=p$,$P\{Y=-1\}=1-p\ (0<p<1)$. 令 $Z=XY$.

(1) 求 Z 的概率密度;

(2) p 为何值时,X 与 Z 不相关?

(3) X 与 Z 是否相互独立?

解析 本题考查不相关性与独立性之间的关系.

(1) $Z=XY$ 是混合型随机变量,用定义求解分布函数.

$$\begin{aligned}F_Z(z)&=P\{Z\leqslant z\}=P\{XY\leqslant z\}\\&=P\{Y=1,XY\leqslant z\}+P\{Y=-1,XY\leqslant z\}\\&=P\{Y=1,X\leqslant z\}+P\{Y=-1\}P\{X\geqslant -z\}.\end{aligned}$$

由 X,Y 相互独立,可知

$$\begin{aligned}F_Z(z)&=p\cdot P\{X\leqslant z\}+(1-p)P\{X\geqslant -z\}\\&=p\Phi(z)+(1-p)[1-\Phi(-z)]\\&=p\Phi(z)+(1-p)\Phi(z)\\&=\Phi(z),\end{aligned}$$

故 $Z\sim N(0,1),f(z)=\frac{1}{\sqrt{2\pi}}\mathrm{e}^{-\frac{z^2}{2}},-\infty<z<+\infty.$

(2) 讨论不相关性直接计算协方差.

$$\mathrm{Cov}(X,Z)=E(XZ)-E(X)E(Z).$$

由于 $E(X)=0$,则

$$\mathrm{Cov}(X,Z)=E(XZ)=E(X\cdot X\cdot Y)=E(X^2)\cdot E(Y),$$

其中

$$E(X^2)=[E(X)]^2+D(X)=1,$$

$$E(Y)=1\cdot p+(-1)\cdot(1-p)=2p-1,$$

故 $\mathrm{Cov}(X,Z)=2p-1$,仅当 $p=\frac{1}{2}$ 时,$\mathrm{Cov}(X,Z)=0$,X 与 Z 不相关.

(3) 虽然 $X\sim N(0,1),Z\sim N(0,1)$,但 (X,Z) 并不服从二维正态分布.

X 与 Z 不相关,无法推出独立性.

由条件可知 $|Z|=|X||Y|=|X|$,即

$$P\{|X|<1,|Z|<1\}=P\{|X|<1\}>P\{|X|<1\}P\{|Z|<1\},$$

即 X 与 Z 不相互独立.

【注】在大多数题目中,不相关性是无法推出独立性的.若无法用定义证明两个随机变量严格相互独立,通过举反例的方法否定 X,Y 的独立性是最常用的解题方法.

例题39 设二维随机变量 (X,Y) 的概率密度为 $f(x,y)=\frac{1}{2}[\varphi_1(x,y)+\varphi_2(x,y)]$,其中 $\varphi_1(x,y)$ 和 $\varphi_2(x,y)$ 都是二维正态概率密度,且它们对应的二维随机变量的相关系数分别为 $\frac{1}{3}$ 和 $-\frac{1}{3}$. 它们的边缘概率密度所对应的随机变量的数学期望都是 0,方差都是 1.

(1) 求随机变量 X 和 Y 的密度函数 $f_1(x)$ 和 $f_2(y)$;

(2) 求 X 和 Y 的相关系数 ρ;

(3)X 与 Y 是否相互独立？请说明理由.

解析 本题考查不相关性与独立性之间的关系.

(1) 由二维正态概率密度的性质，得

$$\int_{-\infty}^{+\infty}\varphi_i(x,y)\,\mathrm{d}x=\frac{1}{\sqrt{2\pi}}\mathrm{e}^{-\frac{y^2}{2}},\int_{-\infty}^{+\infty}\varphi_i(x,y)\,\mathrm{d}y=\frac{1}{\sqrt{2\pi}}\mathrm{e}^{-\frac{x^2}{2}},i=1,2.$$

另一方面，$\mathrm{Cov}_{\varphi_1}(X,Y)=\frac{1}{3}\times\sqrt{1}\times\sqrt{1}=\frac{1}{3}$，即$\int_{-\infty}^{+\infty}\int_{-\infty}^{+\infty}xy\varphi_1(x,y)\,\mathrm{d}x\,\mathrm{d}y=\frac{1}{3}$.

同理可知$\int_{-\infty}^{+\infty}\int_{-\infty}^{+\infty}xy\varphi_2(x,y)\,\mathrm{d}x\,\mathrm{d}y=-\frac{1}{3}$.

根据边缘概率密度的定义，可知

$$f_1(x)=\int_{-\infty}^{+\infty}f(x,y)\,\mathrm{d}y=\frac{1}{2}\left[\int_{-\infty}^{+\infty}\varphi_1(x,y)\,\mathrm{d}y+\int_{-\infty}^{+\infty}\varphi_2(x,y)\,\mathrm{d}y\right]=\frac{1}{\sqrt{2\pi}}\mathrm{e}^{-\frac{x^2}{2}},$$

$$f_2(y)=\int_{-\infty}^{+\infty}f(x,y)\,\mathrm{d}x=\frac{1}{2}\left[\int_{-\infty}^{+\infty}\varphi_1(x,y)\,\mathrm{d}x+\int_{-\infty}^{+\infty}\varphi_2(x,y)\,\mathrm{d}x\right]=\frac{1}{\sqrt{2\pi}}\mathrm{e}^{-\frac{y^2}{2}},$$

故 $E(X)=0,E(Y)=0,D(X)=1,D(Y)=1$.

(2) 根据定义，可知

$$\begin{aligned}E(XY)&=\int_{-\infty}^{+\infty}\int_{-\infty}^{+\infty}xyf(x,y)\,\mathrm{d}x\,\mathrm{d}y\\&=\frac{1}{2}\int_{-\infty}^{+\infty}\int_{-\infty}^{+\infty}xy\left[\varphi_1(x,y)+\varphi_2(x,y)\right]\mathrm{d}x\,\mathrm{d}y\\&=\frac{1}{2}\left(\frac{1}{3}-\frac{1}{3}\right)=0,\end{aligned}$$

故 $\rho=\dfrac{E(XY)-E(X)E(Y)}{\sqrt{D(X)}\sqrt{D(Y)}}=0$.

(3)
$$\varphi_1(x,y)=\frac{1}{2\pi\sqrt{1-\frac{1}{9}}}\exp\left\{-\frac{1}{2\left(1-\frac{1}{9}\right)}\left(x^2-\frac{2}{3}xy+y^2\right)\right\},$$

$$\varphi_2(x,y)=\frac{1}{2\pi\sqrt{1-\frac{1}{9}}}\exp\left\{-\frac{1}{2\left(1-\frac{1}{9}\right)}\left(x^2+\frac{2}{3}xy+y^2\right)\right\},$$

所以 $f_1(x)f_2(y)\neq f(x,y)$，因此 X,Y 不相互独立.

【注】本题只是借用二维正态分布的概率密度的线性组合函数定义了(X,Y)的概率密度，而并未给出(X,Y)是二维正态分布这个条件，故此情况下不相关与不独立并不等价.

例题40 设随机变量(X,Y)服从二维正态分布$N\left(0,0;1,4;-\dfrac{1}{2}\right)$，则下列随机变量中服从标准正态分布且与$X$相互独立的是(　　).

(A) $\dfrac{\sqrt{5}}{5}(X+Y)$　　(B) $\dfrac{\sqrt{5}}{5}(X-Y)$

(C) $\dfrac{\sqrt{3}}{3}(X+Y)$　　(D) $\dfrac{\sqrt{3}}{3}(X-Y)$

答案 (C)

解析 本题考查不相关性与独立性之间的关系.

若(X,Y)服从二维正态分布，则$(aX+bY,cX+dY)$也服从二维正态分布$(ad\neq bc)$，此时独立性与不相关性等价.

由题意知，$X\sim N(0,1)$，$Y\sim N(0,4)$，$\rho_{XY}=-\dfrac{1}{2}$，则

$$\mathrm{Cov}(X,Y)=\rho_{XY}\sqrt{D(X)}\sqrt{D(Y)}=-\frac{1}{2}\sqrt{1\times4}=-1,$$

$$\mathrm{Cov}(X+Y,X)=\mathrm{Cov}(X,X)+\mathrm{Cov}(Y,X)=D(X)+\mathrm{Cov}(X,Y)=0,$$

故$X+Y$与X独立.

另一方面，

$$E(X+Y)=E(X)+E(Y)=0,$$
$$D(X+Y)=D(X)+D(Y)+2\mathrm{Cov}(X,Y)=3,$$

即$X+Y\sim N(0,3)$，$\dfrac{X+Y-0}{\sqrt{3}}\sim N(0,1)$，(C)符合条件，(A)错误.

由于

$$\begin{aligned}\mathrm{Cov}(X-Y,X)&=\mathrm{Cov}(X,X)-\mathrm{Cov}(Y,X)\\&=D(X)-\mathrm{Cov}(Y,X)=2,\end{aligned}$$

故$X-Y$与X不独立，(B)，(D)均错误.

例题41 设A_1,A_2是两个随机事件，随机变量$X_i=\begin{cases}-1, & A_i,\\ 1, & \overline{A}_i\end{cases}$ $(i=1,2)$，已知X_1与X_2不相关，则(　　).

(A) X_1与X_2不一定独立　　(B) A_1与A_2一定独立

(C) A_1与A_2不一定独立　　(D) A_1与A_2一定不独立

答案 (B)

解析 本题考查不相关性与独立性之间的关系.

直观上看X_1与X_2不相关想到不一定独立，此时(A)，(C)均符合，题目无答案.

下面用定义严格计算.

X_1 与 X_2 的联合分布律如下

X_1 \ X_2	-1	1	$p_{i\cdot}$
-1	$P(A_1A_2)$	$P(A_1\overline{A}_2)$	$P(A_1)$
1	$P(\overline{A}_1A_2)$	$P(\overline{A}_1\overline{A}_2)$	$1-P(A_1)$
$p_{\cdot j}$	$P(A_2)$	$1-P(A_2)$	1

$$E(X_1X_2)=\sum_{(i,j)}x_iy_jp_{ij}$$

$$=(-1)^2P(A_1A_2)+1^2\cdot P(\overline{A}_1\overline{A}_2)+(-1)[P(\overline{A}_1A_2)+P(A_1\overline{A}_2)]$$

$$=P(A_1A_2)+P(\overline{A}_1)-P(\overline{A}_1A_2)-P(\overline{A}_1A_2)-P(A_1\overline{A}_2)$$

$$=P(A_1A_2)+[1-P(A_1)]-2[P(A_2)-P(A_1A_2)]-[P(A_1)-P(A_1A_2)]$$

$$=1-2P(A_1)-2P(A_2)+4P(A_1A_2), \qquad ①$$

$$E(X_1)E(X_2)=\{(-1)P(A_1)+1\cdot[1-P(A_1)]\}\{(-1)P(A_2)+1\cdot[1-P(A_2)]\}$$

$$=[1-2P(A_1)][1-2P(A_2)]$$

$$=1-2P(A_1)-2P(A_2)+4P(A_1)P(A_2). \qquad ②$$

由 X_1 与 X_2 不相关，得 $E(X_1X_2)-E(X_1)E(X_2)=0$，代入①，②得 $P(A_1A_2)=P(A_1)P(A_2)$，故 A_1 与 A_2 相互独立，选(B)，其余均错误.

【注】随机变量 X,Y 不相关不一定独立，这句话的意思并不是直接得出结论 X,Y 不一定独立，而是需要进一步分析：

① 举反例，否定 X,Y 独立；

② 或严格证明 X,Y 独立.

本题即采用了方法②.

另外，由于 A_1,A_2 相互独立，而 X_1,X_2 分别是由 A_1,A_2 定义的函数，则 X_1 与 X_2 一定独立.

第五章　大数定律和中心极限定理

题型一　切比雪夫不等式

解题思路归纳

当 $E(X)$,$D(X)$ 均存在时,对任意 $\varepsilon>0$,有

$$P\{|X-E(X)|\geqslant\varepsilon\}\leqslant\frac{D(X)}{\varepsilon^2},$$

$$P\{|X-E(X)|<\varepsilon\}\geqslant1-\frac{D(X)}{\varepsilon^2}.$$

切比雪夫不等式常用于利用期望与方差估计随机变量在某个区间的概率,重点在于期望与方差的计算.

例题1 设随机变量 X 和 Y 分别服从正态分布 $N(1,1)$ 和 $N(0,1)$,$E(XY)-0.25$,根据切比雪夫不等式,$P\{-5<X+2Y<7\}\geqslant$______.

答案 $\frac{5}{6}$

解析 本题考查利用切比雪夫不等式估算概率.

由 $X\sim N(1,1)$,$Y\sim N(0,1)$,$E(XY)=0.25$,得

$$E(X+2Y)=E(X)+2E(Y)=1+0=1,$$

$$\begin{aligned}D(X+2Y)&=D(X)+4D(Y)+4\mathrm{Cov}(X,Y)\\&=D(X)+4D(Y)+4[E(XY)-E(X)E(Y)]\\&=1+4+4(0.25-1\times0)=6.\end{aligned}$$

根据切比雪夫不等式,

$$P\{|X+2Y-E(X+2Y)|<\varepsilon\}\geqslant1-\frac{D(X+2Y)}{\varepsilon^2},$$

即 $P\{|X+2Y-1|<\varepsilon\}\geqslant1-\frac{6}{\varepsilon^2}$,

$$P\{1-\varepsilon<X+2Y<1+\varepsilon\}\geqslant1-\frac{6}{\varepsilon^2},$$

令 $\varepsilon=6$,从而

$$P\{-5<X+2Y<7\}\geqslant1-\frac{6}{6^2}=\frac{5}{6}.$$

例题2 设随机变量 $X_1,X_2,\cdots,X_n$ 独立同分布，且 X_1 的 4 阶矩存在. 设 $\mu_k=E(X_1^k)$ $(k=1,2,3,4)$，则由切比雪夫不等式，对 $\forall\varepsilon>0$，有 $P\left\{\left|\frac{1}{n}\sum_{i=1}^{n}X_i^2-\mu_2\right|\geqslant 1\right\}\leqslant$（　　）.

(A) $\frac{\mu_4-\mu_2^2}{n}$　　(B) $\frac{\mu_4-\mu_2^2}{\sqrt{n}}$　　(C) $\frac{\mu_2-\mu_1^2}{n}$　　(D) $\frac{\mu_2-\mu_1^2}{\sqrt{n}}$

答案 (A)

解析 本题考查利用切比雪夫不等式估算概率.

$$E\left(\frac{1}{n}\sum_{i=1}^{n}X_i^2\right)=\frac{1}{n}\sum_{i=1}^{n}E(X_i^2)=\frac{1}{n}\sum_{i=1}^{n}\mu_2=\mu_2,$$

$$D\left(\frac{1}{n}\sum_{i=1}^{n}X_i^2\right)=\frac{1}{n^2}D\left(\sum_{i=1}^{n}X_i^2\right)=\frac{1}{n}D(X_1^2)=\frac{1}{n}\{E(X_1^4)-[E(X_1^2)]^2\}=\frac{1}{n}(\mu_4-\mu_2^2).$$

根据切比雪夫不等式，有

$$P\left\{\left|\frac{1}{n}\sum_{i=1}^{n}X_i^2-E\left(\frac{1}{n}\sum_{i=1}^{n}X_i^2\right)\right|\geqslant 1\right\}\leqslant\frac{D\left(\frac{1}{n}\sum_{i=1}^{n}X_i^2\right)}{1^2},$$

可得 $P\left\{\left|\frac{1}{n}\sum_{i=1}^{n}X_i^2-\mu_2\right|\geqslant 1\right\}\leqslant\frac{\mu_4-\mu_2^2}{n}$，故选择(A).

题型二　大数定律

解题思路归纳

(1) 切比雪夫大数定律：对任意正数 ε，有

$$\lim_{n\to\infty}P\left\{\left|\frac{1}{n}\sum_{k=1}^{n}X_k-\frac{1}{n}\sum_{k=1}^{n}E(X_k)\right|<\varepsilon\right\}=1.$$

切比雪夫大数定律对 $X_1,X_2,\cdots,X_n,\cdots$ 是否为同一分布不做要求，但要**序列相互独立，方差存在且有上界**. 考查要点在于对方差的分析.

(2) 辛钦大数定律：对任意正数 ε，有

$$\lim_{n\to\infty}P\left\{\left|\frac{1}{n}\sum_{i=1}^{n}X_i-\mu\right|<\varepsilon\right\}=1.$$

其中 $\mu=E(X_i)$，辛钦大数定律只需 $X_1,X_2,\cdots,X_n,\cdots$ **相互独立且同分布，期望存在**. 适用于 $\frac{1}{n}\sum_{k=1}^{n}X_k$ 依概率收敛于期望的问题，要点在于期望的计算.

(3) 伯努利大数定律：设在每次试验中事件 A 发生的概率 $P(A)=p$，在 n 次独立重复试验中，事件 A 发生的次数为 X_n，则对于任意正数 ε，总有

$$\lim_{n\to\infty}P\left\{\left|\frac{X_n}{n}-p\right|<\varepsilon\right\}=1$$

成立，即当 $n\to\infty$ 时，$\frac{X_n}{n}\xrightarrow{P}p$.

例题3 随机变量 $X_1,X_2,\cdots,X_n,\cdots$ 相互独立且满足大数定律，则 X_i 的分布可以是(　　).

(A) $P\{X_i=m\}=\frac{C}{m^3},m=1,2,\cdots$

(B) X_i 服从参数为 $\frac{1}{i}$ 的指数分布

(C) X_i 服从参数为 i 的泊松分布

(D) X_i 的概率密度 $f(x)=\frac{1}{\pi(1+x^2)}$

答案 (A)

解析 本题考查切比雪夫大数定律与辛钦大数定律的前提条件.

选项(A)，由于 $X_1,X_2,\cdots,X_n,\cdots$ 独立同分布于 $P\{X_i=m\}=\frac{C}{m^3},m=1,2,\cdots$，考虑辛钦大数定律. $E(X_i)=\sum\limits_{m=1}^{\infty}P\{X_i=m\}\cdot m=\sum\limits_{m=1}^{\infty}\frac{C}{m^3}\cdot m=C\sum\limits_{m=1}^{\infty}\frac{1}{m^2}$，此级数收敛，从而 $E(X_i)$ 存在，(A) 满足辛钦大数定律.

选项(B)，$X_i\sim E\left(\frac{1}{i}\right)$，$X_i$ 之间不同分布，考虑切比雪夫大数定律.

由于 $D(X_i)=\frac{1}{\left(\frac{1}{i}\right)^2}=i^2,i=1,2,\cdots$ 无界，故(B) 不满足切比雪夫大数定律.

选项(C)，$X_i\sim P(i)$，X_i 之间不同分布，考虑切比雪夫大数定律.

由于 $D(X_i)=i,i=1,2,\cdots$ 无界，故(C) 不满足切比雪夫大数定律.

选项(D)，由于 $X_1,X_2,\cdots,X_n,\cdots$ 独立同分布，概率密度为 $f(x)=\frac{1}{\pi(1+x^2)}$，考虑辛钦大数定律.

$$E(X_i)=\int_{-\infty}^{+\infty}xf(x)\mathrm{d}x=\int_{-\infty}^{+\infty}\frac{x}{\pi(1+x^2)}\mathrm{d}x,$$

此反常积分不收敛，从而 $E(X_i)$ 不存在，(D) 不满足辛钦大数定律.

综上，选择(A).

例题4 设随机变量序列 $\{X_n\}(n=1,2,\cdots)$ 相互独立，则根据辛钦大数定律，当 $n\to\infty$ 时，$\frac{1}{n}\sum\limits_{k=1}^{n}X_k$ 依概率收敛于其数学期望，只要 $\{X_n\}(n=1,2,\cdots)$(　　).

(A) 服从于同一离散型分布

(B) 服从于同一连续型分布

(C) 服从于同一泊松分布　　　　　　　　(D) 有相同的数学期望

答案 (C)

解析 本题考查辛钦大数定律的前提条件.

辛钦大数定律需要 $\{X_n\}$ 独立同分布且期望存在，选项(A)，(B) 期望未必存在，(D) 不属于同分布.

选项(C)，$\{X_n\}$ 独立同泊松分布，且 $E(X_n)=\lambda$，存在.

综上，选择(C).

例题5 设随机变量 $X_1,X_2,\cdots,X_n,\cdots$ 相互独立，记 $Y_n=X_{2n}-X_{2n-1}(n=1,2,\cdots)$，根据大数定律，当 $n\to\infty$ 时，$\frac{1}{n}\sum_{i=1}^{n}Y_i$ 依概率收敛到 0，只要 $\{X_n\}(n=1,2,\cdots)$ 满足(　　).

(A) 数学期望存在　　　　　　　　(B) 有相同的数学期望与方差

(C) 服从同一离散型分布　　　　　(D) 服从同一连续型分布

答案 (B)

解析 本题考查切比雪夫大数定律与辛钦大数定律的前提条件.

选项(A)，数学期望存在，既不满足切比雪夫大数定律(方差有上界)，也不满足辛钦大数定律(同分布).

选项(B)，当 $\{X_n\}(n=1,2,\cdots)$ 相互独立且有相同的数学期望与方差时，设 $E(X_n)=\mu$，$D(X_n)=\sigma^2$ 存在，则

$$E\left(\frac{1}{n}\sum_{i=1}^{n}Y_i\right)=E\left[\frac{1}{n}\sum_{i=1}^{n}(X_{2i}-X_{2i-1})\right]=\frac{1}{n}\sum_{i=1}^{n}[E(X_{2i})-E(X_{2i-1})]=0,$$

$$\begin{aligned}D\left(\frac{1}{n}\sum_{i=1}^{n}Y_i\right)&=\frac{1}{n^2}\sum_{i=1}^{n}D(Y_i)=\frac{1}{n^2}\sum_{i=1}^{n}D(X_{2i}-X_{2i-1})\\&=\frac{1}{n^2}\sum_{i=1}^{n}[D(X_{2i})+D(X_{2i-1})]\\&=\frac{1}{n^2}\sum_{i=1}^{n}(\sigma^2+\sigma^2)=\frac{2n\sigma^2}{n^2}=\frac{2\sigma^2}{n}\leqslant 2\sigma^2,\end{aligned}$$

Y_i 满足相互独立，方差有上界，根据切比雪夫大数定律，得

$$\lim_{n\to\infty}P\left\{\left|\frac{1}{n}\sum_{i=1}^{n}Y_i-E\left(\frac{1}{n}\sum_{i=1}^{n}Y_i\right)\right|\leqslant\varepsilon\right\}=\lim_{n\to\infty}P\left\{\left|\frac{1}{n}\sum_{i=1}^{n}Y_i-0\right|\leqslant\varepsilon\right\}=1,$$

即 $\frac{1}{n}\sum_{i=1}^{n}Y_i$ 依概率收敛到 0.

选项(C)，(D)，当 $\{X_n\}(n=1,2,\cdots)$ 服从同一离散型或者连续型分布时，其期望和方差未必存在，不满足大数定律. 综上，选择(B).

例题6 设随机变量序列 $X_1,X_2,\cdots,X_n$ 独立同分布，且 X_1 的概率密度为 $f(x)=$

$\begin{cases}1-|x|, & |x|<1, \\ 0, & 其他,\end{cases}$ 则当 $n\to\infty$ 时，$\frac{1}{n}\sum_{i=1}^{n}X_i^2$ 依概率收敛于（　　）.

(A) $\frac{1}{8}$　　(B) $\frac{1}{6}$　　(C) $\frac{1}{3}$　　(D) $\frac{1}{2}$

答案 (B)

解析 本题考查辛钦大数定律的应用.

由辛钦大数定律可知，当 $X_1,X_2,\cdots,X_n$ 独立同分布时，$\frac{1}{n}\sum_{i=1}^{n}X_i^2$ 依概率收敛于 $E(X_1^2)$.

又 $E(X_1^2)=\int_{-\infty}^{+\infty}x^2f(x)\mathrm{d}x=\int_{-1}^{1}x^2(1-|x|)\mathrm{d}x=2\int_{0}^{1}x^2(1-x)\mathrm{d}x=2\left(\frac{1}{3}-\frac{1}{4}\right)=\frac{1}{6}$，故选择(B).

题型三　中心极限定理

解题思路归纳

(1) 列维－林德伯格中心极限定理(独立同分布的中心极限定理).

设 $X_1,X_2,\cdots,X_n,\cdots$ 相互独立，服从同一分布，且 $E(X_i)=\mu,D(X_i)=\sigma^2>0,i=1,2,\cdots$，则当 n 充分大时，$\sum_{i=1}^{n}X_i$ 近似服从正态分布 $N(n\mu,n\sigma^2)$.

$$\lim_{n\to\infty}P\left\{\frac{\sum_{i=1}^{n}X_i-n\mu}{\sqrt{n\sigma^2}}\leqslant x\right\}=\int_{-\infty}^{x}\frac{1}{\sqrt{2\pi}}\mathrm{e}^{-\frac{t^2}{2}}\mathrm{d}t=\Phi(x).$$

(2) 棣莫弗－拉普拉斯中心极限定理.

设 $Y_n\sim B(n,p),n=1,2,\cdots$，则当 n 充分大时，有 Y_n 近似服从正态分布 $N(np,np(1-p))$.

$$\lim_{n\to\infty}P\left\{\frac{Y_n-np}{\sqrt{np(1-p)}}\leqslant x\right\}=\int_{-\infty}^{x}\frac{1}{\sqrt{2\pi}}\mathrm{e}^{-\frac{t^2}{2}}\mathrm{d}t=\Phi(x).$$

例题7 设随机变量 $X_1,X_2,\cdots,X_n$ 相互独立，$S_n=X_1+X_2+\cdots+X_n$，则根据列维－林德伯格中心极限定理，当 n 充分大时，S_n 近似服从正态分布，只要 $X_1,X_2,\cdots,X_n$（　　）.

(A) 有相同期望和方差　　(B) 服从同一离散型分布

(C) 服从同一均匀分布　　(D) 服从同一连续型分布

答案 (C)

解析 本题考查列维－林德伯格中心极限定理的前提条件.

列维－林德伯格中心极限定理,需要 $X_1,X_2,\cdots,X_n$ 独立同分布且期望、方差存在.

选项(A),$X_1,X_2,\cdots,X_n$ 有相同期望、方差时,$X_1,X_2,\cdots,X_n$ 未必同分布.

选项(B),(D),$X_1,X_2,\cdots,X_n$ 服从同一离散型或连续型分布时,$X_1,X_2,\cdots,X_n$ 的期望与方差未必存在.

选项(C),$X_1,X_2,\cdots,X_n$ 服从同一均匀分布,从而 $X_1,X_2,\cdots,X_n$ 的期望与方差均存在,又 $X_1,X_2,\cdots,X_n$ 相互独立,故(C)满足列维－林德伯格中心极限定理.综上,选择(C).

例题8 设 X_n 表示将一枚匀称的硬币随意抛掷 n 次,其中"正面"出现的次数,$\Phi(x)$ 表示标准正态分布函数,则根据中心极限定理,下列选项中正确的是(　　).

(A)$\lim\limits_{n\to\infty}P\left\{\dfrac{X_n-n}{\sqrt{n}}\leqslant x\right\}=\Phi(x)$　　(B)$\lim\limits_{n\to\infty}P\left\{\dfrac{X_n-2n}{\sqrt{n}}\leqslant x\right\}=\Phi(x)$

(C)$\lim\limits_{n\to\infty}P\left\{\dfrac{2X_n-n}{\sqrt{n}}\leqslant x\right\}=\Phi(x)$　　(D)$\lim\limits_{n\to\infty}P\left\{\dfrac{2X_n-2n}{\sqrt{n}}\leqslant x\right\}=\Phi(x)$

答案 (C)

解析 本题考查棣莫弗－拉普拉斯中心极限定理的应用.

依题意得 $X_n\sim B\left(n,\dfrac{1}{2}\right)$,$E(X_n)=n\cdot\dfrac{1}{2}$,$D(X_n)=n\cdot\dfrac{1}{2}\left(1-\dfrac{1}{2}\right)=\dfrac{n}{4}$,则当 n 充分大时,根据中心极限定理,X_n 近似服正态分布 $N\left(\dfrac{n}{2},\dfrac{n}{4}\right)$,从而 $\dfrac{X_n-\dfrac{n}{2}}{\sqrt{\dfrac{n}{4}}}=\dfrac{2X_n-n}{\sqrt{n}}$ 近似服从 $N(0,1)$,即 $\lim\limits_{n\to\infty}P\left\{\dfrac{2X_n-n}{\sqrt{n}}\leqslant x\right\}=\Phi(x)$,故选择(C).

例题9 已知随机变量 $X_n(n=1,2,\cdots)$ 相互独立且都在 $(-1,1)$ 上服从均匀分布,根据独立同分布中心极限定理,有 $\lim\limits_{n\to\infty}P\left\{\sum\limits_{i=1}^{n}X_i\leqslant\sqrt{n}\right\}$ 等于(结果用标准正态分布函数 $\Phi(x)$ 表示)(　　).

(A)$\Phi(0)$　　(B)$\Phi(1)$　　(C)$\Phi(\sqrt{3})$　　(D)$\Phi(2)$

答案 (C)

解析 本题考查列维－林德伯格中心极限定理(独立同分布的中心极限定理)的应用.

由 $X_n\sim U(-1,1)$,得 $E(X_n)=\dfrac{-1+1}{2}=0$,$D(X_n)=\dfrac{[1-(-1)]^2}{12}=\dfrac{1}{3}$,而 X_n 相互独立,根据中心极限定理,当 n 足够大时,$\sum\limits_{i=1}^{n}X_i$ 近似服从正态分布,又

$$E(\sum_{i=1}^{n}X_i)=nE(X_n)=n\cdot 0=0,$$

$$D(\sum_{i=1}^{n}X_i)=nD(X_n)=n\cdot\frac{1}{3}=\frac{n}{3},$$

于是 $\sum_{i=1}^{n}X_i\sim N\left(0,\frac{n}{3}\right)$，得 $\dfrac{\sum_{i=1}^{n}X_i-0}{\sqrt{\frac{n}{3}}}$ 近似服从 $N(0,1)$，则

$$\lim_{n\to\infty}p\left\{\sum_{i=1}^{n}X_i\leqslant\sqrt{n}\right\}=\lim_{n\to\infty}p\left\{\frac{\sum_{i=1}^{n}X_i-0}{\sqrt{\frac{n}{3}}}\leqslant\frac{\sqrt{n}-0}{\sqrt{\frac{n}{3}}}\right\}=\Phi(\sqrt{3}).$$

故选择(C).

例题10 设随机变量 $X_1,X_2,\cdots,X_{2n}$ 独立同分布，且 $E(X_i)=D(X_i)=1(i=1,2,\cdots,n)$，如果 $Y_n=c\sum_{i=1}^{n}\dfrac{X_{2i}-X_{2i-1}}{\sqrt{n}}$，则当正实数 $c=$________时，根据独立同分布中心极限定理，当 n 充分大时，Y_n 近似服从标准正态分布.

答案 $\dfrac{1}{\sqrt{2}}$

解析 本题考查列维－林德伯格中心极限定理(独立同分布的中心极限定理)的应用.

令 $Y_i=X_{2i}-X_{2i-1}$，$i=1,2,\cdots,n$，则 Y_i 独立同分布.

根据中心极限定理，当 n 充分大时，$\sum_{i=1}^{n}(X_{2i}-X_{2i-1})=\sum_{i=1}^{n}Y_i$ 近似服从正态分布. 又

$$E\left[\sum_{i=1}^{n}(X_{2i}-X_{2i-1})\right]=nE(X_{2i}-X_{2i-1})=0,$$

$$\begin{aligned}D\left[\sum_{i=1}^{n}(X_{2i}-X_{2i-1})\right]&=nD(X_{2i}-X_{2i-1})\\&=n[D(X_{2i})+D(X_{2i-1})]\\&=n(1+1)=2n,\end{aligned}$$

于是 $\sum_{i=1}^{n}(X_{2i}-X_{2i-1})$ 近似服从 $N(0,2n)$，$\dfrac{\sum_{i=1}^{n}(X_{2i}-X_{2i-1})-0}{\sqrt{2n}}$ 近似服从 $N(0,1)$.

对比 $Y_n=c\sum_{i=1}^{n}\dfrac{X_{2i}-X_{2i-1}}{\sqrt{n}}$，于是 $c=\dfrac{1}{\sqrt{2}}$.

第六章 数理统计的基本概念

题型一 常用统计量及数字特征

解题思路归纳

(1) 重要统计量的定义：

$$\overline{X}=\frac{1}{n}\sum_{i=1}^{n}X_i,S^2=\frac{1}{n-1}\sum_{i=1}^{n}(X_i-\overline{X})^2=\frac{1}{n-1}\left(\sum_{i=1}^{n}X_i^2-n\overline{X}^2\right).$$

(2) 统计量数字特征的重要结论：$E(\overline{X})=E(X),D(\overline{X})=\frac{D(X)}{n},E(S^2)=D(X)$.

(3) 与正态分布有关的重要技巧：若 $X\sim N(\mu,\sigma^2)$，则 $\frac{(n-1)S^2}{\sigma^2}\sim\chi^2(n-1)$.

此时 $E(S^2)=\sigma^2,D(S^2)=\frac{2}{n-1}\sigma^4,\mathrm{Cov}(\overline{X},S^2)=0$.

【注】(2) 恒成立，(3) 必须在正态总体这个前提下才能成立.

例题1 设 $X_1,X_2,\cdots,X_n$ 是来自总体 X 的简单随机样本，定义 $\overline{X}=\frac{1}{n}\sum_{i=1}^{n}X_i$，下列说法中错误的是(　　).

(A) $\sum_{i=1}^{n}(X_i-\mu)^2=\sum_{i=1}^{n}(X_i-\overline{X})^2-n(\overline{X}-\mu)^2$

(B) $\sum_{i=1}^{n}(X_i-\mu)^2=\sum_{i=1}^{n}(X_i-\overline{X})^2+n(\overline{X}-\mu)^2$

(C) $\sum_{i=1}^{n}(X_i-\overline{X})^2=\sum_{i=1}^{n}X_i^2-n\overline{X}^2$

(D) $\sum_{i=1}^{n}(X_i+\overline{X})^2=\sum_{i=1}^{n}X_i^2+3n\overline{X}^2$

答案 (A)

解析 本题考查对常用统计量的定义的理解.

$$\begin{aligned}\sum_{i=1}^{n}(X_i-\mu)^2&=\sum_{i=1}^{n}[(X_i-\overline{X})+(\overline{X}-\mu)]^2\\&=\sum_{i=1}^{n}(X_i-\overline{X})^2+2\sum_{i=1}^{n}(X_i-\overline{X})(\overline{X}-\mu)+\sum_{i=1}^{n}(\overline{X}-\mu)^2,\end{aligned}$$

其中
$$\text{第二项}=2(\overline{X}-\mu)\sum_{i=1}^{n}(X_i-\overline{X})$$
$$=2(\overline{X}-\mu)(X_1+X_2+\cdots+X_n-n\overline{X})=0,$$

故$\sum_{i=1}^{n}(X_i-\mu)^2=\sum_{i=1}^{n}(X_i-\overline{X})^2+n(\overline{X}-\mu)^2$.

(B) 正确,(A) 错误.

$$\begin{aligned}\sum_{i=1}^{n}(X_i-\overline{X})^2&=\sum_{i=1}^{n}(X_i^2-2X_i\overline{X}+\overline{X}^2)\\&=\sum_{i=1}^{n}X_i^2-2\overline{X}\sum_{i=1}^{n}X_i+n\overline{X}^2\\&=\sum_{i=1}^{n}X_i^2-2\overline{X}(n\overline{X})+n\overline{X}^2\\&=\sum_{i=1}^{n}X_i^2-n\overline{X}^2.\end{aligned}$$

同理,
$$\begin{aligned}\sum_{i=1}^{n}(X_i+\overline{X})^2&=\sum_{i=1}^{n}(X_i^2+2\overline{X}X_i+\overline{X}^2)\\&=\sum_{i=1}^{n}X_i^2+2\overline{X}\sum_{i=1}^{n}X_i+n\overline{X}^2\\&=\sum_{i=1}^{n}X_i^2+2\overline{X}(n\overline{X})+n\overline{X}^2\\&=\sum_{i=1}^{n}X_i^2+3n\overline{X}^2,\end{aligned}$$

故(C),(D) 正确. 综上,选(A).

例题2 已知总体 X 的分布函数为$F(x)$,$X_1,\cdots,X_n,X_{n+1}$ 为来自总体 X 的简单随机样本. 记$X_{(1)}=\min\{X_1,\cdots,X_n\}$,$X_{(n)}=X_{n+1}$,则$X_{(1)}$与$X_{(n)}$的联合分布函数$F(x,y)=$ ________.

答案 $\{1-[1-F(x)]^n\}F(y)$

解析 本题考查对常用统计量的理解.

由于 $X_1,\cdots,X_n,X_{n+1}$ 独立同分布,根据联合分布函数的定义可知
$$\begin{aligned}F(x,y)&=P\{\min\{X_1,\cdots,X_n\}\leqslant x,X_{n+1}\leqslant y\}\\&=P\{\min\{X_1,\cdots,X_n\}\leqslant x\}P\{X_{n+1}\leqslant y\}\\&=F_{X_{(1)}}(x)F_{X_{(n)}}(y)\\&=\{1-[1-F(x)]^n\}F(y).\end{aligned}$$

例题3 设总体 X 的分布函数为$F(x)$,$X_1,X_2,\cdots,X_n$ 为来自总体X 的简单随机样本,样本的经验分布函数为 $F_n(x)$,对于给定的 $x(0<F(x)<1)$,$D[F_n(x)]=$(　　).

(A)$F(x)[1-F(x)]$　　(B)$[F(x)]^2$

(C) $\frac{1}{n}F(x)[1-F(x)]$　　(D) $\frac{1}{n}[F(x)]^2$

答案 (C)

解析 经验分布函数为 $F_n(x)=\begin{cases}0, & X<X_{(1)},\\ \dfrac{k}{n}, & X_{(k)}\leqslant X<X_{(k+1)},k=1,2,\cdots,n-1.\\ 1, & X\geqslant X_{(n)},\end{cases}$

记 $Y_i=\begin{cases}1, & X_i\leqslant x,\\ 0, & X_i>x,\end{cases}$ $i=1,2,\cdots,n$,则 $Y_i\sim B(1,p)$,其中 $p=F(x)$,所以

$$E(Y_i)=p=F(x),D(Y_i)=p(1-p)=F(x)[1-F(x)],$$

而 $F_n(x)=\dfrac{1}{n}\sum\limits_{i=1}^{n}Y_i$,所以

$$D[F_n(x)]=D\left(\frac{1}{n}\sum_{i=1}^{n}Y_i\right)=\frac{1}{n}D(Y_i)=\frac{1}{n}F(x)[1-F(x)],$$

故选(C).

例题4 设 $X_1,\cdots,X_n$ 相互独立,服从同一分布 $N(\mu,\sigma^2)$,$\overline{X}=\dfrac{1}{n}\sum\limits_{k=1}^{n}X_k$,则 $E(\sum\limits_{k=1}^{n}|X_k-\overline{X}|)=$________.

答案 $\sigma\sqrt{n^2-n}\sqrt{\dfrac{2}{\pi}}$

解析 本题考查对常用统计量数字特征的理解.

首先,由 $X_1,\cdots,X_n$ 独立同分布,则 $|X_k-\overline{X}|(k=1,2,\cdots,n)$ 同分布.

$$E(\sum_{k=1}^{n}|X_k-\overline{X}|)=nE(|X_k-\overline{X}|).$$

$X_k-\overline{X}=X_k-\dfrac{X_1+\cdots+X_n}{n}$ 为 $X_1,\cdots,X_n$ 的线性组合,一定服从正态分布.

$$E(X_k-\overline{X})=E(X_k)-E(\overline{X})=\mu-\mu=0,$$

$$\begin{aligned}D(X_k-\overline{X})&=D(X_k)+D(\overline{X})-2\mathrm{Cov}(X_k,\overline{X})\\&=\sigma^2+\frac{\sigma^2}{n}-2\mathrm{Cov}\left(X_k,\frac{X_1+\cdots+X_n}{n}\right)\\&=\sigma^2+\frac{\sigma^2}{n}-\frac{2}{n}\mathrm{Cov}(X_k,X_k)\\&=\sigma^2+\frac{\sigma^2}{n}-\frac{2}{n}D(X_k)=\left(1-\frac{1}{n}\right)\sigma^2,\end{aligned}$$

即 $X_k-\overline{X}\sim N\left(0,\left(1-\dfrac{1}{n}\right)\sigma^2\right)$.

令$\dfrac{X_k-\overline{X}-0}{\sqrt{\left(1-\dfrac{1}{n}\right)\sigma^2}}=t\sim N(0,1)$,则

$$\begin{aligned}原式&=nE(|X_k-\overline{X}|)=n\cdot\sqrt{\left(1-\frac{1}{n}\right)\sigma^2}E(|t|)\\&=\sqrt{n^2-n}\cdot\sigma\cdot\int_{-\infty}^{+\infty}|t|\cdot\frac{1}{\sqrt{2\pi}}\mathrm{e}^{-\frac{t^2}{2}}\mathrm{d}t\\&=\sqrt{n^2-n}\cdot\sigma\cdot 2\int_0^{+\infty}t\frac{1}{\sqrt{2\pi}}\mathrm{e}^{-\frac{t^2}{2}}\mathrm{d}t\\&=\sqrt{n^2-n}\cdot\sigma\cdot\frac{2}{\sqrt{2\pi}}\left(-\mathrm{e}^{-\frac{t^2}{2}}\right)\Big|_0^{+\infty}\\&=\sqrt{\frac{2}{\pi}(n^2-n)}\sigma.\end{aligned}$$

【注】由于样本 $X_1,\cdots,X_n$ 独立同分布,因而在数字特征计算中充分运用独立同分布的性质,可有效简化计算.

例题5 设总体 $X\sim B(m,\theta)$,$X_1,X_2,\cdots,X_n$ 为来自该总体的简单随机样本,$\overline{X}$ 为样本均值,则 $E\left[\sum\limits_{i=1}^{n}(X_i-\overline{X})^2\right]=(\quad)$.

(A)$(m-1)n\theta(1-\theta)$　　(B)$m(n-1)\theta(1-\theta)$

(C)$(m-1)(n-1)\theta(1-\theta)$　　(D)$mn\theta(1-\theta)$

答案 (B)

解析 本题考查对常用统计量数字特征的理解.

本题若直接计算 $E\left[\sum\limits_{i=1}^{n}(X_i^2-2X_i\overline{X}+\overline{X}^2)\right]$,过程较为复杂.

观察可知,$\sum\limits_{i=1}^{n}(X_i-\overline{X})^2=(n-1)S^2$,故

$$E\left[\sum_{i=1}^{n}(X_i-\overline{X})^2\right]=E[(n-1)S^2]=(n-1)E(S^2)=(n-1)D(X)=(n-1)m\theta(1-\theta).$$

选(B).

例题6 已知 $X_1,X_2,\cdots,X_n$ 是来自总体 $N(0,1)$ 的容量为 n 的简单随机样本,其样本均值和方差分别为 $\overline{X}$ 与 S^2,求 $D\left(\overline{X}^2-\dfrac{1}{n}S^2\right)$.

解析 本题考查对常用统计量数字特征的理解.

由正态总体性质可知,$\overline{X}$ 与 S^2 相互独立,故

$$D\left(\overline{X}^2-\frac{1}{n}S^2\right)=D(\overline{X}^2)+D\left(\frac{1}{n}S^2\right).$$

考虑 $\overline{X}\sim N\left(0,\frac{1}{n}\right)$，则$\dfrac{\overline{X}-0}{\sqrt{\frac{1}{n}}}\sim N(0,1)$，$n\overline{X}^2\sim\chi^2(1)$，则 $D(n\overline{X}^2)=2$，

$$D(\overline{X}^2)=D\left(\frac{1}{n}\cdot n\overline{X}^2\right)=\frac{1}{n^2}D(n\overline{X}^2)=\frac{2}{n^2}.$$

另一方面，$\dfrac{(n-1)S^2}{\sigma^2}\sim\chi^2(n-1)$，本题中 $\sigma^2=1$，故 $(n-1)S^2\sim\chi^2(n-1)$，则

$$D\left(\frac{1}{n}S^2\right)=D\left[\frac{1}{n(n-1)}(n-1)S^2\right]=\frac{1}{[n(n-1)]^2}D[(n-1)S^2]$$

$$=\frac{1}{n^2(n-1)^2}\cdot 2(n-1)=\frac{2}{n^2(n-1)}.$$

综上，$D\left(\overline{X}^2-\dfrac{1}{n}S^2\right)=\dfrac{2}{n^2}+\dfrac{2}{n^2}\dfrac{1}{n-1}=\dfrac{2}{n^2}\left(1+\dfrac{1}{n-1}\right)=\dfrac{2}{n(n-1)}$.

【注】在正态总体条件下，“见到平方找卡方”是数字特征计算中常用思维。

例题7 设 $X_1,X_2,\cdots,X_n$ 为来自总体 $N(0,\sigma^2)$ 的样本，样本二阶原点矩 $A_2=\dfrac{1}{n}\sum\limits_{i=1}^{n}X_i^2$，则 A_2 的方差为(　　).

(A) σ^2　　(B) $\dfrac{\sigma^2}{n}$　　(C) $\dfrac{2\sigma^4}{n}$　　(D) $\dfrac{\sigma^4}{n}$

答案 (C)

解析 本题考查对常用统计量数字特征的理解.

根据“见到平方找卡方”的思维，

$$A_2=\frac{1}{n}\sum_{i=1}^{n}\left(\frac{X_i-0}{\sigma}\right)^2\cdot\sigma^2=\frac{\sigma^2}{n}\sum_{i=1}^{n}\left(\frac{X_i-0}{\sigma}\right)^2.$$

由$\dfrac{X_i-0}{\sigma}\sim N(0,1)$，则$\sum\limits_{i=1}^{n}\left(\dfrac{X_i-0}{\sigma}\right)^2\sim\chi^2(n)$，故

$$D(A_2)=\left(\frac{\sigma^2}{n}\right)^2D\left[\sum_{i=1}^{n}\left(\frac{X_i-0}{\sigma}\right)^2\right]=\frac{\sigma^4}{n^2}\cdot 2n=\frac{2}{n}\sigma^4.$$

例题8 设总体 X 服从正态分布 $N(\mu,\sigma^2)(\sigma>0)$，从该总体中抽取简单随机样本 $X_1,X_2,\cdots,X_{2n}(n\geqslant 2)$，其样本均值为 $\overline{X}=\dfrac{1}{2n}\sum\limits_{i=1}^{2n}X_i$，求统计量 $Y=\sum\limits_{i=1}^{n}(X_i+X_{n+i}-2\overline{X})^2$ 的数学期望 $E(Y)$.

解析 本题考查对常用统计量数字特征的理解.

由 $X_1,\cdots,X_{2n}$ 独立同分布，则 $X_i+X_{n+i}-2\overline{X}(i=1,2,3,\cdots,n)$ 也满足独立同分布，此时

$$E(Y)=nE(X_i+X_{n+i}-2\overline{X})^2.$$

下面用两种方法计算.

方法一： $$2\overline{X}=\frac{1}{n}\sum_{i=1}^{2n}X_i=\frac{X_i+\cdots+X_n}{n}+\frac{X_{n+1}+\cdots+X_{2n}}{n},$$

令 $U=\dfrac{X_1+\cdots+X_n}{n}$，$V=\dfrac{X_{n+1}+\cdots+X_{2n}}{n}$，则 U,V 分别可视作 $X_1,\cdots,X_n$ 与 $X_{n+1},\cdots,X_{2n}$ 的均值.

$$\begin{aligned}E(Y)&=nE[(X_i-U)+(X_{n+i}-V)]^2\\&=n\{[E(X_i+X_{n+i}-U-V)]^2+D(X_i-U+X_{n+i}-V)\}.\end{aligned}$$

其中 $$E(X_i+X_{n+i}-U-V)=\mu+\mu-\mu-\mu=0.\qquad ①$$

由于 X_i-U（只与 $X_1,\cdots,X_n$ 有关）与 $X_{n+i}-V$（只与 $X_{n+1},\cdots,X_{2n}$ 有关）相互独立，故

$$D(X_i-U+X_{n+i}-V)=D(X_i-U)+D(X_{n+i}-V).$$

又 X_i-U 与 $X_{n+i}-V$ 同分布，故

$$\begin{aligned}D(X_i-U+X_{n+i}-V)&=2D(X_i-U)=2D\left(X_i-\frac{X_1+\cdots+X_n}{n}\right)\\&=2\left[D(X_i)+D\left(\frac{X_1+\cdots+X_n}{n}\right)-2\mathrm{Cov}\left(X_i,\frac{X_1+\cdots+X_n}{n}\right)\right]\\&=2\left[\sigma^2+\frac{\sigma^2}{n}-\frac{2}{n}\mathrm{Cov}(X_i,X_i)\right]=2\left(1-\frac{1}{n}\right)\sigma^2.\qquad ②\end{aligned}$$

综合 ①，②，$E(Y)=n\left[2\left(1-\dfrac{1}{n}\right)\sigma^2\right]=(2n-2)\sigma^2.$

方法二：如上所述，

$$\begin{aligned}E(Y)&=nE(X_i+X_{n+i}-2\overline{X})^2\\&=n\{[E(X_i+X_{n+i}-2\overline{X})]^2+D(X_i+X_{n+i}-2\overline{X})\},\end{aligned}$$

其中 $E(X_i+X_{n+i}-2\overline{X})=E(X_i)+E(X_{n+i})-2E(\overline{X})=\mu+\mu-2\mu=0.$

$$\begin{aligned}&D(X_i+X_{n+i}-2\overline{X})\\&=D(X_i)+D(X_{n+i})+D(-2\overline{X})+2\mathrm{Cov}(X_i,X_{n+i})-2\mathrm{Cov}(X_i,2\overline{X})-2\mathrm{Cov}(X_{n+i},2\overline{X}),\end{aligned}$$

其中 $$D(X_i)=D(X_{n+i})=\sigma^2,D(-2\overline{X})=4D(\overline{X})=4\cdot\frac{D(X)}{2n}=\frac{2}{n}\sigma^2,$$

$$\mathrm{Cov}(X_i,X_{n+i})\xlongequal{\text{相互独立}}0,$$

$$\mathrm{Cov}(X_i,2\overline{X})=2\mathrm{Cov}(X_i,\overline{X})=2\mathrm{Cov}\left(X_i,\frac{X_1+\cdots+X_{2n}}{2n}\right)=2\cdot\frac{1}{2n}\mathrm{Cov}(X_i,X_i)=\frac{1}{n}\sigma^2,$$

$$\mathrm{Cov}(X_{n+i},2\overline{X})=\mathrm{Cov}(X_i,2\overline{X}).$$

综上，
$$E(Y)=n\left(\sigma^2+\sigma^2+\frac{2}{n}\sigma^2+0-\frac{2}{n}\sigma^2-\frac{2}{n}\sigma^2\right)$$
$$=n\left(2-\frac{2}{n}\right)\sigma^2=(2n-2)\sigma^2.$$

【注】同分布的随机变量具有相同数字特征(无论是否相互独立)，此方法在统计量数字特征计算中有重要作用.

题型二 三大分布

解题思路归纳

χ^2,t,F 三大分布规律如下表：

分布	形式	自由度	性质	注意事项
$\chi^2(n)$	$X_1^2+\cdots+X_n^2$	$n=$ 求和中平方个数	$E[\chi^2(n)]=n$ $D[\chi^2(n)]=2n$	$X_i\sim N(0,1)$ $X_1,\cdots,X_n$ 相互独立
$t(n)$	$\dfrac{X}{\sqrt{(Y_1^2+\cdots+Y_n^2)/n}}$	$n=$ 根号内平方个数	概率密度为偶函数，$t_\alpha(n)=-t_{1-\alpha}(n)$	$X,Y_1,Y_2,\cdots,Y_n$ 均服从 $N(0,1)$ 且相互独立
$F(m,n)$	$\dfrac{(X_1^2+\cdots+X_m^2)/m}{(Y_1^2+\cdots+Y_n^2)/n}$	$m=$ 分子中平方个数 $n=$ 分母中平方个数	若 $F\sim F(m,n)$，则$\dfrac{1}{F}\sim F(n,m)$	$X_1,\cdots,X_m,Y_1,\cdots,Y_n$ 均服从 $N(0,1)$ 且相互独立

例题9 设 X_1,X_2,X_3,X_4,X_5 为来自正态总体 $N(0,4)$ 的简单随机样本，$Y=a(X_1-2X_2)^2+b(3X_3-4X_4)^2+cX_5^2$，且 $Y\sim\chi^2(n)$，则 $a=$______，$b=$______，$c=$______，$n=$______.

答案 1/20；1/100；1/4；3

解析 本题考查对卡方分布概念的理解.

根据卡方分布定义，完全平方的对象必须服从 $N(0,1)$.

根据条件，$E(X_i)=0,D(X_i)=4(i=1,2,\cdots,5)$.

由于 $E(X_1-2X_2)=E(X_1)-2E(X_2)=0,D(X_1-2X_2)=D(X_1)+4D(X_2)=20$，故 $X_1-2X_2\sim N(0,20)$.

又由于 $E(3X_3-4X_4)=3E(X_3)-4E(X_4)=0$，$D(3X_3-4X_4)=9D(X_3)+16D(X_4)=100$，故 $3X_3-4X_4\sim N(0,100)$.

又 $X_5\sim N(0,4)$，故

$$\left(\frac{X_1-2X_2}{\sqrt{20}}\right)^2+\left(\frac{3X_3-4X_4}{\sqrt{100}}\right)^2+\left(\frac{X_5-0}{\sqrt{4}}\right)^2 \underbrace{\quad}_{\text{相互独立}} \chi^2(3).$$

因此，$a=\frac{1}{20}$，$b=\frac{1}{100}$，$c=\frac{1}{4}$，$n=3$.

【注】卡方分布分析注意两点：

（ⅰ）正态分布必须标准化才能实现卡方分布；

（ⅱ）求和的各个平方项之间必须具有相互独立性，本题中虽然样本容量为5，但最终形成三个完全平方，故 $n=3$.

例题10 设 X_1,X_2,X_3,X_4 为来自总体 $X\sim N(1,2)$ 的简单随机样本，则下列选项中说法错误的是（　　）.

(A) $\dfrac{\left(\sum\limits_{i=1}^{4}X_i-4\right)^2}{8}\sim\chi^2(1)$

(B) $\dfrac{(X_1+X_2-2)^2+(X_3+X_4-2)^2}{4}\sim\chi^2(2)$

(C) $\dfrac{(X_1+X_2+X_3-3)^2+3(X_4-1)^2}{6}\sim\chi^2(2)$

(D) $\dfrac{(X_1+X_2+X_3-3)^2+(X_2+X_3+X_4-3)^2}{6}\sim\chi^2(2)$

答案 (D)

解析 本题考查对卡方分布概念的理解.

因为 $X_1+X_2+X_3+X_4\sim N(4,8)$，故 $\left(\dfrac{\sum\limits_{i=1}^{4}X_i-4}{\sqrt{8}}\right)^2\sim\chi^2(1)$.

(A) 正确.

又 $X_1+X_2\sim N(2,4)$，$X_3+X_4\sim N(2,4)$，故

$$\left(\frac{X_1+X_2-2}{\sqrt{4}}\right)^2+\left(\frac{X_3+X_4-2}{\sqrt{4}}\right)^2 \underbrace{\quad}_{\text{相互独立}} \chi^2(2),$$

(B) 正确.

又 $X_1+X_2+X_3\sim N(3,6)$，$X_4\sim N(1,2)$，故

$$\left(\frac{X_1+X_2+X_3-3}{\sqrt{6}}\right)^2+\left(\frac{X_4-1}{\sqrt{2}}\right)^2 \overset{\text{相互独立}}{\sim} \chi^2(2),$$

(C) 正确.

对于(D) 选项，$X_1+X_2+X_3 \sim N(3,6)$，$X_2+X_3+X_4 \sim N(3,6)$，

$$\left(\frac{X_1+X_2+X_3-3}{\sqrt{6}}\right)^3 \sim \chi^2(1),\left(\frac{X_2+X_3+X_4-3}{\sqrt{6}}\right)^2 \sim \chi^2(1).$$

但由于 $X_1+X_2+X_3$ 与 $X_2+X_3+X_4$ 不独立，无法叠加形成 $\chi^2(2)$，故(D) 错误.

【注】 形成 $\chi^2(n)$ 过程中，各平方项之间的相互独立是前提条件.

例题11 设 $X_1,X_2,\cdots,X_5$ 是来自总体 $N(0,1)$ 的简单随机样本，已知统计量 $Y=\dfrac{C(X_1+X_2)}{\sqrt{X_3^2+X_4^2+X_5^2}} \sim t(n)$，则(　　).

(A) $C=\dfrac{\sqrt{6}}{2},n=1$　　　　(B) $C=\dfrac{\sqrt{2}}{2},n=1$

(C) $C=\dfrac{\sqrt{6}}{2},n=3$　　　　(D) $C=\dfrac{\sqrt{2}}{2},n=3$

答案 (C)

解析 本题考查对 t 分布概念的理解.

根据正态总体的性质可知，$X_1+X_2 \sim N(0,2)$，则 $\dfrac{X_1+X_2-0}{\sqrt{2}} \sim N(0,1)$.

又 $X_3^2+X_4^2+X_5^2 \overset{\text{相互独立}}{\sim} \chi^2(3)$，故

$$Y=\frac{\dfrac{X_1+X_2-0}{\sqrt{2}}}{\sqrt{\dfrac{X_3^2+X_4^2+X_5^2}{3}}} \overset{\text{相互独立}}{\sim} t(3),$$

即

$$Y=\frac{\sqrt{6}}{2}\frac{X_1+X_2}{\sqrt{X_3^2+X_4^2+X_5^2}} \sim t(3).$$

故 $C=\dfrac{\sqrt{6}}{2},n=3$，选(C).

【注】 本题中根号内有 3 个平方项，故 $n=3$，需与下一道例题进行区分.

例题12 设 $X_1,X_2,\cdots,X_5$ 是来自总体 $N(0,1)$ 的简单随机样本，已知统计量 $Y=\dfrac{C(X_1+X_2)}{|X_3+X_4+X_5|} \sim t(n)$，则(　　).

(A)$C=\frac{\sqrt{6}}{2},n=1$　　(B)$C=\frac{\sqrt{2}}{2},n=1$

(C)$C=\frac{\sqrt{6}}{2},n=3$　　(D)$C=\frac{\sqrt{2}}{2},n=3$

答案 (A)

解析 本题考查对 t 分布概念的理解.

本题中出现 $|X_3+X_4+X_5|$,立即想到$\sqrt{(X_3+X_4+X_5)^2}$.

由正态总体的性质,知

$$X_1+X_2\sim N(0,2),\frac{X_1+X_2-0}{\sqrt{2}}\sim N(0,1),$$

$$X_3+X_4+X_5\sim N(0,3),\frac{X_3+X_4+X_5-0}{\sqrt{3}}\sim N(0,1),$$

故

$$Y=\frac{\frac{X_1+X_2-0}{\sqrt{2}}}{\sqrt{\left(\frac{X_3+X_4+X_4-0}{\sqrt{3}}\right)^2/1}}\overset{\text{相互独立}}{\sim}t(1),$$

即 $Y=\frac{\sqrt{6}}{2}\frac{X_1+X_2}{|X_3+X_4+X_5|}\sim t(1)$.

故 $C=\frac{\sqrt{6}}{2},n=1$,选(A).

【注】 本题中 $|X_3+X_4+X_5|=\sqrt{(X_3+X_4+X_5)^2}$,因而根号内只有一个平方,故 $n=1$ 而不是 3,需要与上题进行区别.

例题13 设 $X_1,X_2,\cdots,X_5$ 是来自总体 $N(0,1)$ 的简单随机样本,则下列说法中错误的是(　　).

(A) $\sqrt{\frac{3}{2}}\frac{X_1+X_2}{\sqrt{X_3^2+X_4^2+X_5^2}}\sim t(3)$　　(B) $\frac{X_1+X_2}{\sqrt{X_3^2+X_4^2}}\sim t(2)$

(C) $\frac{X_1+X_2+X_3}{\sqrt{X_3^2+X_4^2+X_5^2}}\sim t(3)$　　(D)$2\frac{X_1}{|X_2+X_3+X_4+X_5|}\sim t(1)$

答案 (C)

解析 本题考查对 t 分布概念的理解.

由于 $X_1+X_2+X_3$ 与$\sqrt{X_3^2+X_4^2+X_5^2}$ 相互不独立,无法形成分布,(C) 错误,故选(C).

(A) 选项,如例题 11 所述,成立.

(B) 选项，$X_1+X_2\sim N(0,2)$，$\dfrac{X_1+X_2-0}{\sqrt{2}}\sim N(0,1)$，且

$$X_3^2+X_4^2 \overset{\text{相互独立}}{\sim} \chi^2(2),$$

则
$$\frac{\dfrac{X_1+X_2-0}{\sqrt{2}}}{\sqrt{\dfrac{X_3^2+X_4^2}{2}}} \overset{\text{相互独立}}{\sim} t(2),$$

即$\dfrac{X_1+X_2}{\sqrt{X_3^2+X_4^2}}\sim t(2)$，(B) 正确.

(D) 选项，$X_1\sim N(0,1)$，且

$$X_2+X_3+X_4+X_5\sim N(0,4),\left(\frac{X_2+X_3+X_4+X_5-0}{\sqrt{4}}\right)^2\sim\chi^2(1),$$

则
$$\frac{X_1}{\sqrt{\left(\dfrac{X_2+X_3+X_4+X_5}{\sqrt{4}}\right)^2\Big/1}} \overset{\text{相互独立}}{\sim} t(1),$$

即 $2\dfrac{X_1}{|X_2+X_3+X_4+X_5|}\sim t(1)$，(D) 正确.

【注】实现 t 分布过程中，分子与分母两部分相互独立是必要条件，也是易错点.

例题14 设总体 X 与 Y 都服从正态分布 $N(0,\sigma^2)$，已知 $X_1,\cdots,X_m$ 与 $Y_1,\cdots,Y_n$ 是分别来自总体 X 与 Y 的两个相互独立的简单随机样本，统计量 $Y=\dfrac{3(X_1+\cdots+X_m)}{\sqrt{Y_1^2+\cdots+Y_n^2}}$ 服从 $t(n)$ 分布，则 $\dfrac{n}{m}=$________.

答案 9

解析 本题考查对 t 分布概念的理解.

由正态总体的性质可知，

$$X_1+\cdots+X_m\sim N(0,m\sigma^2),\frac{X_1+\cdots+X_m-0}{\sqrt{m\sigma^2}}\sim N(0,1),$$

$$\frac{Y_i-0}{\sigma}\sim N(0,1)(i=1,2,\cdots,n),$$

则
$$\left(\frac{Y_1}{\sigma}\right)^2+\cdots+\left(\frac{Y_n}{\sigma}\right)^2 \overset{\text{相互独立}}{\sim} \chi^2(n),$$

则

$$Y=\frac{\frac{X_1+\cdots+X_m}{\sqrt{m\sigma^2}}}{\sqrt{\frac{\frac{Y_1^2}{\sigma^2}+\cdots+\frac{Y_n^2}{\sigma^2}}{n}}}\overset{\text{相互独立}}{\frown} t(n),$$

即

$$Y=\sqrt{\frac{n}{m}}\frac{X_1+\cdots+X_m}{\sqrt{Y_1^2+\cdots+Y_n^2}}\sim t(n).$$

由题意，$\sqrt{\frac{n}{m}}=3$，则$\frac{n}{m}=9$.

例题15 设总体 $X\sim N(0,1)$，$X_1,X_2,\cdots,X_{15}$ 是来自总体 X 的简单随机样本，则下列选项中说法错误的是(　　).

(A) $\frac{X_1^2+\cdots+X_{10}^2}{2(X_{11}^2+\cdots+X_{15}^2)}\sim F(10,5)$　　(B) $\frac{(X_1+\cdots+X_{10})^2}{2(X_{11}^2+\cdots+X_{15}^2)}\sim F(1,5)$

(C) $\frac{(X_1+\cdots+X_{10})^2}{2(X_{11}+\cdots+X_{15})^2}\sim F(1,1)$　　(D) $\frac{3}{2}\frac{(X_1+\cdots+X_{10})^2}{(X_1+\cdots+X_{15})^2}\sim F(1,1)$

答案 (D)

解析 本题考查对 F 分布概念的理解.

(D) 选项中，$X_1+\cdots+X_{10}$ 与 $X_1+\cdots+X_{15}$ 不独立，无法形成 $F(1,1)$，(D) 错误.

根据正态总体的性质，

$$X_1^2+\cdots+X_{10}^2\sim\chi^2(10),X_{11}^2+\cdots+X_{15}^2\sim\chi^2(5),$$

则 $Y=\frac{(X_1^2+\cdots+X_{10}^2)/10}{(X_{11}^2+\cdots+X_{15}^2)/5}\overset{\text{相互独立}}{\frown} F(10,5)$，(A) 正确.

又　$$X_1+\cdots+X_{10}\sim N(0,10),\frac{X_1+\cdots+X_{10}-0}{\sqrt{10}}\sim N(0,1),$$

则 $Y=\frac{\left(\frac{X_1+\cdots+X_{10}-0}{\sqrt{10}}\right)^2/1}{(X_{11}^2+\cdots+X_{15}^2)/5}\overset{\text{相互独立}}{\frown} F(1,5)$，(B) 正确.

又　$$X_{11}+\cdots+X_{15}\sim N(0,5),\frac{X_{11}+\cdots+X_{15}-0}{\sqrt{5}}\sim N(0,1),$$

则 $Y=\frac{\left(\frac{X_1+\cdots+X_{10}-0}{\sqrt{10}}\right)^2/1}{\left(\frac{X_{11}+\cdots+X_{15}-0}{\sqrt{5}}\right)^2/1}\overset{\text{相互独立}}{\frown} F(1,1)$，(C) 正确.

【注】实现 F 分布过程中，分子与分母两部分相互独立是必要条件，也是易错点.

例题16 设总体 X 服从正态分布 $N(0,\sigma^2)$，$X_1,X_2,\cdots,X_{20}$ 是来自总体 X 的简单随机样本，若统计量 $Y=\dfrac{4(X_1^2+\cdots+X_i^2)}{X_{i+1}^2+\cdots+X_{20}^2}(1<i<20)$ 服从 F 分布，则 i 的值为________.

答案 4

解析 本题考查对 F 分布概念的理解.

由正态总体的性质，$\dfrac{X_k-0}{\sigma}\sim N(0,1)$，$k=1,2,\cdots,20$，则

$$\left(\frac{X_1-0}{\sigma}\right)^2+\cdots+\left(\frac{X_i-0}{\sigma}\right)^2\sim\chi^2(i),$$

$$\left(\frac{X_{i+1}-0}{\sigma}\right)^2+\cdots+\left(\frac{X_{20}-0}{\sigma}\right)^2\sim\chi^2(20-i),$$

故

$$Y=\frac{\dfrac{X_1^2+\cdots+X_i^2}{\sigma^2}\Big/ i}{\dfrac{X_{i+1}^2+\cdots+X_{20}^2}{\sigma^2}\Big/(20-i)}\sim F(i,20-i),$$

即

$$Y=\frac{20-i}{i}\,\frac{X_1^2+\cdots+X_i^2}{X_{i+1}^2+\cdots+X_{20}^2}\sim F(i,20-i).$$

故 $\dfrac{20-i}{i}=4$，解得 $i=4$.

例题17 设随机变量 $X\sim t(n)$，$Y\sim F(n,1)$，给定 $\alpha>0$，定义 $P\{X>\alpha\}=t_\alpha$，则 $P\{Y<4\}=(\quad)$.

(A) $t_{0.5}$　(B) $1-t_{0.5}$　(C) $2t_{0.5}$　(D) $1-2t_{0.5}$

答案 (C)

解析 本题考查对 t 分布与 F 分布之间联系的理解.

根据三大分布之间的关系，$X\sim t(n)$，则

$$X^2\sim F(1,n),\ \frac{1}{X^2}\sim F(n,1),$$

故 Y 与 $\dfrac{1}{X^2}$ 同分布，则

$$P\{Y<4\}=P\left\{\frac{1}{X^2}<4\right\}=P\left\{X^2>\frac{1}{4}\right\}=P\left\{X>\frac{1}{2}\right\}+P\left\{X<-\frac{1}{2}\right\}.$$

又 $X\sim t(n)$，根据 t 分布的对称性可知，

$$P\{Y<4\}=2P\{X>0.5\}=2t_{0.5}.$$

选(C).

【注】若 $X\sim t(n)$，X 可表示为$\dfrac{U}{\sqrt{V/n}}$，其中 $U\sim N(0,1)$，$V\sim\chi^2(n)$，且 U 与 V 相互独立.

则 $X^2=\dfrac{U^2/1}{V/n}$，此时 $U^2\sim\chi^2(1)$，$V\sim\chi^2(n)$，故 $X^2\sim F(1,n)$.

例题18 设随机变量 $X\sim F(n,n)$，$p_1=P\{X\geqslant 1\}$，$p_2=P\{X\leqslant 1\}$，则(　　).

(A) $p_1<p_2$　　(B) $p_1=p_2$

(C) $p_1>p_2$　　(D) p_1，p_2 的大小关系与 n 有关

答案 (B)

解析 本题考查对 F 分布性质的理解.

根据 F 分布的性质，$X\sim F(m,n)$，则$\dfrac{1}{X}\sim F(n,m)$.

本题中 $X\sim F(n,n)$，则$\dfrac{1}{X}\sim F(n,n)$，即 X 与$\dfrac{1}{X}$同分布.

又
$$p_2=P\{X\leqslant 1\}=P\left\{\frac{1}{X}\leqslant 1\right\}=P\{X\geqslant 1\}=p_1,$$

故 $p_2=p_1$.

【注】若 $X\sim F(m,n)$，X 可表示成$\dfrac{U/m}{V/n}$，其中 $U\sim\chi^2(m)$，$V\sim\chi^2(n)$，且 U，V 独立，则$\dfrac{1}{X}=\dfrac{V/n}{U/m}\sim F(n,m)$.

题型三　单正态总体的抽样分布

解题思路归纳

(1) $\overline{X}$ 与 S^2 相互独立；

(2) $\overline{X}\sim N\left(\mu,\dfrac{\sigma^2}{n}\right)$，$\dfrac{\overline{X}-\mu}{\sigma/\sqrt{n}}\sim N(0,1)$；

(3) $\sum\limits_{i=1}^{n}\left(\dfrac{X_i-\mu}{\sigma}\right)^2\sim\chi^2(n)$；

(4) $\sum_{i=1}^{n}\frac{(X_i-\overline{X})^2}{\sigma^2}=\frac{(n-1)S^2}{\sigma^2}\sim\chi^2(n-1)$;

(5) $\dfrac{\dfrac{\overline{X}-\mu}{\sigma/\sqrt{n}}}{\sqrt{\dfrac{(n-1)S^2}{\sigma^2}\Big/(n-1)}}=\dfrac{\overline{X}-\mu}{S/\sqrt{n}}\sim t(n-1)$.

例题19 从正态总体 $N(100,8^2)$ 中抽取样本容量为16的简单随机样本，样本均值为 $\overline{X}$，已知 $P\{|\overline{X}-100|<k\}=0.9$，则 $k=$(　　).

(A) $u_{0.05}$　　(B) $\frac{u_{0.1}}{2}$　　(C) $2u_{0.05}$　　(D) $u_{0.1}$

答案 (C)

解析 本题考查对单正态总体抽样分布的理解.

由正态总体的性质可知，$X\sim N(100,64)$ 则 $\overline{X}\sim N\left(100,\frac{64}{16}\right)$，即 $\overline{X}\sim N(100,4)$，$\frac{\overline{X}-100}{\sqrt{4}}\sim N(0,1)$.

此时 $P\{|\overline{X}-100|<k\}=P\left\{\left|\frac{\overline{X}-100}{\sqrt{4}}\right|<\frac{k}{2}\right\}=0.9$.

如图所示，$\frac{k}{2}=u_{0.05}$，故 $k=2u_{0.05}$.

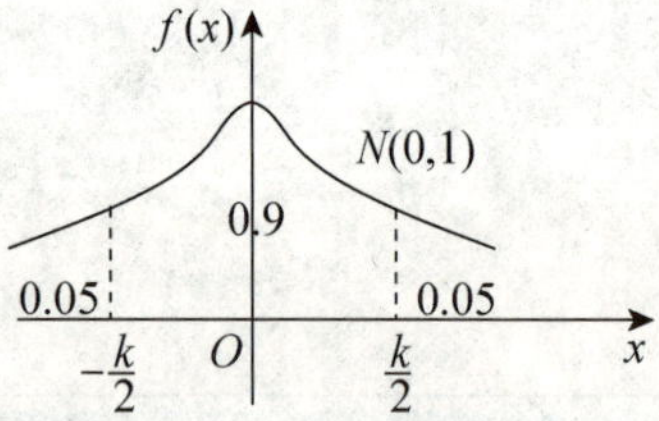

例题20 假设总体 X 服从正态分布 $N(\mu,\sigma^2)$，$X_1,\cdots,X_n$ 是取自总体 X 的简单随机样本 $(n>1)$，其均值为 $\overline{X}$. 如果 $P\{|X-\mu|<a\}=P\{|\overline{X}-\mu|<b\}$，则比值 $\frac{a}{b}$(　　).

(A) 与 σ 及 n 都有关　　(B) 与 σ 及 n 都无关

(C) 与 σ 无关，与 n 有关　　(D) 与 σ 有关，与 n 无关

答案 (C)

解析 本题考查对单正态总体抽样分布的理解.

由正态总体性质可知,$\overline{X}\sim N\left(\mu,\dfrac{\sigma^2}{n}\right)$,$\dfrac{\overline{X}-\mu}{\sqrt{\dfrac{\sigma^2}{n}}}\sim N(0,1)$,则

$$P\{|X-\mu|<a\}=P\left\{\left|\frac{X-\mu}{\sigma}\right|<\frac{a}{\sigma}\right\},$$

$$P\{|\overline{X}-\mu|<b\}=P\left\{\left|\frac{\overline{X}-\mu}{\sqrt{\frac{\sigma^2}{n}}}\right|<\frac{b}{\sqrt{\frac{\sigma^2}{n}}}\right\}.$$

由于$\dfrac{X-\mu}{\sigma}\sim N(0,1)$,$\dfrac{\overline{X}-\mu}{\sqrt{\dfrac{\sigma^2}{n}}}\sim N(0,1)$,由$P\{|X-\mu|<a\}=P\{|\overline{X}-\mu|<b\}$,此时$\dfrac{a}{\sigma}=\dfrac{b}{\sqrt{\dfrac{\sigma^2}{n}}}$,即$a=b\sqrt{n}$,$\dfrac{a}{b}=\sqrt{n}$.

故选(C).

例题21 设$X_1,X_2,\cdots,X_n(n\geqslant 2)$为来自总体$N(\mu,1)$的简单随机样本,记$\overline{X}=\dfrac{1}{n}\sum\limits_{i=1}^{n}X_i$,则下列结论中不正确的是(　　).

(A) $\sum\limits_{i=1}^{n}(X_i-\mu)^2$ 服从 χ^2 分布

(B) $\dfrac{(X_n-X_1)^2}{2}$ 服从 χ^2 分布

(C) $\sum\limits_{i=1}^{n}(X_i-\overline{X})^2$ 服从 χ^2 分布

(D) $\dfrac{(\overline{X}-\mu)^2}{n}$ 服从 χ^2 分布

答案 (D)

解析 本题考查对单正态总体抽样分布的理解.

由$\sum\limits_{i=1}^{n}\left(\dfrac{X_i-\mu}{\sigma}\right)^2\sim\chi^2(n)$,当$\sigma^2=1$时,$\sum\limits_{i=1}^{n}(X_i-\mu)^2\sim\chi^2(n)$;

由$\sum\limits_{i=1}^{n}\left(\dfrac{X_i-\overline{X}}{\sigma}\right)^2\sim\chi^2(n-1)$,当$\sigma^2=1$时,$\sum\limits_{i=1}^{n}(X_i-\overline{X})^2\sim\chi^2(n-1)$,(A),(C)均正确.

由$X_n-X_1\sim N(0,2)$,则

$$\frac{X_n-X_1-0}{\sqrt{2}}\sim N(0,1),\left(\frac{X_n-X_1}{\sqrt{2}}\right)^2\sim\chi^2(1),$$

(B) 正确.

由 $\overline{X} \sim N\left(\mu, \frac{\sigma^2}{n}\right)$，则

$$\frac{\overline{X}-\mu}{\sqrt{\frac{\sigma^2}{n}}} \sim N(0,1), \left(\frac{\overline{X}-\mu}{\sqrt{\frac{\sigma^2}{n}}}\right)^2 \sim \chi^2(1).$$

当 $\sigma^2=1$ 时，$n(\overline{X}-\mu)^2 \sim \chi^2(1)$，(D) 错误.

例题22 设 $X_1, X_2, \cdots, X_n (n \geqslant 2)$ 为来自总体 $N(\mu, \sigma^2)(\sigma > 0)$ 的简单随机样本，令 $\overline{X}=\frac{1}{n}\sum_{i=1}^{n} X_i, S=\sqrt{\frac{1}{n-1}\sum_{i=1}^{n}(X_i-\overline{X})^2}, S^*=\sqrt{\frac{1}{n}\sum_{i=1}^{n}(X_i-\mu)^2}$，则(　　).

(A) $\frac{\sqrt{n}(\overline{X}-\mu)}{S} \sim t(n)$　　(B) $\frac{\sqrt{n}(\overline{X}-\mu)}{S} \sim t(n-1)$

(C) $\frac{\sqrt{n}(\overline{X}-\mu)}{S^*} \sim t(n)$　　(D) $\frac{\sqrt{n}(\overline{X}-\mu)}{S^*} \sim t(n-1)$

答案 (B)

解析 本题考查对单正态总体抽样分布的理解.

根据正态总体的性质，$\overline{X}$ 与 S 相互独立，$\overline{X}$ 与 S^* 不独立，故(C)，(D) 错误.

另一方面，$\frac{(n-1)S^2}{\sigma^2} \sim \chi^2(n-1)$，故 $\overline{X}$ 与 S 经过组合产生的 t 分布，自由度为 $n-1$ 而不可能是 n，(A) 错误.

故选(B).

【注】 事实上，$\frac{\overline{X}-\mu}{S/\sqrt{n}} \sim t(n-1)$ 是常见结论，还需要注意此结论成立是由 $\overline{X}$ 与 S^2 相互独立保证的. 若没有相互独立的前提条件，不可能获得 t 分布. (A)，(C) 选项的区别是本章重要知识点.

例题23 设 $X_1, X_2, \cdots, X_n$ 是来自正态总体 $N(\mu, \sigma^2)$ 的样本，$\overline{X}$ 是样本均值，记 $S_1^2=\sum_{i=1}^{n}(X_i-\mu)^2, S_2^2=\sum_{i=1}^{n}(X_i-\overline{X})^2$，则可以构造服从 $t(n-1)$ 分布的随机变量是(　　).

(A) $T=\frac{\overline{X}-\mu}{S_1}(n-1)$　　(B) $T=\frac{\overline{X}-\mu}{S_2}\sqrt{n^2-n}$

(C) $T=\frac{\overline{X}-\mu}{S_1}\sqrt{n^2-n}$　　(D) $T=\frac{\overline{X}-\mu}{S_2}\sqrt{n}$

答案 (B)

▶解析 本题考查对单正态总体抽样分布的理解.

如例 22 所述，S_1^2 与 $\overline{X}$ 不独立，无法产生 t 分布. 故(A)，(C) 错误.

另一方面，S_2^2 并非 $S^2=\dfrac{1}{n-1}\sum\limits_{i=1}^{n}(X_i-\overline{X})^2$，故(D) 也不成立.

由于 $\dfrac{S_2^2}{\sigma^2}=\sum\limits_{i=1}^{n}\left(\dfrac{X_i-\overline{X}}{\sigma}\right)^2\sim\chi^2(n-1)$，且 S_2 与 $\overline{X}$ 独立，则

$$T=\frac{\dfrac{\overline{X}-\mu}{\sigma/\sqrt{n}}}{\sqrt{\dfrac{S_2^2}{\sigma^2}\Big/(n-1)}}\sim t(n-1),$$

即
$$T=\frac{\overline{X}-\mu}{S_2}\sqrt{n(n-1)}\sim t(n-1).$$

(B) 正确.

例题24 设 $X_1,\cdots,X_n$ 是取自正态总体 $N(\mu,\sigma^2)$ 的简单随机样本，其均值和方差分别为 $\overline{X}$，S^2，则服从自由度为 n 的 χ^2 分布的随机变量是(　　).

(A) $\dfrac{\overline{X}^2}{\sigma^2}+\dfrac{(n-1)S^2}{\sigma^2}$　　(B) $\dfrac{n\overline{X}^2}{\sigma^2}+\dfrac{(n-1)S^2}{\sigma^2}$

(C) $\dfrac{(\overline{X}-\mu)^2}{\sigma^2}+\dfrac{(n-1)S^2}{\sigma^2}$　　(D) $\dfrac{n(\overline{X}-\mu)^2}{\sigma^2}+\dfrac{(n-1)S^2}{\sigma^2}$

答案 (D)

▶解析 本题考查对单正态总体抽样分布的理解.

根据正态总体性质知：

①$\overline{X}\sim N\left(\mu,\dfrac{\sigma^2}{n}\right)$，$\dfrac{\overline{X}-\mu}{\sqrt{\dfrac{\sigma^2}{n}}}\sim N(0,1)$；

② $\dfrac{(n-1)S^2}{\sigma^2}\sim\chi^2(n-1)$；

③$\overline{X}$ 与 S^2 独立.

综合 ①，②，③ 可得 $\left(\dfrac{\overline{X}-\mu}{\sqrt{\dfrac{\sigma^2}{n}}}\right)^2+\dfrac{(n-1)S^2}{\sigma^2}\sim\chi^2(n)$.

选(D).

例题25 设总体 X 服从正态分布 $N(0,\sigma^2)$，$X_1,\cdots,X_n$ 是取自总体 X 的简单随机样本，其样本均值、样本方差分别为 $\overline{X}$，S^2，则下列说法中正确的是(　　).

(A) $\dfrac{\overline{X}^2}{S^2} \sim F(1,n-1)$　　(B) $\dfrac{(n-1)\overline{X}^2}{S^2} \sim F(1,n-1)$

(C) $\dfrac{n\overline{X}^2}{S^2} \sim F(1,n-1)$　　(D) $\dfrac{(n+1)\overline{X}^2}{S^2} \sim F(1,n-1)$

答案 (C)

解析 本题考查对单正态总体抽样分布的理解.

同例 24 所述,$\dfrac{\overline{X}-\mu}{\sqrt{\dfrac{\sigma^2}{n}}} \sim N(0,1)$,$\dfrac{(n-1)S^2}{\sigma^2} \sim \chi^2(n-1)$.

由于 $\overline{X}$ 与 S^2 相互独立,则

$$T=\frac{\left(\dfrac{\overline{X}-\mu}{\sqrt{\dfrac{\sigma^2}{n}}}\right)^2 \Bigg/ 1}{\dfrac{(n-1)S^2}{\sigma^2}\Bigg/ n-1} \sim F(1,n-1).$$

代入 $\mu=0$,可得 $T=\dfrac{n\overline{X}^2}{S^2} \sim F(1,n-1)$. 选(C).

题型四　双正态总体的抽样分布

解题思路归纳

(1) $\overline{X} \pm \overline{Y} \sim N\left(\mu_1 \pm \mu_2, \dfrac{\sigma_1^2}{n_1}+\dfrac{\sigma_2^2}{n_2}\right)$,$\dfrac{(\overline{X}-\overline{Y})-(\mu_1-\mu_2)}{\sqrt{\dfrac{\sigma_1^2}{n_1}+\dfrac{\sigma_2^2}{n_2}}} \sim N(0,1)$;

(2) $$\frac{(n_1-1)S_1^2}{\sigma_1^2}+\frac{(n_2-1)S_2^2}{\sigma_2^2} \sim \chi^2(n_1+n_2-2),$$

$$\frac{\dfrac{1}{\sigma_1^2}\sum_{i=1}^{n_1}(X_i-\mu_1)^2/n_1}{\dfrac{1}{\sigma_2^2}\sum_{i=1}^{n_2}(Y_i-\mu_2)^2/n_2} \sim F(n_1,n_2),$$

$$\frac{\dfrac{(n_1-1)S_1^2}{\sigma_1^2}\Bigg/(n_1-1)}{\dfrac{(n_2-1)S_2^2}{\sigma_2^2}\Bigg/(n_2-1)}=\frac{S_1^2/S_2^2}{\sigma_1^2/\sigma_2^2} \sim F(n_1-1,n_2-1);$$

(3) 若 $\sigma_1^2=\sigma_2^2=\sigma^2$，则有

$$T=\frac{\dfrac{(\overline{X}-\overline{Y})-(\mu_1-\mu_2)}{\sqrt{\dfrac{\sigma_1^2}{n_1}+\dfrac{\sigma_2^2}{n_2}}}}{\sqrt{\left[\dfrac{(n_1-1)S_1^2}{\sigma_1^2}+\dfrac{(n_2-1)S_2^2}{\sigma_2^2}\right]\Big/(n_1+n_2-2)}}=\frac{\overline{X}-\overline{Y}-(\mu_1-\mu_2)}{S_W\sqrt{\dfrac{1}{n_1}+\dfrac{1}{n_2}}}\sim t(n_1+n_2-2),$$

其中 $S_W^2=\dfrac{(n_1-1)S_1^2+(n_2-1)S_2^2}{n_1+n_2-2}$.

此部分若直接记忆公式解题，则难度大，效率低. 此部分解题主要是通过对复杂统计量中各个组成部分分别计算，根据三大分布的定义逐步分析得到结果.

例题26 已知总体 X 与 Y 都服从正态分布 $N(0,\sigma^2)$，$X_1,\cdots,X_n$ 与 $Y_1,\cdots,Y_n$ 为分别来自总体 X 与 Y 的两个相互独立的简单随机样本，样本均值与方差分别为 $\overline{X},S_X^2,\overline{Y},S_Y^2$，则统计量 $F=\dfrac{n(\overline{X}-\overline{Y})^2}{S_X^2+S_Y^2}$ 服从的分布为________.

答案 $F(1,2n-2)$

解析 本题考查对双正态总体抽样分布的理解.

本题分子只有一个平方，仅能产生自由度为1的卡方分布，分母中 S_X^2,S_Y^2 对应卡方分布自由度均为 $n-1$.

由三大分布概念可知，$F\sim F(1,(n-1)+(n-1))=F(1,2n-2)$.

根据正态总体的性质，

$$\overline{X}\sim N\left(0,\frac{\sigma^2}{n}\right),\overline{Y}\sim N\left(0,\frac{\sigma^2}{n}\right).$$

由 X,Y 相互独立知，$\overline{X}-\overline{Y}\sim N\left(0,\dfrac{2}{n}\sigma^2\right)$，

$$\frac{(n-1)S_X^2}{\sigma^2}\sim\chi^2(n-1),\frac{(n-1)S_Y^2}{\sigma^2}\sim\chi^2(n-1).$$

由 X,Y 相互独立知，$\dfrac{n-1}{\sigma^2}(S_X^2+S_Y^2)\sim\chi^2(2n-2)$.

另一方面，由样本均值与样本方差的独立性可知，$\overline{X}-\overline{Y}$ 与 $S_X^2+S_Y^2$ 相互独立. 故

$$F=\frac{\left(\dfrac{\overline{X}-\overline{Y}-0}{\sqrt{\dfrac{2}{n}\sigma^2}}\right)^2\Big/1}{\dfrac{n-1}{\sigma^2}(S_X^2+S_Y^2)\Big/[2(n-1)]}\sim F(1,2n-2),$$

即
$$F=n\cdot\frac{(\overline{X}-\overline{Y})^2}{S_X^2+S_Y^2}\sim F(1,2n-2).$$

例题27 设总体 X 与 Y 都服从正态分布 $N(0,\sigma^2)$，$X_1,\cdots,X_n$ 与 $Y_1,\cdots,Y_n$ 是分别来自总体 X 和 Y 容量都为 n 的两个相互独立简单随机样本，样本均值和方差分别为 $\overline{X},S_X^2;\overline{Y},S_Y^2$，则(　　).

(A)$\overline{X}+\overline{Y}\sim N(0,\sigma^2)$　　(B)$S_X^2+S_Y^2\sim\chi^2(2n-2)$

(C)$\sqrt{n}\dfrac{\overline{X}+\overline{Y}}{\sqrt{S_X^2+S_Y^2}}\sim t(2n-2)$　　(D)$\dfrac{S_X^2}{S_Y^2}\sim F(n,n)$

答案 (C)

解析 本题考查对双正态总体抽样分布的理解.

由正态总体性质可知，
$$\overline{X}\sim N\left(0,\frac{\sigma^2}{n}\right),\overline{Y}\sim N\left(0,\frac{\sigma^2}{n}\right).$$

由 X 与 Y 独立可知 $\overline{X}+\overline{Y}\sim N\left(0,\dfrac{2}{n}\sigma^2\right)$，(A) 错误.

由 $\dfrac{(n-1)S_X^2}{\sigma^2}\sim\chi^2(n-1)$，$\dfrac{(n-1)S_Y^2}{\sigma^2}\sim\chi^2(n-1)$，且 X 与 Y 独立可知，
$$\begin{cases}\dfrac{n-1}{\sigma^2}(S_X^2+S_Y^2)\sim\chi^2(2n-2),\\[2ex] \dfrac{\dfrac{(n-1)S_X^2}{\sigma^2}\Big/(n-1)}{\dfrac{(n-1)S_Y^2}{\sigma^2}\Big/(n-1)}=\dfrac{S_X^2}{S_Y^2}\sim F(n-1,n-1).\end{cases}$$

故(B),(D) 均错误.

由样本均值与样本方差之间独立性可知，
$$T=\frac{\dfrac{\overline{X}+\overline{Y}-0}{\sqrt{\dfrac{2}{n}\sigma^2}}}{\sqrt{\dfrac{n-1}{\sigma^2}(S_X^2+S_Y^2)\Big/[2(n-1)]}}\sim t(2n-2),$$

即 $\sqrt{n}\dfrac{\overline{X}+\overline{Y}}{\sqrt{S_X^2+S_Y^2}}\sim t(2n-2)$，选(C).

【注】双正态总体形成的抽样分布结论较多，若直接记忆，不易掌握，还是应该从三大分布的定义以及对独立的判断入手逐步求解.

例题28 设总体 $X \sim N(\mu_1,4)$，$Y \sim N(\mu_2,5)$，X 与 Y 相互独立. $X_1,\cdots,X_8$ 和 $Y_1,\cdots,Y_{10}$ 是分别来自总体 X 和 Y 的两个样本，S_X^2 与 S_Y^2 分别为两个样本的方差，则(　　).

(A) $\dfrac{2S_X^2}{5S_Y^2} \sim F(7,9)$　　(B) $\dfrac{5S_X^2}{2S_Y^2} \sim F(7,9)$

(C) $\dfrac{4S_X^2}{5S_Y^2} \sim F(7,9)$　　(D) $\dfrac{5S_X^2}{4S_Y^2} \sim F(7,9)$

答案 (D)

解析 本题考查对双正态总体抽样分布的理解.

已知 $X \sim N(\mu_1,\sigma_1^2)$，则 $\dfrac{(n-1)S_X^2}{\sigma_1^2} \sim \chi^2(n-1)$.

代入 $\sigma_1^2=4$，$n=8$，得 $\dfrac{7S_X^2}{4} \sim \chi^2(7)$.

已知 $Y \sim N(\mu_2,\sigma_2^2)$，则 $\dfrac{(m-1)S_Y^2}{\sigma_2^2} \sim \chi^2(m-1)$.

代入 $\sigma_2^2=5$，$m=10$，得 $\dfrac{9S_Y^2}{5} \sim \chi^2(9)$.

由 S_X^2，S_Y^2 独立性可得 $\dfrac{\dfrac{7S_X^2}{4}\Big/7}{\dfrac{9S_Y^4}{5}\Big/9} \sim F(7,9)$，即 $\dfrac{5}{4}\dfrac{S_X^2}{S_Y^2} \sim F(7,9)$.

选(D).

例题29 设 $X_1,X_2,\cdots,X_n$ 为总体 $N(\mu_1,\sigma^2)$ 的简单随机样本，$Y_1,Y_2,\cdots,Y_m$ 为总体 $N(\mu_2,2\sigma^2)$ 的简单随机样本，且两样本独立，令 $\overline{X}=\dfrac{1}{n}\sum\limits_{i=1}^{n}X_i$，$\overline{Y}=\dfrac{1}{m}\sum\limits_{i=1}^{m}Y_i$，$S_1^2=\dfrac{1}{n-1}\sum\limits_{i=1}^{n}(X_i-\overline{X})^2$，$S_2^2=\dfrac{1}{m-1}\sum\limits_{i=1}^{m}(Y_i-\overline{Y})^2$，则(　　).

(A) $\dfrac{S_1^2}{S_2^2} \sim F(n,m)$　　(B) $\dfrac{S_1^2}{S_2^2} \sim F(n-1,m-1)$

(C) $\dfrac{2S_1^2}{S_2^2} \sim F(n,m)$　　(D) $\dfrac{2S_1^2}{S_2^2} \sim F(n-1,m-1)$

答案 (D)

解析 本题考查对双正态总体抽样分布的理解.

根据正态总体的性质可知，

$$\frac{(n-1)S_1^2}{\sigma^2} \sim \chi^2(n-1),$$

$$\frac{(m-1)S_2^2}{2\sigma^2} \sim \chi^2(m-1).$$

由 S_1^2, S_2^2 的独立性可得，

$$F=\frac{\frac{(n-1)S_1^2}{\sigma^2}\bigg/(n-1)}{\frac{(m-1)S_2^2}{2\sigma^2}\bigg/(m-1)} \sim F(n-1,m-1),$$

即 $F=2\dfrac{S_1^2}{S_2^2} \sim F(n-1,m-1)$.

选(D).

例题30 设 $X_1,X_2,\cdots,X_9$ 是正态总体 X 的简单样本，令 $Y_1=\dfrac{1}{6}\sum\limits_{i=1}^{6}X_i$，$Y_2=\dfrac{1}{3}\sum\limits_{i=1}^{3}X_{6+i}$，$S^2=\dfrac{1}{2}\sum\limits_{i=7}^{9}(X_i-Y_2)^2$，$Z=\dfrac{\sqrt{2}(Y_1-Y_2)}{S}$，则 Z 服从的分布为 ________.

答案 $t(2)$

解析 本题考查对双正态总体抽样分布的理解.

不妨设 $X\sim N(\mu,\sigma^2)$，Y_1 可视作样本子集 $X_1,\cdots,X_6$ 的样本均值；Y_2 可视作样本子集 X_7,X_8,X_9 的样本均值，则 $Y_1\sim N\left(\mu,\dfrac{\sigma^2}{6}\right)$，$Y_2\sim N\left(\mu,\dfrac{\sigma^2}{3}\right)$.

由 Y_1,Y_2 独立性可知，$Y_1-Y_2\sim N\left(0,\dfrac{\sigma^2}{2}\right)$，$S^2=\dfrac{1}{3-1}\sum\limits_{i=7}^{9}\left(X_i-\dfrac{X_7+X_8+X_9}{3}\right)^2$ 可视作样本子集 X_7,X_8,X_9 的样本方差，则

$$\frac{2S^2}{\sigma^2}\sim\chi^2(3-1)=\chi^2(2).$$

由样本均值与样本方差的独立性可知，

$$Z=\frac{\dfrac{Y_1-Y_2-0}{\sqrt{\dfrac{\sigma^2}{2}}}}{\sqrt{\dfrac{2S^2}{\sigma^2}\bigg/2}}\sim t(2),$$

即 $Z=\sqrt{2}\dfrac{Y_1-Y_2}{S}\sim t(2)$.

第七章 参数估计

题型一 点估计及估计量的数字特征

解题思路归纳

(1) 矩估计：$\frac{1}{n}\sum_{j=1}^{n}X_j=E(X)$，$\frac{1}{n}\sum_{j=1}^{n}X_j^2=E(X^2)$，$\frac{1}{n}\sum_{j=1}^{n}X_j^3=E(X^3)$，…，重点是计算$E(X)$，$E(X^2)$，$E(X^3)$.

(2) 最大似然估计：

第一步：写出要估计的参数$\theta_1,\theta_2,\cdots,\theta_n$的似然函数

$$L(\theta)=L(x_1,x_2,\cdots,x_n;\theta_1,\theta_2,\cdots,\theta_n)=\begin{cases}\prod_{i=1}^{n}p(x_i;\theta_1,\theta_2,\cdots,\theta_n),X\text{为离散型随机变量},\\ \prod_{i=1}^{n}f(x_i;\theta_1,\theta_2,\cdots,\theta_n),X\text{为连续型随机变量},\end{cases}$$

第二步：求似然函数$L(\theta_1,\theta_2,\cdots,\theta_n)$的最大值点，令$\frac{\partial\ln L(\theta_1,\theta_2,\cdots,\theta_n)}{\partial\theta_i}=0$；

第三步：若第二步的方程有解，则θ_i的最大似然估计值为$\hat{\theta}_i(x_1,x_2,\cdots,x_n)$，$\theta_i$的最大似然估计量为$\hat{\theta}_i(X_1,X_2,\cdots,X_n)$；若第二步的方程无解，则需要运用单调性求解.

例题1 已知总体X是离散型随机变量，X可能取值为0,1,2. $X_1,X_2,\cdots,X_n$是来自总体X的简单随机样本，且

$$P\{X=2\}=(1-\theta)^2,E(X)=2(1-\theta)\left(\text{其中}\theta\text{为未知参数},0<\theta<\frac{1}{2}\right).$$

(1) 求X的概率分布；

(2) 求θ的矩估计量$\hat{\theta}_1$，并讨论其无偏性(数学一)，$\hat{\theta}_1$的期望是否等于θ?（数学三）；

(3) 从总体X中抽取容量为8的一组样本，其样本值为2,1,2,0,2,0,1,2. 求θ的最大似然估计值.

解析 本题考查离散型随机变量的点估计.

(1) 由$E(X)=2(1-\theta)$，以及$P(X=2)=(1-\theta)^2$得

$$2(1-\theta)=P(X=0)\cdot 0+P(X=1)\cdot 1+P(X=2)\cdot 2=P(X=1)+2(1-\theta)^2.$$

从而

$$P(X=1)=2(1-\theta)-2(1-\theta)^2=2\theta(1-\theta),$$

$$P(X=0)=1-P(X=1)-P(X=2)=1-2\theta(1-\theta)-(1-\theta)^2=\theta^2,$$

于是 X 的分布律为

X	0	1	2
P	θ^2	$2\theta(1-\theta)$	$(1-\theta)^2$

(2) 由 $E(X)=2(1-\theta)$，根据矩估计定义，令 $E(X)=\overline{X}=\frac{1}{n}\sum_{i=1}^{n}X_i$，得 $2(1-\theta)=\overline{X}$，从而 $\theta=1-\frac{\overline{X}}{2}$，于是 θ 的矩估计量为 $\hat{\theta}_1=1-\frac{\overline{X}}{2}$. 又 $E(\hat{\theta}_1)=E\left(1-\frac{\overline{X}}{2}\right)=1-\frac{1}{2}E(\overline{X})=1-\frac{1}{2}E(X)=1-\frac{1}{2}\cdot 2(1-\theta)=\theta$，从而 $\hat{\theta}_1=1-\frac{\overline{X}}{2}$ 为 θ 的无偏估计量(即 $E(\hat{\theta}_1)=\theta$).

(3) 当样本值为 2,1,2,0,2,0,1,2 时，由 X 的分布律可得 θ 的似然函数为

$$\begin{aligned}L(\theta)&=[P(X=2)]^4[P(X=1)]^2[P(X=0)]^2\\&=[(1-\theta)^2]^4[2\theta(1-\theta)]^2(\theta^2)^2\\&=4\theta^6(1-\theta)^{10};\end{aligned}$$

取对数：$\ln L(\theta)=\ln 4+6\ln\theta+10\ln(1-\theta)$；

求导：$\frac{\mathrm{d}\ln L(\theta)}{\mathrm{d}\theta}=\frac{6}{\theta}-\frac{10}{1-\theta}$，并令 $\frac{\mathrm{d}\ln L(\theta)}{\mathrm{d}\theta}=0$ 得 $\theta=\frac{3}{8}$.

于是，θ 的最大似然估计值为 $\hat{\theta}=\frac{3}{8}$.

例题2 设 X 服从参数为 λ 的泊松分布，$X_1,X_2,\cdots,X_n$ 是来自 X 的一个简单随机样本.
(1) 求 λ 的最大似然估计量；(2) 求 λ^2 的最大似然估计量.

解析 本题考查离散型泊松分布的最大似然估计.

(1) 设 $x_1,x_2,\cdots,x_n$ 为 $X_1,X_2,\cdots,X_n$ 的样本值，由 $P(X=k)=\frac{\mathrm{e}^{-\lambda}\lambda^k}{k!}$，$k=0,1,2,\cdots$，得似然函数为

$$L(\lambda)=\prod_{i=1}^{n}\frac{\mathrm{e}^{-\lambda}\lambda^{x_i}}{x_i!}=(\mathrm{e}^{-\lambda})^n\lambda^{\sum_{i=1}^{n}x_i}\cdot\frac{1}{x_1!\cdot x_2!\cdot\cdots\cdot x_n!};$$

取对数：$\ln L(\lambda)=-n\lambda+\left(\sum_{i=1}^{n}x_i\right)\ln\lambda-\ln(x_i!\cdot x_2!\cdot\cdots\cdot x_n!)$；

求导：$\frac{\mathrm{d}\ln L(\lambda)}{\mathrm{d}\lambda}=-n+\frac{1}{\lambda}\sum_{i=1}^{n}x_i$，令 $\frac{\mathrm{d}\ln L(\lambda)}{\mathrm{d}\lambda}=0$，得 $\lambda=\frac{1}{n}\sum_{i=1}^{n}x_i$.

于是，λ 的最大似然估计量为 $\hat{\lambda}=\frac{1}{n}\sum_{i=1}^{n}X_i=\overline{X}$.

(2) 由最大似然估计的不变性，得 $\widehat{\lambda^2}=(\hat{\lambda})^2=\overline{X}^2$.

例题3 设总体X的概率密度为$f(x;\sigma)=\frac{1}{2\sigma}e^{-\frac{|x|}{\sigma}}$，$-\infty<x<+\infty$，其中$\sigma\in(0,+\infty)$为未知参数，$X_1,X_2,\cdots,X_n$为来自总体$X$的简单随机样本，记$\sigma$的最大似然估计量为$\hat{\sigma}$.

(1) 求$\hat{\sigma}$；

(2) 求$E(\hat{\sigma})$和$D(\hat{\sigma})$.

解析 本题考查连续型总体的最大似然估计以及估计量的数字特征.

(1) 设$x_1,x_2,\cdots,x_n$为$X_1,X_2,\cdots,X_n$的样本值，则σ的似然函数为

$$L(\sigma)=\prod_{i=1}^{n}f(x_i;\sigma)=\left(\frac{1}{2}\right)^n\left(\frac{1}{\sigma}\right)^n e^{-\frac{1}{\sigma}\sum_{i=1}^{n}|x_i|};$$

取对数：$\ln L(\sigma)=-n\ln 2-n\ln\sigma-\frac{1}{\sigma}\sum_{i=1}^{n}|x_i|$；

求导：$\frac{d\ln L(\sigma)}{d\sigma}=-\frac{n}{\sigma}+\frac{1}{\sigma^2}\sum_{i=1}^{n}|x_i|$. 令$\frac{d\ln L(\sigma)}{d\sigma}=0$，得$\sigma=\frac{1}{n}\sum_{i=1}^{n}|x_i|$.

于是，σ的最大似然估计量为$\hat{\sigma}=\frac{1}{n}\sum_{i=1}^{n}|X_i|$.

(2)
$$\begin{aligned}E(\hat{\sigma})&=E\left(\frac{1}{n}\sum_{i=1}^{n}|X_i|\right)=\frac{1}{n}\sum_{i=1}^{n}E(|X_i|)=E(|X|)\\&=\int_{-\infty}^{+\infty}|x|f(x;\sigma)dx=\int_{-\infty}^{+\infty}|x|\cdot\frac{1}{2\sigma}e^{-\frac{|x|}{\sigma}}dx\\&=\int_{0}^{+\infty}x\cdot\frac{1}{\sigma}e^{-\frac{x}{\sigma}}dx,\end{aligned}$$

其中$\frac{1}{\sigma}e^{-\frac{x}{\sigma}}$可视作$E\left(\frac{1}{\sigma}\right)$的概率密度，故$\int_{0}^{+\infty}x\cdot\frac{1}{\sigma}e^{-\frac{x}{\sigma}}dx$为$E\left(\frac{1}{\sigma}\right)$对应数学期望，值为$\sigma$.

$$\begin{aligned}D(\hat{\sigma})&=D\left[\frac{1}{n}\sum_{i=1}^{n}|X_i|\right]=\frac{1}{n}D|X|\\&=\frac{1}{n}[E(X^2)-(E|X|)^2],\end{aligned}$$

其中$E(X^2)=\int_{-\infty}^{+\infty}\frac{x^2}{2\sigma}e^{-\frac{|x|}{\sigma}}dx=\int_{0}^{+\infty}\frac{x^2}{\sigma}e^{-\frac{x}{\sigma}}dx$，$\frac{1}{\sigma}e^{-\frac{x}{\sigma}}$可以视作$E\left(\frac{1}{\sigma}\right)$对应的概率密度，$\int_{0}^{+\infty}\frac{x^2}{\sigma}e^{-\frac{x}{\sigma}}dx$即视作$T\sim E\left(\frac{1}{\sigma}\right)$时$T^2$的数学期望，即$E(T^2)=[E(T)]^2+D(T)=\left(\frac{1}{1/\sigma}\right)^2+\frac{1}{(1/\sigma)^2}=2\sigma^2$，故$D(\hat{\sigma})=\frac{1}{n}(2\sigma^2-\sigma^2)=\frac{\sigma^2}{n}$.

例题4 设某种元件的使用寿命X的概率密度为

$$f(x;\theta)=\begin{cases}2e^{-2(x-\theta)}, & x\geq\theta,\\0, & x<\theta,\end{cases}$$

其中 $\theta>0$ 为未知参数. 又设 $x_1,x_2,\cdots,x_n$ 是 X 的一组样本观测值.

(1) 求 θ 的矩估计和最大似然估计 $\hat{\theta}$;

(2) 求 $E(\hat{\theta})$.

解析 本题考查连续型总体的点估计以及估计量的数字特征.

(1) $$E(X)=\int_{-\infty}^{+\infty}xf(x;\theta)\mathrm{d}x=\int_{\theta}^{+\infty}x\cdot 2\mathrm{e}^{-2(x-\theta)}\mathrm{d}x,$$

利用换元法,令 $x-\theta=t$,则

$$E(X)=\int_{0}^{+\infty}(\theta+t)\cdot 2\mathrm{e}^{-2t}\mathrm{d}t.$$

上式可看作 $T\sim E(2)$ 条件下 $\theta+T$ 的期望,即 $E(X)=E(\theta+T)=\theta+E(T)=\theta+\frac{1}{2}$.

令 $E(X)=\overline{X}$,得 $\frac{1}{2}+\theta=\overline{X}$,$\theta=\overline{X}-\frac{1}{2}$,于是 θ 的矩估计量为 $\hat{\theta}'=\overline{X}-\frac{1}{2}$.

当样本值 $x_1,x_1,\cdots,x_n$ 满足 $x_i\geqslant\theta$ 时,θ 的似然函数为

$$L(\theta)=\prod_{i=1}^{n}f(x_i;\theta)=2^n\mathrm{e}^{-2\sum\limits_{i=1}^{n}(x_i-\theta)}=2^n\mathrm{e}^{-2(\sum\limits_{i=1}^{n}x_i-n\theta)};$$

取对数:$\ln L(\theta)=n\ln 2-2\left(\sum\limits_{i=1}^{n}x_i-n\theta\right)=n\ln 2-2\sum\limits_{i=1}^{n}x_i+2n\theta$;

求导:$\frac{\mathrm{d}\ln L(\theta)}{\mathrm{d}\theta}=2n>0$,即 $\ln L(\theta)$ 关于 θ 单增. 又 $x_i\geqslant\theta$,即 $\theta\leqslant\min\{x_1,x_2,\cdots,x_n\}$.

于是,θ 的最大似然估计量 $\hat{\theta}=\min\{X_1,X_2,\cdots,X_n\}$.

(2) 由 $f(x;\theta)=\begin{cases}2\mathrm{e}^{-2(x-\theta)}, & x\geqslant\theta,\\ 0, & x\leqslant\theta\end{cases}$ 得 X 的分布函数

$$F(x)=P(X\leqslant x)=\int_{-\infty}^{x}f(t;\theta)\mathrm{d}t=\begin{cases}1-\mathrm{e}^{-2(x-\theta)}, & x\geqslant\theta,\\ 0, & x<\theta,\end{cases}$$

于是 $\hat{\theta}=\min\{X_1,X_2,\cdots,X_n\}$ 的分布函数为

$$F_{\hat{\theta}}(x)=1-[1-F(x)]^n=\begin{cases}1-\mathrm{e}^{-2n(x-\theta)}, & x\geqslant\theta,\\ 0, & x<\theta.\end{cases}$$

故 $\hat{\theta}$ 的概率密度函数为

$$f_{\hat{\theta}}(x)=[F_{\hat{\theta}}(x)]'=\begin{cases}2n\mathrm{e}^{-2n(x-\theta)}, & x>\theta,\\ 0, & \text{其它}.\end{cases}$$

于是

$$E(\hat{\theta})=\int_{-\infty}^{+\infty}xf_{\hat{\theta}}(x)\mathrm{d}x=\int_{\theta}^{+\infty}x\cdot 2n\mathrm{e}^{-2n(x-\theta)}\mathrm{d}x$$

$$\xlongequal{\text{令 } x-\theta=t} \int_0^{+\infty} (\theta+t)\cdot 2n\mathrm{e}^{-2nt}\,\mathrm{d}t,$$

上式为 $T\sim E(2n)$ 时 $\theta+T$ 的期望，即 $E(\theta+T)=\theta+ET=\theta+\frac{1}{2n}$.

综上，
$$E(\hat{\theta})=\theta+\frac{1}{2n}.$$

例题5 设二维随机变量 (X,Y) 的概率密度为 $f(x,y)=\frac{1}{2\pi\sigma^2}\mathrm{e}^{-\frac{x^2+y^2}{2\sigma^2}}$，$(x,y)\in\mathbf{R}^2$，$\sigma>0$，记 $Z=\sqrt{X^2+Y^2}$，若 $Z_1,Z_2,\cdots,Z_n$ 为来自总体 Z 的简单随机样本.

(1) 求 σ^2 的最大似然估计量 $\widehat{\sigma^2}$.

(2) 求 $E\widehat{\sigma^2}$.

▶解析 本题考查二维随机变量的最大似然估计以及估计量的数字特征.

(1) 根据分布函数的定义，可知 $Z=\sqrt{X^2+Y^2}$ 的分布函数为

$$F_Z(z)=P(\sqrt{X^2+Y^2}\leqslant z)=\begin{cases}\displaystyle\iint\limits_{x^2+y^2\leqslant z^2} f(x,y)\mathrm{d}x\mathrm{d}y, & z\geqslant 0,\\ 0, & z<0.\end{cases}$$

当 $z\geqslant 0$ 时，

$$\iint\limits_{x^2+y^2\leqslant z^2} f(x,y)\mathrm{d}x\mathrm{d}y=\int_0^{2\pi}\mathrm{d}\theta\int_0^z \frac{1}{2\pi\sigma^2}\mathrm{e}^{-\frac{r^2}{2\sigma^2}}\cdot r\mathrm{d}r=2\pi\int_0^z \frac{1}{2\pi\sigma^2}\mathrm{e}^{-\frac{r^2}{2\sigma^2}}\cdot r\mathrm{d}r$$

$$=\int_0^z \frac{1}{\sigma^2}\mathrm{e}^{-\frac{r^2}{2\sigma^2}}\cdot r\mathrm{d}r.$$

于是，$Z=\sqrt{X^2+Y^2}$ 的概率密度函数为

$$f(z;\sigma^2)=[F_Z(z)]'=\begin{cases}\frac{1}{\sigma^2}\mathrm{e}^{-\frac{z^2}{2\sigma^2}}\cdot z, & z>0,\\ 0, & z\leqslant 0.\end{cases}$$

设 $z_1,z_2,\cdots,z_n$ 为 $Z_1,Z_2,\cdots,Z_n$ 的样本值，当 $z_i>0(i=1,2,\cdots,n)$ 时，σ^2 的似然函数为

$$L(\sigma^2)=\prod_{i=1}^n f(z_i;\sigma^2)=(\sigma^2)^{-n}\mathrm{e}^{-\frac{1}{2\sigma^2}\sum\limits_{i=1}^n z_i^2}(z_1z_2\cdots z_n);$$

取对数：$\ln L(\sigma^2)=-n\ln\sigma^2-\frac{1}{2\sigma^2}\sum\limits_{i=1}^n z_i^2+\sum\limits_{i=1}^n \ln z_i$.

求导：$\frac{\mathrm{d}\ln L(\sigma^2)}{\mathrm{d}\sigma^2}=-\frac{n}{\sigma^2}+\frac{1}{2\sigma^4}\sum\limits_{i=1}^n z_i^2$，令 $\frac{\mathrm{d}\ln L(\sigma^2)}{\mathrm{d}\sigma^2}=0$，得 $\sigma^2=\frac{1}{2n}\sum\limits_{i=1}^n z_i^2$；

于是，σ^2 的最大似然估计量为$\widehat{\sigma^2}=\frac{1}{2n}\sum_{i=1}^{n}Z_i^2$.

(2) $$E(\widehat{\sigma^2})=E\left(\frac{1}{2n}\sum_{i=1}^{n}Z_i^2\right)=\frac{1}{2n}\sum_{i=1}^{n}E(Z_i^2)=\frac{1}{2}E(Z^2),$$

$$E(Z^2)=\int_0^{+\infty}z^2\cdot\frac{1}{\sigma^2}e^{-\frac{z^2}{2\sigma^2}}\cdot z\,dz,$$

令$\frac{z^2}{2\sigma^2}=t$，则$\frac{z}{\sigma^2}dz=dt$，故

$$E(Z^2)=\int_0^{+\infty}2\sigma^2te^{-t}dt=2\sigma^2\int_0^{+\infty}te^{-t}dt,$$

将$\int_0^{+\infty}te^{-t}dt$ 看成$T\sim E(1)$ 条件下 T 的数学期望，其值为 1，故$E(Z^2)=2\sigma^2$，$E(\widehat{\sigma^2})=\frac{1}{2}E(Z^2)=\sigma^2$.

例题6 设随机变量 X 服从正态分布$N(1,\sigma^2)$，$X_1,X_2,\cdots,X_n$ 为来自总体X 的简单随机样本，记$\widehat{\sigma^2}$ 为 σ^2 的最大似然估计量，$\hat{\sigma}$ 为 σ 的最大似然估计量，则下列结论中，正确的是(　　).

(A)$D(\widehat{\sigma^2})>D[(\hat{\sigma})^2]$　　(B)$D(\widehat{\sigma^2})<D[(\hat{\sigma})^2]$

(C)$E(\widehat{\sigma^2})>[E(\hat{\sigma})]^2$　　(D)$E(\widehat{\sigma^2})<[E(\hat{\sigma})]^2$

答案 (C)

解析 本题考查正态分布 σ^2 与 σ 最大似然估计量的期望与方差.

由 $X\sim N(1,\sigma^2)$ 得 X 的概率密度函数为

$$f(x;\sigma^2)=\frac{1}{\sqrt{2\pi}\sigma}e^{-\frac{(x-1)^2}{2\sigma^2}}.$$

设 $x_1,x_2,\cdots,x_n$ 为 $X_1,X_2,\cdots,X_n$ 的样本值，则似然函数为

$$L=[(2\pi)^{-\frac{1}{2}}]^n(\sigma^{-1})^ne^{-\frac{1}{2\sigma^2}\sum_{i=1}^{n}(x_i-1)^2}.$$

估计 σ^2 时，$L=L(\sigma^2)$，取对数：

$$\begin{aligned}\ln L(\sigma^2)&=-\frac{n}{2}\ln(2\pi)-n\ln\sigma-\frac{1}{2\sigma^2}\sum_{i=1}^{n}(x_i-1)^2\\&=-\frac{n}{2}\ln(2\pi)-\frac{n\ln\sigma^2}{2}-\frac{1}{2\sigma^2}\sum_{i=1}^{n}(x_i-1)^2;\end{aligned}$$

求导：$\frac{d\ln L(\sigma^2)}{d\sigma^2}=-\frac{n}{2}\frac{1}{\sigma^2}+\frac{1}{2\sigma^4}\sum_{i=1}^{n}(x_i-1)^2$. 令$\frac{d\ln L(\sigma^2)}{d\sigma^2}=0$，得$\widehat{\sigma^2}=\frac{1}{n}\sum_{i=1}^{n}(X_i-1)^2$.

估计 σ 时，$L=L(\sigma)$，取对数

$$\ln L(\sigma)=-\frac{n}{2}\ln(2\pi)-n\ln\sigma-\frac{1}{2\sigma^2}\sum_{i=1}^{n}(x_i-1)^2;$$

求导：$\frac{\mathrm{d}\ln L(\sigma)}{\mathrm{d}\sigma}=-\frac{n}{\sigma}+\frac{1}{\sigma^3}\sum_{i=1}^{n}(x_i-1)^2$. 令$\frac{\mathrm{d}\ln(\sigma)}{\mathrm{d}\sigma}=0$得$\hat{\sigma}=\sqrt{\frac{1}{n}\sum_{i=1}^{n}(X_i-1)^2}$.

于是，$\widehat{\sigma^2}=(\hat{\sigma})^2$，从而

$$E(\widehat{\sigma^2})-[E(\hat{\sigma})]^2=E[(\hat{\sigma})^2]-[E(\hat{\sigma})]^2=D(\hat{\sigma})>0.$$

故选(C).

例题7 设总体 X 的概率密度函数为 $f(x;c,\theta)=\begin{cases}\frac{1}{\theta}\mathrm{e}^{-\frac{x-c}{\theta}}, & x\geqslant c,\\ 0, & 其他,\end{cases}$ 其中 $c,\theta(c>0,\theta>0)$ 为未知参数，$X_1,X_2,\cdots,X_n$ 是来自 X 的一个简单随机样本，其样本值为 $x_1,x_2,\cdots,x_n$.

(1) 求 c 与 θ 的矩估计量；

(2) 求 c 与 θ 的最大似然估计量.

解析 本题考查两个参数的点估计.

(1)
$$E(X)=\int_{-\infty}^{+\infty}xf(x;c,\theta)\mathrm{d}x=\int_{c}^{+\infty}x\cdot\frac{1}{\theta}\mathrm{e}^{-\frac{x-c}{\theta}}\mathrm{d}x$$
$$\xlongequal{令x-c=t}\int_{0}^{+\infty}(c+t)\frac{1}{\theta}\mathrm{e}^{-\frac{t}{\theta}}\mathrm{d}t,$$

上式可看作 $T\sim E\left(\frac{1}{\theta}\right)$ 时 $c+T$ 的期望.

$$E(c+T)=c+E(T)=c+\frac{1}{\frac{1}{\theta}}=c+\theta.$$

而
$$E(X^2)=\int_{-\infty}^{+\infty}x^2f(x;c,\theta)\mathrm{d}x=\int_{c}^{+\infty}x^2\cdot\frac{1}{\theta}\mathrm{e}^{-\frac{x-c}{\theta}}\mathrm{d}x$$
$$\xlongequal{令x-c=t}\int_{0}^{+\infty}(c+t)^2\frac{1}{\theta}\mathrm{e}^{-\frac{t}{\theta}}\mathrm{d}t,$$

上式可看作 $T\sim E\left(\frac{1}{\theta}\right)$ 时 $(c+T)^2$ 的数学期望

$$E(c+T)^2=[E(c+T)]^2+D(c+T)=[c+E(T)]^2+D(T)$$
$$=(c+\theta)^2+\frac{1}{\left(\frac{1}{\theta}\right)^2}=(c+\theta)^2+\theta^2.$$

根据矩估计，令 $E(X)=\overline{X}=\frac{1}{n}\sum_{i=1}^{n}X_i$，$E(X^2)=\frac{1}{n}\sum_{i=1}^{n}X_i^2$，得 $c+\theta=\overline{X}$，$(c+\theta)^2+\theta^2=$

$\frac{1}{n}\sum_{i=1}^{n}X_i^2$,则 $\overline{X}^2+\theta^2=\frac{1}{n}\sum_{i=1}^{n}X_i^2$,进而

$$\theta^2=\frac{1}{n}\sum_{i=1}^{n}X_i^2-\overline{X}^2.$$

因此,
$$\hat{\theta}=\sqrt{\frac{1}{n}\sum_{i=1}^{n}X_i^2-\overline{X}^2},$$

$$\hat{c}=\overline{X}-\hat{\theta}=\overline{X}-\sqrt{\frac{1}{n}\sum_{i=1}^{n}X_i^2-\overline{X}^2},$$

(2) 当 $x_i\geqslant c$ 时. c,θ 的似然函数为

$$L(c,\theta)=\prod_{i=1}^{n}f(x_i;c,\theta)=\prod_{i=1}^{n}\frac{1}{\theta}\mathrm{e}^{-\frac{x_i-c}{\theta}}=\theta^{-n}\mathrm{e}^{-\frac{1}{\theta}\sum_{i=1}^{n}(x_i-c)}=\theta^{-n}\mathrm{e}^{-\frac{\sum_{i=1}^{n}x_i-nc}{\theta}};$$

取对数: $\ln L(c,\theta)=-n\ln\theta-\frac{1}{\theta}\left(\sum_{i=1}^{n}x_i-nc\right)$;

求偏导:
$$\frac{\partial\ln L(c,\theta)}{\partial c}=\frac{n}{\theta}>0,$$

$$\frac{\partial\ln L(c,\theta)}{\partial\theta}=-\frac{n}{\theta}+\frac{1}{\theta^2}\left(\sum_{i=1}^{n}x_i-nc\right),$$

可得 $\ln L(c,\theta)$ 关于 c 单调递增. 又 $c\leqslant x_i$,从而 $\hat{c}=\min\{x_1,x_2,\cdots,x_n\}$.

再令 $\frac{\partial\ln L(c,\theta)}{\partial\theta}=0$ 得

$$\hat{\theta}=\frac{1}{n}\sum_{i=1}^{n}x_i-\hat{c}=\frac{1}{n}\sum_{i=1}^{n}x_i-\min\{x_1,\cdots,x_n\}.$$

于是,最大似然估计量 $\hat{c}=\min\{X_1,\cdots,X_n\}$, $\hat{\theta}=\overline{X}-\min\{X_1,\cdots,X_n\}$.

例题8 总体 X 服从均匀分布 $U[\theta,3\theta]$,其中 $\theta>0$ 是未知参数, $X_1,X_2,\cdots,X_n$ 为取自 X 的简单随机样本.

(1) 求 θ 的最大似然估计量 $\hat{\theta}$;

(2) 求 $E(\hat{\theta})$, $D(\hat{\theta})$.

解析 本题考查均匀分布的最大似然估计及估计量的数字特征.

(1) 设 $x_1,x_2,\cdots,x_n$ 为 $X_1,X_2,\cdots,X_n$ 的样本值. 当 $\theta<x_i<3\theta(i=1,2,\cdots,n)$ 时,由 X 的概率密度函数 $f_X(x;\theta)=\begin{cases}\frac{1}{2\theta}, & \theta\leqslant x\leqslant 3\theta,\\ 0, & \text{其他},\end{cases}$ 得 θ 的似然函数为

$$L(\theta)=\prod_{i=1}^{n}f_X(x_i;\theta)=\left(\frac{1}{2\theta}\right)^n=2^{-n}\theta^{-n};$$

取对数：$\ln L(\theta)=-n\ln 2-n\ln\theta$；

求导数：$\dfrac{\mathrm{d}\ln L(\theta)}{\mathrm{d}\theta}=-\dfrac{n}{\theta}<0$，即 $\ln L(\theta)$ 关于 θ 单调减少. 又 $\theta\leqslant x_i\leqslant 3\theta$，则 $3\hat{\theta}=\max\{x_1,\cdots,x_n\}$，$\hat{\theta}=\dfrac{1}{3}\max\{x_1,\cdots,x_n\}$.

于是，θ 的最大似然估计量 $\hat{\theta}=\dfrac{1}{3}\max\{X_1,\cdots,X_n\}$.

(2) 设 $Y=\max\{X_1,\cdots,X_n\}$，$\hat{\theta}=\dfrac{Y}{3}$，则 $E(\hat{\theta})=\dfrac{1}{3}E(Y)$，$D(\hat{\theta})=\dfrac{1}{9}D(Y)$.

又设 $Y=\max\{X_1,\cdots,X_n\}$ 的分布函数为 $F_Y(y)$，则

$$F_Y(y)=[F_X(y;\theta)]^n=\begin{cases}0, & y<\theta,\\ \left(\dfrac{y-\theta}{2\theta}\right)^n, & \theta\leqslant y<3\theta,\\ 1, & y\geqslant 3\theta,\end{cases}$$

$$f_Y(y)=[F_Y(y)]'=\begin{cases}\dfrac{1}{2^n\theta^n}n(y-\theta)^{n-1}, & \theta\leqslant y\leqslant 3\theta,\\ 0, & \text{其他}.\end{cases}$$

于是

$$E(Y)=\int_{-\infty}^{+\infty}yf_Y(y)\mathrm{d}y=\int_{\theta}^{3\theta}y\cdot\frac{n}{2^n\theta^n}(y-\theta)^{n-1}\mathrm{d}y$$

$$\xlongequal{\text{令 } y-\theta=t}\frac{n}{(2\theta)^n}\int_0^{2\theta}(\theta+t)t^{n-1}\mathrm{d}t=\theta+\frac{n}{n+1}\cdot 2\theta=\frac{3n+1}{n+1}\theta,$$

$$E(Y^2)=\int_{-\infty}^{+\infty}y^2f_Y(y)\mathrm{d}y=\int_{\theta}^{3\theta}y^2\frac{n}{(2\theta)^n}(y-\theta)^{n-1}\mathrm{d}y$$

$$\xlongequal{\text{令 } y-\theta=t}\int_0^{2\theta}(\theta+t)^2\frac{n}{2^n\theta^n}t^{n-1}\mathrm{d}t=\frac{n}{2^n\theta^n}\int_0^{2\theta}(\theta^2+2\theta t+t^2)t^{n-1}\mathrm{d}t$$

$$=\frac{n}{2^n\theta^n}\left(\theta^2\cdot\frac{2^n\theta^n}{n}+2\theta\cdot\frac{2^{n+1}\theta^{n+1}}{n+1}+\frac{2^{n+2}\theta^{n+2}}{n+2}\right)=\frac{9n^2+15n+2}{(n+1)(n+2)}\theta^2,$$

故

$$E(\hat{\theta})=\frac{1}{3}\cdot\frac{3n+1}{n+1}\theta=\frac{3n+1}{3n+3}\theta,$$

$$D(\hat{\theta})=\frac{1}{9}D(Y)=\frac{1}{9}\left\{E(Y^2)-[E(Y)]^2\right\}$$

$$=\frac{1}{9}\left[\frac{9n^2+15n+2}{(n+1)(n+2)}\theta^2-\left(\frac{3n+1}{n+1}\theta\right)^2\right]$$

$$=\frac{4n}{9(n+1)^2(n+2)}\theta^2.$$

例题9 设 $X_1,X_2,\cdots,X_m$ 与 $Y_1,Y_2,\cdots,Y_n$ 分别为来自总体 $X\sim N(\mu_1,\sigma^2)$ 和 $Y\sim N(\mu_2,\sigma^2)(\sigma>0)$ 的两个独立的简单随机样本,试求 μ_1,μ_2,σ^2 的最大似然估计量.

解析 本题考查两个总体,多个参数的最大似然估计.

设 $x_1,x_2,\cdots,x_m,y_1,y_2,\cdots,y_n$ 分别为 $X_1,X_2,\cdots,X_m$ 与 $Y_1,Y_2,\cdots,Y_n$ 的样本值,则似然函数为

$$\begin{aligned}L(\mu_1,\mu_2,\sigma^2)&=\prod_{i=1}^{m}f_X(x_i;\mu_1,\sigma^2)\cdot\prod_{i=1}^{n}f_Y(y_i;\mu_2,\sigma^2)\\&=\prod_{i=1}^{m}\frac{1}{\sqrt{2\pi}\sigma}e^{-\frac{(x_i-\mu_1)^2}{2\sigma^2}}\cdot\prod_{i=1}^{n}\frac{1}{\sqrt{2\pi}\sigma}e^{-\frac{(y_i-\mu_2)^2}{2\sigma^2}}\\&=\left(\frac{1}{\sqrt{2\pi}\sigma}\right)^{m+n}e^{-\frac{1}{2\sigma^2}\sum\limits_{i=1}^{m}(x_i-\mu_1)^2-\frac{1}{2\sigma^2}\sum\limits_{i=1}^{n}(y_i-\mu_2)^2}.\end{aligned}$$

对似然函数取对数可得,

$$\ln L(\mu_1,\mu_2,\sigma^2)=-(m+n)\ln(\sqrt{2\pi}\sigma)-\frac{1}{2\sigma^2}\sum_{i=1}^{m}(x_i-\mu_1)^2-\frac{1}{2\sigma^2}\sum_{i=1}^{n}(y_i-\mu_2)^2$$

$$=-\frac{m+n}{2}\ln(2\pi\sigma^2)-\frac{1}{2\sigma^2}\sum_{i=1}^{m}(x_i-\mu_1)^2-\frac{1}{2\sigma^2}\sum_{i=1}^{n}(y_i-\mu_2)^2$$

$$=-\frac{m+n}{2}\ln(2\pi)-\frac{m+n}{2}\ln(\sigma^2)-\frac{1}{2\sigma^2}\sum_{i=1}^{m}(x_i-\mu_1)^2-\frac{1}{2\sigma^2}\sum_{i=1}^{n}(y_i-\mu_2)^2.$$

对 $\ln L(\mu_1,\mu_2,\sigma^2)$ 分别关于 μ_1,μ_2,σ^2 求偏导并令其为零,得

$$\frac{\partial\ln L(\mu_1,\mu_2,\sigma^2)}{\partial\mu_1}=\frac{1}{\sigma^2}\sum_{i=1}^{m}(x_i-\mu_1)=\frac{1}{\sigma^2}\left(\sum_{i=1}^{m}x_i-m\mu_1\right)=0,$$

$$\frac{\partial\ln L(\mu_1,\mu_2,\sigma^2)}{\partial\mu_2}=\frac{1}{\sigma^2}\sum_{i=1}^{n}(y_i-\mu_2)=\frac{1}{\sigma^2}\left(\sum_{i=1}^{n}y_i-n\mu_2\right)=0,$$

$$\frac{\partial\ln L(\mu_1,\mu_2,\sigma^2)}{\partial\sigma^2}=-\frac{m+n}{2\sigma^2}+\frac{1}{2\sigma^4}\left[\sum_{i=1}^{m}(x_i-\mu_1)^2+\sum_{i=1}^{n}(y_i-\mu_2)^2\right]=0.$$

从而可得 μ_1,μ_2,σ^2 的最大似然估计量为

$$\hat{\mu}_1=\frac{1}{m}\sum_{i=1}^{m}X_i=\overline{X},\hat{\mu}_2=\frac{1}{n}\sum_{i=1}^{n}Y_i=\overline{Y},\hat{\sigma}^2=\frac{\sum\limits_{i=1}^{m}(X_i-\overline{X})^2+\sum\limits_{i=1}^{n}(Y_i-\overline{Y})^2}{m+n}.$$

例题10 设总体 X 服从正态分布 $N(1,\sigma^2)$,又 $Z=|X-1|$,$Z_1,Z_2,\cdots,Z_n$ 为 Z 的简单随机样本.

(1) 求 σ 的矩估计量;

(2) 求 σ 的最大似然估计量.

解析 本题考查随机变量函数确定的分布的点估计.

(1) 令 $Y=X-1$，由 X 服从 $N(1,\sigma^2)$，得 Y 服从 $N(0,\sigma^2)$，且 Y 概率密度函数为

$$f_Y(y)=\frac{1}{\sqrt{2\pi}\sigma}e^{-\frac{y^2}{2\sigma^2}}.$$

设 $Z=|X-1|$ 的分布函数为 $F(z)$，则

当 $z<0$ 时，$F(z)=0$；

当 $z\geqslant 0$ 时，

$$F(z)=P\{Z\leqslant z\}=P\{|Y|\leqslant z\}=P\{-z\leqslant Y\leqslant z\}$$

$$=\int_{-z}^{z}\frac{1}{\sqrt{2\pi}\sigma}e^{-\frac{y^2}{2\sigma^2}}dy=2\int_0^z\frac{1}{\sqrt{2\pi}\sigma}e^{-\frac{y^2}{2\sigma^2}}dy,$$

从而 Z 的概率密度为 $f(z;\sigma)=\begin{cases}\frac{2}{\sqrt{2\pi}\sigma}e^{-\frac{z^2}{2\sigma^2}}, & z>0,\\ 0, & 其它.\end{cases}$

$$E(Z)=\int_{-\infty}^{+\infty}z\cdot f(z;\sigma)dz=\int_0^{+\infty}z\cdot\frac{2}{\sqrt{2\pi}\sigma}e^{-\frac{z^2}{2\sigma^2}}dz$$

$$=\frac{2\sigma}{\sqrt{2\pi}}\int_0^{+\infty}e^{-\frac{z^2}{2\sigma^2}}d\left(\frac{z^2}{2\sigma^2}\right)=\frac{2\sigma}{\sqrt{2\pi}}=\sqrt{\frac{2}{\pi}}\sigma.$$

根据矩估计原理，令 $E(Z)=\bar{Z}=\frac{1}{n}\sum_{i=1}^{n}Z_i$，得 σ 的矩估计量为 $\hat{\sigma}=\sqrt{\frac{\pi}{2}}\bar{Z}$.

(2) 设 $z_1,z_2,\cdots,z_n$ 为 $Z_1,Z_2,\cdots,Z_n$ 的样本值，则当 $z_i>0(i=1,2,\cdots,n)$ 时，σ 的似然函数为

$$L(\sigma)=\prod_{i=1}^{n}f(z_i;\sigma)=\prod_{i=1}^{n}\sqrt{\frac{2}{\pi}}\frac{1}{\sigma}e^{-\frac{z_i^2}{2\sigma^2}}=\left(\sqrt{\frac{2}{\pi}}\right)^n\left(\frac{1}{\sigma}\right)^n e^{-\frac{1}{2\sigma^2}\sum_{i=1}^{n}z_i^2},$$

取对数得

$$\ln L(\sigma)=n\ln\sqrt{\frac{2}{\pi}}-n\ln\sigma-\frac{1}{2\sigma^2}\sum_{i=1}^{n}z_i^2.$$

对 $\ln L(\sigma)$ 关于 σ 求导，并令 $\frac{d\ln L(\sigma)}{d\sigma}=-\frac{n}{\sigma}+\frac{\sum_{i=1}^{n}z_i^2}{\sigma^3}=0$，解得 $\sigma=\sqrt{\frac{1}{n}\sum_{i=1}^{n}z_i^2}$，所以 σ 的最大似然估计量为 $\hat{\sigma}=\sqrt{\frac{1}{n}\sum_{i=1}^{n}Z_i^2}$.

题型二 估计量评选标准(数学一)

解题思路归纳

(1) 若 $E(\hat{\theta})=\theta$，则 $\hat{\theta}$ 是 θ 的无偏估计(要点是期望的计算)；

(2) 若 $\hat{\theta}_1$ 与 $\hat{\theta}_2$ 都是 θ 的无偏估计量，且若 $D(\hat{\theta}_1)\leqslant D(\hat{\theta}_2)$，则称 $\hat{\theta}_1$ 比 $\hat{\theta}_2$ 更有效(要点是方差的计算)；

(3) 当 $n\to\infty$ 时，$\hat{\theta}$ 依概率收敛于 θ，则称 $\hat{\theta}$ 是 θ 的一致估计. 如果解答题中出现一致性，需要利用切比雪夫不等式或者大数定律解决，如果是选择或者填空题，可直接使用结论：若 $\lim\limits_{n\to\infty}E(\hat{\theta})=\theta$，$\lim\limits_{n\to\infty}D(\hat{\theta})=0$，则 $\hat{\theta}$ 是 θ 的一致估计.

例题11 设总体 X 的概率密度为 $f(x,\theta)=\begin{cases}\frac{1}{\theta}\mathrm{e}^{-\frac{x}{\theta}}, & x>0,\\ 0, & \text{其他},\end{cases}$ $X_1,X_2,\cdots,X_n$ 是来自总体 X 的简单随机样本，定义统计量 $Z_1=\overline{X}$，$Z_2=n\min\{X_1,X_2,\cdots,X_n\}$.

(1) 说明 Z_1,Z_2 是否为 θ 的无偏估计；

(2) 在(1)的条件下，比较 Z_1,Z_2 的有效性；

(3) 说明 Z_1 是否是 θ 的一致估计.

解析 本题考查估计量的无偏性、有效性与一致性.

(1) 不难看出 X 服从指数分布 $E\left(\frac{1}{\theta}\right)$，故 $E(Z_1)=E(\overline{X})=E(X)=\frac{1}{\frac{1}{\theta}}=\theta$.

令 $u=\min\{X_1,X_2,\cdots,X_n\}$，则 $Z_2=nu$.

又
$$F_u(x)=1-[1-F_X(x)]^n=\begin{cases}1-[1-(1-\mathrm{e}^{-\frac{x}{\theta}})]^n, & x\geqslant 0,\\ 0, & x<0\end{cases}$$

$$=\begin{cases}1-\mathrm{e}^{-\frac{nx}{\theta}}, & x\geqslant 0,\\ 0, & x<0,\end{cases}$$

得 $u\sim E\left(\frac{n}{\theta}\right)$，于是 $E(u)=\frac{1}{\frac{n}{\theta}}=\frac{\theta}{n}$，$E(Z_2)=nE(u)=\theta$.

因此，Z_1,Z_2 均为 θ 的无偏估计.

(2) 结合(1) 可知， $D(Z_1)=D(\overline{X})=\dfrac{D(X)}{n}=\dfrac{\dfrac{1}{\left(\dfrac{1}{\theta}\right)^2}}{n}=\dfrac{\theta^2}{n}$，

$$D(Z_2)=D(nu)=n^2D(u)=n^2\cdot\frac{1}{\left(\dfrac{n}{\theta}\right)^2}=\theta^2.$$

显然 $D(Z_1)\leqslant D(Z_2)$，故 Z_1 比 Z_2 更有效.

(3) **方法一**：由于 $E(Z_1)=\theta$，$\lim\limits_{n\to\infty}D(Z_1)=\lim\limits_{n\to\infty}\dfrac{\theta^2}{n}=0$，故根据切比雪夫不等式可得

$$\lim_{n\to\infty}P\{|Z_1-E(Z_1)|\geqslant\varepsilon\}\leqslant\lim_{n\to\infty}\frac{D(Z_1)}{\varepsilon^2}=0.$$

故 Z_1 依概率收敛于 θ，即 Z_1 是 θ 的一致估计.

方法二：$Z_1=\dfrac{1}{n}\sum\limits_{i=1}^{n}X_i$，由于 $X_1,\cdots,X_n$ 独立同分布，且 $E(X_1)=\theta$，故根据辛钦大数定律可知 Z_1 依概率收敛于 θ，即 Z_1 是 θ 的一致估计.

例题12 设 $X_1,X_2,\cdots,X_n$ 是来自正态总体 $X\sim N(\mu,\sigma^2)$ 的一个简单随机样本，对 σ^2 有如下三个估计量：

$$A=\frac{1}{n-1}\sum_{i=1}^{n}(X_i-\overline{X})^2,B=\frac{1}{n}\sum_{i=1}^{n}(X_i-\overline{X})^2,C=\frac{1}{n+1}\sum_{i=1}^{n}(X_i-\overline{X})^2.$$

(1)A、B、C 中哪一个是 σ^2 的无偏估计？

(2)A、B、C 中哪一个方差最小？

(3)A、B、C 中哪一个是 σ^2 的一致估计量？

解析 本题考查估计量的无偏性、一致性以及方差计算.

(1) 由于
$$\frac{1}{\sigma^2}\sum_{i=1}^{n}(X_i-\overline{X})^2\sim\chi^2(n-1),$$

故
$$E\left[\sum_{i=1}^{n}(X_i-\overline{X})^2\right]=\sigma^2E\left[\frac{1}{\sigma^2}\sum_{i=1}^{n}(X_i-\overline{X})^2\right]=\sigma^2(n-1).$$

从而

$$E(A)=\sigma^2,E(B)=\frac{n-1}{n}\sigma^2,E(C)=\frac{n-1}{n+1}\sigma^2.$$

于是只有 A 是 σ^2 的无偏估计量.

(2) 设 $T=\sum\limits_{i=1}^{n}\left(\dfrac{X_i-\overline{X}}{\sigma}\right)^2\sim\chi^2(n-1)$，则 $D(T)=2(n-1)$.

由于
$$A=\frac{\sigma^2}{n-1}T,B=\frac{\sigma^2}{n}T,C=\frac{\sigma^2}{n+1}T,$$

则
$$D(A)=\left[\frac{\sigma^2}{n-1}\right]^2 D(T),$$
$$D(B)=\left[\frac{\sigma^2}{n}\right]^2 D(T),$$
$$D(C)=\left(\frac{\sigma^2}{n+1}\right)^2 D(T).$$

观察分母可知，$$D(C)<D(B)<D(A),$$

且有 $$D(A)=\frac{2\sigma^4}{n-1},D(B)=\frac{2(n-1)\sigma^4}{n^2},D(C)=\frac{2(n-1)}{(n+1)^2}\sigma^4.$$

(3) 由于

$$E(A)=\sigma^2,\lim_{n\to\infty}E(B)=\lim_{n\to\infty}\frac{n-1}{n}\sigma^2=\sigma^2,\lim_{n\to\infty}E(C)=\lim_{n\to\infty}\frac{n-1}{n+1}\sigma^2=\sigma^2,$$
$$\lim_{n\to\infty}D(A)=\lim_{n\to\infty}\frac{2\sigma^4}{n-1}=0,$$
$$\lim_{n\to\infty}D(B)=\lim_{n\to\infty}\frac{2(n-1)\sigma^4}{n^2}=0,$$
$$\lim_{n\to\infty}D(C)=\lim_{n\to\infty}\frac{2(n-1)\sigma^4}{(n+1)^2}=0,$$

所以 A,B,C 均为 σ^2 的一致估计量.

例题13 设随机变量 X 与 Y 相互独立且分别服从正态分布 $N(1,\sigma^2)$ 与 $N(-1,2\sigma^2)$，其中 $\sigma>0$ 是未知参数. 设 $Z=X+Y,Z_1,Z_2,\cdots,Z_n$ 为来自总体 Z 的简单随机样本，则 σ^2 的最大似然估计量 $\widehat{\sigma^2}$ ________ (填写“是”或“不是”) σ^2 的无偏估计量.

答案 是

解析 本题考查估计量的无偏性.

由 $X\sim N(1,\sigma^2),Y\sim N(-1,2\sigma^2)$，且 X 与 Y 相互独立，则 $Z=X+Y$ 服从正态分布. 又

$$E(Z)=E(X+Y)=E(X)+E(Y)=0,$$
$$D(Z)=D(X+Y)=D(X)+D(Y)=3\sigma^2,$$

所以 $Z\sim N(0,3\sigma^2)$，从而 Z 的概率密度为

$$f(z;\sigma^2)=\frac{1}{\sqrt{2\pi}\cdot\sqrt{3}\sigma}e^{-\frac{z^2}{2\cdot 3\sigma^2}}=\frac{1}{\sqrt{6\pi}\sigma}e^{-\frac{z^2}{6\sigma^2}}.$$

设 $z_1,z_2,\cdots,z_n$ 为 $Z_1,Z_2,\cdots,Z_n$ 的样本值，得 σ^2 的似然函数为

$$L(\sigma^2)=\prod_{i=1}^{n}f(z_i;\sigma^2)=\prod_{i=1}^{n}\left(\frac{1}{\sqrt{6\pi}\sigma}e^{-\frac{z_i^2}{6\sigma^2}}\right)=\frac{1}{(\sqrt{6\pi})^n\sigma^n}e^{-\frac{1}{6\sigma^2}\sum_{i=1}^{n}z_i^2}.$$

取对数得，

$$\ln L(\sigma^2)=-n\ln(\sqrt{6\pi})-n\ln\sigma-\frac{1}{6\sigma^2}\sum_{i=1}^{n}z_i^2$$

$$=-\frac{n}{2}\ln(6\pi)-\frac{n}{2}\ln\sigma^2-\frac{1}{6\sigma^2}\sum_{i=1}^{n}z_i^2.$$

令
$$\frac{\mathrm{d}\ln L(\sigma^2)}{\mathrm{d}\sigma^2}=-\frac{n}{2}\frac{1}{\sigma^2}+\frac{1}{6\sigma^4}\sum_{i=1}^{n}z_i^2=0,$$

得
$$\sigma^2=\frac{1}{3n}\sum_{i=1}^{n}z_i^2.$$

因此，σ^2 的最大似然估计量为$\widehat{\sigma^2}=\frac{1}{3n}\sum_{i=1}^{n}Z_i^2$.

$$E(\widehat{\sigma^2})=E\left(\frac{1}{3n}\sum_{i=1}^{n}Z_i^2\right)=\frac{1}{3n}E\left(\sum_{i=1}^{n}Z_i^2\right)=\frac{1}{3}E(Z^2)$$

$$=\frac{1}{3}\{[E(Z)]^2+D(Z)\}=\frac{1}{3}(0+3\sigma^2)=\sigma^2,$$

可知 $\hat{\sigma}^2$ 是 σ^2 的无偏估计量.

题型三　置信区间(数学一)

解题思路归纳

求解置信区间的步骤：

(1) 选取统计量 T.

单正态总体
- 对 μ 估计
  - $\frac{\overline{X}-\mu}{\sigma/\sqrt{n}}\sim N(0,1)$；$\sigma$ 已知.
  - $\frac{\overline{X}-\mu}{S/\sqrt{n}}\sim t(n-1)$；$\sigma$ 未知.
- 对 σ^2 估计
  - $\frac{(n-1)S^2}{\sigma^2}\sim\chi^2(n-1)$；$\mu$ 未知.
  - $\sum_{i=1}^{n}\left(\frac{X_i-\mu}{\sigma}\right)^2\sim\chi^2(n)$；$\mu$ 已知.

$$
\text{双正态总体}\begin{cases}
\text{对 } \mu_1-\mu_2 \text{ 估计}\begin{cases}
\dfrac{(\bar{X}-\bar{Y})-(\mu_1-\mu_2)}{\sqrt{\dfrac{\sigma_1^2}{n_1}+\dfrac{\sigma_2^2}{n_2}}} \sim N(0,1);\sigma_1^2,\sigma_2^2 \text{ 已知.} \\
\dfrac{(\bar{X}-\bar{Y})-(\mu_1-\mu_2)}{S\sqrt{\dfrac{1}{n_1}+\dfrac{1}{n_2}}} \sim t(n_1+n_2-2);\sigma_1^2,\sigma_2^2 \text{ 未知但相等} \\
\left(\text{其中 } S^2=\dfrac{(n_1-1)S_1^2+(n_2-1)S_2^2}{n_1+n_2-2}\right).
\end{cases} \\
\text{对} \dfrac{\sigma_1^2}{\sigma_2^2} \text{ 估计}\begin{cases}
\dfrac{\sigma_2^2 S_1^2}{S_2^2\sigma_1^2} \sim F(n_1-1,n_2-1);\mu_1,\mu_2 \text{ 未知.} \\
\dfrac{n_2\sigma_2^2\sum\limits_{i=1}^{n_1}(X_i-\mu_1)^2}{n_1\sigma_1^2\sum\limits_{j=1}^{n_2}(Y_j-\mu_2)^2} \sim F(n_1,n_2);\mu_1,\mu_2 \text{ 已知.}
\end{cases}
\end{cases}
$$

(2) 根据 T 服从的分布找出置信度为 $1-\alpha$ 的置信区间(分为两类).

(ⅰ) 双侧置信区间:概率密度函数具有对称性的分布 $N(0,1)$,$t(n)$,以及概率密度不具有对称性的分布 $\chi^2(n)$,$F(m,n)$,如下图所示.

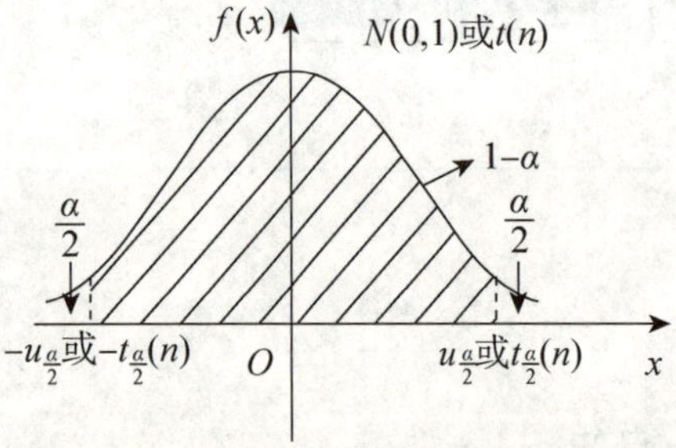

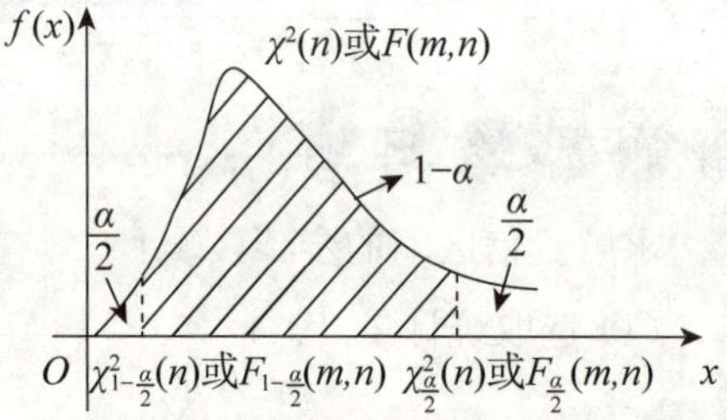

(ⅱ) 单侧置信区间:概率密度函数具有对称性的分布 $N(0,1)$,$t(n)$,以及概率密度不具有对称性的分布 $\chi^2(n)$,$F(m,n)$,如下图所示.

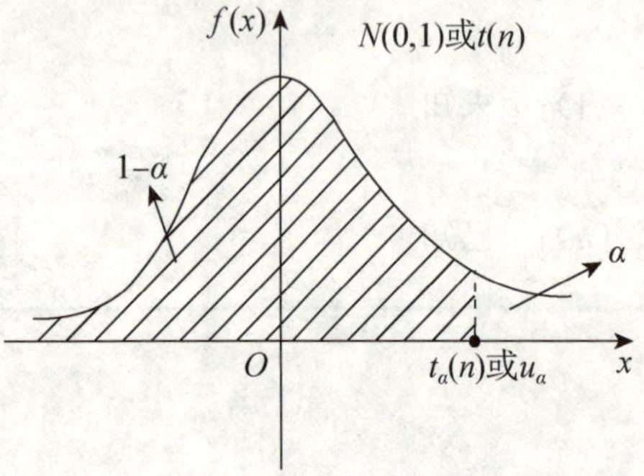

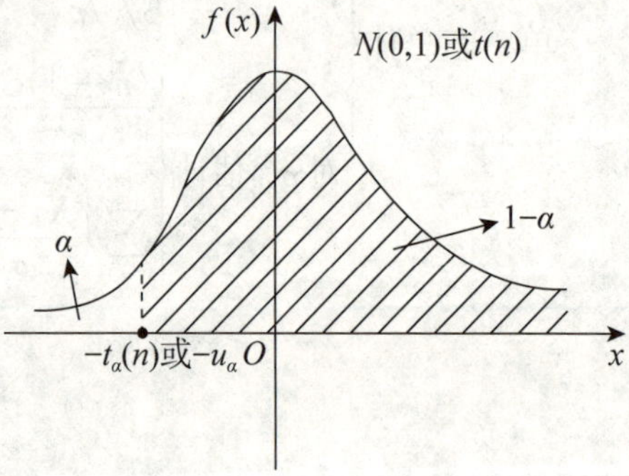

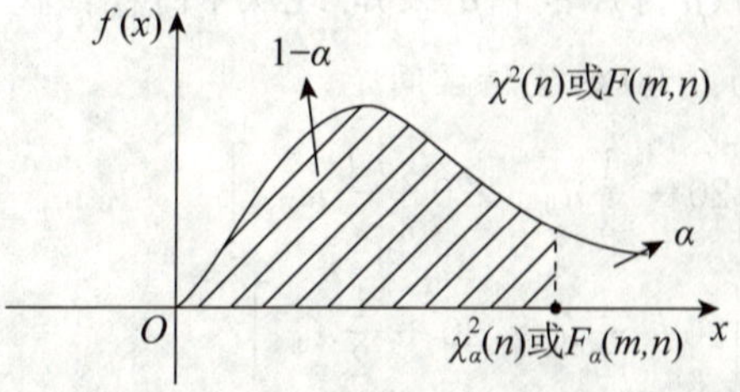

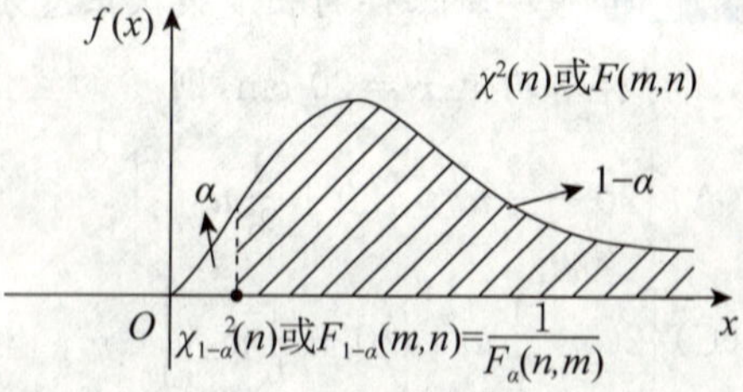

(3) 将(1) 中 T 的表达式代入(2) 中的置信区间，解得待估计参数的置信区间.

例题14 设一批零件的长度服从正态分布 $N(\mu,\sigma^2)$，其中 μ,σ^2 均未知. 现从中随机抽取 36 个零件，测得样本均值 $\bar{x}=20$ cm，样本标准差 $s=1$ cm，则 μ 的置信度为 0.90 的置信区间是(　　).

(A) $\left[20-\frac{1}{6}t_{0.05}(16),20+\frac{1}{6}t_{0.05}(16)\right]$

(B) $\left[20-\frac{1}{6}t_{0.1}(16),20+\frac{1}{6}t_{0.1}(16)\right]$

(C) $\left[20-\frac{1}{6}t_{0.05}(15),20+\frac{1}{6}t_{0.05}(15)\right]$

(D) $\left[20-\frac{1}{6}t_{0.1}(15),20+\frac{1}{6}t_{0.1}(15)\right]$

答案 (C)

解析 本题考查单正态总体情况下，未知 σ^2 的条件下关于 μ 的双侧区间估计.

方法一　由于 μ,σ^2 均未知，于是选取统计量为 $\frac{\overline{X}-\mu}{S/\sqrt{n}}\sim t(n-1)=t(15)$，排除(A)，(B). 又 $t(15)$ 密度函数如下图所示，

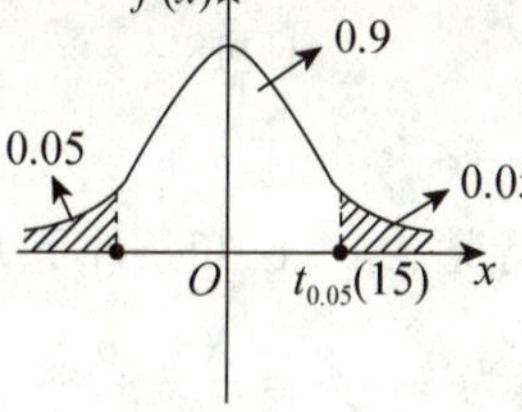

根据 t 分布的上分位点，排除(D) 故选(C).

方法二　由于 μ,σ^2 均未知，于是选取统计量为 $\frac{\overline{X}-\mu}{S/\sqrt{n}}\sim t(n-1)=t(15)$，则

$$-t_{0.05}(15)<\frac{\overline{X}-\mu}{S/6}<t_{0.05}(15).$$

代入 $\bar{x}=20,s=1$，可知(C) 为正确答案.

例题15 设一批零件的长度服从正态分布 $N(\mu,1)$，其中 μ 未知. 现从中随机抽取 36 个零件，测得样本均值 $\bar{x}=20$ cm，则 μ 的置信度为 0.90 的置信区间是(　　).

(A) $\left[20-\frac{1}{6}u_{0.05},20+\frac{1}{6}u_{0.05}\right]$　　(B) $\left[20-\frac{1}{2}u_{0.05},20+\frac{1}{2}u_{0.05}\right]$

(C) $\left[20-\frac{1}{6}u_{0.1},20+\frac{1}{6}u_{0.1}\right]$　　(D) $\left[20-\frac{1}{2}u_{0.1},20+\frac{1}{2}u_{0.1}\right]$

答案 (A)

解析 本题考查单正态总体情况下，已知 σ^2 条件下关于 μ 的双侧区间估计.

由于 $\sigma^2=1$ 已知选取统计量为 $\frac{\overline{X}-\mu}{\sigma/\sqrt{n}}\sim N(0,1)$.

$N(0,1)$ 密度函数如下图所示，

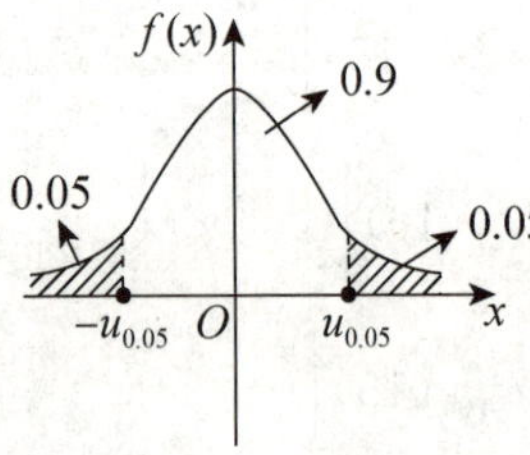

令 $-u_{0.05}<\frac{\overline{X}-\mu}{1/6}<u_{0.05}$，代入 $\bar{x}=20$，解得

$$20-\frac{u_{0.05}}{6}<\mu<20+\frac{1}{6}u_{0.05},$$

故选(A).

例题16 设总体 $X\sim N(\mu,3^2)$，要使未知参数 μ 的置信度为 0.95 的置信区间长度不超过 2，并且已知标准正态分布的分布函数 $\Phi(x)$ 在几个点的取值，$\Phi(1.28)=0.9$，$\Phi(1.65)=0.95$，$\Phi(1.96)=0.975$，样本对容量 n 的最好的下界估计是(　　).

(A)24　　(B)36　　(C)48　　(D)60

答案 (B)

解析 本题考查单正态总体情况下，σ^2 已知条件下关于 μ 的双侧置信区间.

由于 $\sigma^2=3^2$ 已知，选取统计量为 $\frac{\overline{X}-\mu}{\sigma/\sqrt{n}}=\frac{\overline{X}-\mu}{3/\sqrt{n}}\sim N(0,1)$.

标准正态分布的图像如图所示，

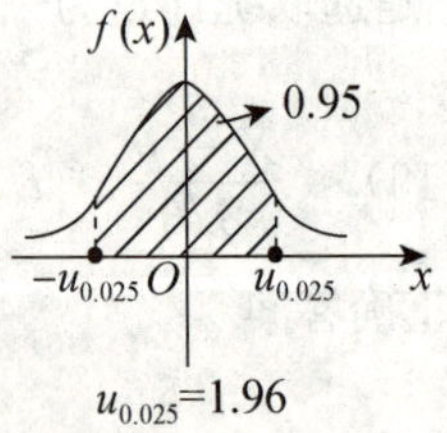

令 $-1.96 < \dfrac{\bar{X}-\mu}{3/\sqrt{n}} < 1.96$，解得 $\bar{X}-\dfrac{3}{\sqrt{n}}1.96 < \mu < \bar{X}+\dfrac{3}{\sqrt{n}}1.96$.

要使置信区间长度 $\dfrac{6}{\sqrt{n}}1.96 \leqslant 2$，则 $n \geqslant 35$，四个选项中(B)是最合适的选项，故选(B).

例题17 设总体为 $N(\mu,\sigma^2)$，μ,σ^2 均为未知，现从总体中随机抽取 10 个样本，测得样本方差为 $s^2=9$，则 σ^2 的置信水平为 0.9 的置信区间为________(使用上分位点表示即可).

答案 $\left[\dfrac{81}{\chi^2_{0.05}(9)},\dfrac{81}{\chi^2_{0.95}(9)}\right]$

解析 本题考查单正态总体，μ 未知条件下，关于 σ^2 的双侧置信区间.

由于 μ 未知，确定统计量为 $\dfrac{(n-1)S^2}{\sigma^2} \sim \chi^2(n-1)$，令

$$P\left\{\frac{(n-1)S^2}{\sigma_U^2} \leqslant \frac{(n-1)S^2}{\sigma^2} \leqslant \frac{(n-1)S^2}{\sigma_L^2}\right\}=0.9,$$

而 $\chi^2(n-1)$ 密度函数如下图所示，

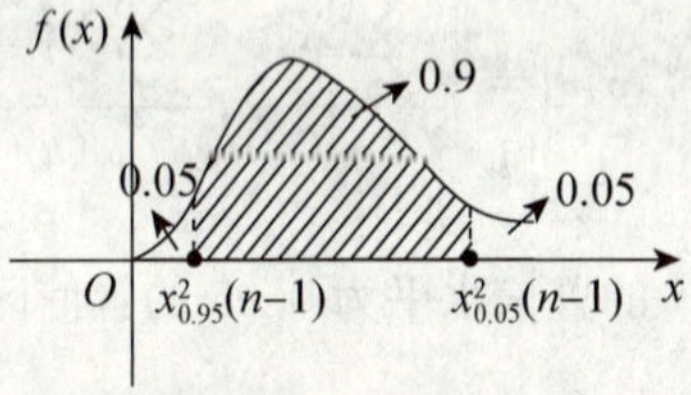

可得 $\dfrac{(n-1)S^2}{\sigma_L^2}=\chi^2_{0.05}(n-1)$，$\dfrac{(n-1)S^2}{\sigma_U^2}=\chi^2_{0.95}(n-1)$，于是

$$[\sigma_L^2,\sigma_U^2]=\left[\frac{(n-1)S^2}{\chi^2_{0.05}(n-1)},\frac{(n-1)S^2}{\chi^2_{0.95}(n-1)}\right].$$

由 $n=10$，$s^2=3^2=9$，得 σ^2 的置信水平为 0.9 的置信区间为

$$\left[\frac{(n-1)s^2}{\chi^2_{0.05}(n-1)},\frac{(n-1)s^2}{\chi^2_{0.95}(n-1)}\right]=\left[\frac{81}{\chi^2_{0.05}(9)},\frac{81}{\chi^2_{0.95}(9)}\right].$$

例题18 设总体为 $N(0,\sigma^2)$，σ^2 未知，现从总体中随机抽取 10 个样本，测得样本数据的平方和为 $\sum\limits_{i=1}^{10}x_i^2=9$，则 σ^2 的置信水平为 0.95 的置信区间为________(使用上分位点表示即可).

答案 $\left[\dfrac{9}{\chi^2_{0.025}(10)}\right]$，$\left[\dfrac{9}{\chi^2_{0.975}(10)}\right]$

解析 本题考查单正态总体情况下，μ 已知的条件下，关于 σ^2 的双侧置信区间.

σ^2 的置信水平为 0.95 的置信区间也即由 $P\{\sigma_L^2 \leqslant \sigma^2 \leqslant \sigma_u^2\}=0.95$ 确定的 $[\sigma_L^2,\sigma_U^2]$.

由于 $\mu=0$ 已知，确定统计量为 $\dfrac{\sum\limits_{i=1}^{n}(X_i-\mu)^2}{\sigma^2}=\dfrac{\sum\limits_{i=1}^{n}X_i^2}{\sigma^2}\sim\chi^2(n)$，于是

$$P\left\{\frac{\sum\limits_{i=1}^{n}X_i^2}{\sigma_U^2}\leqslant\frac{\sum\limits_{i=1}^{n}X_i^2}{\sigma^2}\leqslant\frac{\sum\limits_{i=1}^{n}X_i^2}{\sigma_L^2}\right\}=0.95.$$

如下图所示，

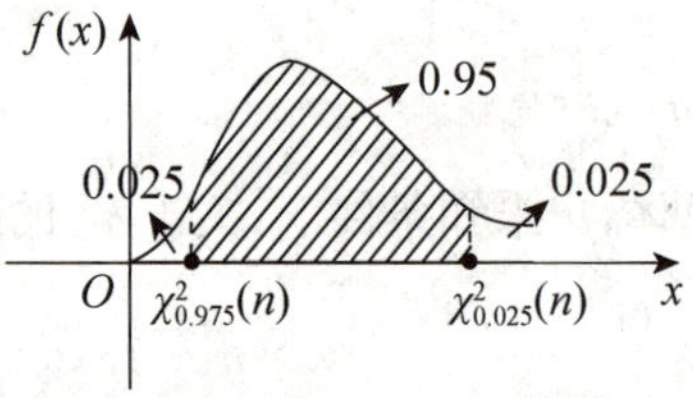

可得 $\dfrac{\sum\limits_{i=1}^{n}X_i^2}{\sigma_L^2}=\chi^2_{0.025}(n)$，$\dfrac{\sum\limits_{i=1}^{n}X_i^2}{\sigma_U^2}=\chi^2_{0.975}(n)$，于是

$$[\sigma_L^2,\sigma_U^2]=\left[\frac{\sum\limits_{i=1}^{n}X_i^2}{\chi^2_{0.025}(n)},\frac{\sum\limits_{i=1}^{n}X_i^2}{\chi^2_{0.975}(n)}\right].$$

由 $n=10$，$\sum\limits_{i=1}^{n}x_i^2=9$，得 σ^2 的置信水平为 0.95 的置信区间为

$$\left[\frac{\sum\limits_{i=1}^{n}X_i^2}{\chi^2_{0.025}(n)},\frac{\sum\limits_{i=1}^{n}X_i^2}{\chi^2_{0.975}(n)}\right]=\left[\frac{9}{\chi^2_{0.025}(10)},\frac{9}{\chi^2_{0.975}(10)}\right].$$

例题19 设 $X_1,\cdots,X_{25}$ 为来自正态总体 $N(\mu_1,9)$ 的简单随机样本，$Y_1,\cdots,Y_{25}$ 是来自正态总体 $N(\mu_2,16)$ 的简单随机样本，两个总体相互独立且样本均值之差 $\overline{X}-\overline{Y}=1$，则 $\mu_1-\mu_2$ 的 90% 置信水平的置信区间为______（使用上分位点表示即可）.

答案 $[1-u_{0.05},1+u_{0.05}]$

解析 本题考查双正态总体情况下，σ_1^2,σ_2^2 已知的条件下，关于 $\mu_1-\mu_2$ 的双侧区间估计.

令 $n_1=25,\sigma_1=3;n_2=25,\sigma_2=4$，因为 σ_1^2,σ_2^2 已知，选取统计量为 $\dfrac{(\overline{X}-\overline{Y})-(\mu_1-\mu_2)}{\sqrt{\dfrac{\sigma_1^2}{n_1}+\dfrac{\sigma_2^2}{n_2}}}$，

$$令\ P\left\{\frac{(\overline{X}-\overline{Y})-\mu_U}{\sqrt{\dfrac{\sigma_1^2}{n_1}+\dfrac{\sigma_2^2}{n_2}}}<\frac{(\overline{X}-\overline{Y})-(\mu_1-\mu_2)}{\sqrt{\dfrac{\sigma_1^2}{n_1}+\dfrac{\sigma_2^2}{n_2}}}<\frac{(\overline{X}-\overline{Y})-\mu_L}{\sqrt{\dfrac{\sigma_1^2}{n_1}+\dfrac{\sigma_2^2}{n_2}}}\right\}=0.9.$$

而$\dfrac{(\overline{X}-\overline{Y})-(\mu_1-\mu_2)}{\sqrt{\dfrac{\sigma_1^2}{n_1}+\dfrac{\sigma_2^2}{n_2}}}\sim N(0,1)$，根据标准正态分布的上分位点的分布，如下图所示.

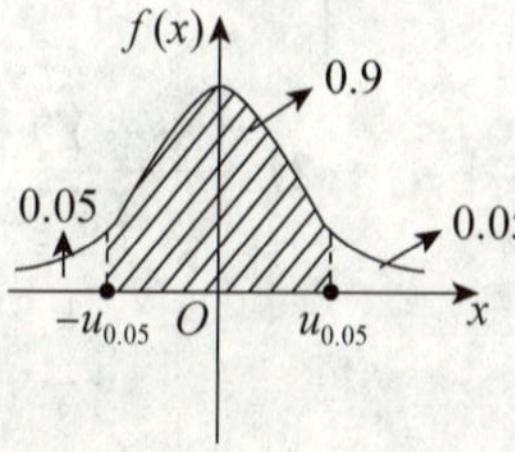

可得$\dfrac{(\overline{X}-\overline{Y})-\mu_L}{\sqrt{\dfrac{\sigma_1^2}{n_1}+\dfrac{\sigma_2^2}{n_2}}}=u_{0.05}$，$\dfrac{(\overline{X}-\overline{Y})-\mu_U}{\sqrt{\dfrac{\sigma_1^2}{n_1}+\dfrac{\sigma_2^2}{n_2}}}=-u_{0.05}$，于是$\mu_1-\mu_2$的置信区间

$$
\begin{aligned}
[\mu_L,\mu_U]&=\left[(\overline{X}-\overline{Y})-u_{0.05}\sqrt{\frac{\sigma_1^2}{n_1}+\frac{\sigma_2^2}{n_2}},(\overline{X}-\overline{Y})+u_{0.05}\sqrt{\frac{\sigma_1^2}{n_1}+\frac{\sigma_2^2}{n_2}}\right]\\
&=[1-u_{0.05},1+u_{0.05}]
\end{aligned}
$$

例题20 设$X_1,X_2,\cdots,X_{32}$为来自正态总体$N(\mu_1,\sigma^2)$的简单随机样本，$Y_1,Y_2,\cdots,Y_{32}$是来自正态总体$N(\mu_2,\sigma^2)$的简单随机样本，两个总体相互独立，样本均值$\bar{x}=10$，$\bar{y}=9$，样本方差$s_1^2=2$，$s_2^2=6$，则$\mu_1-\mu_2$的置信度为0.95的置信区间为________（使用上分位点表示即可）.

答案 $\left[1-\dfrac{t_{0.025}(62)}{2},1+\dfrac{t_{0.025}(62)}{2}\right]$

解析 本题考查双正态总体情况下，σ_1^2,σ_2^2未知的条件下，关于$\mu_1-\mu_2$的双侧置信区间.

令$n_1=32$，$n_2=32$，因为$\sigma_1^2=\sigma_2^2=\sigma^2$未知，所以选取统计量为

$$T=\frac{(\overline{X}-\overline{Y})-(\mu_1-\mu_2)}{S\sqrt{\dfrac{1}{n_1}+\dfrac{1}{n_2}}},$$

其中$S^2=\dfrac{(n_1-1)S_1^2+(n_2-1)S_2^2}{n_1+n_2-2}$.

$$令\quad P\left\{\frac{(\overline{X}-\overline{Y})-\mu_U}{S\sqrt{\dfrac{1}{n_1}+\dfrac{1}{n_2}}}\leqslant\frac{(\overline{X}-\overline{Y})-(\mu_1-\mu_2)}{S\sqrt{\dfrac{1}{n_1}+\dfrac{1}{n_2}}}\leqslant\frac{(\overline{X}-\overline{Y})-\mu_L}{S\sqrt{\dfrac{1}{n_1}+\dfrac{1}{n_2}}}\right\}=0.95,$$

而$T=\dfrac{(\overline{X}-\overline{Y})-(\mu_1-\mu_2)}{S\sqrt{\dfrac{1}{n_1}+\dfrac{1}{n_2}}}\sim t(n_1+n_2-2)$，根据$t$分布的密度图像，如下图所示，

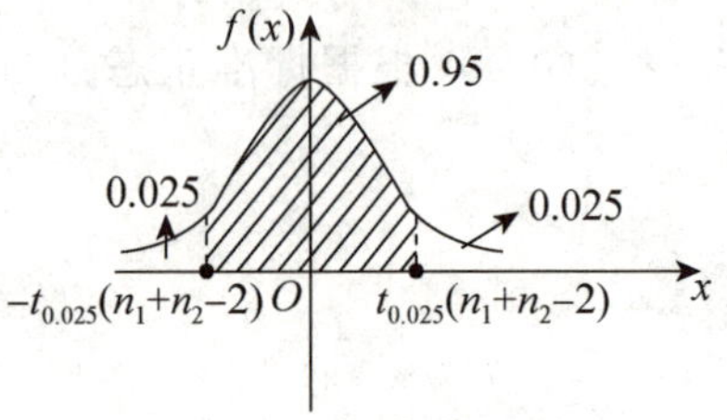

可得$\dfrac{(\overline{X}-\overline{Y})-\mu_L}{S\sqrt{\dfrac{1}{n_1}+\dfrac{1}{n_2}}}=t_{0.025}(n_1+n_2-2)$，$\dfrac{(\overline{X}-\overline{Y})-\mu_U}{S\sqrt{\dfrac{1}{n_1}+\dfrac{1}{n_2}}}=-t_{0.025}(n_1+n_2-2)$，

从而$\mu_1-\mu_2$的置信区间为

$$\left[(\overline{X}-\overline{Y})-S\sqrt{\frac{1}{n_1}+\frac{1}{n_2}}\cdot t_{0.025}(n_1+n_2-2),(\overline{X}-\overline{Y})+S\sqrt{\frac{1}{n_1}+\frac{1}{n_2}}\cdot t_{0.025}(n_1+n_2-2)\right].$$

代入$\bar{x}=10,\bar{y}=9,s_1^2=2,s_2^2=6$，得

$$s^2=\frac{(n_1-1)s_1^2+(n_2-1)s_2^2}{n_1+n_2-2}=\frac{31\times 2+31\times 6}{62}=4.$$

于是$s=2$，从而得置信区间为

$$\left[(10-9)-2\cdot\sqrt{\frac{1}{32}+\frac{1}{32}}\cdot t_{0.025}(62),(10-9)+2\cdot\sqrt{\frac{1}{32}+\frac{1}{32}}\cdot t_{0.025}(62)\right]$$

$$=\left[1-\frac{t_{0.025}(62)}{2},1+\frac{t_{0.025}(62)}{2}\right].$$

例题21 设$X_1,X_2,\cdots,X_{32}$为来自正态总体$N(\mu_1,\sigma_1^2)$的简单随机样本，$Y_1,\cdots,Y_{64}$是来自正态总体$N(\mu_2,\sigma_2^2)$的简单随机样本，两个总体相互独立，样本方差$s_1^2=2,s_2^2=8$，则$\dfrac{\sigma_1^2}{\sigma_2^2}$的置信度为0.95的置信区间为________(使用上分位点表示即可).

答案 $\left[\dfrac{1}{4F_{0.025}(31,63)},\dfrac{F_{0.025}(63,31)}{4}\right]$

解析 本题考查双正态总体情况下，μ_1,μ_2未知条件下，关于$\dfrac{\sigma_1^2}{\sigma_2^2}$的双侧区间估计.

令$n_1=32,n_2=64$，由于μ_1,μ_2未知，选取统计量为$F=\dfrac{\dfrac{S_1^2}{\sigma_1^2}}{\dfrac{S_2^2}{\sigma_2^2}}=\dfrac{\sigma_2^2S_1^2}{\sigma_1^2S_2^2}\sim F(n_1-1,n_2-1)$.

令
$$P\left\{\frac{S_1^2}{S_2^2\sigma_U^2}\leqslant\frac{\sigma_2^2S_1^2}{\sigma_1^2S_2^2}\leqslant\frac{S_1^2}{S_2^2\sigma_L^2}\right\}=0.95.$$

根据F分布的上分位点分布，如下图所示.

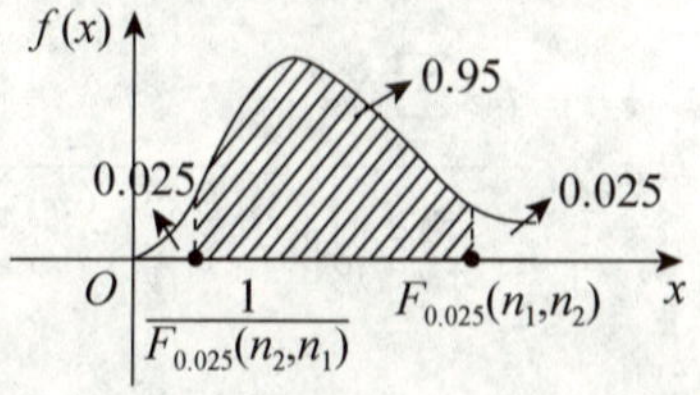

可得$\frac{S_1^2}{S_2^2\sigma_L^2}=F_{0.025}(n_1-1,n_2-1)$，$\frac{S_1^2}{S_2^2\sigma_U^2}=\frac{1}{F_{0.025}(n_2-1,n_1-1)}$，于是$\frac{\sigma_1^2}{\sigma_2^2}$的置信区间为

$$\left[\frac{S_1^2}{S_2^2F_{0.025}(n_1-1,n_2-1)},\frac{S_1^2F_{0.025}(n_2-1,n_1-1)}{S_2^2}\right].$$

又由$s_1^2=2$，$s_2^2=8$，可得置信区间为

$$\left[\frac{1}{4F_{0.025}(31,63)},\frac{F_{0.025}(63,31)}{4}\right].$$

例题22 设$X_1,X_2,\cdots,X_{32}$是来自正态总体$N(0,\sigma_1^2)$的简单随机样本，$Y_1,\cdots,Y_{64}$是来自正态总体$N(0,\sigma_2^2)$的简单随机样本，两个总体相互独立，测得样本数据的平方和为$\sum_{i=1}^{32}x_i^2=21$，$\sum_{j=1}^{64}y_j^2=63$，则$\frac{\sigma_1^2}{\sigma_2^2}$的置信度为0.95的置信区间为________(使用上分位点表示即可).

答案 $\left[\frac{2}{3F_{0.025}(32,64)},\frac{2F_{0.025}(64,32)}{3}\right]$

解析 本题考查双正态总体情况下，μ_1,μ_2已知的条件下，关于$\frac{\sigma_1^2}{\sigma_2^2}$的双侧区间估计.

设$n_1=32$，$n_2=64$，由于μ_1,μ_2已知，所以选取统计量为

$$F=\frac{n_2\sigma_2^2\sum_{i=1}^{n_1}(X_i-\mu_1)^2}{n_1\sigma_1^2\sum_{j=1}^{n_2}(Y_j-\mu_2)^2}=\frac{n_2\sigma_2^2\sum_{i=1}^{n_1}X_i^2}{n_1\sigma_1^2\sum_{j=1}^{n_2}Y_j^2}\sim F(n_1,n_2).$$

令
$$P\left\{\frac{n_2\sum_{i=1}^{n_1}X_i^2}{n_1\sum_{j=1}^{n_2}Y_j^2\sigma_U^2}\leqslant\frac{n_2\sigma_2^2\sum_{i=1}^{n_1}X_i^2}{n_1\sigma_1^2\sum_{j=1}^{n_2}Y_j^2}\leqslant\frac{n_2\sum_{i=1}^{n_1}X_i^2}{n_1\sum_{j=1}^{n_2}Y_j^2\sigma_L^2}\right\}=0.95.$$

根据F分布的上分位点分布，如下图所示.

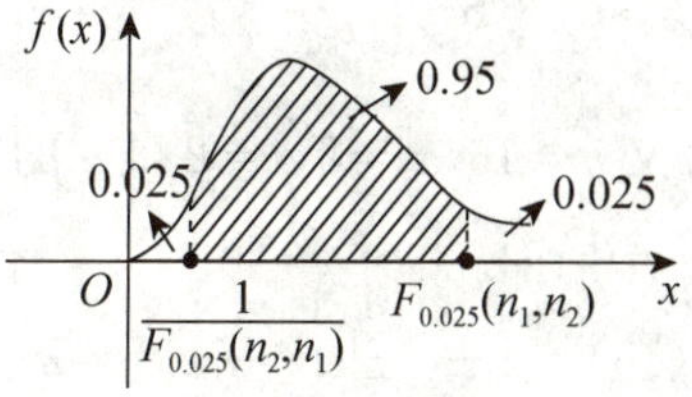

可得$\dfrac{n_2\sum\limits_{i=1}^{n_1}X_i^2}{n_1\sum\limits_{j=1}^{n_2}Y_j^2\sigma_L^2}=F_{0.025}(n_1,n_2)$，$\dfrac{n_2\sum\limits_{i=1}^{n_1}X_i^2}{n_1\sum\limits_{j=1}^{n_2}Y_j^2\sigma_U^2}=\dfrac{1}{F_{0.025}(n_2,n_1)}$，于是$\dfrac{\sigma_1^2}{\sigma_2^2}$的置信区间为

$$\left[\frac{n_2\sum\limits_{i=1}^{n_1}X_i^2}{n_1\sum\limits_{j=1}^{n_2}Y_j^2F_{0.025}(n_1,n_2)},\frac{n_2\sum\limits_{i=1}^{n_1}X_i^2F_{0.025}(n_2,n_1)}{n_1\sum\limits_{j=1}^{n_2}Y_j^2}\right].$$

又由$\sum\limits_{i=1}^{32}x_i^2=21$，$\sum\limits_{j=1}^{64}y_j^2=63$，可得置信区间为

$$\left[\frac{2}{3F_{0.025}(32,64)},\frac{2F_{0.025}(64,32)}{3}\right].$$

例题23 总体服从正态分布$N(\mu,\sigma^2)$，其中μ,σ^2均未知. 现从总体中随机抽取16个样本，测得样本均值$\bar{x}=2$，样本标准差$s=2$，则μ的置信度为0.95的置信下限是______(使用上分位点表示即可).

答案 $2-\dfrac{t_{0.05}(15)}{2}$

解析 本题考查单正态总体情况下，σ^2未知条件下，关于μ的单侧区间估计.

由于μ,σ^2均未知，于是选取统计量为$\dfrac{\overline{X}-\mu}{S/\sqrt{n}}\sim t(n-1)=t(15)$.

μ的置信水平为0.95的置信下限也即由$P\{\mu\geqslant\mu_L\}=0.95$确定的$\mu_L$. 于是，

$$0.95=P\{\mu\geqslant\mu_L\}=P\left\{\frac{\sqrt{n}(\overline{X}-\mu)}{S}\leqslant\frac{\sqrt{n}(\overline{X}-\mu_L)}{S}\right\}.$$

如下图所示.

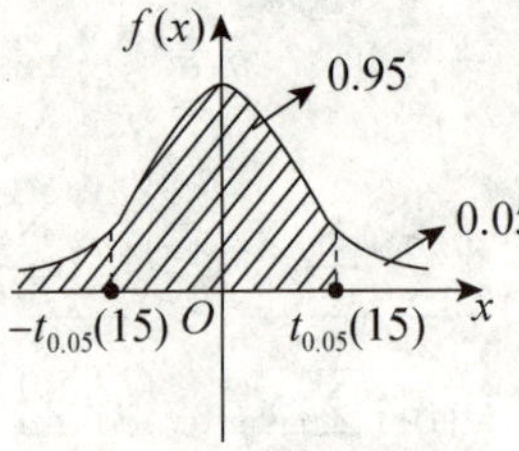

根据t分布的上分位点，可得$\dfrac{\sqrt{n}(\bar{x}-\mu_L)}{S}=t_{0.05}(15)$，

于是$\mu_L=\bar{x}-\dfrac{S}{\sqrt{n}}t_{0.05}(15)$. 又$n=16$，$\bar{x}=2$，$s=2$得$\mu$的置信水平为0.95的置信下限为

$$\bar{x}-\frac{s}{\sqrt{n}}t_{0.05}(15)=2-\frac{2}{\sqrt{16}}t_{0.05}(15)=2-\frac{t_{0.05}(15)}{2}.$$

例题24 总体服从正态分布 $N(\mu,\sigma^2)$，其中 μ,σ^2 均未知. 现从总体中随机抽取 25 个样本，测得样本均值 $\bar{x}=4$，样本标准差 $s=2.5$，则 μ 的置信度为 0.9 的置信上限是________(使用上分位点表示即可).

答案 $4+\dfrac{t_{0.1}(24)}{2}$

解析 本题考查单正态总体情况下，σ^2 未知条件下，关于 μ 的单侧区间估计.

由于 μ,σ^2 均未知，于是选取统计量为 $\dfrac{\overline{X}-\mu}{S/\sqrt{n}}\sim t(n-1)=t(24)$.

μ 的置信水平为 0.9 的置信上限也即由 $P\{\mu\leqslant\mu_U\}=0.9$ 确定的 μ_U.

于是 $0.9=P\{\mu\leqslant\mu_U\}=P\left\{\dfrac{\sqrt{n}(\overline{X}-\mu)}{S}\geqslant\dfrac{\sqrt{n}(\overline{X}-\mu_U)}{S}\right\}$.

如下图所示，

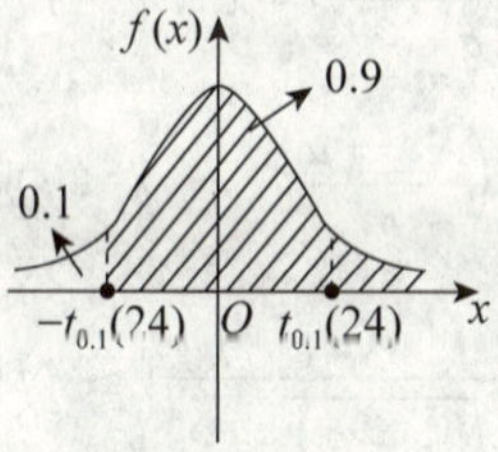

根据 t 分布的上分位点，可得 $\dfrac{\sqrt{n}(\overline{X}-\mu_U)}{S}=-t_{0.1}(24)$，

于是 $\mu_U=\overline{X}+\dfrac{S}{\sqrt{n}}t_{0.1}(24)$. 又 $n=25$，$\bar{x}=4$，$s=2.5$ 得 μ 的置信水平为 0.9 的置信上限为

$$\bar{x}+\frac{s}{\sqrt{n}}t_{0.1}(24)=4+\frac{2.5}{\sqrt{25}}t_{0.1}(24)=4+\frac{t_{0.1}(24)}{2}.$$

第八章　假设检验（数学一）

解题思路归纳

一、假设检验的步骤

(1) 确定原假设 H_0 和备择假设 H_1；

(2) 选择检验统计量 T；

单正态总体

- 对 μ 检验
  - $\dfrac{\overline{X}-\mu}{\sigma/\sqrt{n}} \sim N(0,1)$，$\sigma$ 已知.
  - $\dfrac{\overline{X}-\mu}{S/\sqrt{n}} \sim t(n-1)$，$\sigma$ 未知.
- 对 σ^2 检验
  - $\dfrac{(n-1)S^2}{\sigma^2} \sim \chi^2(n-1)$，$\mu$ 未知.
  - $\sum\limits_{i=1}^{n}\left(\dfrac{X_i-\mu}{\sigma}\right)^2 \sim \chi^2(n)$，$\mu$ 已知.

双正态总体

- 对 $\mu_1-\mu_2$ 检验
  - $\dfrac{(\overline{X}-\overline{Y})-(\mu_1-\mu_2)}{\sqrt{\dfrac{\sigma_1^2}{n_1}+\dfrac{\sigma_2^2}{n_2}}} \sim N(0,1)$，$\sigma_1^2,\sigma_2^2$ 已知.
  - $\dfrac{(\overline{X}-\overline{Y})-(\mu_1-\mu_2)}{S\sqrt{\dfrac{1}{n_1}+\dfrac{1}{n_2}}} \sim t(n_1+n_2-2)$，$\sigma_1^2,\sigma_2^2$ 未知但相等.

    $\left(\text{其中 } S^2=\dfrac{(n_1-1)S_1^2+(n_2-1)S_2^2}{n_1+n_2-2}\right)$
- 对 $\dfrac{\sigma_1^2}{\sigma_2^2}$ 检验
  - $\dfrac{\sigma_2^2 S_1^2}{\sigma_1^2 S_2^2} \sim F(n_1-1,n_2-1)$，$\mu_1,\mu_2$ 未知.
  - $\dfrac{n_2\sigma_2^2\sum\limits_{i=1}^{n_1}(X_i-\mu_1)^2}{n_1\sigma_1^2\sum\limits_{j=1}^{n_2}(Y_j-\mu_2)^2} \sim F(n_1,n_2)$，$\mu_1,\mu_2$ 已知.

(3) 写出拒绝域,可以通过图像确定;

(ⅰ) $H_1:\mu>\mu_0$.

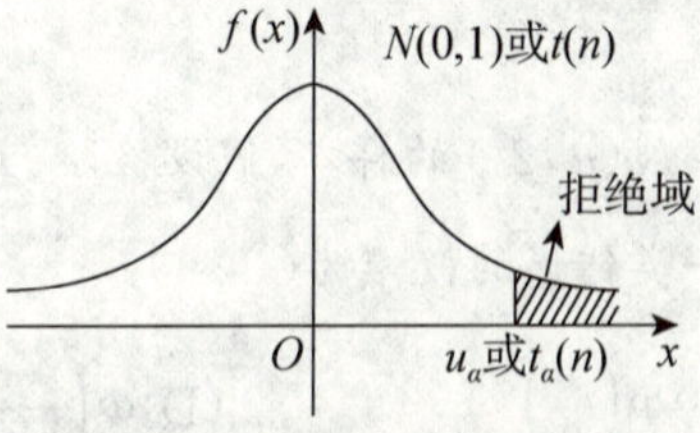

单侧检验

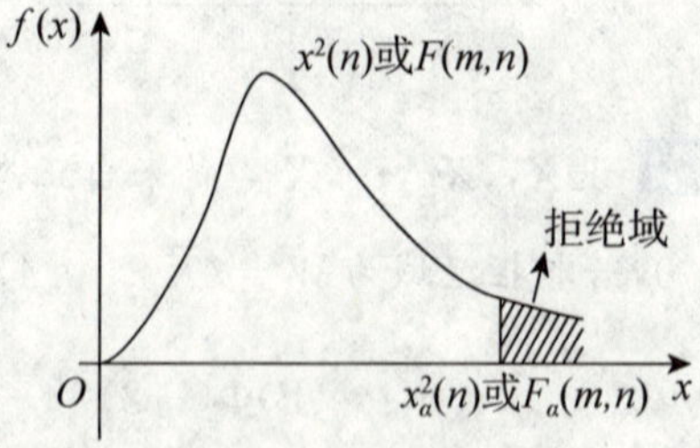

单侧检验

(ⅱ) $H_1:\mu<\mu_0$.

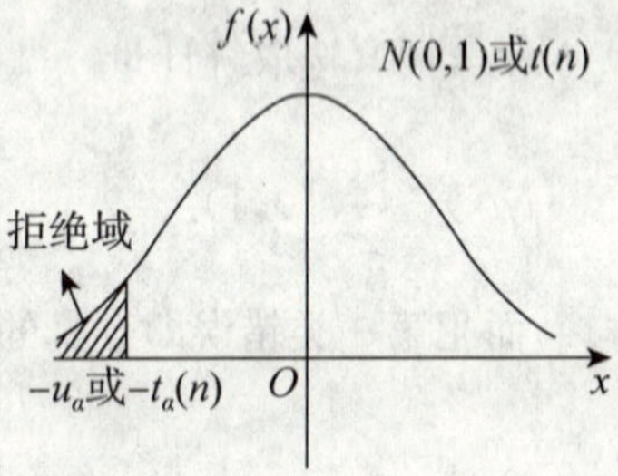

单侧检验

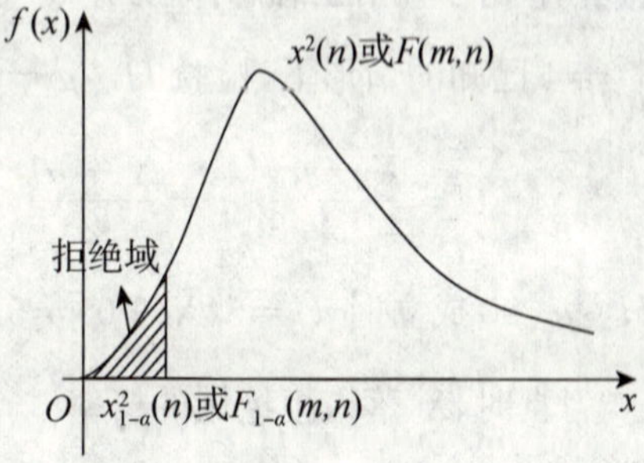

单侧检验

(ⅲ) $H_1:\mu\neq\mu_0$.

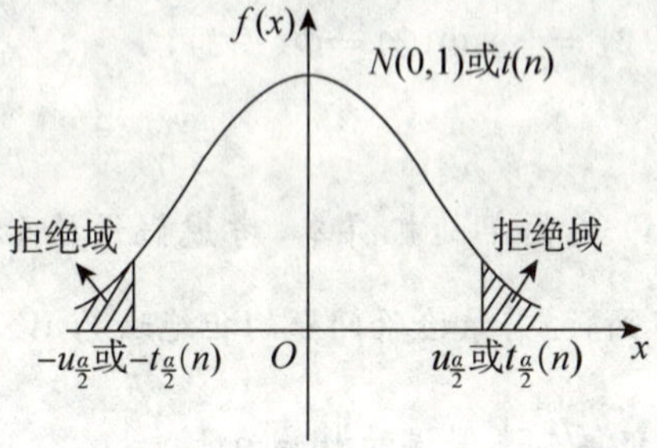

双侧检验

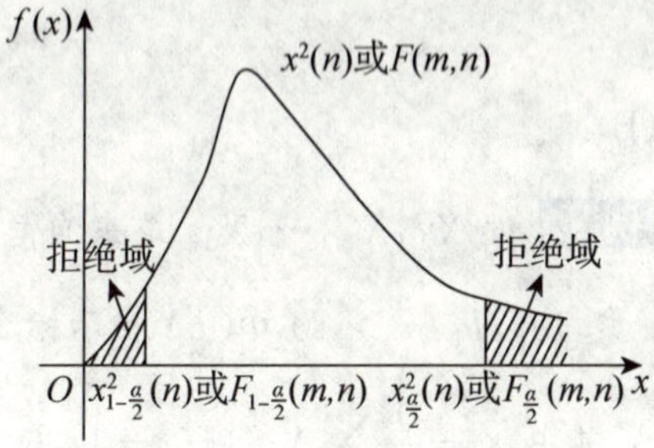

双侧检验

(4) 根据样本值计算检验统计量 T 的观测值. 当观测值落在拒绝域内,则拒绝原假设 H_0;当观测值落在拒绝域之外,则接受原假设 H_0.

二、两类错误的概率

第一类错误(弃真错误) 的概率:当原假设 H_0 为真时,统计量落入拒绝域内的概率.

第二类错误(存伪错误) 的概率:当 H_0 为假时,统计量落入接受域(拒绝域的补集) 的概率.

【注意】第一类错误的概率等于显著性水平.

题型一　两类错误的概率

例题1 设 $X_1,X_2,\cdots,X_{100}$ 是来自正态总体 $X\sim N(\mu,2^2)$ 的样本，假设检验 $H_0:\mu=0$，$H_1:\mu>0$，若取拒绝域为 $W=\{\overline{X}>0.4\}$，则犯第一类错误的概率为(　　).

(A)$\Phi(2)$　　(B)$\Phi(-2)$　　(C)$\Phi\left(\frac{1}{2}\right)$　　(D)$\Phi\left(-\frac{1}{2}\right)$

答案 (B)

解析 本题考查单正态总体，方差 σ^2 已知，对参数 μ 单边检验的第一类错误问题.

在 $\sigma^2=4$ 已知的情形下，检验 $H_0:\mu=0,H_1:\mu>0,n=100$，选取统计量

$$U=\frac{\overline{X}-\mu_0}{\sigma}\sqrt{n}=\frac{\overline{X}-\mu_0}{2}\sqrt{100}=5(\overline{X}-\mu_0)\sim N(0,1).$$

当 $H_0:\mu=0$ 成立时，$U=5(\overline{X}-0)=5\overline{X}\sim N(0,1)$，而犯第一类错误即弃真的概率，即 $H_0:\mu=0$ 为真时，$\overline{X}$ 落入拒绝域的概率.

犯第一类错误的概率为

$$\begin{aligned}P\{\overline{X}>0.4\mid\mu=0\}&=P\{5\overline{X}>5\times0.4\}=P\{5\overline{X}>2\}\\&=1-P\{5\overline{X}\leqslant2\}=1-\Phi(2)=\Phi(-2),\end{aligned}$$

故选(B).

例题2 设 $X_1,X_2,\cdots,X_{16}$ 是来自总体 $N(\mu,4)$ 的简单随机样本，考虑假设检验问题 $H_0:\mu\leqslant10,H_1:\mu>10,\Phi(x)$ 表示标准正态分布函数. 若该检验问题的拒绝域为 $W=\{\overline{X}\geqslant11\}$，其中 $\overline{X}=\frac{1}{16}\sum_{i=1}^{16}X_i$，则 $\mu=11.5$ 时，该检验犯第二类错误的概率为(　　).

(A)$1-\Phi(0.5)$　　(B)$1-\Phi(1)$　　(C)$1-\Phi(1.5)$　　(D)$1-\Phi(2)$

答案 (B)

解析 本题考查单正态总体，方差 σ^2 已知，对参数 μ 单边检验的第二类错误问题.

在 $\sigma^2=4$ 已知的情形下，$H_0:\mu\leqslant10,H_1:\mu>10,n=16$，选取统计量

$$U=\frac{\overline{X}-\mu_0}{\sigma}\sqrt{n}=\frac{\overline{X}-\mu_0}{2}\sqrt{16}=2(\overline{X}-\mu_0)\sim N(0,1).$$

当 $\mu=11.5$ 时，$U=2(\overline{X}-11.5)\sim N(0,1)$，而犯第二类错误即取伪的概率，即 $H_1:\mu>10$ 为真时，$\overline{X}$ 落入接受域(拒绝域的补集)的概率.

犯第二类错误的概率为

$$P\{\overline{X}<11\mid\mu=11.5\}=P\{2(\overline{X}-11.5)<2(11-11.5)\}$$
$$=P\{2(\overline{X}-11.5)<-1\}=\Phi(-1)=1-\Phi(1),$$

故选(B).

题型二　单正态总体假设检验

例题3 设 $X_1,X_2,\cdots,X_n$ 为来自正态总体 $N(\mu,4)$ 的简单随机样本，记 $\overline{X}=\frac{1}{n}\sum_{i=1}^{n}X_i$，$z_\alpha$ 表示标准正态分布的上侧 α 分位数，假设检验问题：$H_0:\mu\leqslant 2,H_1:\mu>2$ 的显著性水平为 α 的检验的拒绝域为(　　).

(A) $\left\{(X_1,X_2,\cdots,X_n)\,\middle|\,\overline{X}>2+\frac{2}{n}z_\alpha\right\}$　　(B) $\left\{(X_1,X_2,\cdots,X_n)\,\middle|\,\overline{X}>2+\frac{\sqrt{2}}{n}z_\alpha\right\}$

(C) $\left\{(X_1,X_2,\cdots,X_n)\,\middle|\,\overline{X}>2+\frac{2}{\sqrt{n}}z_\alpha\right\}$　　(D) $\left\{(X_1,X_2,\cdots,X_n)\,\middle|\,\overline{X}>2+\sqrt{\frac{2}{n}}z_\alpha\right\}$

答案 (C)

解析 本题考查单正态总体，方差 σ^2 已知对参数 μ 的单边检验的拒绝域问题.

在 $\sigma^2=4$ 已知的情形下，检验 $H_0:\mu\leqslant 2,H_1:\mu>2$，转化为 $H_0:\mu=2,H_1:\mu>2$，选取统计量

$$U=\frac{\overline{X}-\mu_0}{\sigma}\sqrt{n}\sim N(0,1).$$

当 $H_0:\mu=2$ 成立时，拒绝域为 $\left\{U=\frac{\overline{X}-\mu_0}{\sigma}\sqrt{n}=\frac{\overline{X}-2}{2}\sqrt{n}>z_\alpha\right\}$，即 $\overline{X}>2+\frac{2}{\sqrt{n}}z_\alpha$，

故选择(C).

例题4 设 $X_1,X_2,\cdots,X_{25}$ 是来自总体 $N(\mu,\sigma^2)$，μ,σ^2 均未知的简单随机样本，样本的均值为 $\overline{x}=10.2$，样本标准差 $s=0.5$，取显著性水平 $\alpha=0.05$，________(填写可以、不可以)认为 μ 显著大于 10.($t_{0.05}(24)=1.7109$，$t_{0.025}(24)=2.0639$)

答案 可以

解析 本题考查单正态总体，方差 σ^2 未知对参数 μ 单边检验的问题.

在 σ^2 未知的情形下，检验 $H_0:\mu\leqslant 10,H_1:\mu>10$，转化为 $H_0:\mu=10,H_1:\mu>10$，$n=25$. 选取统计量

$$\frac{\overline{X}-\mu_0}{S/\sqrt{n}} \sim t(n-1).$$

当 $H_0:\mu=10$ 成立时，如下图所示，

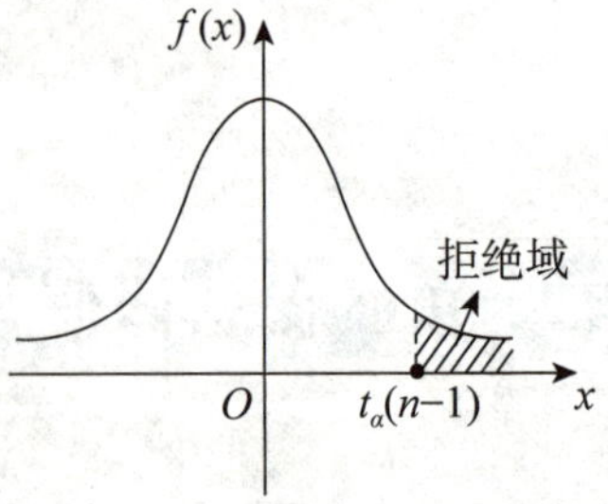

拒绝域为 $\left\{\frac{\overline{X}-\mu_0}{S/\sqrt{n}}=\frac{\overline{X}-10}{S/\sqrt{25}}=\frac{5(\overline{X}-10)}{S} \geqslant t_{0.05}(24)=1.7109\right\}$.

将 $\overline{x}=10.2, s=0.5$ 代入统计量，得 $\frac{5(\overline{X}-10)}{S}=\frac{5\cdot(10.2-10)}{0.5}=2 \geqslant 1.7109$，故落在拒绝域内. 因此在显著性水平 $\alpha=0.05$ 下拒绝原假设 $H_0:\mu \leqslant 10$，即可以认为 μ 显著大于10.

例题5 设 $X_1, X_2, \cdots, X_{10}$ 是来自总体 $N(\mu, \sigma^2)$，μ, σ^2 均未知的简单随机样本，样本方差 $s^2=28$，取显著性水平 $\alpha=0.01$，________（填写可以、不可以）认为 σ 显著小于14. ($\chi^2_{0.01}(9)=21.665$, $\chi^2_{0.99}(9)=2.088$)

答案 可以

解析 本题考查单正态总体，μ 未知对参数 σ 单边检验的问题.

在 μ 未知的情形下，检验 $H_0:\sigma \geqslant 14, H_1:\sigma<14$，转化为 $H_0:\sigma=14, H_1:\sigma<14$，$n=10$，选取统计量

$$\frac{(n-1)S^2}{\sigma^2} \sim \chi^2(n-1).$$

当 $H_0:\sigma=14$ 成立时，如下图所示，

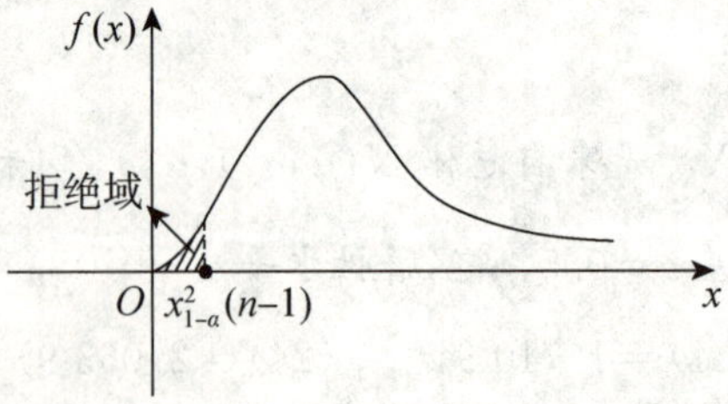

拒绝域为 $\left\{\frac{(n-1)S^2}{\sigma^2}=\frac{9S^2}{14^2} \leqslant \chi^2_{0.99}(9)=2.088\right\}$. 代入 $S^2=28$，$\frac{9s^2}{14^2}=\frac{9\cdot 28}{14^2}=\frac{9}{7}<2.088$，故落在拒绝域内. 因此在显著性水平 $\alpha=0.01$ 下拒绝原假设 $H_0:\sigma \geqslant 14$，即可以认为 σ 显著小于14.

例题6 设总体 X 服从正态分布 $X \sim N(\mu, \sigma^2)$，其中 σ^2 未知. $X_1, X_2, \cdots, X_n$ 是来自总体 X 的简单随机样本，对总体均值 μ 进行检验，假设 $H_0: \mu = \mu_0, H_1: \mu \neq \mu_0$，则(　　).

(A) 若显著性水平 $\alpha = 0.05$ 时拒绝 H_0，则在检验水平 $\alpha = 0.01$ 时也拒绝 H_0

(B) 若显著性水平 $\alpha = 0.05$ 时接受 H_0，则在检验水平 $\alpha = 0.01$ 时拒绝 H_0

(C) 若显著性水平 $\alpha = 0.05$ 时拒绝 H_0，则在检验水平 $\alpha = 0.01$ 时接受 H_0

(D) 若显著性水平 $\alpha = 0.05$ 时接受 H_0，则在检验水平 $\alpha = 0.01$ 时也接受 H_0

答案 (D)

解析 本题考查单正态总体，σ^2 未知对参数 μ 双边检验的拒绝域问题.

在 σ^2 未知的情形下，检验 $H_0: \mu = \mu_0, H_1: \mu \neq \mu_0$，选取统计量

$$\frac{\overline{X} - \mu}{S / \sqrt{n}} \sim t(n-1).$$

当 $H_0: \mu = \mu_0$ 成立时，如下图所示，

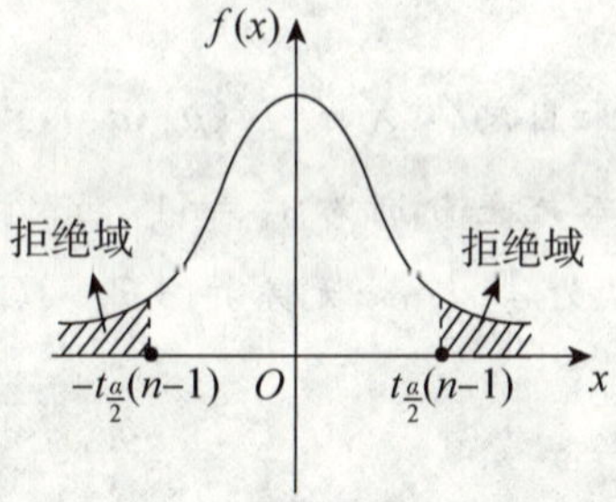

拒绝域为 $\left\{ \left| \frac{\overline{X} - \mu_0}{S / \sqrt{n}} \right| \geqslant t_{\frac{\alpha}{2}}(n-1) \right\}$，$\alpha$ 减小时，拒绝域范围缩小，而接受域范围扩大，即之前拒绝域内的点不一定还在拒绝域，但之前在接受域的一点一定还在接受域，故选(D).

题型三　双正态总体假设检验

例题7 $X_1, X_2, \cdots, X_n$ 是来自总体 $X \sim N(\mu_1, 1)$，$Y_1, Y_2, \cdots, Y_{2n}$ 是来自总体 $Y \sim N(\mu_2, 2)$，X, Y 相互独立，样本均值观测值为 $\overline{x}$ 与 $\overline{y}$，z_α 表示标准正态分布的上侧 α 分位数，则假设检验问题 $H_0: \mu_1 = \mu_2, H_1: \mu_1 > \mu_2$ 的显著性水平为 0.05 的拒绝域为______.

答案 $W = \left\{ \frac{\overline{x} - \overline{y}}{\sqrt{\frac{2}{n}}} > u_{0.05} \right\}$

解析 本题考查双正态总体，σ_1^2, σ_2^2 已知对参数 $\mu_1 - \mu_2$ 单边检验的拒绝域问题.

在 σ_1^2, σ_2^2 已知的情形下检验 $H_0: \mu_1 = \mu_2, H_1: \mu_1 > \mu_2$，总体 X, Y 的样本容量分别为 $n, 2n$，

$\alpha=0.05$，选取统计量

$$\frac{\overline{X}-\overline{Y}-(\mu_1-\mu_2)}{\sqrt{\frac{1}{n}+\frac{2}{2n}}}=\frac{\overline{X}-\overline{Y}-(\mu_1-\mu_2)}{\sqrt{\frac{2}{n}}}\sim N(0,1).$$

如下图所示.

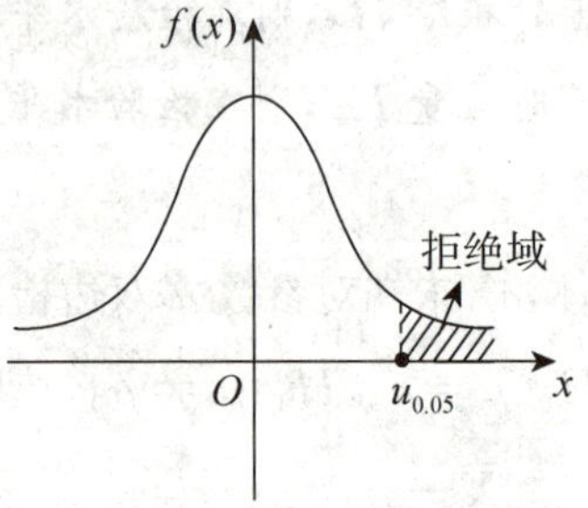

当 H_0 成立时，拒绝域为$\left\{\frac{\overline{x}-\overline{y}-(\mu_1-\mu_2)}{\sqrt{\frac{2}{n}}}=\frac{\overline{x}-\overline{y}}{\sqrt{\frac{2}{n}}}>u_{0.05}\right\}$，即$\frac{\overline{x}-\overline{y}}{\sqrt{\frac{2}{n}}}>u_{0.05}$.

例题8 $X_1,X_2,\cdots,X_{25}$ 是来自总体 $X\sim N(\mu_1,\sigma_1^2)$，$Y_1,Y_2,\cdots,Y_{17}$ 是来自总体 $Y\sim N(\mu_2,\sigma_2^2)$，$X,Y$ 相互独立，样本方差分别为 $s_1^2=54^2$ 与 $s_2^2=48^2$，取显著性水平为 0.05，________（填写可以、不可以）认为 σ_1 与 σ_2 无差异.（$F_{0.975}(24,16)=0.41$，$F_{0.025}(24,16)=2.63$）

答案 可以

解析 本题考查双正态总体，μ_1,μ_2 未知对参数$\frac{\sigma_1}{\sigma_2}$双边检验的问题.

在 μ_1,μ_2 未知的情形下，检验 $H_0:\sigma_1=\sigma_2$，$H_1:\sigma_1\neq\sigma_2$，$m=25$，$n=17$，选取统计量

$$\frac{S_1^2/\sigma_1^2}{S_2^2/\sigma_2^2}=\frac{\sigma_2^2S_1^2}{\sigma_1^2S_2^2}\sim F(m-1,n-1).$$

当 $H_0:\sigma_1=\sigma_2$ 成立时，如下图所示，

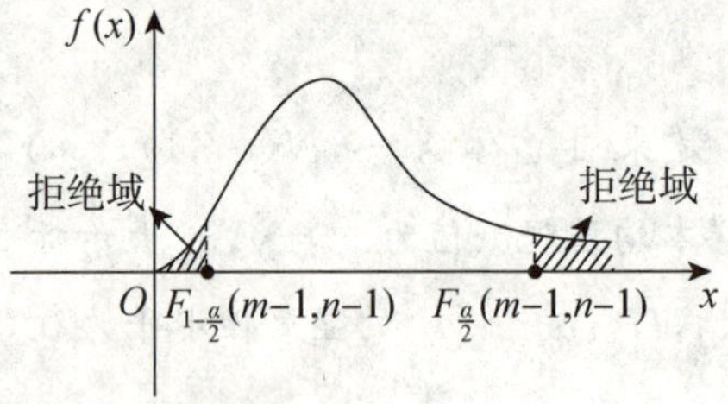

拒绝域为

$$\left\{\frac{\sigma_2^2S_1^2}{\sigma_1^2S_2^2}=\frac{S_1^2}{S_2^2}\leqslant F_{1-\frac{\alpha}{2}}(m-1,n-1)=F_{0.975}(24,16)=0.41\right\},$$

$$\text{或}\left\{\frac{\sigma_2^2S_1^2}{\sigma_1^2S_2^2}=\frac{S_1^2}{S_2^2}\geqslant F_{\frac{\alpha}{2}}(m-1,n-1)=F_{0.025}(24,16)=2.63\right\}.$$

将 $s_1^2=54^2,s_2^2=48^2$ 代入条件得 $\dfrac{s_1^2}{s_2^2}=\dfrac{54^2}{48^2}=\dfrac{81}{64}\approx 1.266$,不难看出,在接受域.所以可以接受 $H_0:\sigma_1=\sigma_2$,即可以认为 σ_1 与 σ_2 无差异.

例题9 $X_1,X_2,\cdots,X_n$ 是来自总体 $X\sim N(\mu_1,\sigma^2)$,$Y_1,Y_2,\cdots,Y_n$ 是来自总体 $Y\sim N(\mu_2,\sigma^2)$,样本均值和样本方差分别为 $\overline{X}$,S_1^2 与 $\overline{Y}$,S_2^2,σ^2 未知,则假设检验问题 $H_0:\mu_1=\mu_2$,$H_1:\mu_1>\mu_2$ 的显著性水平为 0.1 的拒绝域为(　　).

(A)$W=\left\{\dfrac{\overline{X}-\overline{Y}}{\sqrt{\dfrac{S_1^2+S_2^2}{n}}}>t_{0.1}(2n)\right\}$　　(B)$W=\left\{\dfrac{\overline{X}-\overline{Y}}{\sqrt{\dfrac{S_1^2+S_2^2}{n}}}>t_{0.1}(2n-2)\right\}$

(C)$W=\left\{\dfrac{\overline{X}-\overline{Y}}{\sqrt{\dfrac{S_1^2+S_2^2}{n}}}>t_{0.05}(2n-2)\right\}$　　(D)$W=\left\{\dfrac{\overline{X}-\overline{Y}}{\sqrt{\dfrac{S_1^2+S_2^2}{n}}}>t_{0.05}(2n-1)\right\}$

答案 (B)

解析 本题考查双正态总体,σ_1^2,σ_2^2 未知对参数 $\mu_1-\mu_2$ 单边检验的问题.

σ^2 未知的情形下检验 $H_0:\mu_1=\mu_2$,$H_1:\mu_1>\mu_2$,样本容量 $m=n$,$\alpha=0.1$,选取统计量

$$T=\frac{\overline{X}-\overline{Y}-(\mu_1-\mu_2)}{S_W\sqrt{\dfrac{1}{m}+\dfrac{1}{n}}}=\frac{\overline{X}-\overline{Y}-(\mu_1-\mu_2)}{S_W\sqrt{\dfrac{2}{n}}}\sim t(m+n-2)=t(2n-2),$$

其中 $S_W=\sqrt{\dfrac{(m-1)S_1^2+(n-1)S_2^2}{m+n-2}}=\sqrt{\dfrac{(n-1)S_1^2+(n-1)S_2^2}{2n-2}}=\sqrt{\dfrac{S_1^2+S_2^2}{2}}$,也即

$$T=\frac{\overline{X}-\overline{Y}-(\mu_1-\mu_2)}{\sqrt{\dfrac{S_1^2+S_2^2}{2}}\sqrt{\dfrac{2}{n}}}=\frac{\overline{X}-\overline{Y}-(\mu_1-\mu_2)}{\sqrt{\dfrac{S_1^2+S_2^2}{n}}}\sim t(2n-2).$$

如下图所示,

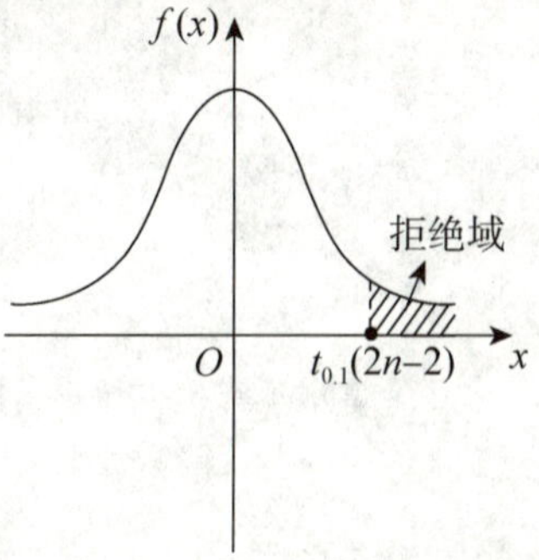

当 H_0 成立时,拒绝域为 $\left\{\dfrac{\overline{X}-\overline{Y}-(\mu_1-\mu_2)}{\sqrt{\dfrac{S_1^2+S_2^2}{n}}}=\dfrac{\overline{X}-\overline{Y}}{\sqrt{\dfrac{S_1^2+S_2^2}{n}}}>t_{0.1}(2n-2)\right\}$,故选(B).